오 스 트 리 아 ♡ AUSTRIA

체 코 ♡ CZECH

헝 가 리 ♡ HUNGARY

폴 란 드 ♡ POLAND

크 로 아 티 아 ♡ CROATIA

슬 로 베 니 아 ♡ SLOVENIA

여 행 전 알 아 두 기

Prologue
EUROPE

♡ 저자의 말 ♡

일상이 되어 버린 여행을 통해 여행작가로 자리매김한 지 어느덧 20여 년이 흘렀다. 40회 이상 유럽 대륙을 일주하며 구석구석 다녀보니, 1~2회 유럽을 다녀온 후 한 단계 높은 수준의 여행을 갈망하는 여행자들에게 초보 여행에서는 가기 힘든 유럽의 절경과 역사와 예술을 품고 있는 아름다운 소도시들을 소개함으로써 그 갈증을 어느 정도 풀어줄 수 있겠다는 생각이 들었다.

그동안 수많은 유럽의 소도시들을 다녔지만, 책 집필을 결정한 후 2년 동안 유럽 구석구석에 숨어 있는 소도시와 비경을 찾아 다시 한 번 긴 여정을 떠났다. 유럽 곳곳에 숨은 소도시로의 대중교통편은 대도시에 비해 불편하기 때문에 여행자들이 가장 쉽게 접근할 수 있고 코스 짜기에도 적합한 이동 방법을 찾기 위해 기차와 버스, 렌터카를 번갈아 이용했다. 현지에서만 얻을 수 있는 소중한 정보들과 현기증이 날 정도로 멋진 절경 하나하나를 카메라에 담는데 온 정성을 쏟았다. 이 글을 쓰는 지금도 평생 잊을 수 없는 수많은 절경들이 눈앞에 어른거린다.

이 책에 담긴 수많은 유럽의 소도시들은 오금이 저릴 정도로 환상적인 비경을 품고 있어 일생에 꼭 한 번은 가봐야 할 여행지라고 감히 말하고 싶다. 여행의 환한 등불이 켜질 수 있도록 도와준 가족과 시공사 관계자들에게 깊은 감사를 표하고 싶다.

글·사진 **최 철 호**

오랫동안 염광고등학교 지리교사로 일한 경험을 살려 아시아, 오세아니아, 북미, 중남미까지 전 세계를 두루 누비고 다녔다. 갈라파고스 제도처럼 의미 있는 여행지도 많았지만, 영원한 여행지 일순위는 유럽이다. 지금까지 40여 차례 유럽 대륙을 일주하며 구석구석 안 가본 데 없이 돌아다녔다. 저서로 〈드라이브 인 유럽〉, 〈저스트고 로맨틱 기차 여행 유럽〉, 〈내가 가고 싶은 유럽 vs 유럽〉, 〈저스트고 유럽 5개국〉, 〈저스트고 유럽〉, 〈저스트고 유럽 소도시 여행 I〉이 있다.

글·사진 **최 세 찬**

한국외국어대 국제경영학과를 졸업하고, 현재 아시아나항공에서 캐빈 승무원으로 재직 중이다. 직업의 특성상 유럽, 미국, 아시아, 오세아니아 등 수많은 지역을 섭렵한 여행 마니아. 특히 유럽 골목에 숨겨진 핫 플레이스를 찾아내는 데 일가견이 있으며 유럽 여행의 트렌드를 빠르게 캐치하는 등 여행 센스가 남다르다. 저서로 〈내가 가고 싶은 유럽 vs 유럽〉, 〈저스트고 유럽 소도시 여행 Ⅰ〉이 있다.

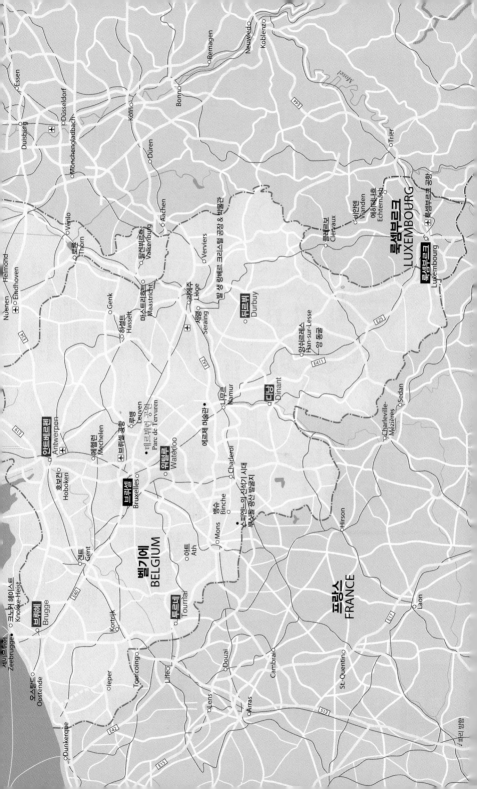

오스트리아
Graz
Villach
Klagenfurt
Maribor
블레드
Bled
슬로베니아
Udine
류블랴나
Ljubljana
포스토이나 동굴
Postojnska Jama
Novo Mesto
Trieste
Rijeka
Pula
Lipice
Mundanije
플리트비체 국립공원
Plitvička jezera
Sveti Rok
자다르
Zadar
Pesaro
안코나
Ancona
Sibenik
Trogir
스플리트
Split
Stari Grad
Ascoli Piceno
Pasadur
두브로브니크
Dubrovnik
Pescara
이탈리아
Tivoli

Veszprém
Maribor
크로아티아 · 슬로베니아
Croatia·Slovenia
0   50km
N
헝가리
Nagykanizsa
Kaposvár
Szekszárd
Szöreg
Koprivnica
Pécs
자그레브
Zagreb
Velika Gorica
Virovitica
크로아티아
Osijek
Požega
Slavonski Brod
세르비아
Cazin
Banja Luka
Tuzla
보스니아헤르체고비나
Prozor
사라예보
Sarajevo
Mostar
몬테네그로
Podgorica

크로아티아 자다르
슬로베니아 블레드

유럽 주요 도시 간
철도 이동 시간

기점 도시~소도시의 이동 시간

네덜란드

기점	도착지	교통수단	이동 시간
암스테르담	잔세스칸스	열차	18분
		버스	14분
	알크마르	열차	35분~1시간
	헤이그	열차	50분
	히트호른	열차+버스	2시간~2시간 30분
		버스	2시간
	볼렌담	버스	35분
	하를럼	열차	15~20분
		버스	20분
	델프트	열차	1시간
	킨데르데이크	버스	2시간~2시간 30분
로테르담	델프트	열차	10~14분
	킨데르데이크	수상버스	30분
스키폴 공항	쾨켄호프	버스	30분
브뤼셀	헤이그	열차	1시간 30분~2시간
헤이그	델프트	열차	5~10분

오스트리아

기점	도착지	교통수단	이동 시간
빈	인스브루크	열차	4시간 30분
	잘츠부르크	열차	3시간
뮌헨	인스브루크	열차	2시간
	잘츠부르크	열차	1시간 30분
잘츠부르크	인스브루크	열차	2시간
	장크트길겐	버스	40분
	장크트볼프강	버스	1시간 30분
	바트이슐	버스	1시간 40분
	할슈타트	열차	2시간~2시간 30분
바트이슐	할슈타트	열차	20~25분
		버스	30분

체코

기점	도착지	교통수단	이동 시간
프라하	카를로비바리	버스	2시간 15분
		열차	3시간 4분~3시간 38분
	체스키크룸로프	열차	3시간 40분
		버스	3시간
	체스키라이	열차/버스	4시간
	쿠트나호라	열차	50분~1시간
		버스	1시간 40분
	올로모우츠	열차	2시간 10분~2시간 30분
		버스	2시간 15분
브르노	올로모우츠	열차	2시간
잘츠부르크	체스키크룸로프	열차	4시간 50분

벨기에

기점	도착지	교통수단	이동 시간
브뤼셀	브뤼헤	열차	1시간 10분
	투르네	열차	1시간
	워털루	버스	40~50분
	디낭	열차	1시간 50분
	뒤르뷔	열차+버스	2~3시간
	안트베르펜	열차	35분~1시간
암스테르담	브뤼헤	열차	2시간 45분
	안트베르펜	열차	1시간 15분~2시간 25분
파리	브뤼헤	열차	3시간
	안트베르펜	열차	2시간 10분
안트베르펜	브뤼헤	열차	1시간 30분
릴	투르네	열차	30분

프라하 중앙역

독일

기점	도착지	교통수단	이동 시간
베를린	고슬라어	열차	2시간 30분
	포츠담	열차	24분
	드레스덴	열차	1시간 55분
뮌헨	밤베르크	열차	1시간 45분~2시간 30분
	레겐스부르크	열차	2시간 55분~2시간 10분
	파사우	열차	2시간 15분
	가르미슈파르텐키르헨	열차	1시간 30분
	퓌센	열차	2시간 15분
	로텐부르크	열차	2시간 50분~3시간 25분
	프린	열차	1시간
프랑크푸르트	드레스덴	열차	4시간 27분
	쾰른	열차	1시간~1시간 20분
	뤼데스하임	열차	1시간 10분
	베츨라어	열차	1시간
	퓌센	열차	5시간~5시간 30분
	로텐부르크	열차	2시간 30분
		버스	4시간 45분
뉘른베르크	밤베르크	열차	30~40분
	레겐스부르크	열차	1시간
	파사우	열차	2시간
뷔르츠부르크	밤베르크	열차	1시간
	퓌센	열차	4시간 25분
도르트문트	엑스테른슈타이네	열차+버스	2시간
고슬라어	베르니게로데	열차	35분
프라하	드레스덴	열차	2시간 17분
레겐스부르크	파사우	열차	2시간
취리히	가르미슈파르텐키르헨	열차	5시간 10분
인스브루크	가르미슈파르텐키르헨	열차	1시간 30분
슈투트가르트	튀빙겐	열차	45분~1시간 15분
쾰른	장크트고아르하우젠	열차	1시간 30분

헝가리

기점	도착지	교통수단	이동 시간
부다페스트	에스테르곰	열차	1시간 25분
		버스	1시간 30분
		페리	3~4시간
	비셰그라드	열차+배	40분
		버스	1시간 20분
		페리	3시간 20분
	센텐드레	트램+전차	45분
		버스	30분
		페리	1시간 30분

폴란드

기점	도착지	교통수단	이동 시간
크라쿠프	비엘리치카	버스	30~40분
	오슈비엥침	버스	1시간 25분~2시간
		열차	1시간 50분

크로아티아

기점	도착지	교통수단	이동 시간
자그레브	플리트비체	버스	2시간 30분
	자다르	버스	3~4시간
		열차	12시간 이상
스플리트	플리트비체	버스	4시간 20분~6시간
	자다르	버스	3시간
앙카라	자다르	페리	9시간
플리트비체	자다르	버스	2~3시간
안코나	스플리트	페리	10시간
프라하	두브로브니크	항공	2시간
바리	두브로브니크	페리	10시간

슬로베니아

기점	도착지	교통수단	이동 시간
류블랴나	블레드	열차	40분
		버스	1시간 20분
	포스토이나	버스	1시간 20분

유럽 소도시
여행의 매력

ATTRACTION OF EUROPE

**가장
포토제닉한
유럽의
소도시**

독일
뤼데스하임

로맨틱 라인의 시발점으로 과즙 맛이 일품인 화이트와인의 원산지로 유명하다.
낮은 구릉지에 펼쳐진 포도밭 전경이 아름다워 라인계곡 주변이 유네스코 세계문화유산에 등재되었다. → p.292

독일
파사우

도나우, 인, 일츠 3개의 강이 만나는 독특한 위치 덕분에 문화, 예술의 중심으로 발전해온 도시. 언덕 위 오버하우스 요새에서 바라본 풍광이 환상적이다. → p.244

네덜란드
히트호른

운하, 목조다리, 지붕을 이엉으로 이은 초가 농가로 유명한 마을. '그린 베네치아'로 불릴 정도로 한 폭의 그림처럼 아름다워 마치 동화 속 세계로 들어온 듯하다. → p.42

네덜란드
킨데르데이크

킨데르데이크 풍차는 네덜란드의 아이콘으로 순수하고 아름다운 네덜란드 풍경을 자랑한다. 간척지에 수많은 풍차가 있는 유일한 곳이다. → p.98

네덜란드
잔세스칸스

네덜란드에서 가장 아름다운 마을로 정평 나 있다. 아름다운 옛 목조건물, 풍차, 풀밭에서 방목하고 있는 양 떼들의 모습이 마치 야외 박물관 같은 분위기가 난다. → p.60

네덜란드
쾨켄호프
매년 3~5월이면 3만9170평의 쾨켄호프 공원은 800여 종의 튤립을 비롯한 수선화, 카네이션, 장미 등 7백만 개의 구근식물을 재배하는 지상 최대 구근 화훼류 전시장이자 꽃 축제장이 된다. → p.74

벨기에
디낭

높이 90m의 석회암 절벽 위에 세워진 성채, 벼랑 밑에 형성된 구시가와 어우러진 뫼즈 강변의 경관이 아름다워 예술가들의 그림과 사진 배경으로 자주 등장한다. → p.134

체코
카를로비바리

의학적 효능이 있는 지하광천수가 개발되면서, 300년 간 유럽 각국의 왕족과 귀족을 비롯해 괴테, 베토벤 등 유명 인사들이 찾으면서 더욱 더 유명해졌다. → p.378

크로아티아
스플리트

293년경 로마 디오클레티아누스 황제가 아드리아해 길목에 호화롭고 사치스러운 궁전을 지었다. 푸른 바다, 붉은 지붕, 하얀 벽돌이 조화를 이루는 휴양도시. → p.480

크로아티아
자다르

파란색 유리 300장이 깔린 해맞이 광장의 아름다운 일몰 풍경과 바다 속에서 울려 퍼지는 신비로운 멜로디가 환상적인 장관을 연출한다. → p.466

예술가들이
사랑한
유럽의 소도시

벨기에
브뤼헤

플랑드르 지방의 대표 도시로 북쪽의 작은 베네치아라 불릴 정도로 아름답다. 운하가 도시 전체를 감싼 운하도시로, 얀 반 에이크를 비롯한 초기 플랑드르 회화의 거장들이 활동하던 곳이다. → p.152

독일
베츨라어

1772년 괴테가 샤를로테를 사모해 〈젊은 베르테르의 슬픔〉을 집필했던 곳답게 거리 곳곳에 괴테의 흔적들이 남아 있다. → p.294

독일
로렐라이

라인강 555km 지점 오른편에 우뚝 솟아 있는 커다란 바위. 하이네의 시로 유명해졌으며 그 사연은 전설처럼 회자되고 있다. → p.289

네덜란드
헤이그

헤이그의 마우리츠호이스 미술관은 왕실 오라네 가문이 대대로 수집한 렘브란트와 베르메르의 명작만을 소장하고 있어 미술 애호가에게는 성지 같은 곳. → p.104

네덜란드
델프트

운하를 끼고 있는 구시가의 고딕, 르네상스 양식 건축물들이 그림 같은 풍경을 선사한다. '진주귀고리를 한 소녀'를 그린 빛의 거장 요하네스 베르메르의 고향이다. → p.88

벨기에
안트베르펜

16세기부터 종교화의 대가 루벤스를 비롯해 브뢰겔, 얀 반 에이크 등 플랑드르 회화의 거장들을 배출했으며, 지금도 많은 미술관들이 있는 예향. → p.164

오스트리아
잘츠부르크

알프스의 절경이 펼쳐지는 잘츠카머구트의 산과 빙하 호수의 아름다운 경관을 자랑한다. 모차르트가 태어난 곳으로 매년 여름 페스티벌을 개최한다. → p.362

오스트리아
로그너 바트 블루마우

1997년 훈데르트바서가 설계한 자연친화적인 건축물로 유명하다. 기발한 아이디어와 자연과 이물감 없이 어우러지는 조형미가 돋보이는 온천 리조트. → p.346

헝가리
센텐드레

도나우벤트 지역 중 경관이 가장 아름다워 20세기부터 화가, 음악가, 시인 등이 모여들며 예술 도시로 발전했다. 박물관과 갤러리 등 볼거리가 많다. → p.442

시간이 멈춰 버린 중세 도시

벨기에
투르네
프랑크왕 클로비스의 탄생지로 메로빙 왕조의 첫 수도가 되었다. 유네스코 세계문화유산에 등재된 종루와 대성당 등을 통해 2000년 역사 도시의 자부심을 재현하고 있다. → p.118

네덜란드
볼렌담

에이셀호에 접해 있는 작은 어촌마을. 외부와 단절된 채 어부의 끈질긴 생명력으로 그들만의 독특한 문화를 6세기 동안 보존해왔다. → p.50

네덜란드
하를럼

17세기 네덜란드 황금시대를 이끌면서 권력자와 부자들이 가장 선호하는 거주지였다. 프란스 할스 등 하를렘파 예술가를 배출했다. → p.76

독일
레겐스부르크

6세기 바이에른 최초의 수도이자 황제가도의 중심지로, 11~13세기 주옥 같은 로마네스크 양식과 고딕 양식 건축물들이 고스란히 보존되어 있다. → p.232

독일
고슬라어

하르츠 지방의 높은 지역에 위치한 이점으로 2차 세계대전의 폭격을 비켜가면서 하프팀버 가옥을 비롯한 구시가의 중세 모습을 그대로 보존했다. → p.178

독일
로텐부르크

중세 모습이 가장 잘 보존된 마을로, 매년 100만 명 이상이 찾는 독일 최고의 명소. 동화 속에 나오는 듯한 고풍스런 분위기가 잘 간직되어 있다. → p.304

체코
체스키크룸로프

360여 개의 중세 건축물을 간직한 700년 고도이자 문화예술 도시. 블타바강이 S자 모양으로 감싸 흐르는 모습은 한 폭의 수채화처럼 아름답다. → p.391

체코
쿠트나호라

구시가, 성 바르보리 성당, 세들레츠의 성모성당 등 역사와 독창성이 인정되면서 1995년 유네스코 세계문화유산에 등재되었다. → p.406

크로아티아
두브로브니크

"두브로브니크를 보지 않고는 천국을 얘기하지 말라"는 영국의 극작가인 버나드 쇼의 말처럼 죽기 전에 유럽에서 꼭 가봐야 하는 매력적인 도시. → p.492

태곳적
아름다움을
간직한
여행지

독일
엑스테른슈타이네
'에게 산의 바위'라는 뜻을 가진 이 천연 기암괴석은 28~38m 높이의 기이한 모양을 한 5개의 바위기둥이 주변의
울창한 수목들과 어우러져 신비로운 광채를 발산시킨다. → p.187

독일
가르미슈 파르텐키르헨

알프스 못지않게 독일 남부 바이에른주에도 장엄하면
서 아름다운 알프스의 추크슈피체산(2963m)을 끼고
있다. 스키족, 하이킹족들에게도 인기. → p.252

체코
체스키라이

'보헤미안 파라다이스'를 의미하는 체스키라이는 기암
괴석으로 둘러싸여 마치 동양의 산수화를 떠오르게
한다. → p.400

오스트리아
할슈타트

잘츠카머구트에서 가장 아래쪽에 자리 잡은 수려한 할
슈타트 호수와 오랜 역사의 소금광산으로 유명한 마을
로 유네스코 세계문화유산으로 지정되었다. → p.358

오스트리아
장크트볼프강

볼프강 빙하 호수를 끼고 있는 해발 1,783m 높이의 샤
프베르크산은 정상에서 바라본 풍광이 잘츠카머구트에
서 가장 아름답고 환상적이다. → p.354

헝가리
도나우벤트

부다페스트를 흐르는 도나우강 주변 지역을 가리킨다. 수려한 풍광과 유서 깊은 고도가 많아 예부터 명소로 유명하다. →p.434

벨기에
뒤르뷔

왈롱 뤽상부르주 아르덴 숲에 위치한 세계에서 가장 작은 도시. 주변 경관이 아름답고 중세풍 가옥들이 온전하게 보존되어 고즈넉한 분위기가 난다. →p.144

크로아티아
플리트비체 국립공원

'천국의 빛깔이 무엇인가 물어보면 플리트비체의 푸른 빛깔이라고 말하겠다'는 신(神)의 정원으로 불린다. 천혜의 아름다움과 희귀동식물을 볼 수 있다. → p.456

슬로베니아
포스토이나 동굴

세계에서 두 번째로 규모가 큰 세계적인 카르스트 지형으로 수백만 년 동안 작은 물방울이 기적의 자연을 형성해왔다. → p.520

슬로베니아
블레드

카르니올라 지방의 청정지역으로 수백 년 동안 이곳을 찾는 여행객들을 매료시켰다. 북한 김일성도 한눈에 반해 버렸다고 전해진다. → p.512

유럽의
맛있는
음식

네덜란드

하우다(고다) 치즈
Gouda Cheese

우유를 압착해 숙성시킨
네덜란드의 세미하드 치즈로,
와인과 곁들여 먹으면 좋다.

네덜란드

브로체 하링
Broodje Haring

식초에 절인 청어와 피클, 양파를
빵에 넣어 먹는다. 청어가 제철인
6월 중순에 꼭 먹어볼 음식.

벨기에

초콜릿
Chocolate

고디바(Godiva)와 노이하우스
(Neuhaus), 비타메르(Wittamer)
등이 유명하다.

벨기에

와플
Waffle

달콤한 맛의 일반 와플은
리에주 타입, 반죽에 달걀흰자를
추가해 단맛이 적은 것이 브뤼셀 타입.

독일

부르스트
Wurst

독일인들이 가장 즐겨먹는 소시지.
유명한 소시지만도 약 400종류가
될 정도로 소시지의 천국이다.

독일

슈네발렌
Schneeballen

로텐부르크의 대표 과자.
띠 모양의 반죽을 둥글게 말아
튀긴 후 겉에 설탕을 뿌린다.

오스트리아

타펠슈피츠
Tafelspitz

소고기를 오랜 시간 삶아 기름기를
제거한 수육으로 오스트리아의
대표적인 요리.

오스트리아

슈바이네브라텐
Schweinebraten

돼지고기를 오븐에 구워 두툼하게
잘라준다. 식당마다 고유의 소스를
부어준다.

체코

베프로 크네들로 젤로
Vepro-Knedlo-Zelo

다양한 소스와 크림수프를
넣어 만든 돼지고기 요리로 체코의
대중적인 음식 중 하나.

체코

카흐나
Kachna

체코의 대표적인 전통 요리로,
오리고기를 오븐에 구운 것.
빵을 곁들여 먹는다.

헝가리

구야시
Gulyás

소고기, 채소 등을 넣고
파프리카로 진하게 양념해 만든
헝가리 전통 수프.

크로아티아

리소토
Rižoto

오징어먹물과 어패류가 들어간
해산물 리소토, 송로버섯을 얹은
버섯 리소토 등 다양하다.

유럽의
맛있는
맥주

독일

유럽에서 맥주가 가장 유명한 곳은 단연 독일이다. 7,500여 개의 브랜드, 5,000종이 넘는 종류, 연간 700만 리터 이상의 맥주를 소비할 정도로 독일인들의 맥주 사랑은 대단하다. 매년 9월 말에서 10월 초에 열리는 맥주 축제인 옥토버페스트는 세계적으로도 유명하다. 세계에서 가장 오래된 맥주 양조장으로 알려진 바이엔슈테판(Weihenstephan)의 크리스탈 바이스비어(Kristall Weissbier), 스모크향이 나는 훈제 맥주로 유명한 슈렝케클라(Schlenkerla)의 라우흐비어 메르첸(Rauchbier Marzen), 쾰른의 자존심 가펠 쾰쉬(Gaffel Kolsch), 가장 유명한 독일 맥주 에딩거 바이스비어(Erdinger Weissbier) 등이 인기 있다.

벨기에

벨기에는 수천 종류의 맥주를 자랑하는 맥주 왕국이다. 특히 수도회에서 수도사가 만든 맥주인 트라피스트 맥주(Trappist Beer)가 유명하다. 대표적인 트라피스트 맥주로는 800년 이상의 전통을 자랑하는 레페(Leffe), 도수가 낮고 향이 좋은 오르발(Orval), '트라피스트 맥주의 여왕'이라 불리는 로슈포르(Rochefort), 1836년에 최초 제조된 벨기에 트라피스트 맥주의 대명사 웨스트말라 트리펠(Westmalle Tripel) 등이 있다.

체코

체코는 전 세계에서 연간 개인 맥주 소비량이 가장 많은 나라이다. 11세기부터 프라하에 맥주 양조장이 탄생할 정도로 역사가 길다. 체코 맥주는 플젠산 필스너가 세계적으로 알려져 있다. 하면발효 방식의 맥주로 라거 맥주의 효시인 황금빛 라거 맥주 필스너 우르켈(Pilsner Urquell), 커피향과 캐러멜향이 나는 흑맥주 코젤 다크(Kozel Dark), 감브리누스(Gambrinus), 스타로프라멘(Staropramen) 등이 인기 있다.

네덜란드

네덜란드도 독일, 체코 못지않게 다양한 맥주 맛을 자랑한다. 세계적으로 유명한 하이네켄을 비롯해 드 몰렌을 대표하는 임페리얼 IPA도 네덜란드에서 유명한 맥주 브랜드 중의 하나이다. 암스테르담에서 유명한 브루어리(Brouwerij't)에서 만든 플링크(Flink)도 인기 있다.

오스트리아

유럽에서 저평가된 오스트리아 맥주는 알프스의 깨끗한 물맛 덕분에 청정맥주를 자랑한다. 오스트리아에서 가장 정평이 난 레오벤의 괴서(Gösser), 하이네겐 맥주회사가 소유한 지퍼(Zipfer), 잘츠부르크 지방의 슈티글(Stiegl) 등이 유명하다.

유럽
소도시
여행의
노하우

소도시는 대도시에 비해 복잡하지 않아 길 찾기가 힘들지 않다. 또한 대부분 반나절이면 관광할 수 있어 여행이 여유롭고 수월하다. 단 대도시에 비해 대중교통이 다소 불편하다. 소도시 여행에 집중한다면 과감하게 자동차 여행(p.553)을 시도해도 좋다. 또한 비수기에는 문 닫는 숙소가 많아 각별히 신경 써야 한다. 그러나 분명한 것은 대도시보다는 훨씬 낭만적인 유럽의 전원 분위기를 느끼며 힐링 여행을 즐길 수 있다는 것이다.

기차역에서

● 다음 행선지의 열차 예약
소도시는 고속열차보다는 일반열차로 이동하므로 굳이 예약할 필요가 없다. 구간에 따라 고속열차로 이동하는 경우만 예약한다. 또한 다음 행선지가 야간열차로 이동하는 코스이면 역에 도착하자마자 좌석 예약을 해둔다(p.548).

● 여행안내소를 최대한 활용
역에 도착하면 우선 여행안내소에 들른다. 숙소를 비롯한 궁금한 사항이 있으면 문의하자. 대부분 시내 지도를 무료로 받을 수 있다.

● 무인보관함(코인라커)을 적극 활용
목적지에 도착해 당일 타 지역으로 이동할 경우 역내 무인보관함에 짐을 보관해 놓고 관광한다. 또는 오후에 도착해 당일 관광 시간이 촉박하면 보관함에 짐을 맡기고, 관광을 마친 다음 짐을 찾아 숙소로 이동하는 것도 좋은 방법이다. 그러나 소도시의 역사는 무인보관함이 없는 경우도 있으니 가능한 한 짐을 가볍게 꾸리고 여행하는 것이 좋다.

● 소지품 조심
역과 역 주변은 소지품을 노리는 소매치기가 늘 상주하고 있으니 빈틈을 보이지 않도록 한다. 소도시 역사는 괜찮은 편이지만 빈, 프라하 등 대도시에서 다른 소도시로 이동할 때는 조심해야 한다.

숙소에서

● 목적지에는 일찍 도착
도착지에는 가능한 한 해지기 전에 도착한다. 일몰 시간은 여름 오후 9시, 겨울 오후 5시 정도이다. 낯선 곳에 밤늦게 도착하면 컴컴해서 숙소 찾기가 힘들고 위험할 수도 있다.

● 숙소 예약은 상황에 따라
소도시는 교통편이 불편해 일정대로 진행하기가 쉽지 않다. 연결편이 없거나 뜸하게 운행되어 낭패를 볼 수가 있으니 숙소 예약은 하지 말고 상황에 맞춰 유연하게 대처한다. 성수기를 제외하곤 대도시처럼 만실인 경우는 드물다. 성수기라면 일정을 봐가면서 1~2일 전에 예약을 한다. 비수기에 일부 호텔들은 잠정 폐쇄하는 경우가 많으니 홈페이지에서 사전에 확인을 해둔다.

● 숙소는 역 근처 또는 구시가로
소도시는 대부분 규모가 작아 기차역에서 구시가까지 걸어갈 수 있는 거리이다. 가능한 한 역 근처에 숙소를 잡되 가성비가 좋다면 구시가에서 숙박한다.

● 먼저 숙소에 짐을 풀기
아침에 도착한 경우에도 먼저 숙소에 가서 짐을 맡긴다. 대부분의 호텔, 유스호스텔, 민박은 아침 일찍 찾아가도 짐을 맡아준다. 아침 10시쯤 가면 호텔에 따라 체크인을 해주기도 한다. 아침에 체크아웃한 후 당일 관광하고 저녁에 다른 지역으로 이동할 경우 호텔 수하물 보관소에 짐을 맡겨둔다.

● 호텔을 최대한 활용
호텔이야말로 최고의 여행안내소다. 무료 시내 지도, 교통편 등 여행 정보를 손쉽게 구할 수 있다. 호텔 카운터에 비치된 정보지들은 각종 이벤트, 축제 등 유용한 정보로 가득하다.

여행지에서

● 투어버스를 적극 활용
소도시는 교통이 불편해 대중교통으로 이동하는 데 한계가 있다. 예를 들어 네덜란드 히트호른을 가고 싶다면 암스테르담에서 투어버스를 이용하면 쉽게 다녀올 수 있다.

● 도보 관광
소도시의 구시가는 규모가 작아서 도보 관광이 가능하므로, 짐을 가볍게 하고 움직인다. 고즈넉한 유럽의 골목길을 걸으며 고도(古都)의 숨결을 느껴볼 수 있다.

● 소매치기 걱정이 적은 편
소도시는 대도시처럼 불량배나 소매치기가 별로 없는 편이다. 그렇다고 해서 밤늦게 다니거나 위험해질 수 있는 행동은 피해야 한다.

● 화장실 이용
대도시에 비해 무료 화장실이 많은 편이다. 소도시 기차역, 구시가 광장, 맥도널드, 스타벅스 등은 대부분 무료인 경우가 많다. 유료 화장실은 동전을 넣고 버튼을 누르면 문이 열린다.

● 현금을 반드시 준비
소도시의 식당은 현금만 고집하는 곳들이 많으니 반드시 현금을 챙겨두어야 한다. 대신 팁 걱정은 크게 하지 않아도 된다. €2 정도의 팁에도 고마움을 진하게 표하는 이들이 많다.

● 하루 한 끼는 현지식으로
여행의 즐거움 중 하나가 먹는 즐거움이다. 그 나라 음식을 먹어 보면 그 나라의 문화를 이해할 수 있기 때문이다. 센트로(도심)를 거닐다 보면 의외로 먹자골목이 많다. 또한 재래시장을 가면 다양한 현지식을 저렴하게 먹을 수 있다.

● 거점 도시를 축으로 주변 도시 공략
숙소가 있는 거점 도시에서 이동하는 데 1~2시간 걸리는 인근 도시를 관광할 때는 일단 무거운 짐을 숙소에 맡긴 후에 관광한다.

● 이벤트 기간에는 주변 지역에 숙소 잡기
축제 기간에는 숙박비가 비싸진다. 그럴 때는 인근 도시에 숙소를 정해 저렴하게 숙박한다.

● 스마트폰을 활용
해외에서 구글 지도 앱은 길치에게 가장 유용한 길잡이 역할을 해준다. 또한 여행 중에 숙소를 알아보거나 예약하는 등 스마트폰은 유용하게 쓰인다. 여행 전 한국에서 또는 현지 공항에서 유심을 구하거나, 이동통신사의 로밍유럽패스를 활용, 또는 여러 명이 동시에 이용할 수 있는 포켓 와이파이를 미리 예약해 가져간다.

● 저가항공을 적극 활용
유럽 내에서 장거리를 이동할 경우는 저가항공을 이용해보자. 열차(버스)보다 시간이 절약되고 여행의 질을 높일 수 있다. 미리 예약하면 비용도 저렴하다.

● 여러 종류의 교통편을 번갈아 이용
소도시를 오가는 교통편은 불편하다. 연결편이 없거나 뜸하게 있다면 일정에 차질을 줄 수 있다. 항상 현지 교통편을 확인하고 여차하면 렌터카 또는 투어버스를 이용한다는 생각을 가져보자. 유연한 사고는 여행을 수월하게 해준다.

● 여유 있는 마음을 가지기
여행하는 동안 자신의 행색과 행동이 그 나라 사람들에게 그대로 노출된다는 사실을 명심한다. 자신이 행복해지는 것, 즐길 수 있는 것에 너무 인색하지 말자. 경비를 아끼는 것에만 집착하면 여행이 힘들어질 수밖에 없다. 써야 할 때는 과감히 쓰자.

● 여행의 즐거움은 간소한 짐에서 시작
기차 여행의 성공은 짐이 얼마나 가벼운가에 달려 있다. 능숙한 여행자는 절대로 짐 때문에 고생하지 않는다. 기내용 슈트케이스 정도의 부피와 무게면 힘들지 않게 여행할 수 있다. 필요한 것은 현지에서 구할 수 있다.

● 여행 스펙 쌓기
방문하는 나라의 역사, 지리, 문화, 미술 관련 기본 지식 정도는 알고 떠나도록 한다. 배낭여행은 혼자 모두 해결해야 하므로 준비가 허술하면 수박 겉핥기식 여행이 되기 쉽다는 것을 명심하자.

2개국

집중 코스

네덜란드 · 벨기에

10일

유럽 중부에 위치한 네덜란드와 벨기에의 소도시는 고즈넉한 분위기에 아름다운 경관을 즐길 수 있는 곳이 많아, 대도시 여행에 비해서도 비교적 만족도가 높은 편이다.

일자	도시	교통수단	이동 시간	여행 포인트
1일째	인천 공항 → 암스테르담 공항	항공편	12시간	
2일째	암스테르담 ↔ 히트호른	버스	왕복 6시간	히트호른 당일 관광
3일째	암스테르담 ↔ 볼렌담	버스	왕복 1시간	오전 이동/볼렌담 오전 관광
	암스테르담 ↔ 알크마르	버스(열차)	왕복 2시간	오후 이동/ 알크마르 오후 관광
4일째	암스테르담 ↔ 잔세스칸스	버스(열차)	왕복 40분	오전 이동/잔세스칸스 오전 관광
	암스테르담 ↔ 하를럼	버스(열차)	왕복 40분	오후 이동/하를럼 오후 관광
5일째	암스테르담 → 헤이그	일반열차	1시간	오전 이동
	헤이그	도보		당일 관광
6일째	헤이그 → 델프트	일반열차	1시간	오전 이동/델프트 오전 관광
	델프트 → 로테르담	일반열차	10분~15분	오후 이동
	로테르담 ↔ 킨데르데이크	크루즈	왕복 60~80분	오후 이동/ 킨데르데이크 오후 관광
7일째	로테르담 → 안트베르펜	일반열차	30분~1시간	오전 이동
	안트베르펜	도보		오전 관광
	안트베르펜 → 브뤼헤	일반열차	1시간 30분	오후 이동
	브뤼헤	도보		오후 관광
8일째	브뤼헤 → 투르네	일반열차	2시간 20분	오전 이동
	투르네	도보		오전 관광
	투르네 → 워털루	일반열차	2시간	오후 이동
	워털루	도보		오후 관광

일자	도시	교통수단	이동 시간	여행 포인트
9일째	워털루 → 디낭	일반열차	2시간 30분	오전 이동
	디낭	도보		오전 관광
	디낭 → 뒤르뷔	열차/버스	1시간 50분	오후 이동
	뒤르뷔	도보		오후 관광
10일째	뒤르뷔 → 브뤼셀	버스/열차	2시간 30분	오전 이동
	브뤼셀 → 인천 공항	항공편	15시간	하이난항공(12:30 출발)
11일째	인천 공항 도착			

※출발 시각표(항공, 열차, 버스, 크루즈 등)는 현지 사정에 따라 달라질 수 있으니 출발 전에 반드시 확인한다.

TIP

□ 암스테르담 IN, 브뤼셀 OUT

□ 네덜란드, 벨기에의 소도시는 대중교통이 불편해 A지역에서 B지역으로 바로 이동하기가 쉽지 않다. 가급적 대도시를 기점 삼아 주변 소도시를 당일로 다녀오도록 일정을 짠다. 2, 3, 4일째는 암스테르담을 기점 삼아 이동한다.

□ 본 일정은 소도시를 1일 2군데 방문하는 일정이다. 단, 히트호른은 암스테르담에서 꽤 거리가 멀어 1일 한곳만 다녀오는 것으로 한다.

□ 4일째 잔세스칸스, 6일째 킨데르데이크는 두 곳 모두 풍차 마을로 유명하지만, 마을 분위기는 전혀 다르므로 시간이 허락하면 모두 방문해도 만족도가 높다.

□ 6일째 킨데르데이크에 갈 때 로테르담에서 크루즈로 이동하는 것이 편하다.

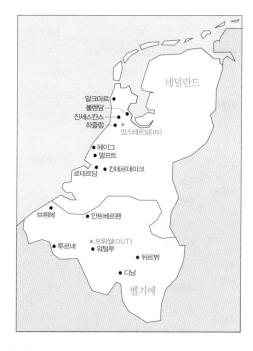

1 벨기에 브뤼헤
2 네덜란드 잔세스칸스

1개국
집중 코스
독일
11일

독일의 소도시는 각 도시가 갖는 매력이 각기 다르다. 중세 고도의 분위기, 태곳적 자연의 아름다움, 환상적인 전망 등 다양한 분위기의 소도시 매력에 빠져들 수 있는 코스이다.

일자	도시	교통수단	이동 시간	여행 포인트
1일째	인천 공항 → 프랑크푸르트 공항	항공편	11시간	
2일째	프랑크푸르트 → 베츨라어	일반열차	1시간	오전 이동
	베츨라어	도보		오전 관광
	베츨라어 → 뤼데스하임	일반열차	2시간 30분	오후 이동
	뤼데스하임	도보		오후 관광
3일째	뤼데스하임 → 쾰른	크루즈(열차)	2시간	오전 이동
	쾰른	도보		오전 관광
	쾰른 → 엑스테른슈타이네	자동차	2시간 40분	오후 이동
	엑스테른슈타이네	도보		오후 관광
4일째	엑스테른슈타이네 → 고슬라어	자동차	2시간 10분	오전 이동
	고슬라어	도보		오전 관광
	고슬라어 → 드레스덴	일반열차	4시간 30분	오후 이동
5일째	드레스덴	도보		당일 관광
	드레스덴 → 밤베르크	ICE열차	3시간	오후 이동
6일째	밤베르크	도보		오전 관광
	밤베르크 → 레겐스부르크	일반열차	2시간	오후 이동
	레겐스부르크	도보		오후 관광
7일째	레겐스부르크 → 파사우	ICE/일반열차	1시간	오전 이동
	파사우	도보		오전 관광
	파사우 → 프린(헤렌킴제 성)	ICE/일반열차	3시간 30분	오후 이동
	프린(헤렌킴제 성)	크루즈/도보		오후 관광

일자	도시	교통수단	이동 시간	여행 포인트
8일째	프린 → 가르미슈 파르텐키르헨	ICE/일반열차	2시간 40분	오전 이동
	가르미슈 파르텐키르헨	케이블카		당일 관광
	가르미슈 파르텐키르헨 → 퓌센	ICE/일반열차	4시간	오후 이동
9일째	퓌센(노이슈반슈타인 성)	도보		오전 관광
	퓌센 → 로텐부르크	일반열차	5시간	오후 이동
10일째	로텐부르크	도보		오전 관광
	로텐부르크 → 프랑크푸르트 공항	일반열차	2시간 50분~3시간 15분	오후 이동
	프랑크푸르트 공항 → 인천 공항	항공편	11시간	대한항공(19:40 출발)
11일째	인천 공항 도착			

독일

고슬라어
베르니게로데
엑스테른슈타이네
드레스덴
베츨라어
프랑크푸르트(IN/OUT)
뤼데스하임
밤베르크
로덴부르크
레겐스부르크
파사우
가르미슈 파르텐키르헨
퓌센   프린

독일 뤼데스하임

독일 엑스테른슈타이네

TIP

□ 프랑크푸르트 공항 IN, OUT
□ 독일은 철도 네트워크가 잘 갖춰져 있어 소도시도 교통편이 양호하다.
□ 4일째 엑스테른슈타이네는 체코의 체스키라이와 더불어 동부 유럽에서 보기 힘든 태곳적 기암괴석을 볼 수 있는 곳이니 일정에 넣기를 추천한다. 단 교통편이 불편하므로 대중교통 이용 시 일정을 느긋하게 잡아야 한다.
□ 9, 10일째 로맨틱 가도(퓌센, 로텐부르크 등)는 열차로 이동할 경우 3~4번 환승하는 등 많은 시간이 걸려 상당히 불편하다. 투어버스를 이용하면 로맨틱 가도의 멋스러운 중세풍 분위기를 편하게 즐길 수 있다.
□ 9일째 노이슈반슈타인 성은 독일에서 가장 인기 있는 고성이라 성수기에는 예약 필수이다.
□ 루트비히 2세에 관심 있는 사람은 고성 투어(헤렌킴제 성, 린더호프 성)에 참여해본다.

4개국
집중 코스

동부 유럽
14일

유럽 동부의 오스트리아, 체코, 크로아티아, 슬로베니아로 구성한 코스로, 최근 핫 플레이스로 뜨고 있는 오스트리아의 잘츠카머구트와 크로아티아를 집중 공략하는 일정이다.

일자	도시	교통수단	이동 시간	여행 포인트
1일째	인천 공항 → 빈 공항	항공편	11시간 20분~20시간	
	빈 → 로그너 바트 블루마우	RJ열차	2시간 30분	오후 이동/로그너 바트 블루마우에서 온천욕
2일째	로그너 바트 블루마우	도보		오전 관광
	로그너 바트 블루마우 → 잘츠부르크	RJ열차	5시간	오후 이동
3일째	잘츠부르크 ↔ 할슈타트/장크트볼프강	버스	왕복 4시간	당일 이동 및 관광
4일째	잘츠부르크	도보		오전 관광
	잘츠부르크 → 류블랴나	EC열차	4시간 20분	오후 이동
5일째	류블랴나 ↔ 블레드	일반열차	왕복 1시간 20분	오전 이동/블레드 오전 관광
	류블랴나 ↔ 포스토이나 동굴	버스	왕복 2시간 40분	오후 이동/오후 동굴 관광
6일째	류블랴나 → 플리트비체 국립공원	자동차	3시간 20분	오전 이동
	플리트비체 국립공원	도보/보트		오후 관광
7일째	플리트비체 국립공원 → 자다르	자동차	2시간 10분	오전 이동
	자다르	도보		오후 관광
8일째	자다르 → 스플리트	자동차	2시간	오전 이동
	스플리트	도보		오전 관광
	스플리트 → 두브로브니크	자동차	3시간	오후 이동
9일째	두브로브니크	도보		오전 관광
	두브로브니크 → 프라하	저가항공	2시간	오후 이동(체코에어)

일자	도시	교통수단	이동 시간	여행 포인트
10일째	**프라하 ↔ 카를로비바리**	버스(열차)	왕복 6시간	당일 이동 및 관광
11일째	**프라하 ↔ 체스키크룸로프**	버스(열차)	왕복 6~7시간	당일 이동 및 관광
12일째	**프라하 → 체스키라이**	열차/버스	4시간	오전 이동
	체스키라이	도보		오후 관광
13일째	**체스키라이 → 프라하**	열차/버스	4시간	오전 이동
	프라하 공항→인천 공항	항공편	10시간	대한항공 18:50 출발
14일째	**인천 공항 도착**			

체코 체스키라이

오스트리아 할슈타트

TIP

☐ 빈 IN, 프라하 OUT

☐ 1일째 빈 근교에 있는 로그너 바트 블루마우는 세계적인 건축가 훈데르트바서가 설계한 온천 리조트이므로 입국 당일 시차 적응하며 휴식을 취하기 좋은 곳이다.

☐ 6~8일째 크로아티아는 기차가 운행되는 도시가 별로 없어 대부분 버스로 이동한다. 이곳에서는 렌터카 여행에 과감히 도전해 보자. 도로가 단순하고 한가해 운전하는 데 별로 힘들지 않다.

☐ 8일째 두브로브니크에서 프라하 이동 시 저가항공을 이용한다. 저가항공을 적절히 활용하면 시간과 비용이 절감되어 효율적인 여행이 된다.

☐ 11일째 보헤미아 파라다이스인 체스키라이는 태곳적 비경을 자랑하는 천혜의 공원이니 1박 하면서 하이킹을 즐겨도 좋다.

네덜란드

NETHERLANDS

아담한 물의 마을

히트호른

GIETHOORN

#그린 베네치아#작은 운하#동화 같은 마을

히트호른
★
암스테르담

Netherlands

히트호른은 오베레이설(Overijssel) 지방의 북부 끝자락에 위치한 국립공원 비어리번 비던(Weerribben-Wieden National Park)의 자연보호구역 한가운데에 위치해 있다. 1200년경 지중해 연안의 난민들이 처음 정착해 경작하기 시작했는데, 1170년 대홍수로 인해 익사했던 많은 야생염소 뿔을 발견하면서 히트호른(Giethoorn : 염소 뿔 Goathorns)이라 부르게 되었다. 마을은 많은 운하와 전형적인 목조 다리, 지붕을 이엉으로 이은 초가농가로 이루어져 있다. 주변 경관이 '그린 베네치아'라 불릴 정도로 한 폭의 그림처럼 아름다워 마치 동화 세계로 빠지는 것 같은 착각을 불러일으킨다. 남녀노소 모두에게 행복과 힐링을 선사해주는 평화롭고 아늑한 마을로 보트, 바이크, 산책 등 다양한 수상 스포츠를 즐길 수 있다.

{ 가는 방법 }

암스테르담에서 히트호른에 갈 때, 기차는 환승해야 하지만 버스(EBS)는 직행이 가능하다. 또는 암스테르담 중앙역에서 버스 투어에 참여해 편하게 관광해도 좋다.

기차 암스테르담에서 히트호른까지 직행편이 없어 기차와 버스로 이동해야 하므로 약 3시간 걸린다.

●**암스테르담 중앙역(Amsterdam Centraal) → IC/RE열차(직행 또는 위트레흐트 역 환승) → 즈볼러(Zwoolle) 역**

기차 1시간 10분~1시간 30분 소요. 즈볼러 역에서 버스 70번을 타면 50분~1시간 소요.

●**암스테르담 중앙역 → IC/RE열차(Almere CS역 환승) → 스틴베이크(Steenwijk) 역**

기차 1시간 35분~2시간 소요. 스틴베이크 역에서 버스 70번을 타면 약 20분 소요.

●**암스테르담 중앙역 → IC열차(Almere CS 역 환승) → 메펄(Meppel) 역**

기차 1시간 30분~1시간 50분 소요. 메펄 역에서 버스 70번을 타면 약 40분 소요.

●**히트호른 버스정류장(Hollands Venetië 레스토랑 앞)**에 내리면 길게 뻗어 있는 운하가 보인다. 운하 선착장에서 보트로 이동해도 좋고, 운하변의 뵈라커르베흐(Beulakerweg) 거리를 따라 8분 정도 걸어가다 바너르스베흐(Warnersweg) 거리로 우회전하면 구시가 중심지인 여행안내소가 나온다.

버스 암스테르담 중앙역에서 EBS버스로 이동한다. 편도 €24.92, 약 2시간 소요. 티켓은 버스 내(또는 여행안내소)에서 구입한다.

투어버스 암스테르담 중앙역(IJ HAL)에서 히트호른까지 투어버스가 운행되고 있다. 매표소는 암스테르담 중앙역에 있다.

출발 월 · 수 · 금 · 토요일 09:30
소요시간 9시간 **요금** €85
홈페이지 www.tour-ticket.com

여행안내소

여행안내소 액티비티에 참여하고 싶으면 여행안내소에서 신청한다.

주소 Eendrachtsplein 2
전화 0521-360112
홈페이지 www.touristinformationgiethoorn.nl
개방 1~2월 토요일 11:00~15:00 / 3 · 11 · 12월 월 · 금 · 토요일 11:00~15:00 / 4~6월 · 9~10월 월~토요일 10:00~17:00 / 7~8월 월~토요일 10:00~17:00(일요일 11:00~15:00)
휴무 9~10월 일요일
교통 구시가 중심지에 위치 **지도** p.45-A

{ 여행 포인트 }

여행 적기 5~9월이 여행하기 좋다. 겨울(늦가을 포함)은 날씨가 흐리고 비가 자주 오므로 가능한 한 피하는 것이 낫다.

점심 식사하기 좋은 곳 운하 선착장 주변
최고의 포토 포인트

●**운하 다리에서 바라본 주변 풍경**

주변 지역과 연계한 일정 국립공원 비어리번비던(Weerribben-Wieden)은 북서유럽에서 가장 규모가 크고 아름다운 토탄 산지로 유명하다. 이엉으로 엮은 지붕이 돋보이는 가옥, 수로, 호수, 갈대숲 등 평소 보기 힘든 이색적인 풍경을 즐길 수 있다. 암스테르담에서 교통편이 양호한 스틴베이크(Steenwijk) 또는 메펄(Meppel)을 거점 삼아 히트호른, 벨트수츠룻(Belt-Schutsloot)을 패키지로 묶어 다녀온다. 공원 안내 지도는 유료 판매.

{ 추천 코스 }

예상 소요 시간 2~3시간

┌─────────────────────────────────┐
│ 운하 선착장(보트 대여점)   │
└─────────────────────────────────┘
  ┊ 도보 7분
┌─────────────────────────────────┐
│ 히트호른 박물관   │
└─────────────────────────────────┘
  ┊ 도보 5분
┌─────────────────────────────────┐
│ 조개갤러리 글로리아 마리스   │
└─────────────────────────────────┘
  ┊ 도보 10분
┌─────────────────────────────────┐
│ 아우더 아르더   │
└─────────────────────────────────┘
  ┊ 도보 5분
┌─────────────────────────────────┐
│ 보벤베이더 호수   │
└─────────────────────────────────┘

※ 운하 보트 타기는 선택 사항

로다 도자기
Pottery Rhoda

아우더 아르더
De Oude Aarde

히트호른
Giethoorn

0   150m

N

Nering

B&B Plompeblad H

운하 선착장
(펀터 투어 보트 대여점)
De Rietstulp

Canal Grande R

히트호른 박물관(헤드올데마트위스)
Museum Giethoorn('tOld MaatUus)

보벤베이더 호수
Bovenwijde

i
S Spar ter Schure

그랜드 카페 팡파레
Grand Café Fanfare
R

조개갤러리 글로리아 마리스
Schelpengalerie Gloria Maris

Wethouder Harm Mollweg

Binnenpad

A

R De Boerdrie

B

Bartus Warnersweg

Bartus Warnersweg

Beulakerweg

Hotel/Restaurant d'Olde Smidse
H

R De Sloothaak

H
Kollen Giethoorn

Restaurant & Rondvaartbedrijf
R Hollands Venetië Giethoorn

Dorpsgracht

버스정류장

H De Kampeerboerderij

벨트-슈츠룻 방향
Belt-Schutsloot

운하 주변 산책이 포인트

히트호른은 일반인들에게는 다소 생소한 마을이지만, 수많은 시인 및 화가에게 영감을 불어넣었고, 사진작가를 비롯한 마니아들에서는 최상의 포토 스폿으로 정평이 난 마을이다. 지붕을 이엉(초가집 지붕이나 담을 이기 위하여 짚이나 새 따위로 엮은 물건)으로 이은 작고 예쁜 초가집들이 운하를 사이에 두고 옹기종기 모여 있는 풍광이 무척 아름답다. 가능한 한 쾌청하고 맑은 성수기에 이곳을 찾는다면 자연의 아름다움을 만끽할 수 있다.

히트호른은 전체 길이가 7km 정도로 아주 작은 마을이다. 이곳은 19세기 전반까지 연료로 이용한 토탄의 산지이다. 채굴지가 몇 개 호수에 흩어져 있어 운하를 파서 보트로 토탄을 운송했다. 최근에는 토탄 채굴이 중단되어 대신에 갈대를 수송하고, 소 떼를 목장으로 이동하고 건초를 겨울용으로 가져온다. 운하 주변으로 가옥이 들어서고 생필품을 보트로 이동하면서 자연스럽게 아름다운 경관이 조성되었다. 운하 사이로 옹기종기 모여 있는 18~19세기의 이엉 지붕 가옥과 안마당의 아늑한 분위기가 마치 동화 속 세계로 잠시 빠져드는 것 같은 착각이 들 정도이다. 어느 집이나 차고 대신 배를 두는 곳이 있어, 문 대신에 목조 다리를 건너면 바로 집 마당으로 연결되는 구조이다. 배(Punter)에 탄 키 큰 사람이 통과할 수 있도록 다리를 높게 설치했다. 다리를 건너면 바로 개인 소유의 정원으로 연결되므로 다리 중간 지점부터

❶ 운하 주변의 아름다운 풍경
❷ 버스정류장에서 내리면 걷기 대신 보트로 구시가로 이동해도 된다.
❸ 네덜란드 베네치아 레스토랑 앞 버스정류장에서 내려 8분 정도 걸어가면 구시가(여행안내소)가 나온다.

는 진입 금지 구역이니 유의한다.

운하와 이엉 지붕 가옥의 조화로운 경치가 아름다워 '북쪽의 베네치아' 또는 '그린 베네치아'라 부른다. 운하 곳곳이 포토 스폿이라 아마추어, 마니아 가리지 않고 누구에게나 멋진 사진을 선사해준다. 평소에는 한적한 운하 마을이지만, 성수기에는 운하와 호수 주변에 몰려든 관광객이 북적거리고 활기찬 반면, 평화롭고 차분한 분위기를 유지하는 게 이 마을의 특색이기도 하다.

보트 타고 즐기는 운하 투어

운하 구석구석의 풍경을 편하게 즐기고 싶으면 여행안내소 근처에 있는 운하 선착장에서 마을 명물 보트인 펀터(Punter)를 타거나, 시간적 여유가 있다면 운하 사이사이를 느긋느긋하게 거닐며 풍경을 즐겨도 좋다. 운하 곳곳에 카페, 레스토랑이 있으니 잠시 커피 한잔하며 쉬면서 예쁜 이엉 지붕 가옥을 감상해본다.

❹ 로다 도자기
❺ 운하 군데군데에 커피숍과 레스토랑이 있다.
❻ 치즈 숍
❼ 히트호른 운하 주변
❽ 운하 안내 표지판

마을의 주요 볼거리

운하 선착장에서 산책로를 따라 직진하면 옛날 농가를 재현한 히트호른 박물관에 나온다. T자 운하에서 왼쪽 운하길(Binnenpad)을 따라가면 전 세계 광석을 모아놓은 아우더 아르더가 있다. 아름다운 크리스털, 준보석, 테라리움 등을 볼 수 있다. 예쁜 도자기로 유명한 히트호른 블루 스타일의 로다 도자기(Pottery Rhoda)도 근처에 있다. 뒤쪽 운하 너머 넓은 보벤베이더 호수는 카누 등 해양 스포츠를 즐길 수 있어 스포츠 마니아가 자주 찾는 곳이다. 되돌아서 직진하면 히트호른 박물관 근처 조개갤러리 글로리아 마리스가 나온다. 조가비, 산호, 해양 수족관, 장식용 수제 선물 등이 볼만하다.

여건이 허락하면 이곳에 묵으며 주변 풍광이 비슷한 벨트수츠룻(Belt-Schutsloot) 마을도 함께 감상해보자.

100년 전 어촌마을의 생활상을 전시

히트호른 박물관(헤드올데마트위스)
Museum Giethoorn ('t Old MaatUus)

100년 전에 살았던 어촌 마을 주민의 생활상을 감상할 수 있는 유일한 곳이다. 토탄을 잘라 만든 작은 배, 펀터(Punter)를 만들어 궁핍한 생활을 이겨내는 어촌민의 강인한 모습을 볼 수 있다. 1900년 당시 사용한 가구와, 어촌 도구들이 전시되어 있다. 박물관 명칭은 주인(Hendrik Maat)의 이름에서 따온 것이다.

주소 Binnenpad 52, Giethoorn **전화** 0521-36-2244 **홈페이지** www.museumgiethoorn.nl **개방** 10월 29일~3월 29일 토 · 일 · 월요일 11:00~17:00, 3월 31일~10월 28일 매일 11:00~17:00 **휴무** 1월 1일, 12월 25일, 복싱데이 **요금** €6 **교통** 운하 선착장에서 도보 7분 **지도** p.45-B

1 가정용 펀터(배) 2 히트호른 박물관 외관 3 농기구 4 다이닝 룸

전 세계 광물을 전시
아우더 아르더
De Oude Aarde

1969년 개관한 전 세계 광석을 모아놓은 박물관으로 아름다운 크리스털, 준보석, 테라리움 등을 볼 수 있다. 특히 메갈로돈 화석이 가장 눈길을 끈다. 상어 영화 〈메갈로돈(Megalodon)〉에 나왔던 고대 상어 메갈로돈은 뭐든지 먹어치우는 악명 높은 상어로 지구상에 멸종한 고대 상어이다.

주소 Binnenpad 43, Giethoorn **전화** 0521-361-313 **홈페이지** www.deoudeaarde.com **개방** 수〜일요일 10:00〜17:00 **요금** €3.5 **교통** 히트호른 박물관에서 도보 5분 **지도** p.45-B

독특한 보석을 전시
조개갤러리
글로리아 마리스
Schelpengalerie
Gloria Maris

히트호른 박물관 근처에 있는 조개갤러리 글로리아 마리스는 전 세계 오대양에서 가져온 앵무조개, 진주층, 카메오와 같은 산호, 진주, 조가비로 만든 독특한 보석을 전시하고 있다. 또한 블라우스, 블레이저, 바지, 코트 등 계절에 따라 다양한 컬렉션을 선보인다.

주소 Binnenpad 115, Giethoorn **전화** 0521-361-582 **홈페이지** www.gloria-maris.nl **개방** 4월 2일〜10월 1일 매일 10:00〜18:00, 10월 2일〜11월 1일 매일 11:00〜17:00 / 11월 2일〜4월 1일은 전화 예약 필요 **요금** 무료 **교통** 히트호른 박물관에서 도보 5분 **지도** p.45-B

♥♥ ♥
최상의 액티비티를
즐길 수 있는 곳
보벤베이더 호수
Bovenwijde

히트호른에서 가장 넓은 호수로, 쉽게 해양 스포츠를 접할 수 있어 남녀노소 불문하고 인기 있다. 주변 캠핑장에서 며칠 머물며, 보트에 누워 호수 주변의 아름다운 풍경을 즐길 수 있고, 카누, 윈드서핑 등 다양한 액티비티를 즐길 수 있어 해양 스포츠 마니아들이 즐겨 찾는다.

교통 히트호른 박물관에서 도보 10분 **지도** p.45-B

(TRAVEL TIP)

마을에서 가장 유명한 카페
그랜드 카페 팡파레 Grand Café Fanfare

마을에서 가장 유명한 카페. 운하를 끼고 있어 멋진 전망을 즐기며 커피, 식사 등을 즐길 수 있다. 식사류보다는 커피 한잔 가볍게 하는 것을 추천한다. 예산 €5〜.

주소 Binnenpad 68, Giethoorn **전화** 0521-361-600 **홈페이지** www.fanfaregiethoorn.nl **영업** 화요일 09:30〜23:00, 목 · 금요일 11:00〜23:00, 토 · 일요일 10:30〜23:00 **휴무** 월 · 수요일 **교통** 히트호른 박물관에서 도보 1분 **지도** p.45-B

독특한 분위기의 어촌

볼렌담

VOLENDAM

#어촌 마을#독특한 가옥#민속의상 촬영

볼렌담 ⭐
암스테르담

Netherlands

볼렌담은 암스테르담에서 북쪽으로 약 20km 떨어진 곳에 위치한 작은 어촌으로, 에이설 호 (IJsselmeer)에 접해 있다. 대제방(Afsluitdijk)을 쌓아 호수를 만들기 전, 자위더르해(Zuider Zee) 라고 불리던 시기의 항구이다. 외부와 단절된 지리적 위치로, 어부의 힘든 생명력 때문에 독특한 그 들만의 문화와 특징을 6세기 동안 보존해왔다. 2만 2000명의 주민들은 그들의 유대관계가 긴밀한 주민 공동체를 유지하고 마을에 대한 자부심 또한 대단하다. "네덜란드의 진정한 아름다움을 보려는 사람들은 볼렌담에 가라"는 유명 가수의 노래 가사가 있을 정도이다. 가장 아름답고 특이한 작은 집 들이 네덜란드와는 전혀 다른 독특한 분위기로 이곳을 찾는 방문객을 매료시킨다.

Travel INFO

{ 가는 방법 }

암스테르담에서 버스로 30분 거리에 있어 당일로 다녀올 수 있다. 볼렌담 인근에 있는 마르켄을 함께 다녀와도 좋다. 기차편이 없어 버스를 이용해야 한다.

● 암스테르담 중앙역에서 EBS버스(에담 Edam행)로 이동한다. 약 35분 소요, 15분마다 운행. 티켓(편도 €4.39)은 버스 내(또는 여행안내소)에서 구입한다.
버스 정보 www.ebs-ov.nl

● 암스테르담 지역 티켓(Amsterdam & Region Travel Ticket)을 여행안내소에서 구입하면 암스테르담과 근교 교통수단인 트램, 메트로, 버스(GVB, EBS, Connexxion), 기차(NS)를 무제한 이용할 수 있다. 1일권 €18.5, 2일권 €26, 3일권 €33.5
티켓 정보 www.iamsterdam.com/area

● 작은 어촌 마을이라 걸어서 관광한다.
여행안내소
주소 VVV Volendam Zeestraat 37, Volendam
전화 0299-363747
홈페이지 www.vvv-volendam.nl
개방 11월~3월 24일 매일 11:00~16:00,
3월 26일~10월 월~토요일 10:00~17:00,
일요일 11:00~15:00
휴무 11월~3월 24일 일요일
교통 볼렌담 박물관 바로 옆
지도 p.53-A

{ 가는 방법 }

여행 적기 5~9월이 여행하기 좋다. 겨울(늦가을 포함)은 날씨가 흐리고 비가 자주 오므로 가능한 한 피하는 것이 좋다.
점심 식사하기 좋은 곳 선착장 주변(하번 거리 Haven)
최고의 포토 포인트
● 요트 정박장의 제방 근처 성모마리아상 주변 주변 지역과 연계한 일정 하번 거리에서 크루즈선을 타고 호수 건너편의 마르켄을 다녀온다. 같은 어촌이지만 다른 전통 문화를 유지하며 전형적인 어촌 풍경을 유지하고 있다. 1~2시간 정도면 마을 구경이 가능하다.

{ 추천 코스 }
예상 소요 시간 1~2시간

┌─────────────────┐
│ **볼렌담 박물관** │
└─────────────────┘
　　도보 7분
┌─────────────────┐
│ **하번 거리** │
└─────────────────┘
　　근처
┌─────────────────┐
│ **포토 스튜디오** │
└─────────────────┘
　　근처
┌─────────────────┐
│ **치즈 공장** │
└─────────────────┘

(TRAVEL TIP)

액티비티 신청은 여기에서
볼렌담 렌트 & 이벤트 Volendam Rent & Event

볼렌담에서 즐길 수 있는 다양한 액티비티를 소개해준다. 여행안내소 역할을 겸하고 있다.

주소 Haven 45, Volendam **홈페이지** www.volendamrentandevent.nl **영업** 매일 09:30~18:00 **요금** 바이크 3시간 €10, 24시간 €15 E-Bike(전기자전거) 3시간 €20, 24시간 €30 E-chopper(오토바이) 1시간 €15, 2시간 €22.5 **교통** 요트 정박장 근처 **지도** p.53-A

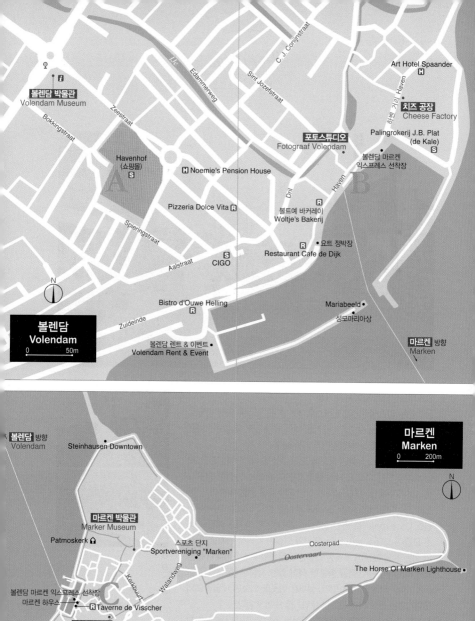

볼렌담 박물관
Volendam Museum

Bokkingstraat

Zeestraat

Edammerweg

IJt

Sint Jozefstraat

C. J. Conijnstraat

Art Hotel Spaander 🅗

치즈 공장
Cheese Factory

Haven 정류

포토스튜디오
Fotograaf Volendam

Palingrokerij J.B. Plat
(de Kale) 🆂

Havenhof
(쇼핑몰) 🆂

A

🅗 Noemie's Pension House

볼렌담 마르켄
익스프레스 선착장

Dril

Pizzeria Dolce Vita 🆁

볼트예 바커레이
Woltje's Bakerij

Haven

B

Spieringstraat

Restaurant Cafe de Dijk 🅱

요트 정박장 🅱

Aalstraat

🆂
CIGO

Mariabeeld •
성모마리아상

N

Bistro d'Ouwe Helling
🅁

Zuideinde

볼렌담
Volendam

0   50m

마르켄 방향
Marken

볼렌담 렌트 & 이벤트
Volendam Rent & Event

마르켄
Marken

0   200m

볼렌담 방향
Volendam

Steinhausen Downtown

N

마르켄 박물관
Marker Museum

Patmoskerk 🅗

스포츠 단지
Sportvereniging "Marken"

Oosterpad

Oostervaart

The Horse Of Marken Lighthouse •

C

Kerkbuurt

Walandweg

D

볼렌담 마르켄 익스프레스 선착장
마르켄 하우스

🅁 Taverne de Visscher

나막신 공장
Klompenmakerij Marken

Allehens Onderzeil 🅗

🆂 DEEN Supermarkten
(슈퍼마켓)

Kruibaakweg

암스테르담으로 당일치기 가능

볼렌담은 암스테르담에서 버스로 30~40분 거리에 있어 당일로 부담 없이 다녀올 수 있다. 욕심을 내서 아침 일찍 출발하면 볼렌담과 인근 마르켄도 당일치기가 가능하다.

우선 볼렌담에 도착하면 항구에 요트, 어선들이 정박해 있고, 제방에 부딪히는 파도 소리가 들려 이곳이 바다와 인접한 항구라 생각하기 쉬운데, 사실 바다가 아닌 담수호에 접한 어촌이다. 예전에 자위더르해(Zuider Zee)에 제방을 쌓자 바다가 호수(에이설호 IJsselmeer)로 변한 것이다. 그래서인지 아직도 예전의 어촌 모습이 그대로 남아 있다. 외부와 단절된 지리적 위치로, 어부의 힘든 생활 때문에 독특한 그들만의 문화와 특징을 6세기 동안 보존해왔기에, 볼렌담을 방문한 적이 있는 사람은 "볼렘담은 참 독특하다." 라는 말들을 한다. 실제로 이곳에 와보면 네덜란드의 분위기와는 뭔가 다른 독특한 분위기를 느끼게 된다.

전설에 따르면 볼렌담 문장(紋章)에는 소녀의 아름다움을 칭찬한 것이 담겨 있다. "네덜란드의 진정한 아름다움을 보고 싶은 사람은 볼렌담에 가라"라는 노래 가사가 있을 정도다.

볼거리가 모여 있는 하번 거리

볼렌담의 볼거리는 선박들이 정박해 있는 선착장 주변의 하번(Haven) 거리에 몰려 있다. 호숫가를 따라 일직선으로 쭉 뻗어 번화가를 이루고 있다. 거리를 따라 특산품 상점, 와플 제과점,

❶ 하번 거리
❷ 번화가인 하번 거리. 마르켄 익스프레스 크루즈선이 정박해 있다.
❸ 요트 선착장

❹ 하번 거리의 어부
❺ 다양한 와플
❻ 선물가게
❼ 볼렌담의 마을 풍경

치즈 공장, 카페, 레스토랑을 겸한 작은 호텔 등이 늘어서 있다. 그중에서 가장 눈길을 끄는 것이 민속 의상을 입고 기념사진을 찍을 수 있는 포토 스튜디오이다. 마을에 2~3곳이 있는데 요금(1인 €15~)은 거의 비슷하다. 스튜디오에 들어가면 여러 종류의 네덜란드 민속 의상이 진열되어 있다. 이 도시의 여성용 민속 의상은 레이스로 된 고깔 모자가 특징이다. 검은색 등의 블라우스에 꽃무늬 자수 장식의 스커트와 에이프런을 두른 전통 의상으로 갈아입고 촬영한다. 촬영 후에는 볼렌담의 시럽 와플이 소문대로 기막히게 맛있으니 간식 겸 한번 먹어보자.

하번 거리 앞 호수 건너편에는 요트가 정박해 있고 성모마리아상이 서 있다. 이곳에서 바라본 번화가 쪽의 풍경도 좋다. 시장하면 하번 거리에 있는 어시장에서 해산물 요리를 먹는 즐거움을 가져 본다. 담수호가 된 에이설호의 명물은 훈제장어(smoked eel)인데 그 맛이 매우 특별하다. 빵에 넣어 먹는 것은 약간 거부감이 느껴지지만 도전해본다. 하번 거리에서 좀 떨어져 있는 곳에 볼렌담 박물관이 있다. 볼렌담의 역사와 문화를 알고 싶으면 들려보자. 또한 시간이 허락하면 하번 거리 선착장에서 크루즈선 마르켄 익스프레스를 타보자. 호수를 건너면 볼렌담과는 분위기가 다른 전통적인 어촌 마을 마르켄이 나온다.

❤❤ ❤❤

볼렌담의 역사를 전시
볼렌담 박물관
Volendam Museum

1 볼렌담 박물관
2 당시 여인네 복장 3 옛 볼렌담 모습

볼렌담 박물관은 다양하고 풍부한 역사를 담고 있다. 이곳에서 작업했던 유명 화가들의 회화, 민속 의상 등 볼렌담의 역사와 문화, 일상사를 소개하고, 어촌의 일상을 전하는 낚시 도구와 배 등도 전시하고 있다.

주소 Zeestraat 41, Volendam **전화** 0299-369-258 **홈페이지** www.volendamsmuseum.nl **개방** 매일 10:00~17:00 **요금** €4 **교통** 하번 거리에서 도보 7분 **지도** p.53-A

❤❤ ❤❤

기념품으로 그만
포토 스튜디오
Fotograaf volendam

주소 Haven 70, Volendam **전화** 0299-369-258 **홈페이지** www.photovolendam.nl **영업** 매일 09:00~19:00 **요금** 1인 작은 사진 2장 또는 큰 사진 1장 €15 2인 작은 사진 2장 또는 큰 사진 1장 €20 **교통** 하번 거리에 위치 **지도** p.53-B

네덜란드 민속 의상을 입고 사진을 촬영하기 위해 매년 이곳을 찾는 여행객들이 급증하고 있다.
볼렌담 민속 의상이 네덜란드에서 가장 유명한 이유는 이곳에서 살며 작업했던 유명 화가의 그림 때문이다. 레이스로 된 고깔 모자와 검은색 등의 블라우스에 꽃무늬 자수 장식의 스커트와 에이프런을 두른 전통 의상이 특징적이다.

맛있는 볼렌담 치즈를 맛보자

치즈 공장
Cheese Factory

네덜란드 치즈는 세계적으로 유명한데 그중에서도 볼렌담 치즈는 맛으로 치면 가장 맛있다. 치즈 박물관, 공장, 매장을 동시에 운영하고 있다. 치즈 제조의 기술, 치즈 맛을 다르게 만드는 요인, 치즈 제조 시간 등 박물관 투어를 통해 이 모든 궁금증을 풀어준다.

주소 Haven 25, Volendam **전화** 0299-350-479 **홈페이지** www.cheesefactoryvolendam.com **개방** 매일 09:30~18:30 **교통** 하번 거리에 위치 **지도** p.53-B

(TRAVEL TIP)

볼렌담의 인기 와플 제과점

볼트예 바커레이 Woltje's Bakerij

1799년 10월 오픈한 전통 있는 제과점. 여주인이 고우다에서 네덜란드 시럽 와플(Stroop Wafel)을 처음 접하고 이런 와플보다 훨씬 맛있는 와플을 만들겠다고 결심한다. 지금은 볼렌담의 시럽 와플이 네덜란드에서 최고의 맛을 자랑하는 와플로 정평이 나 있다. 와플 €4.5~.

주소 Haven 98, Volendam **전화** 0299-402-709 **영업** 매일 09:00~20:00 **교통** 하번 거리에 위치 **지도** p.53-B

1, 2 마르켄 3 마을 진입로 다리

볼렌담 근교의 섬 여행
마르켄
· Marken

마르켄은 에이설호에 떠 있는 작은 섬이었는데, 1957년 제방을 쌓아 육지와 연결되었다. 호수 건너편의 볼렌담 등과는 다른 전통문화를 고수하고, 전형적인 어촌 풍경을 유지하고 있다. 13세기 처음 이곳에 정착한 원주민들은 바다에 인접해 토양이 비교적 비옥한 덕분에 소 떼를 키우고 농사지으며 살았다.
볼렌담에서 마르켄 익스프레스선을 타고 30분쯤 호수를 건너면 마르켄 선착장에 도착한다. 초록색 벽에 흰색으로 테두리를 두른 고풍스러운 집들이 눈에 띈다. 시대에 뒤처진 섬이지만, 이제는 옛것을 그대로 간직한 네덜란드 풍경을 보려고 오는 여행객들로 북적거린다. 선착장 주변은 카페와 레스토랑 몇 군데만 있어 볼렌담만큼 관광지로 개발되지는 않았다. 마을 자체가 작아 1~2시간이면 걸으면서 오랜 어촌의 아담하고 예쁜 가옥들을 감상할 수 있다.
선착장 앞에는 커피, 전통 팬케이크, 계절 요리 등으로 유명한 마르켄에서 가장 오래된 레스토랑인 타버르너 더 비서르(Taverne de Visscher : 영업 09:00~21:00, 홈페이지 www.

4 선착장 5 선착장 앞에 마르켄 하우스와 커피숍이 있다.

tavernevisscher.nl)가 있고, 옆에 있는 마르켄 하우스(House of Marken : 개방 09:00~19:30, 요금 €3)는 100년 전에 살았던 마르켄 주민의 역사가 담겨 있다. 섬에 있는 집들은 단칸방에 평균 10여 명의 아이들과 함께 거주했단다. 전기 시설은 물론 화장실도 없어 교회 인근 공중 화장실을 이용하는 열악한 환경에서 살았다.

호수 앞 긴 제방에는 제2차 세계대전 때 희생된 이들을 기리는 전쟁기념비가 있다. 마을 초입의 주차장 근처에는 100년 전통의 나막신 공장(Wooden shoe factory : 개방 매일 10:00~19:00, 요금 무료, 홈페이지 www.woodenshoefactory.nl)이 있고, 도보 10분 거리에는 작은 교회와 마르켄 박물관(Marker museum : 개방 월~토요일 10:00~17:00, 요금 €3, 홈페이지 www.markermuseum.nl)이 있다. 과거 생선을 훈제하기 위해 사용하던 건물인데 현재는 박물관으로 사용하고 있다. 과거 어촌의 생활상을 알 수 있는 소박한 민속 의상, 오래된 세간 등을 전시하고 있다.

볼렌담 마르켄 익스프레스 Volendam Marken Express
볼렌담에서 호수를 가로질러 마르켄으로 갈 수 있는 크루즈선
주소 Haven 39, Volendam(선착장) **홈페이지** www.markenexpress.nl **영업** 09:00~18:45 **운항 시간** 볼렌담 출발 09:45~18:45, 마르켄 출발 10:15~19:30, 30분마다 운항(30분 소요) **요금** 편도 €8.5, 왕복 €12.5 **교통** 하번 거리에 위치 **지도** p.53-C·D

6 큰 교회(Grote Kerk) 7, 8, 9 마르켄 박물관 8 민속 의상 9 거실

네덜란드의 명물 풍차 마을

잔세스칸스

ZAANSE SCHANS

잔세스칸스 ★
● 암스테르담

Netherlands

#명물 풍차#나막신 장인#치즈 공장

잔세스칸스는 암스테르담에서 북쪽으로 15km 정도 떨어진 전원풍의 작은 마을이다. 네덜란드에서 가장 그림같이 아름다운 마을로 정평이 나 있다. 아름다운 옛 목조 건물과 명물 풍차, 이곳저곳 풀밭에서 방목하고 있는 양 떼의 모습이 마치 동화 속에 들어온 것 같은 분위기를 자아낸다. 아직도 장인들이 방앗간과 제분소에서 나막신, 치즈 등을 손수 만드는 17~18세기 민초들의 생활을 재현하면서 전성기에 누렸던 향수를 느끼게 한다. 치즈 만드는 과정을 공개하는 치즈 공장, 나막신 공장에서 단숨에 신발 한 켤레를 만드는 장인들의 손재주, 네덜란드의 명물인 풍차 내부 견학, 시계박물관, 네덜란드의 별미 요리와 레스토랑, 예쁜 기념품 가게의 비밀스러운 매력들이 여행객의 발길을 유혹한다.

{ 가는 방법 }

암스테르담 → 잔세스칸스

● **기차** 암스테르담 중앙역(Amsterdam Centraal)에서 알크마르(Alkmaar)행 완행열차를 타고 18분 정도 가면 잔데이크잔세스칸스(Zaandijk–Zaanse Schans) 역에 도착한다. 역이 작아 완행열차만 정차하니 급행열차를 타지 않도록 유의할 것.

● **버스** 암스테르담 중앙역 앞에서 391번 버스로 이동한다. 14분 소요, 시간당 2회 운행.
버스 정보 www.bus391.nl

● 잔세스칸스는 아주 작은 마을이라 걸어서 관광한다.

잔데이크잔세스칸스 역

{ 여행 포인트 }

여행 적기 5~9월이 여행하기 좋다. 비가 자주 내리는 겨울철은 피하는 것이 좋다.
매년 7~8월 주말이면 풍차의 날을 기념해 풍차가 가동된다. 이날은 공개되지 않던 풍차도 일반인에게 공개해 가동하니 이때 방문하면 더 좋다.
점심 식사 하기 좋은 곳 풍차와 치즈 농장 주변. 작은 마을이라 레스토랑이 2~3곳밖에 없다.
주변 지역과 연계한 일정 암스테르담에 숙소를 정하고 가까운 거리에 있는 알크마르와 잔세스칸스 두 곳을 당일로 다녀온다.
최고의 포토 포인트
● 도개교(Julianabrug) 위에서 바라본 잔강과 풍차의 멋진 풍경

여행안내소

주소 Schansend 1, AW Zaandam
전화 075-681-0000
홈페이지 www.dezaanseschans.nl
개방 10:00~17:00
교통 마을 입구 주차장 근처 **지도** p.63-B

{ 추천 코스 }

예상 소요 시간 2~3시간

┌─────────────────────────┐
│ 잔데이크잔세스칸스 역 │
└─────────────────────────┘
　　도보 10분

┌─────────────────────────┐
│ 마을 입구 │
└─────────────────────────┘
　　도보 3분

┌─────────────────────────┐
│ 풍차 공장 │
│ (강변을 따라 연이어 풍차가 있다) │
└─────────────────────────┘
　　도보 2분

┌─────────────────────────┐
│ 치즈 농장 │
└─────────────────────────┘
　　바로

┌─────────────────────────┐
│ 델프트 도자기 공장 │
└─────────────────────────┘
　　바로

┌─────────────────────────┐
│ 나막신 공장 │
└─────────────────────────┘

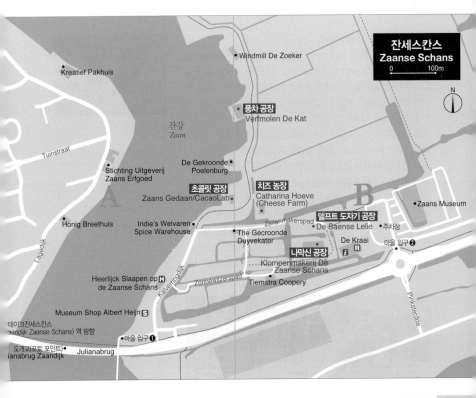

잔세스칸스
Zaanse Schans
0   100m

N

Windmill De Zoeker

Kreatief Pakhuis

풍차 공장
Verfmolen De Kat

잔강
Zaan

Tuinstraat

De Gekroonde
Poelenburg

Stichting Uitgeverij
Zaans Erfgoed

치즈 농장
초콜릿 공장   Catharina Hoeve
Zaans Gedaan/CacaoLab   (Cheese Farm)

델프트 도자기 공장

Zaans Museum

Zellenmakerspad   De Saense Lelie   주차장

Honig Breethuis   Indie's Welvaren
Spice Warehouse   De Kraai   마을 입구 ❷

The Gecroonde   ℹ   Ⓡ
Duyvekater
나막신 공장

Klompenmakerij De
Zaanse Schans

Heerlijck Slaapen op Ⓗ
de Zaanse Schans   Tiemstra Coopery

Museum Shop Albert Heijn Ⓢ

데이크잔세스칸스
aandijk Zaanse Schans) 역 방향   마을 입구 ❶

도개교(포토 포인트)
ianabrug Zaandijk   Julianabrug

Pinksterdijk

Lagedijk

Kalverringdijk

Zonnewijzerspad

네덜란드의 상징인 풍차 마을

잔데이크잔세스칸스(Zaandijk–Zaanse Schans) 역에 내리면 잔세스칸스(Zaanse Schans) 출구를 따라 골목길(Stationsstraat)로 직진하다 좌회전해 가면 오른편 너머로 확 트인 잔(Zaan)강이 보인다. 도개교(여객선이 지나가면 다리가 위로 올라간다)를 지나면 바로 왼쪽이 마을 초입이다.

마을 초입에서 오른쪽으로 가면 치즈 농장, 나막신 공장, 기념품 가게와 레스토랑이 있고, 왼쪽 강변을 따라가면 증기기관으로 사라져 갔지만 아직 관광용으로 남겨진 네덜란드의 명물 풍차들이 연이어 있다. 근처 초콜릿 공장(Zaans Gedaan, Cacao Lab)에 가면 카카오 열매로 공정을 거쳐 코코아 가루로 초콜릿 만드는 제조 과정을 볼 수 있고, 직접 시식해 먹을 수 있는 코너도 있다.

잔디밭에는 양 떼가 정신없이 풀 뜯어 먹는 전원 풍경이 펼쳐진다. 또한 녹색 벽면에 흰색의 처마 장식을 한 예쁜 목조 가옥들과 도자기 공장, 염료 풍차 등 볼거리가 도보 범위 내에 있어 2~3시간이면 둘러볼 수 있다.

❶ 잔세스칸스의 전통 가옥
❷ 도개교
❸ 치즈 농장에서 방목하는 염소
❹ 막대타기 놀이를 즐기는 여행자들

♥ ♥
일반에게 개방한 염료 제조 풍차 공장

풍차 공장
Verfmolen De Kat

염료용 풍차는 1752년 설립되었으며 풍력을 이용해 염료를 생산하는 풍차 공장이었는데 현재는 박물관(한국어판 안내서 구비)으로 꾸며 일반에 공개하고 있다. 내부 1층에서는 풍력으로 풍차가 돌아가면서 맷돌을 돌려 염료를 제조하는 과정을, 2층에서는 풍차 작동 방법을 볼 수 있다. 과거 55개였던 풍차 염료 공장에서 생산한 염료들도 볼 수 있다. 5월 둘째 주말은 풍차의 날로, 사용하지 않는 풍차 모두를 가동한다.

주소 Kalverringdijk 29, 1509 BT Zaandam **전화** 075-621-0477 **홈페이지** www.verfmolendekat.com **개방** 11~3월 토~일요일 09:30~16:30, 4~6월 화~일요일 09:30~16:30, 7~8월 매일 09:30~16:30, 9~10월 화~일요일 09:30~16:30 **요금** €4.5(6~12세 €2) **교통** 마을 진입로에서 도보 3분 **지도** p.63-B

1 염료용 풍차(De Kat) 2 풍력으로 풍차가 돌아가면서 맷돌을 돌려 염료 만드는 과정을 볼 수 있다.

풍차는 왜 만들어졌나?

식용유용 풍차(De Zoeker)

북해의 강한 바람을 받으며 쌩쌩 돌아가는 풍차는 당시 저지대의 물을 퍼 올리고, 밀을 빻기도 하며, 발전까지 하는 생활 필수 도구였다. 산업혁명 전만 하더라도 네덜란드에 1만여 개의 풍차가 있었는데, 지금은 10분의 1로 줄어들어 킨데르데이크, 잔세스칸스, 레이던, 쾨켄호프 등에서 명맥을 이어가고 있다. 배수용 풍차는 날개가 회전하면서 운하 내의 스크루를 돌려 위쪽의 운하로 물을 퍼 올린다. 북부 지역에서 볼 수 있는 현대적인 발전용 풍차는 2~3개의 작은 날개로 회전 속도를 이용하는 풍차이다. 레이던의 풍차(De Valk)는 옥수수를 빻는 제분용으로 하루에 1t 이상의 밀가루를 빻을 수 있다. 현재 잔세스칸스에는 식용유용 풍차(De Zoeker, De Bonte Hen), 제분용 풍차(De Gekroonde Poelenburg, Het Jonge Schaap), 염료용 풍차(De Kat), 겨자 가루 빻는 풍차(De Huisman)의 6개 풍차가 남아 있다.

♥♥

치즈 제조 과정 견학
치즈 농장
Catharina Hoeve(Cheese Farm)

원래 1750년 오스찬(Oostzaan)에 위치한 낙농장이었던 치즈 농장을 1987년 창립 100주년을 기념해 잔세스칸스에 기부했다. 치즈 농장 입구에 들어서면 아로아 모자를 쓴 전통 복장의 치즈 조리사가 다양한 치즈에 관해 안내해준다. 특히 네덜란드를 대표하는 노랗고 둥근 고다 치즈와 염소 치즈, 허브 치즈 등의 차이점을 10개 언어로 설명해준다. 일정 수준의 관광객들이 모이면 치즈 공정 과정도 보여준다. 기념품 가게에 들어가면 맛있는 치즈를 시식할 수 있다. 치즈 외에도 네덜란드 초콜릿, 양털 기름 소재 화장품 등을 판매한다. 치즈 농장 앞 목장에는 염소, 젖소 등을 방목한다.

주소 Zeilenmakerspad 5, 1509 BZ Zaandam **전화** 075-621-5820 **홈페이지** www.dezaanseschans.nl **개방** 매일 08:30~17:00 **요금** 무료 **교통** 풍차 공장에서 도보 3분 **지도** p.63-B

1 치즈 농장 입구
2 고다 치즈 제조 과정을 볼 수 있다.
3 농장에서 제조한 치즈를 판매한다.

♥

금세공인의 작업장을 공개
델프트 도자기 공장
De Saense Lelie

18세기에 세운 도자기 공장은 1973년 이곳으로 옮겨왔다. 매장 안에는 델프트 블루 장식을 전공한 예술가, 다이아몬드 연마공, 금세공인, 수많은 장인들이 작업한다. 작업장에서는 유명한 델프트 도자기 공정 과정과 다이아몬드와 금의 세공 과정, 매장에 전시된 다양한 도자기와 다이아몬드 등도 볼 수 있다. 델프트 도자기 공장은 매장도 함께 운영한다.

주소 Zeilenmakerspad 7, 1509 BZ Zaandam **전화** 075-635-4622 **홈페이지** www.saenselelie.nl **개방** 매일 08:30~18:00 **요금** 무료 **교통** 치즈 농장 근처 **지도** p.63-B

1 도자기 전시 2 델프트 도자기 공장 3 다이아몬드와 금의 세공 과정을 볼 수 있다.

♥♥
직접 보는 장인의 손길
나막신 공장
Klompenmakerij De Zaanse Schans

네덜란드식 전통 나막신을 만드는 공장 겸 기념품점으로 독특한 네덜란드 나막신의 최대, 최고의 컬렉션 중 하나를 볼 수 있는 곳이다. 이 공장은 원래 1750년대 곡식과 코담배 저장소로 사용되었던 드 브리드 창고에 위치하고 있다. 공장 목조 건물 앞에는 이곳의 상징인 커다란 노란색 나막신이 놓여 있다. 안으로 들어서면 한 공간 내에 나막신을 직접 만드는 작업장과 조각 나막신, 얼음 나막신, 말 나막신, 외국에서 들어온 예술 나막신 등 화려한 색상의 다양한 나막신을 전시한 진열대가 있다. 관광객들이 모이면 숙련된 장인이 등장해 나막신 만드는 과정을 상세히 보여주며 설명해주는데, 눈 깜빡할 사이에 곡예하듯 멋진 나막신 한 켤레를 후닥닥 만든다. 소형 나막신, 슬리퍼 나막신, 열쇠고리와 저금통 등 다양한 크기의 나막신과 전형적인 네덜란드 기념품들이 진열되어 있다.

주소 Kraaienest 4, BZ Zaandam **전화** 075-617-7121 **홈페이지** www.woodenhoeworkshop.nl **개방** 3~10월 08:00~18:00, 11~2월 09:00~17:00, 12월 25일, 복싱데이 (12월 26일) 10:00~16:00, 1월 1일 11:00~16:00 **요금** 무료 **교통** 델프트 도자기 공장 근처 **지도** p.63-B

1 나막신 공장 2 나막신 제조 과정을 보여주는 장인

♥♥
견학과 시식을 동시에
초콜릿 공장
Zaans Gedaan/CacaoLab

카카오 열매로 코코아 가루를 만드는 공정부터 코코아 가루에서 초콜릿을 만드는 최종 제조 과정까지 볼 수 있다. 또한 직접 시식할 수 있는 코너도 있다. 제조 과정은 18세기 전통 방식에 따르고 있으며, 도구 또한 옛 방식을 여전히 사용한다는 것이 눈여겨볼 만하다. 잔세 코코아 파우더로 만들어 정교하게 맛을 낸 초콜릿을 구입할 수도 있다.

주소 Kalverringdijk 25, BT Zaandam **전화** 06-2421 4116 **개방** 10:00~17:00 **요금** 무료 **홈페이지** www.zaansgedaan.nl **교통** 치즈 농장 근처. **지도** p.63-A

초콜릿 원료인 코코아.
카카오 원료로 공정을 거쳐 코코아를 만든다.

600년 전통을 자랑하는 치즈 마을

알크마르

ALKMAAR

알크마르 ★
암스테르담

Netherlands

#운하 도시#치즈 시장#중세 가옥

알크마르는 1573년 네덜란드 독립전쟁 당시 시민들이 힘을 모아 스페인군의 공격을 막아냈으며, 1799년 프랑스혁명 전쟁 때에는 프랑스 연합군이 이곳에서 영국과 러시아 연합군을 격파한 자랑스러운 역사를 가지고 있다. 지금도 14~15세기의 오랜 가옥들이 많이 남아 있다.

이곳은 600년 이상의 전통을 자랑하는 치즈 시장으로 유명하다. 알크마르의 명물인 치즈 시장은 4월 초순(또는 3월 말)에서 9월 중순 금요일 오전 10시부터 12시 30분까지 시내 중심가인 바흐 광장에서 열린다. 전통 방식에 따라 상인들이 들것을 메고 하루 평균 30만kg의 치즈를 거래하는 이색적인 광경을 보기 위해 해마다 수많은 관광객들이 모여든다. 그에 못지않게 운하를 끼고 있는 단아한 풍취에 흠뻑 빠지기 좋은 정겨운 마을이기도 하다.

{ 가는 방법 }

암스테르담 중앙역(Amsterdam Centraal)에서 알크마르/덴헬데르(Alkmaar/Den Helder)행 열차를 타면 알크마르(Alkmaar) 역까지 35분 ~1시간 정도 소요.

알크마르 역에서 시내의 중심인 바흐 광장 (Waagplein)까지는 도보로 약 10분 정도 걸린다. 도시가 작아 바흐 광장(Waagplein)을 중심으로 걸어 다니면서 관광할 수 있다. 역내에 자전거 대여소가 있으니 이용해도 좋다.

{ 여행 포인트 }

여행 적기 5~10월이 여행하기 좋다.
점심 식사 하기 좋은 곳 바흐 광장 주변
최고의 포토 포인트
●바흐 광장(Waagplein) 운하 주변의 풍경

●피트 풍차 근처 하이로 다리(Heilooërbrug)에서 바라본 풍차 풍경

주변 지역과 연계한 일정 암스테르담에 숙소를 정하고 가까운 거리에 있는 알크마르와 잔세스칸스 두 곳을 당일로 다녀온다.

여행안내소
주소 Waagplein 2, Alkmaar
전화 072-511-4284
홈페이지 www.vvvhartvannoordholland.nl
개방 4~6월 · 9월 월~목요일 · 토요일 10:00~17:00, 금요일 09:00~17:00 / 10월 월~토요일 10:00~17:00, 11~3월 월요일 13:00~17:00, 화~토요일 10:00~17:00 / 7~8월 월~토요일 09:30~19:00, 금요일 09:00~19:00, 일요일 12:00~17:00
교통 바흐 광장의 치즈 박물관 내 1층
지도 p.70

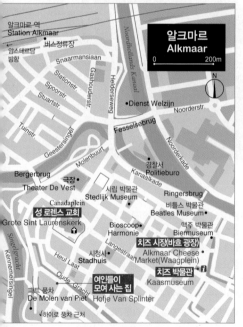

알크마르 역
Station Alkmaar
암스테르담 방향
버스정류장
Snaarmansiaan
Stationstr.
Spoorstr.
Stuartstr.
Tuinstr.
Geestersingel
Gashouderstr.
Heilooerweg
Noordhollands Kanaal
●Dienst Welzijn
Noorderstr.
Fesselsebrug
Molenbuurt
Noorderkade
Bergerbrug
극장●
Theater De Vest
Canadaplein
경찰서
Politieburo
Kanaalkade
시립 박물관
Stedlijk Museum
Ringersbrug
비틀스 박물관
Beatles Museum
성 로렌스 교회
Grote Sint Laurenskerk
Bioscoop-
Harmonie
맥주 박물관
Biermuseum
Sluisgracht
Kennemersingel
Heul Laat
Langestraat
치즈 시장(바흐 광장)
Alkmaar Cheese
Market(Waagplein)
시청사
Stadhuis
Oude Gracht
치즈 박물관
Kaasmuseum
피트 풍차
De Molen van Piet
여인들이 모여 사는 집
Hofje Van Splinter
↙하이로 풍차 근처

{ 추천 코스 }

예상 소요 시간 2~4시간

알크마르 역

도보 10분

성 로렌스 교회

도보 5분

바흐 광장(치즈 시장이 열리는 곳)

바로

치즈 박물관

도보 5분

피트 풍차

❶ 운하 투어
❷ 치즈 시장이 열릴 때
바흐 광장에 함께 열리는 벼룩시장
❸ 벼룩시장에서 파는 나막신

알크마르의 하이라이트는 치즈 시장

알크마르를 방문할 계획이라면 가능한 한 치즈 시장이 열리는 시즌(2018년 기준, 3월 30일 금요일~9월 28일 금요일 10:00~13:00)에 찾는 게 좋다. 마을 중앙의 바흐 광장에서 치즈 시장이 크게 열리므로 이 기간에 이곳을 찾으면 이색적인 풍경을 즐길 수 있다.

평소에는 흔히 볼 수 있는 조용한 광장이지만 치즈 시장이 열리는 경매가 시작되면 전혀 다른 광장 모습이 연출된다. 주변 농가에서 만든 치즈를 바흐 광장에 있는 계량소로 옮겨와 도매상들이 경매에 붙이면서 2인 1조의 색색깔 모자를 쓴 운반원들이 치즈를 들것에 담아 분주히 움직이는 모습이 눈에 띈다. 물론 행사가 끝나면 언제 그랬냐는 듯 광장은 제 모습으로 되돌아 옥외 레스토랑으로 변신한다. 광장 주변은 기념품 가게, 카페, 레스토랑으로 북적거리며 금요일은 벼룩시장으로 다시 생기가 돈다.

기차역에서 가까운 캐나다 광장(Canadaplein)은 주말에 고서, CD, 싱싱한 꽃색갈, 중고의류, 골동품 등을 파는 벼룩시장이 서는 곳이다. 주변에는 1512년 완공된 성 로렌스 교회가 있다. 운하를 끼고 있는 마을 남서쪽 끝머리의 운치 있는 피트 풍차(De Molen van Piet)까지 거닐어보고 근처의 여인들이 모여 사는 집도 놓치지 않도록 한다.

알크마르는 운하가 마을 전체를 감싸고 있으므로 운하를 따라 산책하거나 자전거로 이동하면서 단아한 마을의 정취를 느껴봐도 좋다.

세계 최대 규모의 치즈 시장
치즈 시장
Cheese Market

1 치즈 시장이 열리기 전에
축하 퍼레이드가 진행된다.
2 치즈 무게를 단 후 운반인이 지게를
지고 신속히 이동한다.
3 보트로 치즈를 운반하는 모습

알마르크의 치즈 시장은 세계에서 가장 규모가 크고 많은 방문객이 찾는다. 치즈 시장은 바흐 광장(Waagplein)에서 3월 30일 금요일~9월 28일 금요일 10:00~13:00(2018년 기준)에 열린다. 치즈 광장으로 사용되는 바흐 광장은 예전에 비해 8배 확장을 했을 정도로 상당히 넓어졌다.

수세기의 전통을 살려 오늘날도 치즈를 암스테르담 노르트홀란트 운하(Noordhollandsch Kanaal)에서 바흐 광장까지 보트나 말로 옮긴다. 시장은 오전 10시에 일반에게 공개되지만, 그전에 분주하게 물밑 작업이 진행된다.

※저녁 치즈 마켓은 7~8월 매주 화요일 19:00~21:00에 열린다 (2018년 기준).

홈페이지 www.kaasmarkt.nl/en 지도 p.70

(TRAVEL TIP)

치즈 시장의 시간별 일정

07:00 2400개의 치즈를 이곳으로 이동한다. 비가 내리거나 기온이 28℃ 이상일 경우 특별 방수포 아래에 비치한다.

09:30 치즈 운반인이 등장하고 치즈 대부가 출석을 부른다. 얼마나 많은 치즈가 이곳에 도착했는지를 알린다. 행사 진행 전에 전통 복장한 민악대가 전통 악기를 불면서 퍼레이드를 실시한다.

10:00 시장이 열린다. 장내 아나운서가 다국어로 방문객들에게 환영 인사를 하고, 10시가 되면 방문객 중 유명 인사가 벨을 울린다. 치즈 검사 → 가격 흥정 → 치즈 무게 달기 → 치즈 운반

13:00 광장에 있던 수많은 치즈가 순식간에 팔려 광장이 텅 비면서 주변 카페, 레스토랑의 야외 테이블이 세팅된다.

고딕 양식의 교회

성 로렌스 교회
Grote Sint Laurenskerk

1470년부터 1516년에 걸쳐 세워진 브라반트 고딕 양식의 교회로, 1520년에는 홀란드 백작 플로리스 5세의 유해가 안치되어 있다. 네덜란드에서 가장 오래된 1511년에 만든 오르간과 암스테르담 왕궁을 설계한 야콥 반 캄펀이 1645년에 만든 오르간이 있다. 치즈 시장이 서는 날에는 콘서트도 열린다.

1 성 로렌스 교회
2 1511년에 제작한 오르간

주소 Koorstraat 2, 1811 GP Alkmaar **전화** 072-514-0707 **홈페이지** www.grotekerk-alkmaar.nl **개방** 11:00~17:00 **휴무** 월요일 **요금** 무료 **교통** 알크마르 역에서 도보 10분 **지도** p.70

치즈의 모든 것을 전시

치즈 박물관
Kaasmuseum

1582년 14세기 예배당을 개조해 만든 계량소에 1983년 치즈 박물관을 세웠으며, 2014년 새롭게 리모델링해 재개관했다. 1층에는 치즈 가게와 여행 안내소가 있고, 2~3층에는 계량소와 치즈 박물관이 있다. 2층은 치즈의 역사와 전통적인 치즈와 버터 제조법, 현대 치즈 산업에 관한 전시물과 치즈 관련 다큐멘터리를 상영하는 영상실이 있고, 2층은 다양한 치즈 제조기가 전시되어 있다.

주소 Waagplein 2, 1811 JP Alkmaar **홈페이지** www.kaasmuseum. nl **개방** 4~9월 월~목요일 · 토요일 10:00~16:00, 금요일 09:00~16:00, 일요일 13:00~15:30 / 3 · 10월 월~토요일 10:00~16:00, 11~2월은 부정기적이므로 홈페이지 참조 **휴무** 1월 1일, 12월 25~26일 **요금** €5(4~12세 €2) **교통** 알크마르 역에서 도보 15분. 또는 역 앞 Kanaalkade 정류장에서 3 · 4 · 10 · 150 · 160번 버스 이용 **지도** p.70

금남의 동네

여인들이 모여 사는 집
Hofje Van Splinter

중세 시대에 자선 단체와 개인이 이웃을 돕기 위해 독신자와 여성을 위한 거주 공간을 만들었다. 1646년 마가레트 스프린터(Margaretha Splinter)의 소유지에 세워진 동네가 대표적이다. 운하 근처의 저지대에 여인네들이 모여 살면서 교회 개혁에 힘쓰고 남자 방문을 허용하지 않았던 특이한 동네이다. 오늘날 이런 규칙은 예전보다 덜 엄격하지만, 여전히 위원회에서 승인을 받아야 살 수 있다.

주소 Ritsevoort 2, 1811 DN Alkmaar **교통** 바흐 광장(Waagplein)에서 도보 8분 **지도** p.70

유럽의 봄을 부르는 꽃 축제가 열리는 곳

쾨켄호프
Keukenhof

쾨켄호프는 암스테르담에서 남서쪽으로 약 35km 떨어진 리세(Lisse)에 위치한 공원이다. 매년 3~5월에 리세의 쾨켄호프 공원에서 열리는 세계적인 꽃 축제는 1949년에 시작돼 오늘날까지 이어지고 있다. 8만5000평의 쾨켄호프 공원은 봄이 되면 800여 종의 튤립을 비롯한 수선화, 카네이션, 장미 등 700만 개의 구근(알뿌리)식물을 재배하는 지상 최대 구근 화훼류 전시장이자 꽃 축제장이 된다. 이 축제는 세계인들에게 새로운 봄을 알리며 '유럽의 봄'이라고 불린다.

쾨켄호프 공원의 유래
'부엌 정원(Kitchen Garden)'에서 유래된 쾨펜호프는 1401~1436에 바이에른 백작부인 자코바 반 바이에렌(Jacoba Van Beieren)이 요리에 사용될 허브와 채소를 재배하거나 사냥을 하기 위한 야생지였는데, 1857년경부터 원예 건축가인 조허르(Jan David Zocher) 부자가 리모델링해서 네덜란드 제일의 화원이 되었다.

매년 디자인이 달라지는 꽃 전시
이곳은 꽃 축제가 끝나면 모든 구근을 파내어 동면시키고, 다음 해 봄에 선보일 전시 디자인을 위해 매년 조경 전문가들에 의해 새롭게 꾸며진다. 이런 꾸준한 정성으로 축제가 열리는 동안 매년 약 80만 명 이상의 관광객들이 이곳을 방문할 정도로 인기가 대단하다. 특히 축제 행사의 하이라이트인 꽃차 퍼레이드 이벤트는 수많은 퍼레이드용 수레와 자동차들이 화려하게 꽃으로 장식한 행진을 벌여 축제를 즐기는 관광객들의 넋을 잃게 만든다.
쾨켄호프 공원 안은 크게 3개의 파빌리온(Pavilion, 전시회 가건물)이 있다. 주 출입구에서 가장 가

1 쾨켄호프 입구 2 봄이면 꽃 축제가 열리는 쾨켄호프

까운 오렌지 나소 파빌리온(Oranje Nassau Pavilion)은 부케를 응용해 인테리어와 작품을 배치하는데, 클래식 디자인과 모던 디자인을 통해 평범한 꽃다발이 멋진 작품으로 재탄생한다. 오렌지 나소 파빌리온 앞 연못 건너편에 있는 빌럼 알렉산더르 파빌리온(Willem-Alexander Pavilion)에는 500종의 다양한 튤립이 만개한 모습을 보여준다. 맨 뒤편의 베아트릭스 파빌리온(Beatrix Pavilion)에는 난초 및 관상용 열대식물이 전시되어 있다. 참고로 2018년 주제는 '꽃이 만발한 낭만(Romance in Flowers)'이었다.

주소 Stationsweg 166A, 2161 AM Lisse **전화** 025-246-5555 **홈페이지** www.keukenhof.nl **개방** 2019년 3월 21일~5월 19일, 쾨켄호프 공원은 꽃이 만개한 이 기간에만 문을 연다. 매년 개방 시기에 약간의 변동이 있으므로 홈페이지에서 확인하고 방문한다. **요금** 입장료 €16 (4~11세 €8), 주차료 €6 **교통** 암스테르담 중앙역의 티켓 판매소에서 통합권(왕복 버스 티켓 + 쾨켄호프 입장권)을 판매한다. ●암스테르담 중앙역(Amsterdam Centraal)에서 기차를 타고 스키폴 공항의 스키폴 광장(Schiphol Plaza)에 내려 858번 직행버스로 환승해 이동한다. 요금 €32(4~11세 €21.5) ●암스테르담 센트럼(도심)에서 197번 버스를 타고 스키폴 광장(Schiphol Plaza)에서 858번 직행버스로 환승해 이동한다. 요금 €29(4~11세 €12.5), 스키폴 광장에서 30분 소요 ●라이덴 중앙역(Leiden Centraal)에서 854번 직행 버스로 이동한다. 25분 소요. 요금 €24(4~11세 €12.5) ●하를럼(Haarlem) 역에서 50번 직행버스로 이동한다. 요금 €24(4~11세 €12.5). 리세(Lisse, De Nachtegaal) 정류장에서 내리면 쾨켄호프 공원까지 도보 5분 소요 **지도** p.8

지도 p.8

주변의 가볼 만한 명소

검은 튤립 박물관 Museum de Zwarte Tulip

쾨켄호프 공원이 있는 리세 마을에 위치한 튤립 박물관. 꽃 구근 지역의 역사를 보여주고 다양한 신품종의 튤립이 전시되어 있다.

주소 Grachtweg 2A, 2161 HN Lisse **전화** 025-241-7900 **홈페이지** www.museumdezwartetulp.nl **개방** 매일 13:00~17:00, 3~8월 10:00~17:00, 7~8월 일요일 13:00~17:00 **휴무** 월요일, 부활절, 왕의 날, 성령강림절, 12월 25일, 복싱데이, 1월 1일 **요금** €7.5(학생 €2) **교통** 스키폴 (Schiphol) 역에서 361번 버스, 라이덴 중앙역(Leiden Centraal)에서 50번 버스로 이동, 30분 소요

암스테르담 교외의 작은 마을

하를럼

HAARLEM

하를럼 ★
암스테르담

Netherlands

#암스테르담 근교#역사와 문화가 있는 고도

스파르너강 기슭에 위치한 하를럼은 로마 시대부터 세워진 유서 깊은 도시다. 빌헬름 2세에 의해 시민자치권을 획득해 암스테르담보다 빠른 1245년에 도시로 성장하면서 네덜란드에서 가장 중요한 도시로 발전했다. 스페인 통치 하에 80년전쟁(독립전쟁)에 맞서 격렬히 싸웠고 독립 후에는 직물업과 맥주 양조 등으로 번영하면서, 17세기 네덜란드 황금 시대를 이끌었다. 프란스 할스 등 하를럼파 예술가를 배출하고, 1593년 도시측량기사 L. 데 게이의 주도로 네덜란드 르네상스양식의 거리를 만들기 시작했다. 황금 시대에는 부자와 권력자가 가장 선호하는 거주지였다. 지금은 노르트홀란트주의 주도로, 구시가에 들어서면 17세기 황금 시대를 연상시키는 고도(古都), 프란스 할스 미술관, 성 바보 교회의 오르간, 스파르너 강변의 풍차 등 다양한 예술의 향기가 물씬거린다.

{ 가는 방법 }

암스테르담에서 하를럼행 기차가 수시로 운행하고 20분 정도 밖에 걸리지 않아 당일 여행이 가능하다. 암스테르담 스키폴 공항에서 12km 거리로 가까워, 공항에 도착하면 바로 이동해도 좋다.

- **암스테르담 중앙역 → 하를럼(Haarlem) 역**
IC열차 15~20분 소요
- 암스테르담 중앙역 앞에서 EBS버스가 수시로 운행한다. 20분 소요.
- 볼거리가 몰려 있는 구시가는 걸어서 관광할 수 있다

하를럼 중앙역

여행안내소
주소 Grote Markt 2, Haarlem
전화 023-5317325
홈페이지 www.haarlem.nl
www.visithaarlem.com
개방 1월 7일~9월 월~금요일 09:30~17:30,
토요일 09:30~17:00, 일요일 12:00~16:00 /
10월~1월 6일 월요일 13:00~17:30,
화~금요일 09:30~17:30, 토요일 10:00~17:00,
일요일 11:00~15:00
휴무 1월 1일, 12월 25·26일
교통 시청사 내 **지도** p.79

{ 여행 포인트 }

여행 적기 5~9월이 여행하기 좋다. 겨울(늦가을 포함)은 날씨가 흐리고 비가 자주 오므로 가능한 한 피하는 것이 좋다.

점심 식사하기 좋은 곳 흐로테 마르크트 광장 주변
최고의 포토 포인트
- 스파르너강에서 풍차 촬영하기

(TRAVEL TIP)

뱃놀이도 하고, 풍경도 보고
운하 투어

수로를 따라 50분 동안 크루즈를 타고 역사 도시 하를럼의 구시가와 풍차 풍경을 감상하는 투어.

홈페이지 www.smidtjecanalcruises.nl **승선시간** 월~금·일요일 11:00~16:00(매시간), 토요일 11:00~16:30(50분 소요) **요금** €15.5(온라인 €13.5) **루트** 테일레르스 박물관 앞 선착장 → 풍차(Molen de Adriaan) → 중앙역 → 맥주 양조장(Jopen Kerk) → 프란스 할스 미술관

17~18세기에 건축된 네덜란드풍 가옥

보테르마르크트 광장 주변 레스토랑

{ 추천 코스 }

예상 소요 시간 3~4시간

하를럼 역

⋮ 도보 15분

호로테 마르크트

⋮ 바로

시청사

⋮ 바로

성 바보 교회

⋮ 도보 3분

테일레르스 박물관

⋮ 도보 10분

프란스 할스 미술관

⋮ 호로테 마르크트까지 도보 8분

숨겨진 녹색 오아시스 투어(선택)

하를럼 역
NS Station Haarlem

하를럼
Haarlem

0   200m

N

암스테르담 방향

버스 정류장
Busstation

Stationsplein

G.A.B.

Kenaupark

Kruisweg

Janssweg

Lange Herenstr.

Parklaan

Kinderhuis Vest

Nieuwe Gracht

풍차 방향
Molen de Adriaan

Witte Herenstr.

코리 텐 봄 박물관
Corrie Ten Boomhuis

코랜휴스 거리 Kruisstr.

얀스 다리
Jansbrug

다우어 에후버르츠

Ridderstr.

얀스클리니크
Janskliniek

경찰서
Hoofdbureau
V. Politie

Nasaulaan

Zoetestr.

Zijlstr.

랑어 거리 Lange Wijngaards str.

얀스 거리 Janstr.

Bakenessergracht

시청사 (여행안내소)
Stadhuis

Barteljorisstr.

그랑 카페 브링크만

14
13

호로테 마르크트
Grotel Markt

스펙터클 레스토랑
Specktakel Wereldse Keuken

고고학 박물관

성 바보 교회
Grote of St. Bavokerk

Spekstr.

도서관
Bibliotheek

6

Koningstr.

Grote Houtstr.

보데하 더 카르멜리트

테일레르스 박물관
Teylers Museum

크루즈 승선장

도개교
Gravensten-
brug

11

7

보테르마르크트
Botermarkt

8

멜크 다리
Melkbrug

Hagestr.

Spaarne

Lange Annastr.

Giestr.

카페 드 린드
Cafe De Linde

Schagchelstr.

Gedempte oude Gracht

Binnen Spaarne

10

Klein Heiligland

하를럼 역사박물관
Histrich Museum Haarlem

프란스 할스 미술관
Frans Hals Museum

①~⑭
숨겨진 녹색 오아시스
Hidden Green Oasis

Preview
HAARLEM

화려했던 황금 시대의 흔적들

하를럼 역에 도착하면 1839년 세워진 고풍스러운 역사(驛舍)가 하를럼 황금 시대의 흔적을 말해준다. 현 역사는 20세기 초 개조한 것이지만, 1842년에 만든 대합실이 카페로 변신했다. 네덜란드에서 최초로 개통된 철도가 암스테르담과 하를럼 구간을 다니므로 역사적으로 의미 있는 장소임이 틀림없다. 시민들의 도시에 대한 자부심 또한 대단하다. 뉴욕으로 이민해 정착한 사람들이 고향의 이름을 동네에 그대로 붙여 할렘이 되었다는 얘기가 있을 정도다.

역사 앞에는 근교를 운행하는 시외버스 정류장이 있다. 봄철이라면 여기서 버스를 타고 다양하고 화사한 튤립이 만개한 쾨켄호프를 가봐도 좋다. 기차역 앞 크라위스 거리(Kruisweg)를 따라 직진하면 유대인 박해에 관한 코리 텐 봄 박물관(Corrie Ten

❶ 운하 주변의 아름다운 건축물
❷ 흐로테 마르크트
❸ 성 바보 교회
❹ 프란스 할스 미술관 정원

Boomhuis)이 있고, 직진하면 하를럼의 역사적 심장부인 흐로테 마르크트 광장이 나온다. 광장을 중심으로 주변에 중세풍의 시청사(1층 여행안내소), 성 바보 교회, 고기 홀(Meat Hall / Vleeshal) 등이 있다. 교회 앞에는 최초의 활자 인쇄술 발명가 라우렌스 얀손 코스테르의 동상이 있다.

스파르너(Spaarne)강 쪽으로 가면 네덜란드에서 가장 오래된 박물관인 테일레르스 박물관이 나온다. 바로 앞에 스파르너강이 흐르고 강을 건너는 다리와 크루즈 선착장이 있다. 시간적 여유가 있다면 숨겨진 녹색 오아시스 투어를 다녀본다. 여행안내소에서 투어 지도를 얻어 골목길을 다니면서 숨겨진 오아시스를 찾는 재미도 쏠쏠하다.

마지막으로 하를럼이 낳은 황금 시대의 대가 프란스 할스의 흔적이 고스란히 남아 있는 프란스 할스 미술관을 관람한다. 미술관이 본관과 별관 두 군데가 있다. 데 케이가 세운 옛 고기 시장이 프란스 할스 미술관 별관(Hal)이고, 그 모퉁이를 돌아 돌이 깔린 길을 8분 정도 걸어가면 미술관 본관(Hof)이 나온다. 운하의 운치를 느껴보고 싶으면 스파르네 강을 따라 위쪽으로 걸어 가본다. 강 건너편에는 1779년에 세운 고풍스러운 풍차(Molen de Adriaan)가 멋진 포즈로 여행객들을 반긴다.

❺ 거리의 조형물
❻ 신교회
❼ 숨겨진 녹색 오아시스

호로테 마르크트의 17~18세기 건축물

♥♥♥
역사의 중심부
호로테 마르크트
Grote Markt

하를럼의 역사적 심장부라 할 수 있는 광장이다. 광장을 중심으로 주변에 중세풍의 시청사(1층 여행 안내소), 세계에서 가장 규모가 큰 오르간이 있는 성 바보 교회, 도시 건축가 케이가 지은 네덜란드 르네상스 양식의 고기 홀(Meat Hall / Vleeshal) 등이 있다. 교회 앞에는 최초의 활자 인쇄술 발명 가 라우런스 얀손 코스테르(Laurens Janszoon Coster)의 동상이 있다. 일설에 의하면 라우런스 얀손 코스테르의 직원이 인쇄 도구를 훔쳐 독일에서 인쇄 공장을 차렸는데, 그가 바로 서양 최초 로 금속활자를 발명한 구텐베르크라 한다.

광장에는 네덜란드에서 가장 유명한 노천시장이 월요일(11:00~17:00)과 토요일(09:00~17:00) 에 열린다. 전통 음식, 꽃, 의류 등을 판매하고, 주변에는 분위기 좋은 카페가 많아서 노천 시장의 북 적거림과 성 바보 교회의 장엄한 모습을 바라보며 휴식하기에 알맞다.

교통 하를럼 역에서 도보 10분 **지도** p.79

1 호로테 마르크트 2 고기 홀 3 최초의 활자 인쇄술 발명가, 라우런스 얀손 코스테르의 동상이 서 있다.

♥
르네상스 양식의 파사드가 볼만하다
시청사
Stadhuis

13세기 홀란드 백작이 사냥할 때 머물기 위해 지은 건물이다. 연회장 그라펜잘과 15세기에 홀란트 백작을 그린 초상화가 남아 있다. 건물은 증개축을 거친 후 화재가 일어나기도 하여, 14세기의 고딕 양식과 1622년 하를럼의 건축가 케이가 설계한 네덜란드 르네상스 양식의 파사드 등이 어우러져 있다. 파사드에서 눈길을 끄는 것은 오른손에 칼, 왼손에 저울을 든 정의의 여신상이다. 내부 견학은 단체만 허용되므로, 전화로 예약과 문의를 한다. 1층 오른편에 여행안내소가 있다.

교통 하를럼 역에서 도보 10분. 흐로테 마크르트 광장에 위치 **지도** p.79

♥♥
하를럼 거리의 랜드마크
성 바보 교회
Grote of St. Bavokerk

1370~1520년에 걸쳐 완공된 바실리카 양식의 교회이다. 흐로테 마크르트 광장에 있어 흐로테 케르크(Grote Kerk)라고도 불리며 하를럼 거리의 상징이다. 교회 입구는 왼쪽 상점을 통해 들어간다. 안으로 들어가면 한가운데 십자가가 있고 근처에 19세기 네덜란드의 유명한 유압 엔지니어링 두 명의 묘비(Christiaan Brunings, Frederik Willem Conrad)와 선박 건설업자 길드가 선물한 16~17세기의 배 모형이 걸려 있다. 입구 오른쪽 끝에 있는 1735년 제작된 거대한 오르간은 5068개의 파이프가 있다. 독일의 유명한 오르간 제작자 뮐러(Christian Müller)가 만든 작품으로 완성될 당시에 세계에서 가장 규모가 큰 오르간이었다. 헨델과 10살의 모차르트도 이곳 오르간을 연주했다. 2년마다 7월에 열리는 국제 오르간 콘서트 외에 봄부터 가을까지는 콘서트가 주 1회 열린다. 프란스 할스도 묘비도 이곳에 있다.

주소 Grote Markt 22, Haarlem **전화** 023-553-2040 **홈페이지** www.bavo.nl/en **개방** 월~토요일 10:00~17:00, 7~8월 일요일 12:00~17:00 **요금** €2.5(12~16세 €1.25) **교통** 하를럼 역에서 도보 10분. 흐로테 마크르트 광장에 위치 **지도** p.79

1 성당 내부에는 선박 건설업자 길드가 선물한 16~17세기 배 모형이 걸려 있다. **2** 세계에서 가장 규모가 큰 오르간

♥♥♥
네덜란드에서 가장 오래된 박물관

테일레르스 박물관
Teylers Museum

성공한 직물상인 겸 은행가였던 P. 테일레스 반 데 뷔르스트의 유산으로 1784년 개설된 곳으로, 네덜란드에서 가장 오래된 박물관이다. 테일레르스(1702~1778)는 예술 과학이 좀 더 나은 세상을 가져온

다고 확신해 박물관에 온 정성을 쏟았다. 과학과 예술 장려를 목표로 하여 희귀한 화석과 광석, 실험 기구부터 렘브란트와 미켈란젤로의 데생까지 꽤 여러 가지를 전시하고 있다.

타원형의 전시홀(Oval Room)은 부드러운 자연광이 내리쬐어 분위기가 밝다. 진주로 만든 정전기 발생 장치와 옛 의료 기구 등도 재미있다. 특히 9C실에는 미켈란젤로, 렘브란트, 라파엘로와 같은 대가들의 수많은 드로잉이 있다. 데생이 벽면에 전시된 게 아니라 책꽂이에 작가별 앨범들이 꽂혀 있다. 박물관을 관람하는 데 약 50분 소요된다.

박물관 관람 순서는 화석실(Fossil Room 1, 2)→각종 도구실(Instrument Room 3)→마법사실(Magician's Cabinet 4)→발광실(luminescence cabinet 5)→타원실(Oval Room 6)→프린트실(Print Room 7)→화폐실(Numismatic Cabinet 8)→화랑(Picture Gallery 9, 10)→서재실(Book Cabinet 11)→전시실(Exhibition Room)이다.

주소 Spaarne 16, Haarlem **전화** 023-516-0960 **홈페이지** www.teylersmuseum.nl **개방** 화~일요일 10:00~18:00 **휴무** 월요일, 1월 1일 **요금** €13.5(특별 전시는 별도 요금) **교통** 흐로테 마르크트 광장에서 도보 5분 **지도** p.79

1 테일레르스 박물관 2 타원형 전시실
3 화가 데생을 앨범으로 제작한 책자 4 렘브란트의 '탕자의 귀환' 5 미켈란젤로의 '서있는 발가벗은 남자'

1 메인 전시실 2 성 조지 민병대 장교들의 연회 3 베들레헴의 학살 4 프란스 할스 미술관

♥ ♥ ♥

하를럼의 필수 코스

프란스 할스 미술관

Frans Hals Museum

암스테르담의 반 고흐 미술관이나 국립미술관 못지않게 주옥같은 작품들을 전시하고 있는 유명 미술관으로, 하를럼에서 절대 놓치지 말아야 할 곳이다. 프란스 할스 미술관은 시내에 두 군데(Hof & Hal)가 있는데, 한 곳(Hof 본관)은 옛 고아원 자리, 다른 한 곳(Hal 별관)은 흐로테 마르크트 광장에 있다. 두 곳은 도보 7분 거리이다. 원래 본관(Hof) 건물은 1607년부터 수세기 동안 양로원과 고아원으로 사용된 곳인데, 1908년 시에서 구입해 17세기 스타일로 리모델링한 후 1913년 미술관으로 개관했다. 하를럼의 역사적 심장부인 흐로테 마르크트에 위치한 별관(Hal)은 옛 생선하우스 등 3개 건물을 리모델링해 1951년 미술관으로 개관했다.

프란스 할스 미술관은 황금 시대라 불리는 17세기 네덜란드 미술사에 프란스 할스를 비롯한 렘브란트, 베르메르 등 대가들의 수준 높은 컬렉션을 총망라한 박물관이다. 프란스 할스의 달인 경지에 이른 생동감 넘치는 초상화는 매우 인기가 있어 모네, 마네, 반 고흐 같은 후세 화가에 영감을 불러일으켰다. 세계에서 가장 규모가 큰 수많은 한스의 초상화 작품을 비롯해 세계적으로 유명한 민병대 집단 초상화들을 비롯해 레이스테르(Leyster), 라위스달(Ruisdael), 산레담(Saenredam), 홀치우스(Goltzius)와 같은 하를럼 출신 대가들의 작품들도 소장하고 있다.

벨기에의 안트베르펜에서 태어난 할스(1582~1666년)는 16세기 스페인의 통치를 피해 하를럼으로 옮겨와 그림 수업을 계속했다. 집단 초상화 중에도 모델의 내면을 부각시킨 그의 대표작 11점을 비롯해 동시대 하를럼파의 작품 16~17세기 작품부터 19세기에서 20세기 초의 인상파와 현대미술 작품을 전시하고 있다. 프란스 할스의 대표작 1616년 집단 초상화 '성 조지 민병대 장교들의 연회'를 비롯해 '베들레헴의 학살', '장갑 낀 여인', '하를럼 양로원의 관리하는 여인들' 등이 인기 있다.

주소 본관(Hof) Groot Heiligland 62, Haarlem **별관(Hal)** Grote Markt 16, Haarlem **전화** 023-511-5775 **홈페이지** www.franshalsmuseum.nl **개방** 화~토요일 11:00~17:00. 일요일 · 공휴일 12:00~17:00 **휴무** 월요일, 1월 1일, 12월 25일 **요금** €15(19~24세 €7.5), 만 18세 이하 무료 **교통** 흐로테 마르크트에서 도보 8분 **지도** p.79

집 앞에 화분을 놓아 녹색 정원 분위기를 풍긴다.

♥♥
의외로 볼만한 곳
숨겨진 녹색 오아시스
Hidden Green Oasis

네덜란드는 인구밀도가 높은 대표적인 나라로 한 가구가 거주할 집이 매우 좁다. 예전 마르켄 같은 외진 섬에선 단칸방에 10명의 대식구가 거주할 정도였다. 중산층이 사는 집들은 대부분 정원이나 마당을 갖출 여력이 없어 길가에 화분을 놓아 정원 분위기를 대신한다.

하를럼은 나무 한 그루 없는 삭막한 일반 저택에 사막의 오아시스처럼 예쁘고 아름답게 단장한 정원이 딸린 숨겨진 집들이 몇 군데 있는데 이를 '숨겨진 녹색 오아시스'라 한다. 정원 딸린 이런 집들을 관광 코스로 정해 무료로 일반인에게 공개하고 있다.

일부 부유층들이 빈곤한 노인들을 위해 마당이 딸린 저택(almshouse : 빈민 구호소)에 다양한 나무와 꽃들을 심어 쉴 수 있는 공간을 마련해주었다. 이러한 거주 공간은 눈에 띄지 않아 찾기가 쉽지 않다. 길가의 일반 건물에서 대문을 통과해야 정원이 보이는 거주지가 나타난다.

이 투어는 흐로테 마르크트 광장에서 출발하는 데 도보로 약 1시간 30분 소요된다. 여행안내소에서 지도를 얻어 14개 정원이 딸린 오아시스를 아래 순서대로 이동한다. 시간이 없으면 반 오쇼트 암스하우스(Van Ooschot almshouse)와 프로베니어 암스하우스(Proveniers almshouse)를 가본다. 반 오쇼트 암스하우스는 1769년에 지은 집으로 설립자의 관용에 관한 시(詩)가 눈에 띈다. 빈자(貧者)에게 안락함을 제공해준다는 내용이다. 프로베니어 암스하우스는 수녀원으로 사용되다가 종

1 반 오오쇼트 암스하우스 2 프로베니어 암스하우스

교개혁 후 민병대가 인수해 사격장으로 이용했다. 민병대가 떠난 후에는 여인숙으로, 1706년에 노인을 위한 숙소로 사용되었는데, 기존 암스하우스와는 달리 빈자를 위한 거처가 아니라 월세를 내는 빈민 구호소다. 프로베니어(Proveniers)는 월세를 내는 사람을 뜻한다. 67가구 중 38가구가 정원 주위에 있고 나머지는 길거리에 위치해 있다.

14개의 암스하우스 코스(지도 p.79)
❶ Van Ooschot almshouse→❷Lutheran almshouse→❸Frans Loenen almshouse→❹Coomans almshouse→❺Prinsenhof→❻Huis van Schagen→❼Bruiningshofje almshouse→❽Brouwers almshouse→❾Guurtje de Waal almshouse→❿Proveniers almshouse →⓫Van Loo almshouse→⓬ in den Groenen Tuyn almshouse→⓭Van Bakenes almshouse→⓮Johannes Enschede almshouse

Restaurant

스펙터클 레스토랑
Specktakel Wereldse Keuken

세계 각구의 요리와 와인을 즐길 수 있는 독특한 레스토랑. 요리가 맛있고 직원 서비스가 좋아 평이 좋다. 특히 코스 요리가 인기 있다. 코스 요리(3-gangen menu) €35, 우마미 특식(Special UMAMI tasting) €45~.

주소 Spekstraat 4, Haarlem **전화** 023-532-3841 **홈페이지** www. specktakel.nl **영업** 월 · 화 · 목 · 금요일 17:30~22:00, 토 · 일요일 17:00~22:00 **휴무** 수요일 **교통** 흐로테 마르크트에서 도보 1분 **지도** p.79

카페 드 린드
Café De Linde

하를럼에서 가장 아늑한 장소 중 하나인 보테르마르크트(Botermarkt) 한복판에 위치해 있다. 초컬릿 케이크와 바비큐가 인기 있다. 초컬릿 케이크 €7.5, 크로켓(Croquettes) €8.9, 바비큐(Spare rib available flavour) €18.5.

주소 Botemarkt 21, Haarlem **전화** 023-531-9688 **홈페이지** www. cafedelinde.nl **영업** 09:30~24:00, 목요일 09:30~밤 01:00, 금 · 토요일 09:30~밤 02:00 **휴무** 월요일 **교통** 보테르마르크트에 위치. 흐로테 마르크트에서 도보 5분 **지도** p.79

매력적인 델프트 블루의 고향

델프트

DELFT

★ 암스테르담
• 델프트

Netherlands

#요하네스 베르메르#네덜란드 도자기#델프트 블루

헤이그와 로테르담 사이에 위치한 델프트는 좁은 운하로 둘러싸인 녹음이 울창한 소도시이다. 운하를 끼고 있는 구시가의 고딕, 르네상스 양식 건축물들이 그림 같은 풍경을 선사한다. 명화 '진주 귀고리를 한 소녀'로 우리에게 친숙한 빛의 거장, 화가 요하네스 베르메르의 고향이다. 또한 16세기 네덜란드 건국의 아버지 오렌지공 윌리엄의 숨결을 느낄 수 있는 프린센호프 박물관이 그대로 보존되어 있고, 하얀 바탕에 푸른색 문양이 아름다운 델프트 블루의 색깔에 매료되어 타일 박물관이나 앤티크 숍, 가마를 둘러볼 수 있는 매력 있는 운하 도시이다.

{ 가는 방법 }

델프트는 헤이그와 로테르담 사이에 위치해 있어 쉽게 이동할 수 있다.

●암스테르담 중앙역 → 델프트 중앙역(Delft Centraal)

IC열차 1시간 소요

●헤이그 중앙역 → 델프트 중앙역

IC/RE열차 5~10분 소요

●로테르담 중앙역 → 델프트 중앙역

IC/RE열차 10~14분 소요

●델프트 중앙역에서 구시가까지 도보 10분. 구시가에 볼거리가 몰려 있어 걸으면서 관광한다.

여행안내소

주소 Kerkstraat 3 (Marktplein), Delft

전화 0621-330633

홈페이지 www.vvvdelft.nl

개방 일~월요일 10:00~16:00, 화~토요일 10:00~17:00

교통 마르크트 광장에서 신교회를 바라볼 때 왼쪽에 위치 **지도** p.91

{ 여행 포인트 }

여행 적기 5~9월이 여행하기 좋다. 겨울(늦가을 포함)은 날씨가 흐리고 비가 자주 오므로 가능한 한 피하는 것이 좋다.

점심 식사하기 좋은 곳 마르크트 광장 주변

최고의 포토 포인트

●신교회 종루에서 바라본 구시가 전경

●신교회 앞의 블루하트

신교회 앞의 블루하트

주변 지역과 연계한 일정 델프트는 요하네스 베르메르의 고향이자 그의 발자취가 많이 남아 있는 곳이다. 하지만 베르메르의 작품들은 모두 암스테르담 국립미술관과 헤이그 모우리츠호이스 미술관에 전시되어 있어 이곳에서 그의 작품은 볼 수 없다. 델프트를 일정에 넣을 때는 먼저 암스테르담 국립미술관과 모우리츠호이스 미술관('델프트의 풍경' 소장)에서 그의 작품을 감상하고 이곳에서 '델프트의 풍경' 배경이 된 현장 등을 답사한다면 여행의 감동이 배가될 것이다.

{ 추천 코스 }

예상 소요 시간 3~4시간

델프트 중앙역

⋮ 도보 10분

마르크트 광장

⋮ 바로

신교회

⋮ 도보 2분

운하 주변(베르메르 관련 건물)

⋮ 도보 5분

구교회

⋮ 바로

프린센호프 박물관

⋮ 도보 15분

동문

요하네스 베르메르 Johanes Vermeer

렘브란트, 프란스 할스와 더불어 17세기 네덜란드 황금 시대를 대표하는 거장 요하네스 베르메르(1632~1675년). 사후 200년이 지나 재평가를 받게 된 화가이다 보니 작품 수가 35편으로 매우 적은 편이다. 하지만 주옥같은 '연애 편지', '물주전자를 든 젊은 여인', '소로', '편지를 읽는 푸른 옷의 여인', '델프트의 풍경' 등은 관객의 마음을 사로잡기에 충분하다.

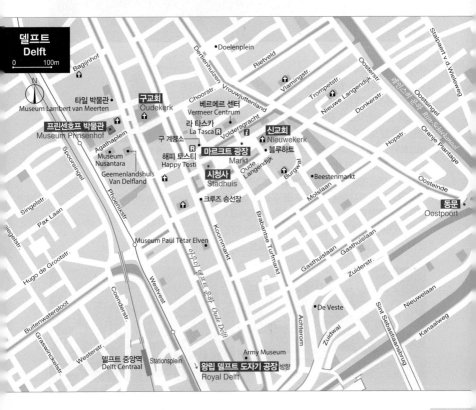

델프트
Delft
0   100m

타일 박물관
Museum Lambert van Meerten

구교회
Oudekerk

Bagijnhof

Doelenplein

Rietveld

Vrouwjuttenland

Dertienhuizen

Choorstr.

베르메르 센터
Vermeer Centrum

Vlamingstr.

Trompetstr.

Nieuwe Langendijk

Oosterstr.

Stalpaert v d Wielewg

Oostsingel

Oranje Plantage

Hopstr.

Oosteinde

프린센호프 박물관
Museum Prinsenhof

라 타스카
La Tasca

Voldersgracht

신교회
Nieuwekerk

Donkerstr.

Agathaplein

Museum
Nusantara

구 계량소

해피 토스티
Happy Tosti

마르크트 광장
Markt

블루하트

Spoorsingel

Geemenlandshuis
Van Delfland

시청사
Stadhuis

Oude
Langendijk

Burgwal

Beestenmarkt

Phoenixstr.

Singelstr.

Pax Laan

크루즈 승선장

Koornmarkt

Molslaan

동문
Oostpoort

Museum Paul Tetar Elven

Brabantse Turfmarkt

Gasthuislaan

Gasthuislaan

Zuiderstr.

Hugo de Grootstr.

Nieuwelaan

Coenderstr.

Westvest

Oude Delft

Achterom

De Veste

Sint Sebastiaansbrug

Kanaalweg

Buitenwatersloot

Graswinckelstr.

Westerstr.

Zuidwal

Zuidwal

델프트 중앙역
Delft Centraal

Stationsplein

Army Museum

왕립 델프트 도자기 공장 방향
Royal Delft

DELFT

마르크트 광장에서 관광 시작

델프트의 여행은 볼거리가 몰려있는 마르크트 광장에서 시작한
다. 광장에 여행안내소, 신교회, 시청사, 레스토랑, 카페, 상점 등
이 있어 늘 관광객들로 붐빈다. 이벤트가 있는 날이면 광장은 청
룡열차를 탈 수 있는 놀이동산으로 변해 어린이들의 천국이 된다.
델프트는 '진주 귀고리를 한 소녀'로 우리에게 친숙한 빛의 거장
요하네스 베르메르가 태어난 곳이라 도시 전체가 그의 흔적으로
가득하다. 베르메르의 흔적을 느껴보고 싶으면 여행안내소에 들
러 베르메르의 발자취에 대한 책자를 구한다. 광장에서 운하 길
을 따라 걸으면 메헬렌(Mechelen)이라는 베르메르 아버지가 운
영한 여관이 있는데, 지금은 헐리고 비석만 남아 있다.
근처 성 루가 길드(St. Lucas Gilde) 건물은 지금은 베르메르

❶ 운하에서 쉬고 있는 노부부
❷ 마르크트 광장의 이벤트 있는 날
❸ 네덜란드의 다리는 대부분 도개교라
배가 지나갈 때는 다리가 위로 올라간다.
❹ 성 루가 길드

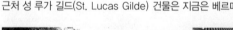

❺ 도자기 도시답게
도자기 숍이 많이 있다.
❻ 운하 따라 집들이 들어서 있다.
❼ 노천카페
❽ Geemenlandshuis Van Delfland

센터(Vermeer Centrum)로 이용되어 베르메르 관련 기념품과 복사본 그림을 판매한다. 광장의 랜드마크인 신교회는 베르메르가 세례를 받은 곳으로 유명하고, 교회 옆에는 블루하트 조형물(하트 오브제)이 있는데 포토 스폿으로 인기 있다. 베르메르의 집터였다고 하는데 주변이 온통 베르메르와 관련되어 있다.

아쉬운 점은 베르메르의 작품들은 암스테르담 국립미술관과 헤이그 모우리츠호이스 미술관에 전시되어 델프트에서 그의 작품을 볼 수 없다는 점이다. 이곳에는 현장 답사를 통해 그의 발자취만 느껴보는 걸로 만족한다.

시청사 쪽에서 운하를 건너면 바로 구교회로 연결된다. 베르메르의 묘표가 있는 곳이다. 구교회 앞 운하를 끼고 있는 맞은편 건물(Geemenlandshuis Van Delfland)은 1505년 지은 당시 델프트에서 가장 화려하고 고급스러운 고딕 양식의 개인 건물이다. 파사드 문양이 돋보이고, 입구 문이 아름다운 장신구로 꾸며져 있다. 구교회 앞에는 프린센호프 박물관이 있다. 1572년 스페인으로부터 독립하기 위해 평생 투쟁했던 오렌지 공 윌리엄이 거주했던 곳인데, 독립을 눈앞에 두고 1574년 암살당했던 장소다.

마지막으로 운하를 따라 동문을 향해 가다 보면 운하 주변의 작고 예쁜 2~3층 가옥들이 네덜란드 숨결을 느끼게 한다. 쭉 걸으면 헤이그의 모우리츠호이스 미술관에 있는 베르메르의 작품 '델프트의 풍경'의 배경이 되었던 레인스히 운하(Rijn-Schieikanaal)의 동문(Ooosterpoort)이 나온다. 14세기에 세워진 문으로 델프트에 남아 있는 유일한 문이다. 여기에서 유념할 점은 베르메르가 그림을 그리기 수년 전, 델프트 거리는 화약고의 폭발로 대화재가 나서 건물과 거리 대부분이 파괴되었다. 현재 거리는 17세기 후반에 다시 세워진 것이다.

시간적 여유가 있다면 역에서 구시가와는 반대 방향으로 1㎞ 떨어진 왕립 델프트 도자기 공장을 견학해도 좋다.

❤❤ ❤
역사의 중심

마르크트 광장
Markt

교통 델프트 중앙역에서 도보 10
분 **지도** p.91

마르크트 광장은 델프트의 역사적인 중심지로 주변에 유명 명소
들이 모여 있어 여행 시발점이 된다. 특히 노천 시장이 열리는 목
요일에는 주민들과 여행객들로 북적거려 광장에 생기가 돈다. 광
장에는 고딕 양식의 신교회, 국제법의 창시자인 델프트 태생의 법
학자 그로티우스(Hugo de Groot) 동상이 있다. 신교회 맞은편
에 위치한 시청사는 17세기 초 큰 화재로 소실된 뒤 조각가 헨드
리크 카이저가 다시 복원했다. 르네상스와 바로크 양식을 혼합해
지었고, 뒤쪽에 있는 탑은 13세기의 것으로 화재 때에 타다 남았
다. 1653년 4월 5일 베르메르가 시청사에서 결혼식을 올렸다.

❤❤ ❤
고딕 양식이 돋보이는 곳

신교회
Nieuwekerk

1 헨드리크 카이저가 제작한
오렌지 공 윌리엄 선판
2 오렌지 공 윌리엄 조각상
3 신교회 외관 4 오르간

시청사 맞은편에 위치한 신교회는 1381년 짓기 시작해 증개축을
거쳐 1510년 완공된 고딕 양식 교회이다. 1654년에는 인근 화약
창고가 폭발해 신교회를 비롯한 도시 창문의 3분의 2가 파손되
고 300년이 지난 후에 완성했다. 베르메르가 이곳에서 세례를 받
았고, 오라녜(Oranje) 가문 사람들이 대대로 매장되어 있다. 특
히 건국의 아버지로 오라녜 공 빌렘 1세(오렌지 공 윌리엄) 석관
은 조각가 헨드리크 카이저의 대표작이다. 오라녜 공은 1584년
발타자르 제라르(Balthazar Gerard)에 의해 살해당했다. 법학
자 그로티우스도 이곳에 잠들어 있으며, 그의 모습을 그린 북쪽

트랜셉트의 스테인드글라스도 볼 만하다.

마르크트 광장에 우뚝 솟아 있는 109m 높이의 종루는 시내 어디서든지 볼 수 있어 초행자의 길잡이 역할을 해준다. 종루에서는 아름다운 카리용 소리가 울려 퍼지고, 힘들게 376개의 계단을 올라가면 고도(古都)의 멋진 전경이 파노라마처럼 펼쳐진다. 맑은 날이면 멀리 헤이그와 로테르담까지 보인다.

주소 Markt 80, Delft 전화 015-212-3015 홈페이지 www.oudeennieuwekerkdelft.nl 개방 4~10월 09:00~18:00, 11~1월 11:00~16:00, 2~3월 11:00~17:00 요금 교회 €5(학생 €3.5) / 탑 €4(학생 €2.5) / 신교회+구교회 통합권 €8(학생 €5.5) 교통 델프트 중앙역에서 도보 10분, 마르크트 광장 앞 지도 p.91

♡ ♡
스테인드글라스가 아름답다
구교회
Oudekerk

주소 HH Geestkerkhof 25, Delft 전화 015-212-3015 홈페이지 www.oudeennieuwekerkdelft.nl 개방 4~10월 09:00~18:00, 11~1월 11:00~16:00, 2~3월 11:00~17:00 요금 교회 €5(학생 €3.5) / 탑 €4(학생 €2.5) / 신교회+구교회 통합권 €8(학생 €5.5) 교통 델프트 중앙역에서 도보 10분, 마르크트 광장 앞 지도 p.91

1246년 완성된 교구교회로 현재는 종교개혁 교회로 사용한다. 1325~1350년에 걸쳐 세운 75m 높이의 첨탑에 둘러싸인 기울어진 시계탑과 교회의 당당한 외관이 눈길을 사로잡는다. 17세기 화약고 대폭발 사고로 교회가 상당한 피해를 입었는데, 특히 27개 스테인드글라스가 모두 파괴되었다. 지금의 아름다운 창문은 1949~1961년에 걸쳐 복원한 것이다. 첨탑에는 1570년에 만든 무게가 9000kg이 넘는 삼위일체 종이 있는데, 네덜란드에서 가장 규모가 큰 역사적인 종이다. 특별한 이벤트가 있는 경우만 종이 울린다.

진귀한 커튼 차양이 달려 있는 목재 설교대 밑에는 17세기에 만든 돌로 된 묘표가 즐비하다. 베르메르의 묘표(Johanes Vermeer 1632~1675년)도 북쪽 통로 끝에 있다. 교회에는 6개의 오르간이 있다. 메인 오르간은 1857년, 캐비닛 오르간은 18세기 말, 북쪽 오르간은 1873년에 제작되었다. 오우더 델프트 운하에서 바라보는 교회의 모습이 멋지다.

1 구교회 2 17세기 대화재로 스테인드글라스가 모두 훼손되어 1949~1961년에 완성했다.

오렌지 공 윌리엄이 암살당한 곳
프린센호프 박물관
Stedelijk Museum Het Prinsenhof

구교회 앞에 있는 프린센호프 박물관은 15세기에 세워진 여자 수도원이었다. 네덜란드 역사상 가장 드라마틱한 사건이 일어난 곳으로도 유명하다. 1572년부터 건국의 아버지 오렌지 공 윌리엄이 살면서 독립투쟁을 했는데, 1584년 네덜란드 독립을 앞두고 이곳에서 발타자르 제라르에게 암살당했다. 그때 탄흔이 중앙 벽에 남아 당시의 비극을 전해주고 있다. 지금은 박물관으로 사용하고 있다. 델프트 도자기와 오라녜 가문의 초상화 등 번영했던 델프트를 떠올리게 하는 전시품들이 남아 있다. 박물관 옆에는 왕의 정원이 있다.

주소 Sint Agathaplein 1, Delft **전화** 015-260-2358 **홈페이지** www.prinsenhof-delft.nl **개방** 화~일요일 11:00~17:00 **휴무** 월요일, 1월 1일, 4월 27일, 12월 25일 **요금** €12(13~18세 €6) **교통** 구교회에서 바로 **지도** p.91

1 시립 프린센호프 박물관 2 네덜란드 건국의 아버지 오렌지 공 윌리엄

❤❤

아름답고 대담한 델프트 블루의 도자기
왕립 델프트 도자기 공장
(Royal Delft) Koninklijk Porceleyne Fles

왕립 델프트는 17세기부터 전수되어 마지막까지 남아 있는 도자기 공장이다. 수작업을 통해 완성된 델프트 블루 세라믹은 세계적으로 유명하다. 네덜란드가 스페인에서 독립을 쟁취한 1585년경, 안트베르펜에 있던 남유럽 출신의 도공들이 델프트로 이주해왔다. 그들이 가져온 것은 대범한 문양의 마졸리카 도자기, 그리고 17세기초에 네덜란드 동인도회사가 수입한 중국 도자기에서 영향을 받은 것이 파이앙스 도자기이다. 이른바 델프트 블루라 불리는 흰 바탕에 남색이 들어간 도자기이다. 당시 제조법을 전하는 공방은 왕립 델프트를 포함해 두 군데뿐이다.

주소 Rotterdamseweg 196, Delft **전화** 015-760-0800 **홈페이지** www.royaldelft.com **개방** 09:00~17:00(일요일 12:00~17:00) / 3월 18일(2019년)부터 매일 09:00~17:00 **휴무** 1월 1일, 12월 25 · 26일 **요금** €13.5(13~18세 €8.5) **교통** 구시가에서 도보 20분. 55번 버스를 타고 Julianalaan(zoetermeer 방향)에서 내려 도보 5분. 또는 델프트 시티셔틀(종일 요금 €4, 종일 호프-온호프-오프 방식으로 20분마다 운행)로 이동한다. **지도** p.91

♥♥
'델프트의 풍경'의 배경

동문
Oosterpoort

1 동문 2 베르메르의 '델프트의 풍경'

1400년에 세워진 동문은 델프트에 남아 있는 유일한 문이다. 동문은 성곽과 연결되는 수문과 육문으로 되어 있고, 예전에는 문과 연결된 성벽이 있었다. 레인스히 운하(Rijn–Schieikanaal)의 동문은 헤이그의 모우리츠호이스 미술관에 있는 베르메르의 작품 '델프트의 풍경'의 배경이 되면서 유명해졌다.

주소 Oosterpoort 1, Delfort **교통** 프린센호프 박물관에서 도보 15분
지도 p.91

Restaurant

해피 토스티
Happy Tosti

🍜

마르크트 광장 근처에 위치한 곳으로, 가볍게 음료, 식사하기 좋은 카페이다. 가성비가 좋아 인기 있다. 고트 치즈 샐러드 €9, 햄 €4.75, 수프 €4.75, 아침 식사 €6.

주소 Voldersgracht 4, Delft **전화** 015-887-2747 **홈페이지** www.happytosti.nl **영업** 09:00~17:00 **교통** 시청사에서 도보 1분, 운하 근처에 위치 **지도** p.91

라 타스카
La Tasca

🍜

음식 맛이 좋아 평판이 좋은 지중해 요리 레스토랑. 단체 예약이 자주 있어 만석인 경우가 많다. 파테(Paté) €4.50, 3코스(Driegangendiner) €35.50, 치즈 플래터 €11.50, 디저트 €9.5, 와인 1잔 €7.

주소 Voldersgracht 13 & 14, Delft **전화** 015-213-8535 **홈페이지** www.latasca.nl **영업** 18:00~22:00 **휴무** 일요일 **교통** 시청사에서 도보 1분, 운하 근처에 위치 **지도** p.91

간척지의 풍차들이 그림 같은 곳

킨데르데이크

KINDERDIJK

#풍차 마을#유네스코 세계유산#꼬마제방

암스테르담

킨데르데이크

★

Netherlands

네덜란드어로 꼬마 제방을 의미하는 킨데르데이크는 로테르담에서 동쪽으로 20km 정도 떨어진 곳에 위치해 있다. 킨데르데이크 풍차는 네덜란드의 아이콘으로 순수하고 아름다운 네덜란드 풍경을 자랑한다. 킨데르데이크는 간척지에 수많은 풍차가 있는 유일한 곳이다. 간척지 배수를 위해 만든 풍차 중 19개의 풍차를 보존하기 위해 1997년 유네스코 세계유산에 등재되었다. 매년 7〜8월 토요일은 풍차의 날로 19개가 일제히 가동된다. 날씨가 좋은 날 오후에는 녹색 목초지와 푸른 운하에 비치는 풍차 날개의 수려한 풍경이 한 폭의 그림처럼 아름답다.

{ 가는 방법 }

킨데르데이크는 기차역이 없어 기차보다는 버스나 수상버스를 이용하는 게 편하다.

●로테르담 → 킨데르데이크

로테르담에서 갈 때는 수상버스를 이용하는 것이 편하다. 티켓은 온라인(10% 할인) 또는 수상버스 내에서 구입한다.

수상버스
전화 0800-0232545
운행 202번 수상버스 5~10월 09:35~17:07, 30분 소요
20번 수상버스 5~9월 10:00~17:00, 40분 소요
※자전거로 이동할 경우는, 20번 수상버스를 타고 알블라세르담(Alblasserdam)에서 내려 자전거(15분소요)로 이동한다.
요금 왕복 €8, 종일 티켓(네덜란드 남부 무제한 이용)

€13.5
승차장 로테르담의 에라스무스 다리(Erasmusbrug) 옆
●암스테르담에서 이동 시 암스테르담 중앙역(Amsterdam Centraal)에서 EBS버스를 타고 간다. 2시간~2시간 30분 소요, 요금 €19.67. 티켓은 여행안내소(비지터 센터)에서 구입한다.
●킨데르데이크는 마을이 작아 운하를 따라 걸어 다니며 관광한다.

{ 여행 포인트 }

여행 적기 5~9월이 여행하기 좋다. 겨울(늦가을 포함)은 날씨가 흐리고 비가 자주 오므로 가능한 한 피하는 것이좋다.

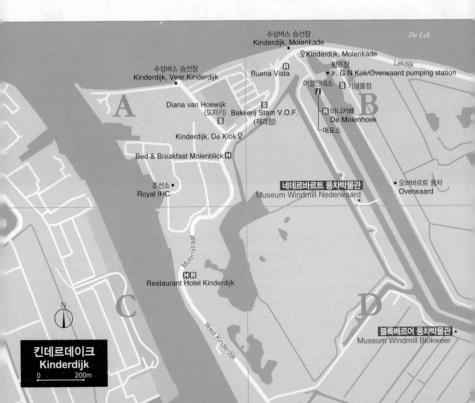

예상 소요 시간 2~3시간
점심 식사하기 좋은 곳 풍차 마을 안에는 레스토랑이 없고 입구에 음료, 샐러드 등을 파는 미니 카페가 있다. 입장 티켓을 제시하면 미니 카페에서 무료 커피 한잔을 제공한다.
최고의 포토 포인트
●네데르바르트 풍차박물관 앞 운하 다리에서 주변 풍경을 촬영하기 좋다. 특히 일출, 일몰 때는 멋진 풍차 풍경을 담을 수 있다.
주변 지역과 연계한 일정 네덜란드에서 풍차로 유명한 곳이 잔세스칸스와 킨데르데이크이다. 킨데르데이크는 꾸미지 않는 자연 그대로 풍차와 녹색 전경을 즐길 수 있고, 잔세스칸스는 풍차 외에 치즈, 나막신 상점 등이 있어 볼거리가 좀 더 다양하다. 암스테르담 근교에 잔세스칸스, 로테르담 근교에 킨데르데이크가 있으니 본인의 위치에 따라 갈 곳을 정한다.

여행안내소
주소 Nederwaard 1, Kinderdijk
전화 078-6912830
홈페이지 www.kinderdijk.com
개방 09:00~17:30
교통 킨데르데이크 입구 근처 **지도** p.100-B

자연과 투쟁하는 네덜란드인의 저력

네덜란드는 지형학적으로 해수면 아래에 세워진 나라이다. 그중 킨데르데이크는 네덜란드 역사의 중심선상에 서 있다. 킨데르데이크의 풍차와 수로는 저지대 사람들의 투쟁의 역사를 말해준다. 이곳에 처음 주민들이 정착했을 때 범람을 대비해 사구 위에 집을 지으면서, 물을 밖으로 빼기 위해 제방을 쌓았다. 지하수가 범람하지 않도록 제방 안의 땅에서 흘러나온 지하수와 빗물을 배출해야 했다. 13세기 수자원위원회를 설립해, 모든 주민들이 합심해 토지를 건조하게 유지했다. 킨데르데이크를 중심으로 도랑과 수로 시스템을 이용해 물을 간척지에서 서쪽 끝 지점 저지대까지 흐르도록 했다. 4개의 수문에서 썰물 때 물이 강으로 흘러 보내면서 첫 번째 물 관리 시스템이 정립된 기술적 도약을 가져왔다.
1421년 11월 악명 높은 세인트 엘리자베스 홍수가 제방을 휩쓸면서 수천 명이 익사하는 비극이 벌어졌다. 전설에 의하면 킨데르데이크는 어린이 '다이크(Dyke)'를 의미하는 이름이다. 홍수 때 고양이가 헤엄치며 아기 요람이 가라앉지 않도록 고군분투했단다. 구사일생으로 아이가 구조되었는데, 이 아이가 바로 다이크이다. 엘리자베스 홍수는 재앙이었지만 토양 침하가 더욱 심각한 문제였다. 간척지에서 물을 빼 강으로 보내는 유일한 해답은 바로 풍차였다. 네덜란드 사람들이 어떻게 지속 가능한 수자원 관리 기술을 터득했는지를 킨데르데이크는 말해준다.
킨데르데이크 풍차는 1738~1740년에 걸쳐 만든 배수용이다. 풍차의 역할은 알블라서바르트(Alblasserwaard) 해안 간척지 물을 빼내는 작업이다. 날개가 회전하면서 운하 내 스크루를 돌려 위쪽의 운하로 물을 퍼 올린다. 산업혁명 이전에 네덜란드에는 1만여 개의 풍차가 있었는데, 1924년부터 전기로 펌프를 돌리면서 풍차 역할이 막을 내리면서 지금은 10분의 1만 남아 있다. 그 가운데 킨데르데이크에 남아 있는 19개의 풍차는 유네스코 세계유산으로 등재되었다.

♥♥♥
녹지대에 펼쳐진 풍차박물관
킨데르데이크
Kinderdijk

킨데르데이크는 입구 앞에 주차장(주차료 €5)과 화장실, 티켓 판매소가 있다. 입구에 들어서면 중앙 일직선상으로 운하와 샛길이 뻗어가다 ㄱ자형으로 꺾여 왼쪽으로 계속 이어진다. 입구 근처 운하 왼편에 예전 펌프장이었던 방문객 센터가 있다.

운하 샛길을 따라 직진하면 왼편에 오버바르트 풍차(Overwaard)가 있고 오른쪽 다리를 건너면 네데르바르트 풍차박물관이 나온다. 풍차 안에서 생활했던 당시 모습 등을 볼 수 있다. 다리 쪽에서 바라본 풍차 풍경이 아름다워 포토 스폿으로 인기 있다. 계속 직진하면 오른편에 네데르바르트 풍차박

1 목가적 분위기가 나는 풍차 풍경 2 풍차 마을 주변을 자전거를 타고 즐길 수 있다. 3 종일 낚시에 몰두하는 강태공

물관이 있다. 좀 더 직진해 ㄱ자형으로 꺾어지는 지점에 운하를 건너면 블록베르어 풍차박물관이 나온다. 티켓을 제시해야 두 곳 풍차박물관을 관람할 있으니 티켓 보관을 잘해야 한다. 블록베르어 풍차박물관은 나중에 리모델링해 교육용으로 개관한 곳이라 네데르바르트 풍차박물관보다 현실감은 뒤지지만 풍차에서 거주했던 풍차 안마당과 저장고 등을 볼 수 있다. 관람이 끝나면 운하를 따라 산책하거나 자전거를 대여해 운하 산책로 따라 풍차와 어우러진 주변 녹색 늪지의 전경을 즐기기에 좋다.

주소 Nederwaard 1, Kinderdijk **전화** 078-6912830 **개방** 09:00~17:30 **요금** 펌프장+풍차 2곳 €8, 펌프장+풍차 2곳+크루즈 €13.5, 크루즈 €5.5 **홈페이지** www.kinderdijk.nl

---

◆ 네데르바르트 풍차박물관 Museum Windmill Nederwaard ♥♥♥

1738년에 세워진 풍차로 킨데르데이크 중앙부에 위치해 있다. 지금은 박물관으로 일반인에게 공개하고 있다. 바람이 불면 풍차 날개가 가동한다. 증조부 때부터 풍차를 지켜오고 있는 얀 후크(Jan Hoek)는 1916년 어머니의 사망 후부터 조부모 풍차로 이사해 줄곧 살았다. 풍차에 살면서 길이 29m의 날개로 정확히 바람을 포착해 왔다. 1층에는 그릇 선반, 장화, 나막신 등이 있고, 2~3층에는 당시 생활했던 거실, 침실 겸 작업실, 부엌이 그대로 남아 있다. 풍차 주변에 개와 고양이, 염소, 닭, 소 등 가축을 키웠다.

1 풍차박물관 2 당시 주민들이 신고 다닌 장화 3 풍차 주인(Jan Hoek)의 거실

◆ 블록베르어 풍차박물관 Museum Windmill Blokweer ♥♥

운하를 따라 가면 19번째 풍차가 눈에 들어오는 데 이곳 풍차가 블록베르어이다. 위치상 킨데르데이크 인근이 아닌 몰렌바르트(Molenwaard) 일부에 속한다. 1997년 화재로 훼손되자 후에 원래대로 복원했다. 풍차 하부 구조가 지금은 타일이고, 목조 몸채는 검은색이다. 풍차 밖에 물 푸는 바퀴가 설치되어 있다. 2013년 내부를 리모델링한 후 학생들을 위한 풍차 교육 기능을 제공하고 당시 생활상을 재현해 놓았다. 안뜰에는 연장 등 생활 도구를 보관하는 저장소가 있다.

1 박물관 외관 2 각종 생활 도구를 보관해 놓은 저장소 내부 3 부속 창고와 안마당

국제사법재판소가 있는 국제 도시

헤이그

DEN HAAG

암스테르담

★
헤이그

Netherlands

#이준 열사#행정 수도#국제 도시

네덜란드 서부에 위치한 헤이그는 16세기 네덜란드 연방공화국이 성립된 후 연방의회가 설치되면서 국회의사당, 정부 청사를 비롯한 외교기관인 국제사법재판소, 대사관 등이 모여 있는 행정 수도이며 국제 도시이기도 하다. 헤이그(Hague)는 영어식 명칭이고, 네덜란드어로 덴하그(Den Haag)라고 한다. 네덜란드 제3의 도시로 시내곳곳에 공원이 잘 조성되어 있어 청정한 녹음과 아늑한 정취를 즐길 수 있다. 국제회의가 자주 열리는 이곳은 우리에게도 특별한 의미가 있다. 1907년 고종 황제의 밀지를 받은 이준 열사가 헤이그에서 열린 제2차 만국평화회의에 참석해 일본의 국권 찬탈을 만국에 알리려다 뜻을 펴지 못하고 분사했던 슬픈 역사가 있다.

※헤이그는 도시 규모가 비교적 넓지만, 중요 볼거리가 구시가에 몰려 있어 소도시 범주에 포함시켰다.

{ 가는 방법 }

헤이그(Den Haag) 역은 중앙역(CS)과 HS(Hollands Spoor) 역 2곳에 있다.

브뤼셀 중앙역(Bruxelles–Central)에서 중앙역(또는 HS 역)까지 1시간 30분~2시간, 파리 북역에서 3~4시간 정도 소요된다. 암스테르담 중앙역(Amsterdam Centraal)에서 IC열차를 타면 헤이그 중앙역(또는 HS 역)에 도착한다. 두 역 모두 수시 운행하며 약 50분 소요된다.

헤이그 중앙역에서 트램 9 · 15번을, HS 역에서 트램 1 · 16번을 타면 시내까지 갈 수 있다. 구시가의 볼거리는 도보 관광이 가능하나, 도심에서 떨어져 있는 파노라마 메스다흐, 평화궁, 마두로담은 트램(버스)으로 이동한다.

{ 여행 포인트 }

여행 적기 5~9월이 여행하기 좋다. 단, 비가 자주 내리는 겨울철은 피하는 것이 좋다.
점심 식사 하기 좋은 곳 비넨호프 주변
헤이그를 제대로 보고 싶다면 헤이그는 구도심뿐 아니라 외곽 지역(평화 궁, 마두로담)도 볼거리가 많으니 놓치지 않도록 한다.
최고의 포토 포인트
● 호프베이베르(Hofvijver) 연못에서 바라본 비넨호프 전경
● 헤이그 타워 전망대
여행안내소
주소 Spui 68, Den Haag
전화 070-361-8860

홈페이지 www.denhaag.com
개방 월요일 12:00~18:00, 화~금요일 10:00~18:00, 토요일 10:00~17:00, 일요일 · 공휴일 12:00~17:00
교통 센트로의 비넨호프 주변 **지도** p.107-F

{ 추천 코스 }

예상 소요 시간 1일

> **헤이그 중앙역**

도보 10분

> **비넨호프**

바로

> **마우리츠호이스 왕립미술관**

도보 10분

> **이준 열사 기념관(차이나타운)**

버스(24번) 또는 트램(1번) 15분

> **평화 궁**

도보 5분

> **파노라마 메스다흐**

버스(22번) 6분

> **마두로담**

※만약 헤이그 HS 역에서 출발할 경우, 이준 열사 기념관 – 비넨호프 – 마우리츠호이스 왕립 미술관 – 평화 궁–이하 동일 순으로 일정을 짠다.

시내를 달리는 트램

비넨호프의 야경

헤이그
Den Haag

0 300m

N

북해
Noordzee
피어 방향

스헤베닝언
Scheveningen
팰리스 프롬나드
Palace Promenade
Ruygenhoek
Oostduin-park
Hoekweg
Zwolsestr.
Harstenhoek

홀랜드 카지노
Holland Casino
경찰서
Remise H. T. M.
큐르하우스
시 라이프 센터
Sea Life Center

VSB
Circustheater
Belgisch Park
Penitentiaire
Inrichting

Museum
Scheveningen
METS TennisPark

Sportcomplex De
Blinkerd

로사리움
Rosarium
Nieuwe
Scheveningse
Bosjes
Klein Zwitserland
Alexanderkazerne

베스트브루크 공원
Westbroekpark
Frederikkazerne

Westbroekpark en Du
Stichting Bronovo-Nebo

Van Stolkpark en
Scheveningse Bosjes
마두로담
Madurodam
휘베르튀스 공원
Hubertuspark
Min.V.I Verkeer en
Waterstaal
도서관

Geuzenen
Statenkwartier
Tennispark
De Bataat
유로폴
Europol.
Tennispark WW

스헤베닝언 삼림 공원
Scheveningse Bosjes
Algemeen
Arendsdorp
Benoordenhout

주네덜란드 대한민국 대사관
Zorgvliet
Oostduin

네덜란드 국제 회의 센터
Nederland Congres Centrum
Rosarium
바세나로 방

헤이그 시립 미술관
Gemeentemuseum Den Haag
옴니버르섬
Omniversum
뮤세온
Museon
Nassauplein
Kamer van Koophandel
헤이그 삼림 공원
Haagse Bos

Archipelbuurt
Hoofdburo
van Politie

평화 궁(국제사법재판소)
Vredespaleis
메스다흐 박물관
Rijksmuseum
H.W.Mesdag
Plein
1813
Willemspark
Provinciehuis

Duinoord
PTT Museum
파노라마 메스다흐
Panorama Mesdag
Malieveld
데너 거리
Denneweg
탱크 거리
로테르빅
에스허르 인 헷 팔레이스
Escher in Het Paleis

메트로폴(영화관)
Zeeheldenkwartier
Koninklijke
Stallen
Paleistuinen
랑어 포르하우트 광장
Lange Voorhout
헤이그 역사 박물관
Haags Historisch
Museum
Letterkundig Museum
헤이그 중앙역
Den Haag Centra

Koningsplein
노르데인더 궁전
Paleis Noordeinde
마우리츠호이스 왕립미술관
Mauritshuis

Regentessekwartier
쩽 레스토랑
Zheng Restaurant
감옥 박물관
Museum
Gevangenpoort
비넨호프
Binnenhof

Sporthal
Gaslaan
Haagse Milieu
Services
Eneco
Brandweer
Westeinde
Ziekenhuis
성 야콥 교회
Grote-St. Jacobskerk
호텔 이비스
헤이그 시티 센터
Centrum
시청사
Stadhuis
Lucent Danstheater
Theater alh Spui Filmhuis

경찰서
Politie
이준 열사 기념관
Yi Jun Peace Museum
모미지 스시
Momiji Sushi

Concordia
Ambacht
Stichting
Stationsbund

Sport Centr.
De Houtzagerij
Oranjeplein
Sporthal Oranjeplein

Vaillantplein
Groeneweg
헤이그 HS 역
Den Haag HS
델프트 방향

Volksbuurtmuseum

구시가와 외곽 모두 볼거리가 많다

헤이그는 도시가 비교적 넓다. 볼거리는 구시가와 외곽으로 나뉘는데, 외곽 지역의 볼거리도 놓치지 않도록 한다. 구시가는 도보로 관광하고, 외곽은 버스나 트램으로 이동한다. 기차역에서 트램을 타고 구시가에 내리면 웅장한 중세풍의 도시 모습에 놀라게된다. 도심에서 가장 볼거리는 유서 깊은 중세 건물을 간직하고있는 비넨호프이다. 커다란 연못가에 서면 멋있는 중세풍의 건물들을 카메라에 담을 수 있다. 뒤편으로 가면 네덜란드 최고의 화가 베르메르와 루벤스 작품을 접해볼 수 있는 마우리츠호이스 왕립미술관이 보인다.

도심 남쪽에 있는 차이나타운에는 대한민국의 아픈 역사를 담고있는 이준 열사 기념관이 있고, 저렴하게 한 끼를 해결할 수 있는중국 식당들이 즐비하다.

평화 궁(국제사법재판소)과 파노라마 메스다흐는 도심에서 약간떨어진 곳에 있으니 트램(또는 버스)으로 이동한다. 특히 파노라마 메스다흐는 평소 보기 힘든 미술관이므로 꼭 관람해본다. 1880

년대의 스헤베닝헌의 농촌 모습을 360도 공간을 통해 파노라마처럼 펼쳐내는기발한 아이디어에 감탄을 자아내게 된다. 네덜란드의 모든 것을 한눈에 확인하고 싶거나 가족끼리 이곳을 찾는다면미니어처 파크인 마두로담으로 가본다.

❶ 플라인(Plein) 거리
❷ 오랜 역사를 자랑하는 마르크트
❸ 비넨호프 거리의 조형물
❹ 차이나타운

1

♡♡♡
왕궁이 관청으로 변신
비넨호프
Binnenhof

13세기 홀란드 백작 궁전을 중심으로 유서 깊은 건물이 모여 있는 광장을 비넨호프라 한다. 원래 광장은 외벽으로 둘러싸여 있었는데 17세기에 벽들을 허물고 그 터에 네덜란드의 왕 오렌지 공(公)이 거주할 궁전과 정부 부처 건물들을 지어 수세기 동안 네덜란드 정치 중심지 역할을 해왔다. 현재는 주위를 빙 둘러 흐르던 도랑의 일부가 호프베이베르(Hofvijver) 연못으로 남아 있고 국회의사당, 총리부, 외무부 등 중앙관청이 들어서 있다.

국회의사당으로 사용되고 있는 기사의 홀(Ridderzaal, Hall of Knights)은 13세기 홀란드 백작 플로리스 5세 때 건설된 가장 오래된 건물로, 좌우에 첨탑이 있는 고딕 양식 건축물이다. 매년 9월 셋째 주 화요일에 열리는 국제 개회식에는 의장단이 건물 앞 광장에 정렬해 금으로 장식한 마차르 탄 베아트릭스 여왕을 맞이하는 의식을 거행한다.

주소 Hofweg 1, 2511 AA Den Haag **전화** 070-757-0200 **홈페이지** www.binnenhofbezoek.nl **개방** 월~토요일 10:00~17:00 **휴무** 일요일 **요금 가이드 투어** 기사의 홀 €5.5(45분), 기사의 홀 + 국회의사당 €9.5(90분) **교통** 헤이그 중앙역에서 버스 22·24번으로 이동. 또는 도보 10분 **지도** p.107-F

1 비넨호프
2 비넨호프 입구에 세워진 네덜란드 국왕 빌럼 2세 동상
3 국회의사당으로 사용되고 있는 기사의 홀

♡♡♡

왕실이 수집한 최고의 미술품을 소장

마우리츠호이스 왕립미술관
Mauritshuis Museum

마우리츠호이스 왕립미술관은 왕실 오라네 가문이 대대로 수집한 네덜란드 최고의 주옥같은 미술품을 소장하고 있다. 건물은 작지만 외관이 아름답고 무엇보다 렘브란트와 베르메르의 명작만을 소장하고 있어 미술 애호가에게는 성지 같은 곳이기도 하다. 17세기 암스테르담 왕궁을 설계한 야콥 반 캄펀이 네덜란드 총독 나사우 가의 개인 저택으로 건축한 르네상스풍의 고전 양식 건물이다. 이후 주정부의 영빈관으로 사용하다가 1892년부터 왕립미술관으로 공개하고 있다. 1층은 로비와 숍, 2~3층은 유명한 작품들이 전시되어 있다.

3층(9~16번실)에는 빛의 마술사 베르메르가 고향 델프트의 이른 아침 풍경을 그린 '델프트 풍경(15번실)', 불후의 걸작 '푸른 터번을 쓴 소녀/진주 귀고리를 한 소녀(15번실)'이 있고, 해부학자 툴프 박사가 남자의 시체를 해부하고 있는 장면을 20대의 젊은 렘브란트가 생생하게 표현한 '니콜라스 툴프 박사의 해부학 강의(9번실)'와 '목욕하는 세잔', '렘브란트 자화상(10번실)', 파울루스 포테르(Paulus Potter)의 '황소(De Stier)(12번실)'이 있다. 얀 스텐(Jan Steen)의 '늙은이는 노래하듯, 젊은이는 담배를 핀다(14번실)', 2층(1~8번실)에는 루벤스와 얀 브뢰겔의 합작품인 '에덴 동산과 인류의 타락(2번실)'을 비롯해 루벤스의 '늙은 여인과 소년(3번실)', 한스 홀바인 2세의 '로베르트 체스만의 초상화(Portret van Robert Chesemen)(7번실)' 등의 작품을 볼 수 있다.

주소 Plein 29, 2511 CS Den Haag **전화** 070-302-3456 **홈페이지** www.mauritshuis.nl **개방** 월요일 13:00~18:00, 화 · 수 · 금 · 토 · 일요일 10:00~18:00, 목요일 10:00~20:00 **요금** €15.5(19세 미만 무료) **교통** 헤이그 중앙역에서 버스 22 · 24번으로 이동. 또는 도보 10분. 비넨호프 근처 **지도** p.107-F

1 베르메르의 '진주 귀고리를 한 소녀'
2 얀 스텐의 '늙은이는 노래하듯, 젊은이는 담배를 핀다'
3 렘브란트의 '니콜라스 툴프 박사의 해부학 강의'
4 파울루스 포테르의 '황소'
5 한스 홀바인의 '로베르트 체스만의 초상화'

고종 밀사들의 역사적인 현장
이준 열사 기념관
Yijun Peace Museum

1620년 세워진 고옥(古屋)으로 가정집, 극장, 호텔 등으로 사용되다 1995년 이준 열사 기념관으로 개관했다. 이준 열사가 투숙했던 호텔을 교포 사업가가 구입해 이준 열사를 기리기 위해 기념관으로 꾸민 것이다. 1907년 고종 황제의 밀명을 받은 이준, 이상설, 이위종 밀사가 당시 호텔이었던 이곳에 머물렀다. 제2차 만국평화회의에 참석해 을사늑약 무효와 대한민국의 독립을 전 세계에 알리고자 했으나 일본의 방해로 무산되자 의분을 못 이겨 이준 열사는 이곳에서 순국하고 말았다. 이준 외에도 이상설, 이위종 기념실 등 7개 전시실이 있다.

주소 Wagenstraat 124, 2512 BA Den Haag **전화** 070-356-2510 **홈페이지** www.yijunpeacemuseum. org **개방** 월~금요일 10:30~17:00, 토요일 11:00~16:00 **휴무** 일요일, 공휴일 **교통** 헤이그 HS 역에서 도보 7분, 차이나타운에 위치 **지도** p.107-F

국제 분쟁을 해결해주는 기구
평화 궁(국제사법재판소)
Vredespaleis

1913년 강철왕 앤드루 카네기의 기부를 받아 완성한 궁전. 부지는 네덜란드가 제공하고 건물 내 장식품은 세계 각국에서 기증받아 지었다. 당시 평화 궁 설계 공모전에 216점이 출점되었는데 그중 프랑스 건축가 루이스 코르도니에르(Louis Cordonnier)가 최종 선정되었다. 마지막 설계는 요한 반 데 스투어(Johan van der Steur)와 협업해 1913년 6년의 공사 끝에 네오르네상스 양식의 인상적인 궁전을 완성했다. 탑 안에는 47개의 시계와 연주용 종이 있다. 현재는 국제사법재판소와 국제연합기구로 사용되고 있다. 개별 관람은 안 되고 가이드 투어로만 관람할 수 있다. 궁전 정면 오른편에는 5대륙의 불꽃을 피워 세계 평화를 기원하는 세계 평화 불꽃(World Peace Flame) 기념비가 있다.

주소 Carnegieplein 2, 2517 KJ Den Haag **전화** 070-302-4242 **홈페이지** www.vredespaleis.nl **개방** 화~일요일, 4~10월 10:00~17:00 / 7월 24일~8월 2일 10:00~22:00(토요일 ~17:00), 11~3월 11:00~16:00 **휴무** 월요일, 1월 1일, 4월 27일, 12월 25~26일 **요금** 가이드 투어 €11 **교통** 트램 1번 (Scheveningen Noorderstrand행), 버스 24번(Kijkduin행)을 타고 Vredespaleis에 하차 **지도** p.107-C

1 평화 궁(국제사법재판소) 2 평화의 기원을 담은 쪽지 3 세계 평화를 기원하는 세계 평화 불꽃

♥♥♥
스헤베닝헌 어촌 풍경을 360도로 담다
파노라마 메스다흐
Panorama Mesdag(De Mestag Collectie)

헤이그파의 화가 헨드리크 빌렘 메스다흐(Hendrick Willem Mesdag)가 그린 유일한 한 장의 그림만을 전시하려고 만든 건물이다. 360도 공간에 세로 15m, 가로 120m에 이르는 이 작품으로 1880년대 스헤베닝헌(Scheveningen)의 어촌을 테마로 당시의 마을 전경과 필부들의 생활상, 어부들의 활기 넘치는 모습을 생생하게 화폭에 담고 있다. 세계 최대의 파노라마 풍경화는 바로 난간 앞 바깥이 모래사장으로 펼쳐져 있어 실물을 구별하기가 쉽지 않을 정도로 사실적이다. 또한 실내 지붕이 유리창으로 설치되어 있어 자연광이 그대로 들어와 시간과 각도에 따라 빛의 감도가 달라 화폭이 더욱 생동감이 있어 보인다.

메스다흐가 설계할 당시 스헤베닝헌의 어촌 풍경을 담기 위해 이 건물 중앙에 빛을 쏴서 그림자를 확대시킨 후 작은 그림을 그려온 것을 그대로 묘사하는 방식으로 응용했다. 360도 공간에 원통 벽면을 따라 그림을 그리고 스헤베닝헌 모래밭 위에 건물을 세워 마치 풍경 자체가 미술관에 통째로 옮겨놓은 듯한 분위기를 풍기게 했다.

주소 Zeestraat 65, 2518 AA Den Haag 전화 070-310-6665 홈페이지 www.panorama-mesdag.nl 개방 10:00~17:00, 일요일 · 공휴일 11:00~17:00 휴무 1월 1일, 12월 25일 요금 €10(학생 €8.5) 교통 트램 1번이나 버스 22 · 24번 이용. 평화 궁에서 도보 10분 지도 p.107-C

1, 2 파노라마 메스다흐 내부. 360도 공간에 스헤베닝켄 어촌의 풍경이 펼쳐진다.

♡♡♡
네덜란드 명소들의 미니어처
마두로담
Madurodam

마두로담은 네덜란드의 매력이 묻어나는 동화 같은 관광 명소이다. 약 2만㎡ 부지에 네덜란드 각지의 명소를 실물 크기의 25분의 1로 축소해 재현한 미니어처 타운이다. 이곳에선 암스테르담의 왕궁, 담 광장, 안네 프랑크의 집 등 우리에게 친숙한 명소들을 만날 수 있다. 각 장소에는 다양한 소품들, 예를 들어 배와 열차, 자전거, 트램, 풍차 등이 실제처럼 움직인다.

이곳은 세 가지 테마 공간인 시티 센터, 워터 월드, 이노베이션 아일랜드로 나뉜다. 시티 센터 지역은 옛 도시에서 어떻게 지금의 모습으로 성장했는지를 보여준다. 미니어처 건물과 광장, 거리에서 이러한 발전의 궤적을 느껴볼 수 있다. 또한 워터 월드에서는 네덜란드가 물을 어떻게 슬기롭게 다루었나를, 이노베이션 아일랜드는 기업가 정신과 혁신을 통해 어떻게 국제적 성공을 일구었는지 보여준다. 건축, 물류, 엔터테인먼트, 스포츠, 디자인에서 탁월한 우수성을 알 수 있는 곳이다.

주소 George Maduroplein 1, 2584 RZ Den Haag **전화** 070-416-2400 **홈페이지** www.madurodam.nl **개방** 매일 09:00~20:00 **요금** €16.5(온라인 €14.5) **교통** 중앙역(CS)에서 버스 22번, 트램 9번, 헤이그 HS 역에서 트램 9번 타고 마두로담(Madurodam)에서 하차 **지도** p.107-C

♥

네덜란드 최고의 해변 리조트

스헤베닝헌
Scheveningen

헤이그 북서쪽으로 5km 떨어진 곳에 자리 잡은 네덜란드 최고의 리조트이다. 옛날에는 북해연안의 작은 어촌에 불과했으나 19세기부터 비치 리조트로 인기를 모으면서 지금은 북해 제일의 휴양지로 각광받고 있다. 강렬한 태양, 바다와 해변이 환상적인 조합을 이뤄 매력적인 해변 리조트이다.

북해는 수온이 낮아 수영을 할 수 없어 대부분 해변의 모래사장에서 일광욕을 즐긴다. 누드 일광욕 하는 관광객들이 눈에 자주 띈다. 수족관인 시 라이프 센터, 홀란드 카지노, 쇼핑몰 팰리스 프롬나드에서 음식, 음료 및 쇼핑을 즐길 수 있다. 독특한 빛깔의 바다와 넓은 도로, 독특한 건축물, 전통 음식을 파는 푸드트럭과 편안한 해변 분위기 등으로 이곳을 찾는 관광객들에게 독특한 체험을 제공한다.

교통 Gevers Deynootweg 1134, 2586 BX Den Haag **전화** 090-0340-3505 **홈페이지** www.scheveningen. nl **교통** 중앙역 또는 헤이그 HS 역에서 트램 1·9번, 버스 22번을 타면 15분 정도 걸린다. **지도** p.107-A

1 인기 해수욕장인 스헤베닝헌 **2** 다른 해변가와 달리 모래사장의 폭이 넓고 해안이 매우 길다. **3** 모래사장에서 바다로 연결된 다리. 바다 한가운데에 레스토랑이 있다.

모미지 스시
Momiji Sushi

저렴하고 맛있게 한 끼 해결할 수 있는 스시 레스토랑. 사시미 혼합 A(3가지) €10.5, 사시미 혼합 B(7가지) €27.5, 연어 €7.5, 참치 €8.5.

주소 Rabbijn Maarsenplein 1, 2512 HJ Den Haag **전화** 070-427-7999 **홈페이지** www.momiji-sushi.nl **영업** 매일 12:00~22:00 **교통** 비넨호프에서 도보 7분 **지도** p.107-F

젱 레스토랑
Zheng Restaurant

미쉐린 스타를 받은 중국요리 레스토랑. 세계적으로 유명한 식재료와 전통 중화요리법으로 독특한 맛을 제공한다. 3코스 €37, 4코스 €48, 5코스 €57.

주소 Prinsestraat 33, 2513 CA Den Haag **전화** 070-362-0828 **홈페이지** www.restaurantzheng.com **영업** 매일 17:30~22:30 **휴무** 월요일 **교통** 비넨호프에서 도보 8분 **지도** p.107-E

호텔 이비스
헤이그 시티 센터
ibis Den Haag City Centre

유럽에서 유명한 체인 호텔. 가격 대비 깔끔하고 서비스가 양호하다. 2인실 €97~.

주소 Jan Hendrikstraat 10, 2512 GL Den Haag **전화** 070-203-9001 **홈페이지** www.ibishotel.com **교통** 비넨호프에서 도보 10분 **지도** p.107-F

벨기에

BELGIUM

벨기에에서 가장 오래된 도시

투르네
TOURNAI

#아르누보 건축물#옛 수도#역사 도시

2000년 역사를 지닌 투르네는 벨기에에서 가장 오래된 도시이다. 프랑크왕 클로비스의 탄생지로 메로빙 왕조의 첫 수도가 되었다. 노르만족 침략과 흑사병로 고통을 받았으나, 12~13세기에 인구가 급증해 무역이 번성하면서 새로 도시 성곽을 짓고, 대성당과 종탑, 아치형 다리를 건설했다. 자치권을 획득한 후 종교 자유를 얻으면서 15~16세기 로베르 캉팽, 로히어르 판 데르 베이던 등 플랑드르파 화가들이 배출되고 태피스트리 예술을 비롯해 카펫, 피혁 산업이 발전했다. 프랑스와 플랑드르 사이에 위치한 투르네는 중세부터 전략적 요충지로 주변 강대국의 각축장이 되어, 16세기부터 영국, 프랑스, 스페인, 오스트리아, 네덜란드가 번갈아가며 지배했다. 2차 세계대전 이후 파괴한 도시를 복원하여, 2000년 역사 도시의 자부심을 재현하고 있다.

{ 가는 방법 }

브뤼셀에서 기차로 1시간 거리에 있어 당일치기로 다녀올 수 있다. 프랑스 북부와 경계선에 있어 릴(Lille)에서도 가깝다.

● 브뤼셀(Brussels-Midi) → 투르네(Tournai)
IC열차 1시간 소요

● 릴(Lille) → 투르네(Tournai)
Ter열차 30분 소요

● 투르네 역에서 구시가까지 도보 10분. 볼거리가 구시가에 몰려 있어 걸어 다니며 관광한다. 구시가를 순회하는 관광객용 꼬마열차를 이용할 수도 있다.

꼬마열차
운행 시간 화 · 수 · 목 · 토 · 일요일 15:30
요금 €5
출발 장소 여행안내소 앞

{ 여행 포인트 }

여행 적기 5~9월이 여행하기 좋다. 겨울(늦가을 포함)은 날씨가 흐리고 비가 자주 오므로 가급적 피하는 것이 좋다.
점심 식사 하기 좋은 곳 그랑 플라스 주변
최고의 포토 포인트
● 종루에서 바라본 중세풍의 그랑 플라스 주변 전경이 멋지다.
주변 지역과 연계한 일정
투르네는 프랑스 북부 릴(Lille)에 인접해 있다. 런던에서 도버해협을 건너 프랑스 칼레(Calais)

로 이동할 경우 최근 핫 플레이스로 뜨고 있는 프랑스 북부 지방(에트르타, 르아브르 등)과 패키지로 묶어 여행하면 동선상 효율적이다.

여행안내소
주소 Place Paul-Emile Janson 1a, Tournai
전화 069-22-2045
홈페이지 www.visittournai.be
영업 4~10월 09:00~17:30(토 · 일요일 09:30~12:30, 13:30~17:30) / 11~3월 09:00~17:00(12월 24 · 31일 ~16:00, 토요일 09:30~12:30, 13:30~17:00, 일요일 13:30~17:00)
휴무 1월 1~2일, 5월 1일, 11월 1일, 12월 25~26일
교통 노트르담 대성당 앞

{ 추천 코스 }

예상 소요 시간 3~4시간

> 투르네 역

⋮ 도보 10분

> 그랑 플라스

⋮ 바로

> 종탑

⋮ 바로(뒤편에 위치)

> 노트르담 대성당

⋮ 도보 3분

> 군사역사박물관

⋮ 도보 3분

> 자연사박물관

⋮ 바로

> 순수예술미술관

릴 광장에서 그랑 플라스 가는 골목길

❶ 그랑 플라스 주변
❷ 릴 광장

투르네 최고의 여행법은 무작정 걸어보는 것

투르네를 여행할 때는 그림 같은 좁은 미로를 어슬렁거리며 다녀
보자. 마치 시간이 멈춰 버린 중세도시의 역사 현장에 서있는 자
신을 발견할 것이다. 투르네에 도착하면 우선 구시가 여행안내소
에 들른다. 2000년 역사를 소개하는 비디오를 20분간 감상하면
투르네의 역사와 문화가 이해될 것이다.

우선 유네스코 세계문화유산에 등재된 종탑으로 가자. 257개의
계단을 따라 올라가면 숨 막힐 정도로 아름다운 구시가 전경이
파노라마처럼 펼쳐진다. 2000년의 역사와 유산을 고스란히 간직
한 그랑 플라스를 비롯한 구시가 건축물을 지척에서 볼 수 있다.
종탑에서 내려오면 그랑 플라스와 연결된다. 그랑 플라스, 노트
르담 대성당, 성 조지 탑(Tour Saint-Georges), 루즈 요새(Fort
Rouge), 에스코강, 성 피에르 광장(Place Saint-Pierre) 등 도
시 역사 지구를 한 바퀴 돌며 산책 삼아 걸어 다닌다.

투르네에서 놓치면 안 될 곳은 뮤지엄

역사 도시이면서 예술 도시로도 유명한 투르네는 도시는 작지만
의외로 많은 뮤지엄에 깜짝 놀라게 된다. 순수예술미술관, 군사
역사박물관, 자연사박물관, 민속박물관(Musée de Folklone),
태피스트리 박물관(TAMAT), 고고학박물관(Musée d'
Archéologie) 등 많은 박물관이 있다. 이중 자연사박물관과 순

수예술미술관 정도는 시간을 할애해 관람해본다.
박물관 관람이 끝났으면 서두에 언급했듯이 골목길을 걸어본다.
생각지 못한 역사적 흔적에 감동을 받을 수 있다. 골목길에서 만
나는 조그마한 동상은 역사와 민속에 관한 인물을 설명해주며 구
시가 길 방향을 제시해준다. 피곤함이 느껴지면 그랑 플라스의
카페 테라스에 앉아 커피 한잔하며 잠시 쉬어보자. 쉬면서 구경
하는 것 자체도 재미있는 여행이 될 수 있다. 기차역으로 되돌아
가는 길에 에스코강(L'escaut : 스켈트강)을 가로지르는 아치형
다리(Pont des Trous)도 가보자.

❶ 그랑 플라스에 몰려 있는 카페들
❷ 아치형 다리

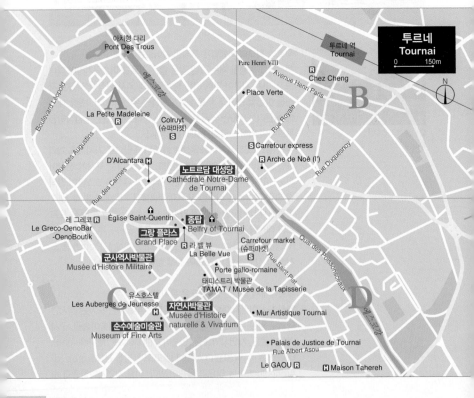

Sightseeing

♥♥♥

중세 역사와 유산을 간직한 광장

그랑 플라스
Grand'Place

데스피노이 등상

마치 2000년 전에 시간이 멈춰 버린 듯한 중세 도시의 역사 현장을 지척에서 감상할 수 있는 곳이다. 대부분의 광장이 사각형, 또는 원형의 광장인데, 그랑 플라스는 종탑을 기점으로 사다리꼴로 점점 넓어지는 형태이다.

종탑은 유네스코 세계문화유산에 등재된 문화자산으로 주민들의 자부심이 대단한 건축물이다. 탑 전망대에서 바라본 그랑 플라스는 평지에서 볼 때와는 다른 느낌을 받게 된다. 입체감 있는 파노라마 풍경을 선사하므로 꼭 종탑에 올라가본다. 광장 주변은 카페, 레스토랑, 호텔 등과 생캉탱 로마네스크 교회(Église Saint-Quentin), 데스피노이 동상(Christine de Lalaing Princesse D'Espinoy : 총독 부인으로 1576년 남편이 원정을 떠나면서 심복과 그의 아내에게 투르네 방어를 부탁했는데, 1581년 스페인군대가 침략하자, 그녀는 군인들에게 총독 명령을 따르라면서 남성 못지않게 격렬히 싸웠던 여장부이다)을 비롯한 중세 건축물들이 몰려 있어 광장 자체만으로 재밌는 구경거리가 된다. 매주 일요일 아침에는 벼룩시장이 열린다.

교통 투르네 역에서 도보 10분 **지도** p.122-C

그랑 플라스

투르네　**123**

♥♥♥

투르네에서 가장 오래된 건축물

종탑
Belfry of Tournai

1192년에 세워진 72m 높이의 종탑은 투르네에서 가장 오래된 건축물로 1999년 유네스코 세계문화 유산에 등재되었다. 1294년, 1392년에 탑을 더 높게 세웠으나 부분적으로 화재가 나서 훼손되었고 19세기 중엽 건축가 브뤼노 르나르(Bruno Renard)가 지금의 모습으로 복원했다. 1940년 독일군 폭격으로 투르네 중심부가 파괴되었으나 다행히 종탑은 포탄을 비켜가면서 그대로 남아있다.

그랑 플라스를 압도하는 종탑의 종은 재판이나 사형 집행 시 또는 외침이 있을 때 시민들에게 알려 주는 경보음 역할을 해왔고, 종탑은 감시탑, 감옥, 시청 홀로 사용해왔다. 1535년 종의 원래 목적과는 달리 축제용으로 카리용을 설치했고, 2003년 복원작업을 거쳤다. 현재 종탑에는 2개의 종이 있는데 1개에 딸린 부속 종 55개가 있다. 부활절부터 9월까지 그리고 12월에 콘서트가 열릴 때 종이 울린다. 무엇보다 257개 계단을 따라 탑 전망대에 올라가면 환상적인 구시가의 중세 풍경이 펼쳐진다.

주소 Grand'Place 15, Tournai **전화** 069-84-8341 **홈페이지** www.visittournai.be **개방** 09:30~12:30, 13:30~17:30 **휴무** 일요일 오전, 월요일 **요금** €2.1(학 생ㆍ시니어 €1.1) **교통** 그랑 플라스 에 위치 **지도** p.122-C

1 종탑
2 종탑 최상단의 황금탑
3 종탑의 거대한 종 4 황금 가고일

♥♥♥
중세 건축의 보고
노트르담 대성당
Cathédrale Notre-Dame de Tournai

5개 탑이 있는 로마네스크 양식의 노트르담 대성당은 중세 건축의 보고로, 2000년에 유네스코 세계문화유산에 등재되었다. 1140년 건설되었지만, 발굴을 통해 갈로-로마시대의 초기 기독교 건물임이 알려졌다. 건물의 비율은 길이 134m, 폭 58m. 트랜셉트는 67m를 초과하고 탑은 높이 83m으로 5개 탑이 있다. 12세기부터 건축이 시작된 본당과 트렌셉트는 로마네스크 양식이고, 1254년에 완성된 성가대는 고딕 양식이다. 신도석의 기둥머리는 식물, 동물, 인간으로 장식되어 있고, 로마네스크 개선문에 영감을 받아 1572년 설계된 합창단 칸막이가 고딕과 로마네스크 부분을 분리시켜 준다. 보물실은 성모마리아와 성 엘레우테리오의 거대한 묘, 진귀한 아이보리 조각, 은제품, 예배의복, 14세기 아라스에서 온 태피스트리와 같은 주요 예술작품이 있다. 메인 파사드에는 14세기에 제작된 성모마리아, 대성당 수호성인 등의 조각상으로 장식되어 있다. 2006년부터 고딕 합창단의 안정화, 지붕 교체, 돌담 청소, 스테인드글라스 수리 등 복원작업이 진행되고 있다. 아직 공사가 진행 중이라 성당 주변이 어수선하지만 성당 외벽을 따라 100m에 이르는 전시판을 설치해, 노트르담 대성당의 역사, 도시의 중요성, 건축, 보물의 가치 및 복원작업 상황을 알려줘 성당 전반에 관해 이해도를 높여주고 있다.

주소 Place de l'Evêché 1, Tournai **전화** 069-45-2650 **홈페이지** www.cathedrale-tournai.be **개방 성당** 4~10월 월~금요일 09:00~18:00, 토·일요일 09:00~12:00, 13:00~18:00 / 11~3월 월~금요일 09:00~17:00, 토·일요일 09:00~12:00, 13:00~17:00 **보물실** 4~10월 월~금요일 10:00~18:00, 토·일요일 13:00~18:00 / 11~3월 월~금요일 10:00~17:00, 토·일요일 13:00~17:00 **요금** 성당 무료, 보물실 €2.5 **교통** 그랑 플라스에서 도보 1분 **지도** p.122-A

1 스테인드글라드와 오르간 2 대성당 앞 광장
3 성모마리아, 대성당 수호성인 등의 조각상으로 장식된 메인 파사드 4 대성당의 전경 5 중앙제단

♥♥
천 년 이상의 군대 역사를 망라
군사역사박물관
Musée d'Histoire Militaire

투르네의 군대 역사는 1100년부터 1945년까지 이른다. 1층에는 프랑스혁명에서부터 프랑스1제국과 벨기에, 네덜란드시대에 이르기까지 프랑스 군대와 유니폼, 장비 등 풍부한 컬렉션이 전시되어 있다. 1914년까지 흉갑기병, 창기병, 경기병, 소총병, 포병 등이 주둔했던 연대에 중점을 두었다.

2층에는 1,2차 세계대전의 유명한 사건에 관해 전시하고 있다. 1914년 8월 24일 전투(프랑스군이 투르네를 방어)와 1918년 10월과 11월의 에스코전투와 투르네의 폭격, 1940년 5월 에스코전투를 마지막으로 1944년 9월 해방의 날 등에 관한 역사적 사실을 알려주고 있다. 역사적으로 투르네는 1340년에 에드워드 3세가 포위하고, 1513년에는 앙리 8세, 1667년에는 루이 14세, 1709년에는 말보로공, 1745년에 루이 15세에 공격받았던 시련의 도시였다.

주소 Rue Roc Saint-Nicaise 59-61, Tournai **전화** 069-21-1966 **개방** 4~10월 매일 09:30~12:30, 13:30~17:30 / 11~3월 매일 09:30~12:00, 14:00~17:00 **휴무** 화요일 **요금** €2.6(학생 · 시니어 €2.1), 매월 첫째 주 월요일 무료 **교통** 그랑 플라스에서 도보 5분 **지도** p.122-C

♥♥
플랑드르파부터 현대미술까지
순수예술미술관
Musée des Beaux-arts

벨기에 출신의 대표적인 아르누보 건축가 빅토르 오르타(1861~1947)가 설계한 투르네의 유일한 순수예술박물관으로 현대 예술작품을 소장하고 있다. 거북이 형태의 박물관 건물은 아르누보에서 모더니즘으로 변천하는 과정을 보여주고 있다. 브뤼셀 후원자 앙리 반 쿳셈(Henri van Cutsem)에게 기증받았고, 마네의 유일한 2점의 작품(아르장퇴유 Argenteuil 등)이 전시되어 있다. 플랑드르파(로베르 캉팽, 피테르 브뤼헐 등)부터 현대미술까지 다양한 그림과 조각들이 전시되어 있다.

주소 Enclos Saint-Martin 3, Tournai **전화** 069-33-2431 **홈페이지** mba.tournai.be **개방** 4~10월 매일 09:30~12:30, 13:30~17:30 / 11~3월 매일 09:30~12:00, 14:00~17:00 **휴무** 화요일 **요금** €2.6(학생 · 시니어 €2.1), 매월 첫째주 월요일 무료 **교통** 그랑 플라스에서 도보 5분 **지도** p.122-C

1 미술관 외관 **2** 내부 전시실 **3** 미술관 앞의 조각상 **4** 마네의 '아르장퇴유'

최초의 박물관

자연사박물관

Musée d'Histoire Naturelle & Vivarium

네덜란드시대인 1828년에 세워진 최초의 박물관이다. 1839년 조각가 브루노 르나르가 현 위치에 갤러리와 광장 룸을 새로 설계했다. 1839년 벨기에에 도입된 첫 코끼리 박제를 비롯해 어류, 타란툴라(독거미), 양서류, 파충류 등 희귀하고 특이한 박제동물이 전시되어 있다.

주소 Rue Saint-Martin 52, Tournai **전화** 069-33-2343 **홈페이지** mhn.tournai.be **개방** 4~10월 매일 09:30~12:30, 13:30~17:30 / 11~3월 매일 09:30~12:00, 14:00~17:00 **휴무** 화요일 **요금** €2.6(학생 · 시니어 €2.1), 매월 첫째주 월요일 무료 **교통** 그랑 플라스에서 도보 5분 **지도** p.122-C

Restaurant & Hotel

레 그레코
Le Greco-OenoBar-OenoBoutik

그리스 요리 전문점. 현지인 평이 좋아 만석인 경우가 자주 있으니 가급적 예약을 해두는 것이 좋다. 바와 주류 숍도 함께 운영한다. 예산 €25~.

주소 Place de Lille 25-26-27, Tournai **전화** 069-22-8169 **홈페이지** www.legrecotournai.be **개방** 월 · 수~토요일 18:30~24:00, 일요일 12:00~14:30, 18:30~24:00 **휴무** 화요일 **교통** 릴 광장(Place de Lille) 주변에 위치 **지도** p.122-C

라 벨 뷰
La Belle Vue

벨기에 요리 전문 레스토랑. 그랑 플라스에 위치해 늘 사람들로 북적거린다. 홍합(Moules) €18~21, 스테이크 €17, 맥주 €4, 샐러드 €12~.

주소 Grand'Place 8, Tournai **전화** 069-45-6163 **홈페이지** www.labellevue.be **개방** 매일 11:00~23:00 **교통** 그랑 플라스에 위치 **지도** p.122-C

유스호스텔
Les Auberges de Jeunesse

그랑 플라스 근처에 위치해 식사와 관광하기가 편하다. 침대 84개, 방 21개에 더블룸, 패밀리룸, 도미토리룸이 있다. 객실마다 무료 와이파이 서비스, 로커, 개인 욕실, USB 콘센트가 있다. 간단한 식사류와 음료를 파는 바도 운영하고 있다. 체크인 14:00~22:00. 도미토리 €20~, 더블룸 €50(조식 포함).

주소 Rue Saint-Martin 64, Tournai **전화** 069-21-6136 **홈페이지** www.lesaubergesdejeunesse.be **교통** 그랑 플라스에서 도보 7분 **지도** p.122-C

유럽 역사상 가장 중요한 전투가 벌어진 곳

워털루

WATERLOO

#워털루 전투#나폴레옹의 100일 천하

브뤼셀 남쪽으로 20km 떨어진 곳에 위치한 워털루는 한적한 작은 마을이다. 워털루를 비롯한 젠납(Genappe), 라슨(lasne) 등의 마을들이 주변 광활한 들판에 흩어져 있다. 지금의 조용한 환경으로는 상상할 수 없지만, 1815년 6월 나폴레옹이 이끄는 프랑스군과 프로이센, 영국 연합군의 격렬한 전투가 벌어진, 유럽 역사상 가장 중요한 장소이다.

나폴레옹은 무력으로 유럽을 제패하면서 대국을 건설하였으나, 유럽 각국의 저항은 점차 커졌다. 1812년 러시아원정의 극한 추위로 대패하고, 라이프치히 전투에서 대패하면서 나폴레옹은 황제 자리를 빼앗기고, 1814년 엘바섬으로 추방되었다. 1815년 3월 엘바섬을 탈출해 파리로 향했으며, 6월 18일 브뤼셀에서 18km 떨어진 지점에서 영국의 웰링턴 장군과 프로이센의 블뤼허 장군이 이끄는 동맹군과 나폴레옹 군대가 만났다. 나폴레옹은 자신의 군대가 월등이 많다고 생각하고 7개 국가의 연합군 20만 명을 각개전투로 격파하려 했으나 작전 실패와 지휘관 배치 등의 착오로 인해, 워털루전투에서 하루만에 5만 명을 잃을 정도로 대패하면서 나폴레옹의 100일 천하가 끝난다.

Travel
INFO

{ 가는 방법 }

브뤼셀 근교에 위치해 있어 당일로 다녀올 수
있으나, 기차보다는 버스로 이동하는 것이 낫다.
●브뤼셀 역(Bruxelles Midi) 근처 이비스 호
텔 앞에서 W버스(또는 365번 버스)를 타고 워
털루 교회 버스정류장(Waterloo Eglise)에서
하차한다. 약 40~50분 소요. W버스, 365번
버스 모두 이용할 수 있는 1일권(€8)를 구입하
는 것이 유용하다.
워털루 교회 버스정류장 옆에 여행안내소와
웰링턴 박물관이 있다.
●워털루 센터(Centre of Waterloo)에서 메
모리얼 1815가 있는 배틀필드(Battlefield :
Memorial 1815) 정류장까지 버스로 10분 소
요. 1회권 €2.1

여행안내소
운행 시간 Chaussée de Bruxelles n°218, Waterloo
전화 02–352–0910
홈페이지 www.waterloo-tourisme.be
영업 6~9월 09:30~18:00, 10~5월 10:00~17:00
휴무 1월 1일, 12월 25일
교통 워털루 교회 버스정류장 옆 **지도** p.130–A

1 워털루 마을의 전경 2 메모리얼 1815의 입구

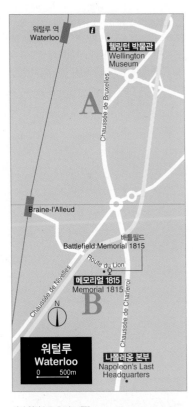

사자 언덕으로 오르는 계단

♥♥♥

나폴레옹 최후의 결전지

메모리얼 1815
Memorial 1815

메모리얼 1815 기념관 쪽으로 가면 기념관은 안 보이고 사자언덕과 둥근 건물의 파노라마가 만 눈에 띤다. 파노라마 옆의 아래 계단으로 내려 가면 메모리얼 1815 기념관 출입구가 나온다. 이곳에서 티켓을 끊고 입장해 메모리얼→파노 라마→사자언덕 순으로 관람한다. 파노라마에 서 리프트를 타고 올라가면 바로 사자언덕으로 연결된다. 사자언덕은 외부에서는 입장할 수 없 으니 유의한다.

주소 Route du Lion 1815, Braine-I'Alleud **전화** 02-385-1912 **홈페이지** www.waterloo1815.be **개방** 4~9월 09:30~18:30, 10~3월 09:30~17:30 **요금** 기본권(메모리얼 1815+파노라마+사자언덕) €17(학생 · 시니어 €14) / 통합권(기본권+웰링턴 박물관+나폴레옹 본부) €21(학생 · 시니어 €17) **교통** 365번 버스로 이동해(10분 소요) 배 틀필드(Battlefield: Memorial 1815)에서 하차 **지도** p.130-B

◆ **메모리얼** Memorial

나폴레옹 군대와 영국, 네덜란드, 프러시아 연합군이 치열하게 싸웠던 워털루전투에서 사망한 희생 자를 기리기 위해 사자언덕(The Lion's Mound) 바로 아래에 메모리얼 1815(1815년 워털루전투기 념관)은 지었다. 내부에는 일자별로 전투 상황, 프랑스군과 연합군의 당시 유럽 판세 전도, 대포, 총 기 등 무기류와 군인 복장, 나폴레옹과 영국의 웰링턴장군, 프로이센 육군원수 블뤼허장군 등 워털 루의 주요 인물 사진들을 전시하고 있다. 워털루의 갤러리라 불리는 '정복자의 연회장'은 웰링턴공이 손수 아름다운 그림들로 꾸민 갤러리인데, 그가 1852년 사망할 때까지 워털루전투에서 싸웠던 영국 장교들과 모임을 가졌던 장소이다.

1 나폴레옹 참모들의 작전회의 **2** 정복자(웰링턴장군 주관)의 연회장

1 | 2

◆ **파노라마** Panorama

둥근 원형 건물의 파노라마에는 세기의 첫 전투를 기념하기 위해 1912년 루이 뒤물랭(Louis Dumoulin)이 360도 벽면에 마련된 길이 110m, 높이 12m의 거대한 캔버스에 파노라마 전투 장면을 복원했다. 1815년 치열했던 워털루전투의 여러 장면들을 상세히 묘사했다.

◆ **사자언덕** The Lion's Mound(Butte du Lio)

둥근 건물의 파노라마를 통과하면 바로 바깥 언덕인 거대한 사자언덕이 보인다. 40m 높이의 사자언덕은 오렌지공이 1815년 6월 18일 워털루전투에서 사망한 병사들을 위로하기 위해 1823~1826년에 걸쳐 완공했다. 226개의 계단을 올라가면 맨 꼭대기에 앉아 먼 들판을 바라보고 있는 사자상을 세웠는데, 사자는 지구를 보호하고 유럽의 평화를 가져다주는 승리를 상징하고 있다.

교통 1일권(€8)으로 W버스를 타면 Route de Nivelles 정류장에서, 365번 버스를 타면 Monument Gordon 정류장에서 내린 후 사자언덕 쪽으로 500m 직진.

♥

워털루전투의 승전보를 전했던 장소

웰링턴 박물관
Wellington Museum

웰링턴 박물관은 여행안내소 근처에 위치해 있다. 동맹군을 총지휘했던 웰링턴 장군이 6월 17~18일 브뤼셀 근처 시골 워털루의 코칭 인(Coaching Inn : 마차들이 머물던 여관)에 웰링턴 군대본부를 설치했다. 웰링턴 장군은 1815년 6월 18일 워털루전투에서 이기자 전투보고서를 작성해 영국본부에 승전보를 전했던 역사적인 곳이다.

내부는 14개 전시실이 있다. 웰링턴과 그의 보좌관 고든의 침실이 있고, 군도, 권총, 프랑스대포, 웰링턴 망토 등 개인 소지품이 전시되어 있다. 오디오가이드(영어) 이용. 관람 시간 약 40~50분 소요.

주소 Chaussee de Bruxelles, 147, Waterloo **전화** 03-567-2860 **홈페이지** www.museewellington.be **개방** 4~9월 09:30~18:00, 10~3월 09:30~17:00 **요금** €7.5(학생ㆍ시니어 €6.5) **교통** 브뤼셀 역(Bruxelles Midi) 근처 이비스 호텔 앞에서 W버스(또는 365번 버스)를 타고 워털루 교회 버스정류장에서 하차. **지도** p.130-A

♥

나폴레옹이 전투전략을 수립한 농장

나폴레옹 본부
Napoleon's Last Headquarters

벨기에의 중요한 나폴레옹 박물관으로 사자언덕에서 4km 떨어진 곳에 위치해 있다. 나폴레옹이 이
농장에서 1815년 6월 17일 밤에 전투전략을 수립했다. 박물관으로 리모델링을 해 프랑스군대 물품,
황제 캠프침대 등을 비롯한 다수의 물품들을 전시하고 있다.

교통 Monument Gordon 정류장에서 365번 버스를 타고 Lasne/Plancenoit – Maison du Roi 정류장에서
내린다(10분 소요). 관람을 마치고 나폴레옹 본부에서 365번 버스를 타고 브뤼셀로 되돌아간다. **지도** p.130-B

워털루전투의 주요 인물

나폴레옹 Napoleon

1769년 코르시카 아작시오(Ajaccio)에서 태어났다. 젊은 장교로 수
많은 승리를 거두면서, 마침내 1799년 군대를 장악해 프랑스 첫 번
째 집정관이 되었다. 1804년 황제를 선언하고, 위대한 프랑스황제
국의 야망을 품고 대부분의 유럽 국가와 전쟁을 일으켰다. 나폴레
옹의 권력욕과 침략야욕을 막기 위해 연합군들은 끈질기게 저항했
다. 여러 번의 전쟁에 패배하자, 황제 자리를 빼앗기고 두 번 추방당
한다. 첫 번째는 엘바섬이고, 두 번째는 대서양 한가운데에 위치한
세인트 헬레나섬이다. 1815년 6월 18일 운명의 워털루전투에서 악
천후와 지휘관들의 배치 착오로 결국 대패한다. 세인트 헬레나섬에
서 1821년 52세로 사망한다. 나폴레옹은 총 75회 전투에서 69회 승
리했다.

웰링턴 Wellinton

웰링턴 장군인 아서 웰슬리(Arthur Wellesley)는 1769년 5월 아일
랜드에서 태어났다. 그는 영국계 아일랜드인으로 영국 정치인이자
군인으로 1814년 프랑스 점령군의 총사령관이었다. 탁월한 방어위
주 군인으로 스페인, 포르투갈에서 여러 차례 나폴레옹 군대를 저지
했다. 그는 확신과 끈기로 주도면밀하게 전쟁을 지휘하는 전형적인
영국 장군이었다. 1830년에는 웰링턴은 완충국가인 벨기에의 독립
에 개입했다. 1852년 9월 사망했다.

블뤼허 Marshal Blucher

프로이센 육군원수(1742~1819)로 워털루전투 때 73세의 고령이었
다. 그는 1742년 덴마크 발트해안 반대편 해안 로스톡(Rostock)에
서 태어났다. 프러시아 군대의 최고서열인 야전사령관으로 프랑스
혁명전쟁에 나폴레옹과 싸웠다. 워털루전투에서 웰링턴 장군과 더
불어 프랑스군을 측면공격으로 심각한 타격을 입혀 승리의 주역이
되었다. 장군의 신속 과감한 작전을 높이 평가해 마샬 포워드
(Marshall Forwards)이라는 닉네임이 따라다닌다.

화가들이 사랑한 그림 같은 도시

디낭
DINANT

브뤼셀
★디낭

Belgium

#중세 도시#절벽 위의 성채#크루즈

나마르주 심장부인 아르덴고지에 위치한 디낭은 화가들을 매료시키는 아름다운 중세풍의 소도시이다. 뫼즈강을 따라 뻗은 높이 90m의 석회암절벽 위에 세워진 성채, 벼랑 밑에 형성된 구시가와 어우러진 뫼즈 강변의 경관이 아름다워 예술가들의 그림과 사진 배경으로 자주 이용될 정도로 인기가 높다. 아름다운 경관과는 달리 이곳은 연이은 외세침략으로 수난당한 역사가 있다. 11세기 말 리에주 주교령에 편입된 후, 17세기 후반에는 나폴레옹의 지배를 받았고, 제1차 세계대전 때에는 독일군에게 주민 674명이 학살된 비극적인 역사가 있다. 중세에는 교통 요충지로, 동세공 디낭드리 제조로 번영을 누렸다. 뫼즈 강변의 낭떠러지 위에 세워진 시타델(성채)을 중심으로, 노트르담 교회, 아돌프 삭스 거리, 뫼즈 강변 주변 경관과 카지노, 크루즈 유람을 즐길 수 있어 많은 관광객들이 찾는다.

Travel

INFO

{ 가는 방법 }

기차 벨기에 동부에 위치한 디낭은 브뤼셀 중앙역에서 출발할 경우 나무르에서 환승해 간다.

●**브뤼셀 중앙역(Bruxelles-Central) →**
나무르(Namur) 환승 → 디낭(Dinant)
IC열차 1시간 50분 소요
●**나무르 → 디낭** IC열차 30분 소요
●볼거리가 모여 있는 구시가는 규모가 작기 때문에 걸어다니며 관광한다.

{ 여행 포인트 }

여행 적기 5~9월이 여행하기 좋다. 겨울(늦가을 포함)은 날씨가 흐리고 비가 자주 오므로 가급적 피하는 것이 좋다.

점심 식사 하기 좋은 곳 아돌프 삭스 거리, 드골 다리(Pont Charles de Gaulle) 선착장 주변

최고의 포토 포인트
●드골 다리에서 바라본 시타델과 노트르담 교회 주변 풍경이 멋지다.
●시타델(성채) 전망대에서 바라본 구시가 전경이 멋지다.

주변 지역과 연계한 일정
디낭에서 남동쪽으로 약 30km 정도 떨어진 앙 쉬르레스(Han-sur-Lesse) 마을에 있는 앙 동굴로 가봐도 좋다. 이곳은 레스강 침식으로 형성된 거대한 종유동으로 유명하다. 만약 고성 순례에 관심이 있다면 모다브 성, 베브 성을 다녀온다.

여행안내소
주소 Avenue Cadoux 8, Dinant
전화 082-222870
홈페이지 www.dinant-tourisme.be
영업 매일 09:00~17:00,
토요일 09:30~17:00(11~3월 ~16:00),
일요일 10:00~16:00(11~3월 ~15:00)
휴무 11월 1~11일, 12월 25일, 1월 1일, 1월의 일요일
교통 디낭 역에서 나와 뫼즈강의 드골 다리를 건너기 전 왼쪽 길목으로 가면 흰색 건물이 보인다.
지도 p.136

{ 추천 코스 }

예상 소요 시간 2~3시간

디낭 역

⋮ 도보 5분(드골 다리를 건넌다)

노트르담 교회

⋮ 바로(케이블카로 이동)

시타델(성채)

⋮ 바로(케이블카로 이동)

아돌프 삭스 거리

⋮

크루즈 유람(선택/45분 소요)

Preview
DINANT

볼거리가 모여 있는 구시가

디낭은 작은 도시라 관광명소가 뫼즈강을 따라 거의 1㎞ 범위 안에 모여 있다. 뫼즈 강변의 구시가 중심지에서 가장 높게 첨탑이 솟아있는 노트르담 교회는 마을 어디서든 보여 초행자의 고마운 길잡이가 된다.

먼저 디낭 역에서 나와 오른쪽으로 가다 왼쪽으로 향하면 뫼즈강을 가로지르는 드골 다리(Pont Charles de Gaulle)가 있다. 다리를 건너지 말고 다리 왼쪽의 드골 동상에 서면 이곳이 얼마나 좋은 포토 스폿인지 알게 된다. 청명한 날씨라면 푸릇푸릇 맑은 하늘과 뫼즈 강변에 우뚝 솟아있는 노트르담 교회, 가파른 절벽

❶ 디낭 전경
❷ 뫼즈 강변
❸ 드골 다리
❹ 구시가 건축물

위의 시타델(성채) 등 주변 풍경이 무척 아름답다. 왼쪽 흰색 건물이 여행안내소이니 여행 정보가 필요하면 들른다. 다리 중간에서도 멋있는 장면을 연출해낼 수 있다.

전망 포인트인 시타델(성채)

다리를 건너면 바로 구시가 중심지와 연결된다. 다리 건너자마자 바로 연결된 노트르담 교회를 먼저 관람하고 옆에 있는 케이블카 승강장으로 가서 편하게 케이블카를 타고 시타델까지 올라간다. 물론 408개 돌계단을 따라 걸어 올라가도 된다. 성채 전망대로 올라가면 차원이 다른 신세계가 펼쳐진다. 사진처럼 선명한 파노라마 풍광이 오금을 저리게 한다. 만약 디낭 주변을 유람하는 크루즈를 타고 싶다면 성채 티켓 끊을 때 통합권(성채+케이블카+크루즈)을 구입하면 경제적이다.

관람을 마치면 다시 평지로 내려와 쇼핑 거리로 향한다. 노트르담 교회 앞이 구시가의 중심인 아돌프 삭스 거리이다. 클라리넷에서 색소폰을 고안한 아돌프 삭스의 이름을 붙인 거리로 도보 블록 위에 색소폰 모양의 기둥이 줄지어 세워져 있다. 디낭에서 유일한 번화가로 양쪽에는 명물 비스킷인 쿠크 드 디낭을 파는 상점과 동세공 디낭드리 세공(Dinanderie : 벨기에 디낭에서 만들어진 주조 놋쇠로 된 중세공예품) 공방, 갤러리, 레스토랑, 호텔이 들어서 있으니 쇼핑을 하거나 카페에서 커피 한잔 하며 아름다운 강변 분위기를 즐겨보자.

❺ 노트르담 교회와 시타델
❻ 드골 동상
❼ 케이블카로 시타델에 올라간다.
❽ 뫼즈 강변의 풍경
❾ 408개 돌계단을 걸어 올라 시타델(성채)로 갈 수도 있다.

Sightseeing

♥ ♥ ♥
환상적인 풍광을 자랑하는 요새

시타델(성채)
Citadelle

디낭에 도착해 가장 먼저 눈에 띠는 것이 뫼즈 (Meuse) 강변의 가파른 90m 높이 절벽 위에 우뚝 솟은 성채이다. 강변에서 바라볼 때는 평범한 성채처럼 보이지만 절벽 위로 올라가면 카멜레온처럼 180도 달라진다. 정상에서 내려다본 구시가와 뫼즈강의 풍광은 환상적인 장관을 연출한다.

지금은 아름다운 성채로 남아 있지만, 예전에는 엄청난 수모를 겪은 수난의 시대로 점철되어 있다. 1040년 리에주 교구가 방어벽으로 둘러싸인 요새화된 성을 지었는데, 1675~1698년 루이 14세에 의해 함락당한다. 1815~1830년 네덜란드왕국에 회복되면서, 지금 모습의 성채로 재건축된 후, 1878년 박물관으로 개관했다. 그러나 지속되는 수난으로 1914년 8월 23일 독일군에 점령당하면서 주민 674명이 학살되고, 1940년 재차 독일군에 침략당한 수모를 겪는다. 그 후 1954년 케이블카, 1577년 408개 돌계단을 건설하면서 요새를 재정비했다.

입구에서 케이블카를 타고 올라가거나, 또는 땀 좀 흘리면서 돌계단을 따라 걸어 올라갈 수도 있다. 성곽에는 대포, 총기류 등을 비롯한 무기박물관, 부엌, 지하감옥, 단두대, 루이 14세의 애첩이 타던 마차를 비롯한 역사적 유물을 전시하고 있다.

효율적인 관람 순서
안마당 → 1914년 시대 → 지하감옥 → 전망대 → 1820년 군인 일상사 → 성채 파괴 → 루이 14세 점령 → 무기고 → 1914년 참호

주소 Place Reine Astrid 3, Dinant **전화** 082-22-3670 **개방** 4~10월 매일 10:00~18:00, 11~3월 토~목요일 10:00~16:30, 1월 토 · 일요일 10:00~16:00 **요금** 케이블카 포함 €8.5, 성채+케이블카+크루즈(45분) €14 **홈페이지** www.citadellededinant.be **교통** 노트르담 교회 옆에 성채 케이블카 승강장이 있다. **지도** p.136

1 성채 2 성채 내부, 대포 등 무기류를 전시하고 있다. 3 지하감옥의 단두대

1 아돌프 삭스 거리 2 길바닥의 신발 자국 3 색소폰 모양의 기둥 4 아돌프 삭스 동상

♥ ♥
색소폰 기둥이 돋보이는 거리
아돌프 삭스 거리
Rue Adolphe Sax

드골 다리를 건너기 전 노트르담 교회를 바라볼 때 왼쪽으로 가다 보면 길바닥에 신발 자국이 있는 도로가 보이고 보도블록 위에 색소폰 모양의 기둥이 줄지어 세워져 있다. 이 거리가 디낭의 명물 거리인 아돌프 삭스 거리이다. 1814년 디낭에서 태어난 아돌프 삭스는 클라리넷에서 색소폰을 고안한 인물로, 악기에 자신의 이름을 붙여 1846년에 특허를 받았다. 그를 기리기 위해 거리에 아돌프 삭스의 이름을 붙였는데 이 거리가 디낭에서 유일한 번화가이다. 양쪽에는 명물 비스킷인 쿠크 드 디낭을 파는 상점과 동세공 디낭드리의 공방, 갤러리가 들어서 있으며 호텔과 레스토랑도 있다.

교통 노트르담 교회 근처 **지도** p.136

♥♥

디낭을 상징하는 고딕 양식 교회

노트르담 교회
Collégiale Notre-Dame

시타델(성채)의 아랫부분에 절벽을 배경으로 서있는 뾰쪽한 몽포르 탑과 시계탑이 우뚝 솟아 있는 고딕 양식 교회이다. 디낭뿐만 아니라 왈론 지방을 상징하는 대표적인 건물로 잘 알려져 있다.

유일하게 한 개의 정문만 남아 있는 로마네스크 교회가 1227년 절벽 일부가 무너지면서 파괴되었고 15세기에 지금 모습인 고딕 양식으로 재건축되었다. 교회가 세워지기 전에 이 장소에 있던 예배당의 일부도 내부에 남아 있으며, 안으로 들어가 오른쪽 세례당의 포치에서는 로마네스크 양식의 아름다운 아치를 볼 수 있다. 교회 안쪽의 교황 동상은 디낭에서 만든 중세 공예품인 디낭드리 세공 (Dinanderie)이다.

주소 Place Reine Astrid 1, Dinant **전화** 082-21-3288 **개방** 09:00~18:00 **교통** 뫼즈 강변을 가로지르는 드골 다리 옆. 성채 아래 입구 옆. **지도** p.136

1 노트르담 교회 2 교회 내부 3 디낭의 동세공기술로 만든 교황 동상

(TRAVEL TIP)

디낭의 명물 비스킷
쿠크 드 디낭 Couque de Dinant

벨기에는 초콜릿을 비롯하여 와플, 쿠키와 같은 달콤한 과자를 파는 오래된 상점이 많다. 더불어 디낭에는 15세기부터 이어져온 전통과자, 쿠크 드 디낭이 있다. 어른 머리보다 훨씬 크고 단단한 비스킷으로 밀가루에 꿀을 넣고 반죽해 구운 것인데, 씹힐 것 같지가 않다. 그대신 오래 보관할 수 있는데 원래 식량난이 있던 시절에 먹던 것이라 한다. 치아가 튼튼한 사람에게 선물하면 안성맞춤. 트렁크에 넣고 귀국해도 전혀 부스러지지 않는다.

유럽에서 가장 아름다운 동굴 중 하나

앙 동굴
Grotte de Han

디낭에서 남동쪽으로 약 30km 떨어진 지점, 레스강 주위에 앙쉬르레스(Han-sur-Lesse Eglise)라는 작은 마을이 있다. 이 아름다운 마을은 레스강 침식으로 생긴 거대한 종유동 앙 동굴로 유명한데, 이는 유럽에서 가장 아름다운 동굴 중의 하나로 손꼽힌다. 250년 동안 3000만 명 이상이 찾을 정도로 인기 있다. 1814년에 발견된 것으로 데본기의 석회암에 의해 만들어졌는데, 지하 18ha, 전체 길이 8km를 자랑하며, 가장 긴 석순 높이가 20m라는 세계적인 규모의 종유석을 볼 수 있다. 2018년 동굴 내에 LED등을 설치하면서 동굴 비경을 천연색으로 보여주는 효과를 내고 있다.

견학은 마을안내소에서 티켓을 구입한 후, 주차장에서 출발하는 트램을 타고 동굴 입구(4km 거리)까지 가서 가이드 인솔 하에 걸어서 돌아본다(약 1시간 45분 소요). 인접해 있는 사파리 파크와의 세트티켓도 있다. 사파리 파크까지 관람하면 총 4시간 정도 소요된다.

1 앙 동굴 2 동굴 입구까지 가는 트램

주소 Rue Joseph Lamotte 2, Han-sur-Lesse **전화** 084-37-7213 **홈페이지** www.grotte-de-han.be **개방** 동굴 10:00~16:00(매시간 출발), 사파리 파크 10:30~16:30(매시간 출발) / 매월 개방과 휴무 날짜가 유동적이므로 홈페이지에서 확인 **요금** 동굴 €20, 통합권(PassHan, 동굴+사파리 파크) €30 **교통** 나무르(Namur)에서 IC열차를 타고 Jemelle역에서 하차(40분 소요). Rochefort-Jemelle역에서 29번 버스(Grupont행)로 갈아타고 앙쉬르레스에서 하차(15분 소요)

디낭에서 떠나는
고성 순례

베브 성

모다브 성

벨기에 동남쪽 아르덴지방은 고성이 많으나, 주변 인가에서 떨어진 산속에 있어 대중교통이 불편하다. 렌터카로 이동한다면 하루 2곳 정도를 방문할 수 있다. 고성에 얽힌 역사와 정취를 느껴볼 수 있는 여행이 될 것이다.

{ 베브 성 Château de Vêves }
동화 속의 고성
동화책에 나오는 잠자는 숲속의 미녀가 떠오르는 아름다운 성이다. 8세기에 성채로 건설되어 수차례 화재로 파괴된 후 루이 15세 치하 르네상스시대에 내부의 창문벽, 벽감, 나무틀을 비롯해 대대적으로 개축했다. 중세 말까지 요새 역할을 해서 15세기 중세 군사 건축에서 가장 탁월한 사례에 속한다. 실내가구나 장식은 18세기 것이 많다.

거리 Rue de Furfooz 3, Celles **전화** 082-66-6395 **홈페이지** www.chateau-de-veves.be **개방** 3월 26일~11월 8일 토 · 일요일 10:00~17:00, 7월 15일~8월 31일 매일 10:00~17:00 / 개별 방문 시 가이드투어 50분 **요금** €8(학생 · 시니어 €7) **교통** 디낭에서 자동차로 15분

모다브 성 정원

{ 모다브 성 Château de Modave }
루이 14세 양식의 건물
13세기에 지어진 성인데 부분적으로 파괴되자, 마르상 백작(Count de Marchin)이 1652년부터 1673년에 걸쳐 고전 양식으로 복원했다. 천장은 17세기 스투코로, 벽면은 테피스트리, 판넬, 대형그림과 18~19세기 가구로 장식했다. 입구 홀 천장에 있는 문장으로 나타낸 가계도와 헤라클라스와 관련된 부조, 백작침실 등이 볼만하다.

거리 Rue du Parc 4, Modave **전화** 085-41-1369 **홈페이지** www.modave-castle.be **개방** 4월 ~11월 15일 10:00~18:00 **요금** €9(학생 €4, 시니어 €7) **교통** 디낭에서 자동차로 40분

세계에서 가장 작은 도시

뒤르뷔
DURBUY

#중세풍 가옥#배사 구조#요새 도시

벨기에 왈롱 뤽상부르주 아르덴 숲에 위치한 세계에서 가장 작은 도시이다. 1331년 룩셈부르크 백작이자 보헤미아 왕인 장 1세에 의해 도시로 발전했다. 면적 156.61㎢의 작은 마을이지만, 군사 목적으로 인근 주민의 침략에 방어하기 위해 도시로 통합했다. 중세에는 상업과 공업이 발달한 중심지였다. 마을은 작지만 주변 경관이 아름답고 중세풍 가옥들이 온전하게 보존되어 고즈넉한 분위기가 난다. 마을을 가로지르는 우흐트강, 후와 보드앵 공원, 뒤르뷔 성, 3억6천 년 전에 형성된 석회암층의 배사 구조, 토피어리 정원을 비롯해, 계곡을 따라 즐기는 카누 등 액티비티를 즐길 수도 있어 여행자들의 사랑을 받고 있다.

{ 가는 방법 }

작은 마을이라 대중교통이 불편한 편이다. 브뤼셀에서 이동할 경우 아래(❶→❷)와 같이 열차와 버스를 갈아타고 가야 한다.

❶ 브뤼셀 역(Bruxelles-Midi)에서 ICE/IC열차를 타고 리에주(Liege-Guillemins) 역에 하차, 50분~1시간 30분 소요

❷ 리에주 역에서 일반열차를 갈아타고 바흐보(Barbaux) 역에 하차, 다시 버스 11A를 갈아타고 뒤르뷔에서 내린다. 1시간~1시간 30분 소요

{ 여행 포인트 }

여행 적기 5~9월이 여행하기 좋다. 겨울(늦가을 포함)은 날씨가 흐리고 비가 자주 오므로 가급적 피하는 것이 좋다.

점심 식사 하기 좋은 곳 후와 보드앵 공원(Parc Roi Baudoin)의 푸아르 광장(Place aux Foires) 주변

최고의 포토 포인트
● 뒤르뷔 파노라마 전망대

여행안내소
주소 Place Aux Foires, 25, Durbuy
홈페이지 www.durbuyinfo.be
전화 086-21-2428
영업 09:00~18:00(일요일 · 공휴일 10:00~18:00)
교통 후와 보드앵 공원(Parc Roi Baudoin) 안에 위치 **지도** p.148-D

1 레스토랑의 야외 테라스 2 산책을 즐기는 사람들

{ 추천 코스 }

예상 소요 시간 2시간

후와 보드앵 공원(푸아르 광장)

꼬마열차(올라감, 10분 소요)

파노라마 전망대

꼬마열차(내려감, 10분 소요)

후와 보드앵 공원

도보 3분

배사구조 지형

도보 2분

뒤르뷔 성과 다리

도보 4분

토피어리 정원

여행안내소

❶ 일본 하뉴 마을 이름을 본딴 하뉴 광장
❷ 중세풍의 골목길

매력적인 오지 마을

뒤르뷔는 세계에서 가장 작은 도시답게 오지에 위치해 있어 대중교통이 불편한 편이다. 따라서 리에주에서 이동하는 게 가장 무난하다. 차로 1~2시간 거리에 모다브 성, 디낭 등 볼만한 곳이 많지만 교통편이 안 좋기 때문에 가능하면 렌터카를 이용해 패키지로 묶어 여행하면 멋진 주변 경관을 놓치지 않고 즐길 수 있다.

뒤르뷔는 세계에서 가장 작은 도시이므로, 볼만한 특정명소를 찾기보다는 구시가의 고즈넉한 소로를 천천히 거닐며 슬로우 시티의 맛을 느껴본다. 뒤르뷔의 관광은 후와 보드앵 공원의 푸아르 광장을 시발점 삼아 이동한다. 공원 주변에 여행안내소가 있고, 맛있는 레스토랑, 카페가 몰려 있다. 뒤르뷔의 하이라이트인 파노라마 전망대를 갈 수 있는 꼬마열차가 공원에서 대기한다. 운행 시간은 공원에 있는 매표소에 문의하면 된다. 파노라마 전망대를 올라가야 뒤르뷔의 멋진 경관을 볼 수 있으니 놓치지 않도록 한다.

볼거리가 모여 있는 구시가

우흐트강 남쪽이 구시가로 볼거리가 몰려 있다. 강변 북쪽은 잘 다듬어놓은 토피어리 정원이 볼만하고, 우흐트 강변 다리에서 바라보는 풍광도 멋있다. 강변 남쪽 구시가는 중세 건물들이 잘 보존되어 있어 타임머신을 타고 잠시 멈춰 버린 과거에 되돌아온

듯한 느낌이 든다. 동쪽 끝머리로 가면 3억6천 년 전의 배사구조
지형을 보게 된다. 옆 광장은 일본에서 가장 규모가 작은 도시 하
뉴시(Hanyu) 이름을 본 따 하뉴 광장(Place Hanyu)이라 한다.
돌바퀴, 분수 등 아기자기하게 꾸며져 있으니 잠시 쉬면서 피로
풀기에 좋다.

우흐트 강변에서 바라본 다리와 뒤르뷔 성의 전경도 멋있다. 뒤
르뷔 성은 개인 소유라 아쉽게도 관람할 수 없다. 강과 산자락이
어우러진 자연경관 덕에 캠핑족이 야영하며 카누 등 액티비티를
즐기기 좋은 마을이니, 시간적 여유가 있으면 카누를 타며 힐링
해도 좋다.

❶ 후와 보드앵 공원
❷ 우흐트강

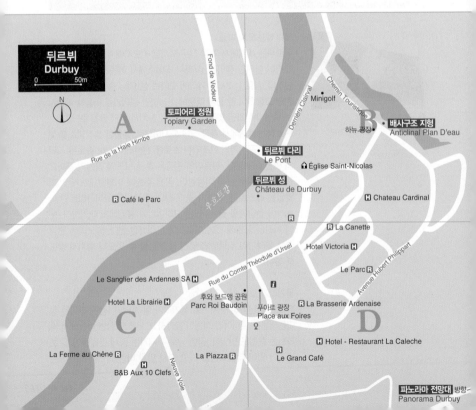

뒤르뷔
Durbuy
0   50m
N

A
토피어리 정원
Topiary Garden

Fond de Vedeur

Chemin Touristique
Minigolf
Derrière Clairval

B 배사구조 지형
하뉴 광장 Anticlinal Plan D'eau

Rue de la Haie Himbe

뒤르뷔 다리
Le Pont

🛕 Église Saint-Nicolas

뒤르뷔 성
Château de Durbuy

🅁 Café le Parc

우흐트강

🅗 Chateau Cardinal

🅁

🅁 La Canette

Hotel Victoria 🅗

Rue du Comte Théodule d'Ursel

Le Parc 🅁

Avenue Hubert Philippart

Le Sanglier des Ardennes SA 🅗

ℹ️

Hotel La Librairie 🅗
후와 보드앵 공원
Parc Roi Baudoin

푸아르 광장
Place aux Foires
🚻

🅁 La Brasserie Ardenaise

C

D

La Ferme au Chêne 🅁

La Piazza 🅁

Neuve Voie

🅁
Le Grand Café

🅗 Hotel - Restaurant La Caleche

B&B Aux 10 Clefs 🅗

파노라마 전망대 방향
Panorama Durbuy

14세기에 세워진 다리
뒤르뷔 다리
Le Pont

뒤르뷔 성과 우흐트강을 가로지르는 다리는 14세기에 세워진 목조다리였는데, 1725년 석조다리로 교체했다. 우흐트 강변 왼편 옆에 방앗간이 있었는데, 1909년 두 곳 모두 파괴되었다. 지금의 다리는 1954년에 복구한 것이다.

교통 후와 보드앵 공원(Parc Roi Baudoin)에서 도보 3분 **지도** p.148-B

우흐트강을 가로지르는 뒤르뷔 다리

뒤르뷔의 랜드마크
뒤르뷔 성
Château de Durbuy

1078년 세워진 후 1628년 안토니오 쉐츠(Anthonie II Schetz) 스페인군 사령관이 펠리페 4세의 승인 하에 뒤르뷔 영주권을 획득한 후 란슬롯 2세의 아들, 1756년 쉐츠하우스의 후손들이 거주하다, 우르젤 가문이 소유하면서 1880년경에 11세기부터 성이 있던 자리에 복원했다. 현재는 우르제 가문(Counts of Ursel)이 거주하고 있다. 개인 소유의 성이므로 관람은 불가.

교통 후와 보드앵 공원(Parc Roi Baudoin)에서 도보 3분 **지도** p.148-B

1 다리에서 바라본 뒤르뷔 성 2 뒤르뷔 성

♥

반구형 모양의 지형

배사구조 지형

Anticlinal Plan D'eau

원형극장 앞 하뉴 광장에는 평소 보기 힘든 돌이 수직으로 갈라진 반구형 모양의 지형이 보인다. 약 3억6천 년 전에 수많은 석회암층으로 형성된 지형으로, 당시 바다 속의 산호층이 형성되었다는 것을 보여준다. 지질학적 형성물이 연속적인 백운석 석회암층으로 구성되었는데, 지각 이동의 결과 접혀서 반구형이 되었다.

교통 후와 보드앵 공원(Parc Roi Baudoin)에서 도보 4분 **지도** p.148-B

♥

우흐트강 계곡의 숲속 정원

토피어리 정원

Topiary Garden

후와 보드앵 공원에서 뒤르뷔 성을 지나 인도교를 건너 우흐트강을 따라 왼쪽으로 걸어가면 구시가와 달리 숲이 울창한 자연친화적인 공원이 나온다. 한쪽은 주차장이고, 옆쪽에 넓은 정원이 토피어리 정원이다. 우흐트강 계곡의 10,000㎡에 이르는 우거진 숲을 단장해 만든 예쁜 정원으로, 밝은 담장으로 막혀 있으므로 안으로 입장해야 아름다운 정원을 볼 수 있다. 오줌 누는 소녀상, 브랜드 로고 등을 모티프로 한 독특한 토피어리가 200여 개 이상 있다.

주소 Rue de la Haie Himbe 1, Durbuy **전화** 086-21-9075 **개방** 매일 10:00~18:00 **휴무** 1·2월의 평일, 1월의 주말 **요금** €4.5 **교통** 후와 보드앵 공원(Parc Roi Baudoin)에서 도보 4분 **지도** p.148-A

♥
뒤르뷔의 멋진 전망을 한눈에
파노라마 전망대
Panorama Durbuy

구시가 공원에서 꼬마열차를 타고 언덕 위로 올라가면 파노라마 전망대가 나온다. 탑에 올라가면 멋진 도시의 모습이 파노라마로 눈앞에 펼쳐진다. 대부분 탑 전망대에 올라가면 구시가 일부 풍경을 감상할 수 있지만, 이곳 파노라마 전망대는 도시 자체가 세계에서 가장 작은 도시라 도시 전체가 빠짐없이 한눈에 쏙 들어온다는 점이 다르다. 주변에는 꽃과 야생과일로 전통 방식의 잼을 만드는 생타무르 잼 공장(Saint–Amour Jam Factory)이 있다.

개방 꼬마열차가 도착할 때 개방 **입장료** €2(꼬마열차로 이동 시 무료 입장) **교통** 후와 보드앵 공원에서 꼬마열차로 이동, 10분 소요 **지도** p.148–D

꼬마열차
운행 4~10월, 운행 시간은 매표소에 확인 **요금** €6(학생 €4) **매표소** 후와 보드앵 공원(Parc Roi Baudoin)

벨기에의 작은 베네치아

브뤼헤

BRUGGE

#작은 베네치아#운하 도시#한자동맹

★ 브뤼헤
● 브뤼셀

Belgium

플랑드르 지방의 대표 도시로 북쪽의 작은 베네치아라 불릴 정도로 아름다운 도시이다. 다리를 의미하는 브뤼헤는 운하가 도시 전체를 감싼 운하 도시이기도 하다. 13~15세기 한자동맹의 무역 거점으로 번성하면서 유럽의 상업과 문화의 중심지가 되었다. 당시는 얀 반 에이크를 비롯한 초기 플랑드르 회화의 거장들이 활동하던 시기로 유럽 예술에 지대한 영향을 미치기도 했다. 지금은 쇠퇴한 작은 도시이지만 당시 혁신적인 건축의 발달로 벽돌로 장식한 고딕 양식 건축물들이 아직도 거리 곳곳에 고색창연한 중세 문화의 흔적을 남기고 있다. 소설가 조르주 로덴바흐의 '죽음의 도시 브뤼헤'에 등장하는 수많은 명소가 마치 영화 세트장처럼 아름다워 현지인은 물론 관광객들의 마음을 사로잡는다.

※브뤼헤는 도시 규모가 비교적 넓지만, 중요 볼거리가 구시가에 몰려 있어 소도시 범주에 포함시켰다.

{ 가는 방법 }

기차 유럽에서 가는 브뤼헤행 직행열차가 없어 브뤼셀 중앙역(Bruxelles-Central)에서 환승해서 간다.

브뤼셀 중앙역에서 IC열차로 1시간 10분, 안트베르펜 중앙역(Antwerpen-Centraal)에서 1시간 30분, 파리 북역(Paris-Nord)에서 3시간, 암스테르담 중앙역(Amsterdam Centraal)에서 2시간 45분 정도 걸린다.

시내 교통 브뤼헤 중앙역에서 시내까지 도보 30분 거리이므로, 역 앞에서 센트룸(Centrum)행 버스(티켓 €1.2, 버스 내 구입 시 €2 / 1시간 내 환승 가능)를 타고 마르크트 광장에서 내린다.

자전거 투어를 하려면 역내 티켓 창구에서 자전거 대여 티켓(4시간 €8, 1일 €12, 보증금 €20, 여권 제시)을 구입해 역 앞 자전거 대여점에서 픽업하면 된다.

브뤼헤 시티 카드 Brugge City Card

27개 박물관과 명소를 무료로 관람할 수 있는 카드. 운하 투어 무료(3월 1일~11월 15일) 혜택은 물론 콘서트, 영화, 자전거 대여, 주차장 등은 최소 25% 이상 할인된다.

요금 48시간 €47, 72시간 €53

{ 여행 포인트 }

여행 적기 5~9월이 여행하기 좋다. 비가 자주 내리는 겨울철은 피한다.

점심 식사 하기 좋은 곳 마르크트 광장 주변, 홍합 요리와 이곳의 명물인 와플을 먹어보자.

와플

최고의 포토 포인트

● 벨포트(종루)에서 바라본 중세풍 시가지 전경
● 로젠후카이

여행안내소

주소 Markt 1, Brugge
전화 050-444-646
홈페이지 www.visitbruges.be
개방 월~토요일 10:00~17:00, 10~3월과 일요일 · 공휴일 10:00~14:00
교통 마르크트 광장 히스토리움(Historium) 건물 내 위치, 중앙역 내에도 있음 지도 p.155-B

{ 추천 코스 }

예상 소요 시간 4~5시간

┌─────────────────────┐
│ 브뤼헤 중앙역   │
└─────────────────────┘
  버스(센트룸행) 6분
┌─────────────────────┐
│ 마르크트 광장   │
└─────────────────────┘
  바로
┌─────────────────────┐
│ 벨포트(종루)   │
└─────────────────────┘
  바로
┌─────────────────────┐
│ 성혈 예배당   │
└─────────────────────┘
  바로
┌─────────────────────┐
│ 시청사   │
└─────────────────────┘
  도보 5분
┌─────────────────────┐
│ 성모 교회   │
└─────────────────────┘
  도보 10분
┌─────────────────────┐
│ 베긴회 수녀원   │
└─────────────────────┘
  바로
┌─────────────────────┐
│ 사랑의 호수   │
└─────────────────────┘

브뤼헤
Brugge

0   120m

N

데 메디치 바이 골드 툴립 방향

Kok au Vin

Jan van Eyckplein

Le Trappiste

A

B

자전거 대여
Bruges Bike Rental

비스트로 덴 후자르
Bistro den Huzaar
Cambrinus

Chocolatier
Dumon

Philipstockstraat

Hogstraat

Hotel Dukes'
Palace 5

마르크트 광장
Grote Markt

부르크 광장
De Burg

벨포트(종루)
Belfort en Halle

시청사
Stadhuis

Godiva

디 올리브 트리

성혈 예배당
Basiliek van het Heilig Bloed

맥도날드
Galeria Inno Brugge

로젠후크카이

Pizza Hut

보트투어 선착장

The Chocolate Line

Koningin Astridpark

Zilverpand

구세주 대성당
Sint-Salvatorskathedraal

C

호루닝어 미술관
Groeninge Museum

D

성모 교회
Onze-Lieve-Vrouwekerk

Concertgebouw

St.-Jan
in de Meers

Chocolaterie Sukerbuyc

Tea-Room De Proeverie

Marco Polo noodles

Diamond Museum

Zonnekemeers

Ounde Gentweg

Huisbrouwerij De Halve Maan

Hotel ibis Brugge Centrum

Hotel Novotel Brugge Centrum

베긴회 수녀원
Begijnhof

Stoepa

E

사랑의 호수
Minnewater

F

Hendrik Pickery

화약탑
Poertoren

Stations-
plein

브뤼헤 중앙역
H. S. Brugge

Bargeplein

BRUGGE

벨기에의 베네치아

브뤼헤에서 하룻밤 묵을 경우에는 기차역에서 버스 타고 시내로 이동해 숙소를 구하고, 당일 일정이라면 자전거를 빌려 운하 주변의 운치를 느끼며 여행하는 것도 괜찮다. 자전거로 이동 시 역에서 북쪽 방향으로 원을 그리며 시계 방향으로 한 바퀴를 돌면서 이동한다. 먼저 대여소에서 자전거 전용 도로가 표시된 지도를 구한다. 자전거 전용 도로는 일방통행이므로 표시판을 잘 보고 운전한다.

역 광장에서 왼쪽으로 가다. 오른쪽 운하 다리를 건너 양갈래 길에서 북쪽 길(Oosmeers)을 따라 직진하면 멀리 벨포트(종루)가 보이는데 그곳이 바로 중심지이다. 구세주 대성당(Sint Salvatorskathedraal)에서 오른쪽 길(Steenstraat)로 가면 피자헛이 보이고 시내 중심지인 마르크트 광장이 나온다. 구시가에

❶ 운하의 도시, 브뤼헤
❷ 마차 투어
❸ 초콜릿을 무척이나 좋아하는 벨기에 사람들
❹ 브루헤 최고의 포토 스폿인 로젠후카이로 연결되는 볼레스트라트 거리

있는 벨포트(종루)는 브뤼헤에서 가장 전망이 좋은 최고의 포토 스폿이니 힘들더라도 올라가본다.

마르크트 광장에서 볼레스트라트 거리(Wollestraat)를 따라 가면 운하가 보인다. 이곳 로젠후카이(Rozenhoedkaai)는 브뤼헤에서 가장 아름다운 경치를 포착할 수 있는 곳으로 여행객들로 늘 붐비는 장소이다. 이곳은 잠시 베네치아에 온 것 같은 착각이 들 정도로 베네치아풍의 운치를 느낄 수 있다. 다리 건너 오른쪽으로 가면 얀 반 에이크의 대작 '반 데르 팔레스가 있는 성모자상'을 볼 수 있는 흐루닝어 미술관이 있고, 근처에 미켈란젤로의 '성모자상'이 전시되어 있는 성모 교회도 있다. 시내에서 되돌아올 때 운하를 따라 내려가면 베긴회 수녀원과 사랑의 호수 공원이 나온다. 공원에서 잠시 휴식을 취하고 오른쪽(Begijnenvest)으로 직진해 왼쪽 운하 다리를 건너면 역 광장으로 되돌아가게 된다.

❶ 마르크트 광장의 중세풍 건축물
❷ 이벤트가 있을 때는 광장에서 댄스파티가 열린다.
❸ 구세주 대성당

(TRAVEL TIP)

브뤼헤를 제대로 보고 싶다면

자전거를 대여해 운하 주변을 달려보거나 보트 투어에 참여해본다.

●보트 투어
예약 여행안내소, 또는 현장 **선착장** 베긴회 수도원 앞, 성모 교회 앞, 시청사, 벨포트(종루) 뒤쪽 **운항** 3월 1일~11월 15일 매일 10:00~18:00 **소요 시간** 30분 **요금** €8, 브뤼헤 시티 카드는 무료

●자전거 대여
예약 050-341-093 **홈페이지** www.bauhaus.be/services/bike-rental **출발지** Langestraat 145, 8000 Brugge **영업** 매일 08:00~17:00 **요금** 3시간 €6, 1일 €10

1 보트 투어 2 자전거 대여

Sightseeing

♥ ♥ ♥
과거와 현재가 혼재된 아름다운 광장
마르크트 광장
Grote Markt

브뤼헤의 중앙 광장. 유럽에서 가장 아름다운 광장 중 하나로 과거와 현재가 혼재된 곳이다. 3면이 네오고딕 양식의 서플랑드르의 주청사, 우뚝 솟은 도시의 랜드마크 벨포트(종루), 초콜릿처럼 보이는 길드 하우스, 앞에는 햇빛을 가리거나 비를 피하기 위해 파라솔을 세워놓은 카페, 레스토랑으로 둘러싸여 있다. 광장 중앙에는 얀 브레이델(Jan Breydel)과 피테르 드 코닝크(Pieter de Coninck)의 동상이 서 있다. 이 두 사람은 1302년대 프랑스 봉기 때 활약한 민중의 영웅이다. 이 광장은 콜린 파웰 주연의 2008년 영화 〈킬러들의 도시〉의 촬영 배경지가 되기도 했다. 겨울에는 크리스마스 마켓이 열려 분위기를 한층 북돋운다.

교통 브뤼헤 중앙역에서 센트룸(Centrum)행 버스를 타고 세 번째 정류장에서 내리면 바로 **지도** p.155-A

1 초콜릿처럼 보이는 길드하우스
2 도시의 중심인 마르크트 광장
3 오른쪽은 얀 브레이델과
피테르 드 코닝크의 동상

♥♥♥

브뤼헤의 랜드마크

벨포트(종루)
Belfort en Halle

웨딩케이크 모양으로 우뚝 솟은 높이 83m의 벨포트(종루)는 브뤼헤의 랜드마크이다. 구시가 어디에서도 눈에 띄다 보니 초행자의 좋은 길잡이 역할을 한다. 1240년부터 건설되었으나 1280년 화재로 파괴된 후, 1482~1486년에 걸쳐 366개의 나선형 돌계단으로 연결된 오각형 탑을 증축했다. 벨포트(종루)는 3개 층으로 구성되어 있는데, 내부에 벽돌로 지은 2개 광장이 있다. 중세에는 여러 물건과 플랑드르 옷들을 저장하고 전시한 장소로 사용했으나, 현재는 이벤트, 무역 박람회가 열린다. 탑 전망대에는 15분마다 울리는 47개의 카리용(Carillon : 모양과 크기가 다른 많은 종을 음계 순서로 달아 놓고 치는 타악기)이 있는데, 세계에서 가장 깨끗한 음색을 내는 종소리로 유명하다. 무엇보다 전망대에서 바라본 중세풍의 붉은 시가 풍경이 피렌체 같은 분위기를 풍긴다.

주소 Markt 7, Brugge **전화** 050-448-743 **홈페이지** www.vistitbrugge.be **개방** 09:30~18:00 **휴무** 1월 1일, 12월 25일 **요금** €12 **교통** 마르크트 광장에 위치 **지도** p.155-B

1 내부 광장.
예전에는 플랑드르 옷 저장소였으나,
최근에는 이벤트, 무역 박람회장으로 사용된다.
2 마르크트 광장의 랜드마크인 벨포트

♥♥

얀 반 에이크, 미켈란젤로 작품을 전시

성모 교회
Onze-Lieve-Vrouwekerk

높이 115m의 성모 교회의 벽돌 첨탑은 브뤼헤에서 가장 높아 어디에서나 쉽게 눈에 띈다. 이 교회는 브뤼헤 장인의 솜씨를 완벽하게 보여주는 독특한 건축물이기도 하다. 13세기부터 15세기에 걸쳐 건축된 교회는 부르고뉴공국 시대에는 샤를 공작 가문의 예배당이 되어 공작의 딸 마리와 합스부르크 가의 막시밀리안의 결혼식이 거행되었다. 브뤼헤 시민의 사랑을 받은 마리는 15세의 젊은 나이에 승마 사고로 목숨을 잃고 이 교회 사당의 아버지 샤를 옆에 묻혀 있다. 메리와 샤를의 무덤 앞에는 얀 반 에이크의 '십자가에 못 박힌 그리스도'가 걸려 있다. 남쪽 주랑 동쪽 제단에는 세계적으로 유명한 미켈란젤로의 '성모자상'이 있다. 원래 이탈리아 시에나 대성당에 있었는데 브뤼헤 상인이 구입해 1514년에 이곳에 기증했다. 2015년에는 합창단과 내부 구조를 매우 화려하게 새로 단장했다.

주소 Mariastraat, Brugge **전화** 050-448-711 **홈페이지** www.brugge.be/musea **개방** 09:30~17:00 **요금** 성인 €6 **교통** 마르크트 광장에서 도보 7분 **지도** p.155-C

그리스도의 성혈을 보관

성혈 예배당

Basiliek van het Heilig Bloed

성혈 예배당은 서플랑드르 지방의 유일한 로마네스크 양식 교회이다. 12세기 초 세워진 성혈 예배당은 상부와 하부로 나뉜다. 하부 바실리카(Sint-Basilius Kapel)는 로마네스크 양식의 특성을 유지하고, 상부 바실리카(Bovel Kapel)는 15세기에 네오고딕 양식으로 증축해 성혈을 보존하고 있다. 십자군 원정에 참가한 플랑드르 백작이 콘스탄티노플에서 가져온 그리스도의 성혈을 모신 것에서 유래했다. 상부 바실리카 안의 프레스코화 아래에는 브뤼헤의 성혈 행진이 그려져 있다. 매년 5월이면 예수승천대축일에 성혈 행진이 열리는데, 이 기간 동안 예배당에 보관한 성혈을 행진 마차에 실어 성혈 행렬에 동참한다. 왼쪽에는 브래들리 백작이 대주교와 예루살렘 왕으로부터 성혈을 받는 장면이 묘사되어 있고, 오른쪽에는 그가 시빌 백작 앞에서 무릎을 꿇고 사제에게 성혈을 건네는 장면이 있다. 왼쪽 스테인드글라스를 합창단의 창문이라 하는데 역대 통치자들이 그려져 있다. 흰색 제대 위로 가면 성혈을 친견할 수 있다. 예배당 입구에 있는 펠리칸 동상은 자신의 피를 아이에게 주는 모습을 하고 있다.

주소 Burg 13, Brugge **전화** 050-336-792 **홈페이지** www.holyblood.com **개방** 매일 09:30~12:30, 14:00~17:30 **요금** 예배당 무료, 박물관 €2.5 **교통** 마르크트 광장의 벨포트(종루) 입구에서 나와 오른쪽 골목으로 가면 부르크(Brug) 광장이 나온다. **지도** p.155-D

1 시청사 옆에 위치한 성혈 예배당 2 성당 내부

브뤼헤에서 가장 오래된 고딕 양식 건축물

시청사

Stadhuis

1376년부터 1400년에 걸쳐 세워진 시청사는 브뤼헤에서 가장 오래된 고딕 양식 건축물이다. 기다란 사각형 모양 건물로 성인의 유골을 담는 상자를 본떠 만들었다. 2층 장로회장은 고딕 방이라 불리는데 화려한 아치형 천장과 조각, 브뤼헤의 자랑스러운 역사를 알기 쉽게 그린 19세기 벽화들이 걸려 있다. 옆의 역사방은 고서, 사료와 예술 작품들이 전시되어 있다. 지금은 회의장이나 주민들의 결혼식장으로 사용되고 있다.

주소 Burg 12, Brugge **전화** 050-448-743 홈페이지 www.museabrugge.be **개방** 09:30~17:00 **휴무** 1월 1일, 12월 25일 **요금** €6 **교통** 마르크트 광장 근처의 부르크 광장 앞에 위치, 성혈 예배당 옆 **지도** p.155-B

1 부르크 광장 앞 고딕 양식의 시청사 2 아치형 천장과 벽면에 장식된 브뤼헤의 역사가 담긴 19세기 프레스코화 3 고서를 보관 중

다양한 플랑드르 회화를 전시

흐루닝어 미술관
Groeningemuseum

다양한 조형미술의 역사를 일목요연하게 전시하고 있는 미술관. 14세기부터 20세기에 걸친 광범위한 작품이 전시되어 있다. 브뤼헤의 부호 예배당용으로 사용되었다는 본관에는 18~19세기 네오클래식 작품, 플랑드르 표현주의와 전후 현대미술의 걸작들이 모여 있다. 얀 반 에이크의 대작 '반 데르 팔레스가 있는 성모자상', 보우츠, 한스 멤링, 히에르니무스 보스 등의 초기 플랑드르 회화가 즐비하다. 17~19세기 회화는 아트 숍 안쪽으로 이어진 별관에 전시되어 있다.

주소 Dijver 12, Brugge **전화** 050-448-743 **홈페이지** www.museabrugge.be **개방** 매일 09:30~17:00 **휴무** 월요일, 1월 1일, 12월 25일 **요금** €12 **교통** 아렌츠 공원(Arents Park)과 운하에 접해 있다. 성모 교회 근처 **지도** p.155-D

1 흐루닝어 미술관 2 얀 반 에이크의 대작 '반 데르 팔레스가 있는 성모자상'

♥♥

브뤼헤 최고의 포토 스폿

로젠후카이
Rozenhoedkaai

1 로젠후카이는 브뤼헤에서 가장 아름다워 포토 스폿으로 인기있다. 2 로젠후카이는 사시사철 아름다운 풍광을 즐길 수 있다.

마르크트 광장에서 볼레스트라트 거리(Wollestraat)를 따라 가면 운하가 나온다. 이곳 로젠후카이는 브뤼헤에서 가장 아름다운 풍광을 자랑하는 포토 스폿으로 늘 관광객들로 붐빈다. 여름, 겨울, 아침, 저녁, 태양, 비에 상관없이 언제나 카멜레온처럼 그 자체로 매력을 뽐내므로, 누구든 완벽한 앨범과 엽서 사진을 만들 수 있다. 다리 아래에는 보트 선착장이 있어 보트를 타고 브뤼헤의 멋진 운치를 즐길 수 있다.

교통 마르크트 광장에서 도보 3분 **지도** p.155-D

♥♥

소외받은 여성을 위한 수도원
베긴회 수녀원
Begijnhof

1245년 플랑드르 백작 부인이 세운 수녀원으로 17세기 당시 베긴회가 세력을 확장했던 시기의 건물들만 대부분 남아 있다. 유네스코 세계문화유산으로 등재된 베긴회는 12세기 봉건사회에서 소외받은 독신 여성들과 미망인들의 생존권을 보호하기 위해 세운 수녀원이다. 수녀들은 가난한 사람들과 환자들을 돌보며 그들이 공동 생활을 하면서 자립심을 키워 독립할 수 있도록 제도화했다. 자유의사에 따라 언제든지 수녀원을 나갈 수 있게 허용했다. 현재는 베네딕트 수녀원들이 머물고 있다. 작은 박물관에는 당시의 생활상을 그대로 볼 수 있는 유품들을 공개하고 있다.

주소 Begijnhof 24-30, 8000 Brugge **전화** 050-330-011 **홈페이지** www.visitbruges.be **개방** 매일 06:30~18:30 **요금** €2 (학생 €1) **교통** 브뤼헤 중앙역에서 도보 10분 **지도** p.155-E

다리 왼쪽 편 건물이 베긴회 수녀원이다.

♥♥

영원한 사랑의 전설이 깃든 곳
사랑의 호수
Minnewater

브뤼헤 남쪽에 위치한 전설이 깃든 사랑의 호수. 호수 위에 백조가 떠 있는 아름다운 호수로 울창한 숲과 나무로 둘러싸여 있다. 작은 사각형 호수인데 민나(Minna)와 전사인 스트롬베르흐(Stromberg)의 비극적 사랑이 깃든 사랑의 호수이다. 1740년에 세워진 다리 위를 연인과 함께 건너는 순간 사랑의 호수가 낭만적 스폿으로 변하면서 영원한 사랑을 약속받게 된다는 전설이 있다. 호수 다리 위에서 바라본 브뤼헤의 풍경도 매우 멋있다. 호수 따라 벤치에 앉아 잠시 휴식을 취하거나 고요한 공원길을 산책하며 힐링을 취해도 좋은 장소이다.

주소 Minnewater, 8000 Brugge **교통** 베긴회 수녀원에서 도보 3분 **지도** p.155-E

비스트로 덴 후자르
Bistro Den Huzaar

현지인이 자주 찾는 전통 요리 레스토랑. 예산 €25~, 코코뱅 Cog au vin(당근, 감자를 곁들인 쇠고기 조림) €21, Megrim chef's way(샐러드가 포함된 가자미 생선 요리) €24.

주소 VIsming straat 36, 8000 Brugge **전화** 050-333-797 **홈페이지** www.denhuzaar.be **영업** 매일 11:30~22:30 **교통** 마르크트 광장 근처 **지도** p.155-B

1 비스트로 덴 후자르 2 Cog au vin 2 Megrim chefs way

디 올리브 트리
The Olive Tree

마르크트 광장 근처에 위치한 그리스풍 지중해 요리 전문 레스토랑. 실내 소품을 예술적으로 비치해 갤러리 분위기가 난다. 모든 레서피는 신성한 재료를 사용한 수제 요리로 가격 대비 손님 만족도가 높다. 디저트로 무료 케이크를 제공한다. 저녁에만 영업한다. 예산 €20~.

주소 Wollestraat 3, 8000 Brugge **전화** 050-330-081 **홈페이지** www.theolivetree-brugge.com **영업** 매일 18:00~22:00 **휴무** 화요일 **교통** 마르크트 광장 근처, 종루 옆 **지도** p.155-B

데 메디치 바이 골든 튤립
De Medici by Golden Tulip

시내에 위치해 관광하기 편하다. 호텔 중앙에 일본식 정원이 있어 깔끔하고 조식이 양호하다. 벨기에는 국가 전체가 호텔과 음식점, 카페 등지에서 금연 구역이니 유의한다. 요금 2인실 €90~.

주소 Potterierei 15, 8000 Brugge **전화** 050-339-833 **교통** 마르크트 광장에서 도보 10분 **지도** p.155-B

플랑드르 회화의 거장들을 배출한 곳

안트베르펜

ANTWERPEN

#항구도시#다이아몬드 시장#플란다스의 개

'손을 던지다'라는 뜻의 안트베르펜은 영어로 앤트워프(Antwerp), 프랑스어로 앙베르(Anvers)라 부른다. 15세기에는 항구 도시의 이점을 살려 유럽 최대 무역항이 되었지만 16세기 신구종교전쟁으로 스페인 군대에 의해 무차별적인 살육을 당한 아픔을 겪었다. 보석 연마 기술을 기반으로 한 다이아몬드 세공이 탁월해 오늘날 세계 최대 다이아몬드 시장으로 유명하다. 16세기부터 종교화 대가인 루벤스를 비롯한 브뢰겔, 얀 반 에이크 등 플랑드르 회화의 거장들을 배출해 지금도 왕립미술관을 비롯한 많은 미술관들이 있는 예향이기도 하다. 최근에는 안트베르펜 왕립 아카데미 출신의 디자이너들이 벨기에 패션을 리드하면서 의류, 직물 도시로 거듭나고 있다.

※안트베르펜은 도시 규모가 비교적 넓지만, 중요 볼거리가 구시가에 몰려 있어 소도시 범주에 포함시켰다.

Travel
INFO

{ 가는 방법 }

●브뤼셀 중앙역(Bruxelles-Central)에서 안트베르펜 중앙역(Antwerpen-Centraal)까지 THA열차로 35분, IC열차로 1시간 소요

●암스테르담 중앙역(Amsterdam Centraal)에서 THA열차로 1시간 15분, IC열차로 2시간 25분 소요

●파리 북역(Paris-Nord)에서 THA열차로 2시간 10분 소요

시내 교통 안트베르펜 중앙역에서 루벤스의 집까지는 도보 12분 소요, 버스 1회권(60분 사용) €3. 구도심에 볼거리가 밀집해 걸으면서 관광할 수 있다. 안트베르펜의 비밀 장소를 비롯해 도시 구석구석 다니고 싶으면 1일권(€6)을 끊어 트램을 타고 다니자.

{ 여행 포인트 }

여행 적기 5~9월이 여행하기 좋다. 단, 비가 자주 내리는 겨울철은 피한다.

점심 식사 하기 좋은 곳 마르크트 광장 주변, 홍합 요리와 이곳의 명물인 와플을 맛보자.

최고의 포토 포인트

●마르크트 광장

●노트르담 대성당 타워 전망대

여행안내소

주소 Grote Markt 13, 2000 Antwerpen

전화 032-320-103

홈페이지 www.antwerpen.be
www.visitantwerpen.be

개방 월~토요일 09:00~17:45, 일요일 · 공휴일 09:00~16:45

교통 마르크트 광장 내 위치. 중앙역 내에도 있다.

지도 p.167-A

{ 추천 코스 }

예상 소요 시간 5시간

> 안트베르펜 중앙역

↓ 도보 12분

> 루벤스의 집

↓ 도보 10분

> 마르크트 광장

↓ 바로

> 노트르담 대성당

↓ 도보 5분

> 스틴 성

↓ 도보 15분

> 왕립미술관(2019년 재개관 예정)

안트베르펜 중앙역의 멋진 역사

시내 구석구석을 관통하는 트램

안트베르펜 Antwerpen
0   100m

N

Koningin Astridplein
Koningin Elisabethzaal
버스 터미널
앤트베르펜 중앙역
안트베르펜 Centraal Station
데 케이세르
더 케이사르 호텔
다이아몬드 랜드

영화관 De Vlaams Opera
오페라 하우스

Appelmansstr.
Quellinstr.
Lange Herentalsestr.
Korte Herentalsestr.
호텔 엠파이어
앤드워프

Lange Kievitstr.
앤트베르펜 센트룸 스테이션 방향
Quinten Matsijslei
Loosplaats

Van Wesenbekestr.
Gemeenstr.
왕립 아테네움
Van Arteveldestr.
De Coninckpl.
Van Stralenstr.
Osystr.
F. Rooseveltpl.

Rubensstr.
시립 공원 Stadspark
Van Eycklei
Van Lerusstr.

Italiëlei
우체국
Jezusstr.
Provinciaal Veiligheidsinstituut
Opera
Teniersplaats

Tabakvest
Frankrijklei

Dambruggestr.

Ossenmarkt
베긴회 수도원
Begijnhof on Begijnhof Kerk
프로테스탄트 교회
Pieter van Hobokenstr.
St. Jacobsmarkt
St. Jacobskerk
성 야콥 교회
Lange Nieuwstr.
Osterriethuis
Wapper
루벤스의 집
Rubenshuis
스타드S
페이스트잉
Kolveniershof
시립 극장 Stadsschouwburg
Theaterplein
Oude Vaartplaats

Prinsenhof
Frans Halspl.
Prinsstr.
Keizerskapel
Keizerstr.
호텔 드 비터 릴리
더 비터 릴리
Lange Klarenstr.
Meir
메르 거리 S
Jodenstr.
Schuttershofstr.
Bourlaschouwburg
Provinciaal Centrum Arenberg
마이어 판데르베르도 미술관
Museum Mayer Van Den Bergh
호텔 해베르
Maagdenhuis
Botaniche Tuin
Elzenveld
St. Elisabeth-gasthuis
Lange Gasthuisstr.
National Bank
Museum van Anestesie

Venusstr.
Mutsaertstr.
Koninklijke Academie voor Schone Kunsten
왕립 예술 아카데미
Blindestr.
Archief & Museum van het Vlaamse Cultuurleven
Delbekehuis
Rockoxhuis
Kipdorp
성 까롤루스 보로메우스 교회
St. Carolus Borromeuskerk
시립 도서관
Korte Nieuwstr.
Wolstr.
Handelsbeurs
Grand Bazar S
Meir
wiegstraat
Korte Gasthuis Straat
Everdijstr.
St. Augustinuskerk
Politiemuseum Oudaan
Kleine Markt
Vleminckveld
Begijnenstr.
Maarschalk Gerardstr.
린초

Maritime
Houten Gevel
Oude Beurs
Museum Vleeshuis
Oudebeurs
브뤼셀의 분수
앤트워프 호텔
Poesje
Zwartzusterstr.
Lange Koepoortstr.
Minderbroedersrui
St. Katelijnevest
노트르담 대성당
Onze Lieve Vrouwe Kathedraal
Groenplaats
호텔 드 로사
그로티 광장
S 지 비스쿠
호텔 프린세이하우스 R
Schoenmarkt
다리아에 드 릴
Desire de Line
Dagbladmuseum
Kammenstr.
Abraham Verhoeven
MOMU
모드 박물관 S
St. Antoniusstr.
Schoytestr.
Aalmoezeniersstr.
청소년 Centraal Gevangenis
왕립 미술관

St. Pauluskerk
St. Paulusstr.
Klapdorp
Museum · Aan de Stroom
Flandria
Dijckkaal
시청사
Stadhuis
마르크트 광장
브라보의 분수
Vlaeykensgang
이베이어 남부 8 S
Oude Koornmarkt
Groenplaats
Reyndersstr.
Ernest Van
Hoogstraat
더 클레이너 지벨
Vogelmarkt
Huis Draecke
Steenhouwersvest
Drukkerijstr.
드 시에 반 노르
내셔널 베드 & 브레디스트
Augustijnenstr.
St. Andrieskerk
Mercator-Orteliushuis
Kloosterstr.
St. Michielskaai
Nationalestr.
Lange Vlierstr.
Prekerstr.
Lange Vierstr.
왕립 미술관 방향

헷 스테인 성
Het Steen
스헬드 부두
Maritime
성 안나 터널
Sint-Anna Tunnel
Plantin-Moretus House·Workshops-Museum Comlex
플랑탱 모레투스의 집 공방, 박물관
Schelde

루벤스의 고향

안트베르펜은 구시가에 볼거리가 밀집해 있어 반나절이면 관광이 가능하지만, 루벤스의 고향답게 미술관에 들르면 주옥같은 그의 작품을 만날 수 있으니 넉넉하게 일정을 잡는 게 좋다. 중앙역에서 나와 (De Keyserlei) 거리를 따라 직진하면 루벤스의 집이 나온다. 아쉽게도 왕립미술관은 현재 리모델링 중이라 관람할 수 없으므로 루벤스의 집을 관람하는 걸로 만족하자. 도보로 10여 분 거리의 구시가 방향으로 가면 흐룬 광장(Groenplaats)이고, 광장 너머 보이는 높은 탑 쪽으로 가면 구시가의 최대 볼거리인 마르크트 광장이 나온다.

❶ MAS 박물관에서 바라본 안트베르펜
❷ 대성당 주변의 이정표
❸ 식사하기 좋은 마르크트 광장 주변

❹ 재미있는 빌딩 조형물
❺ 스틴 광장의 테라스에서 바라본 대성당
❻ 중앙역 근처의 다이아몬드 거리
❼ 흐룬 광장(Groenplaats) 앞의
루벤스 동상. 광장 뒤편은
노트르담 대성당이 있다.

광장은 중세의 다양한 건축 양식을 섭렵할 정도로 독특한 건물들이 즐비하다. 세계사 시간에 익히 배워온 고딕 양식, 네오고딕 양식, 르네상스 양식, 바로크 양식의 다양한 건축물을 복습할 수 있는 귀중한 시간이 될 것이다. 광장의 랜드마크인 노트르담 대성당은 마치 미술관에 와 있는 것처럼 주옥같은 명화들이 성당을 가득 메우고 있다. 루벤스의 '십자가에서 내려지는 그리스도'를 비롯한 여러 작품들을 감상할 수 있다.

대부분의 여행객들이 놓치기 쉬운 안트베르펜의 비밀 장소에 관심 가져보는 것도 안트베르펜 여행의 매력이다. 시간을 내서 파이 골목, MAS 박물관(정육점 홀), 성 안나 터널, 스틴 성 같은 독특한 매력의 명소도 찾아다녀보자.

중앙역 근처에는 세계적으로 유명한 다이아몬드 관련 업체들이 모여 있으니 시간이 되면 되돌아오는 길에 들러보자. 평소 보기 힘든 다이아몬드 세공 작업 장면들을 볼 수 있다.

Sightseeing

♥♥♥

르네상스 바로크 양식의 저택

루벤스의 집

Rubenshuis

르네상스 바로크 양식으로 지은 대저택. 8년간의 이탈리아 생활을 접고 귀국한 루벤스는 16세기부터 대를 이어온 대저택을 구입해 바로크 양식으로 개조했다. 주거지 겸 아틀리에인 이곳에서 1616년부터 사망한 1640년까지 그는 가족, 동료, 조수들과 함께 거주하고 작업을 했다. 이곳은 그가 세상을 떠난 후 여러 번 주인이 바뀌어 많이 손상되었으나 1937년 시에서 구입해 1680년대 스케치에 근거하여 미술관으로 복원해 일반인에게 공개하고 있다.

바로크 회화의 대표적인 종교 화가인 루벤스는 이 집에서 많은 그림들을 창작했으나, 아쉽게도 그의 대부분의 작품은 왕립미술관으로 이전해 10여 점의 작품만 전시되어 있다. 미술관은 그의 작품뿐만 아니라 그가 어떠한 삶을 살았는지, 어떤 작업을 했는지 소상하게 소개하고 있다. 루벤스의 초상화를 비롯해 '아담과 이브', 쿤스트캄머(Kunstkammer : 예술가의 방)에 전시된 루벤스의 친구이며 안트베르펜에서 가장 유명한 미술 수집가인 코르넬리스 판 데르 헤이스트(1555~1638년)가 소장한 작품들이 볼만하다.

주소 Wapper 9-11, Antwerpen **전화** 032-011-555 **홈페이지** www.rubenshuis.be **개방** 화~일요일 10:00~17:00 **휴무** 월요일, 1월 1일, 5월 1일, 11월 1일, 12월 25일 **요금** €10(학생 · 시니어 €8), 매월 마지막 수요일 무료 **교통** 트램 4번을 타고 그로엔플라츠(Groenplaats) 하차. 또는 트램 7번을 타고 메이르뷔르흐(Meirbrug) 하차. 또는 트램 10 · 11번을 타고 Sint-Katelijnevest 하차. 또는 프리메트로 3 · 5 · 9 · 15번 타고 메이르(Meir) 하차 **지도** p.167-E

1 루벤스의 '아담과 이브' 2 루벤스의 집 3 예술품으로 가득한 쿤스트캄머

❤♡❤♡❤♡

**다양한 형태의
길드하우스를 볼 수 있다**
마르크트 광장
Grote Markt

마르크트 광장. 로마 군대의 대장
실비우스 브라보의 동상이 서 있다.

마르크트 광장(흐로테 마르크트)은 원래 중세 거주지 외곽의 포럼이었는데, 1220년 앙리 1세 공이 지역사회에 광장을 기부한 후 1310년 Merckt라는 이름으로 처음 사용되었다.

광장 주변은 여러 형태의 길드하우스로 둘러싸여 있고 서쪽에 시청사(Stadhuis)가 자리 잡고 있다. 중앙에는 광장의 명물 브라보의 분수가 있다. 거대한 손목을 던지려는 모습의 조각상이 로마 군대의 대장(시저의 조카) 실비우스 브라보의 동상이다. 거인 안티곤이 마을 하천의 통행세를 거부한 수병의 손을 자르자, 브라보가 안티곤에게 똑같은 징벌로 그의 손을 잘라 스헬더강에 던져버렸다. 안트베르펜의 지명도 바로 손을 던지다(Handwerpen)에서 유래되었다. 광장을 중심으로 플랑드르뿐 아니라 독일, 스페인, 영국 상인들이 상거래를 자유롭게 해 국제적인 상업 도시로 거듭 발전했다. 15세기 말에는 브뤼헤를 누르고 가장 번창한 도시로 탈바꿈했을 정도로 마르크트 광장은 경제의 중심지였다. 무엇보다 광장 주변에 즐비하게 들어선 고딕, 로마네스크, 바로크 양식 등 중세풍의 다양한 건축물을 볼 수 있다.

교통 안트베르펜 중앙역에서 도보 15분. 루벤스의 집에서 도보 10분
지도 p.167-A

벨기에 최대의 고딕 양식 성당

노트르담 대성당
Onze-Lieve-Vrouwekathedraal

노트르담 대성당은 1352년부터 근 170년에 걸쳐 1521년 완성한 높이 123m 건물. 벨기에 최대의 고딕 양식 건축물로 북탑의 세련된 레이스 세공법이 매우 탁월하다. 부를 자랑하는 시민들의 바람으로 고딕, 르네상스, 바로크 등 여러 건축 양식으로 증축했는데, 1533년 대화재로, 1566년 프로테스탄트의 성상 파괴주의 운동으로 성당 내부가 파괴되고, 1794년 프랑스대혁명으로 약탈당하는 수모를 겪었으나 굳건히 일어서 복원되어 일부는 17세기 바로크 양식과 19세기 네오고딕 양식 건축물이 남아 있다. 1816년부터 루벤스를 비롯한 여러 화가들의 주옥같은 작품들이 파리에서 이곳으로 이송되어 마치 갤러리 같은 분위기를 연출한다. 루벤스의 걸작 '십자가에 매달린 그리스도', '십자가에서 내려지는 그리스도', '그리스도의 부활', '성모의 승천' 등을 비롯해 얀 파브르(Jan Fabre)의 조각상 '십자가를 들고 있는 사람'이 전시되어 있다. 천년 이상 성모마리아는 안트베르펜의 수호신으로 추앙받았기에 아직도 수많은 시민들이 이곳을 찾아 성모마리아에 대한 사랑과 연민을 전한다. 그러므로 단지 소중한 예술품을 소장한 미술관의 차원을 넘어 아직도 숭배의 장소로 사랑을 받고 있다. 동화 〈플란더스의 개〉 배경으로도 유명하다.

주소 Groenplaats 21, Antwerpen **전화** 032-139-951 **홈페이지** www.dekathedraal.be **개방** 월~금요일 10:00~17:00, 토요일 10:00~15:00, 일요일·공휴일 13:00~16:00 **요금** €6(학생·시니어 €4) **교통** 마르크트 광장 앞. 안트베르펜 중앙역에서 트램 3·4·5·9·15번을 타고 그로엔플라츠(Groenplaats) 하차, 또는 버스 22·180·181·182·183번 타고 그로엔플라츠(Groenplaats) 하차 **지도** p.167-A

1 노트르담 대성당
2 루벤스의 걸작
'십자가에서 내려지는 그리스도'
3 성당 기둥에 명화를 전시해
마치 갤러리 같다.
4 얀 파브르(Jan Fabre)의 조각상 '십자가를 들고 있는 사람'

♥♥♥
**플랑드르화파 거장들의
작품을 전시**
왕립미술관
Musée Royal des
Beaux-Arts

1887년 개관한 왕립고전미술관과 1984년 개관한 왕립근대미술관으로 이루어져 있다. 14세기부터 현재까지 7600여 점의 그림과 조각, 데생, 판화를 소장하고 있다. 플랑드르화파의 루벤스를 비롯한 표현주의 선구자인 제임스 엔소르와 야수파 화가 릭 바우터스, 얀 반 예이크, 피테르 브리겔 등 쟁쟁한 화가들의 작품들이 전시되어 있다. 현재 미술관 전체를 대대적으로 리모델링하고 있으며 2019년 봄에 새롭게 개관할 예정이다.

주소 Leopold de Waelplaats 2, Antwerpen **전화** 032-249-550 **홈페이지** www.kmska.be **개방** ※2018년까지 리모델링 관계로 휴관 중 **교통** 트램 4·8·12·24번 타고 미술관에서 하차 **지도** p.167-D

♥
돌로 지은 성
스틴 성
Het Steen

대부분 집들이 목조 건물이었던 13세기 초에 돌로 이 성을 건설했다. 이후 1520년 카를 5세가 확장해 지금에 이른다. 1823년까지 감옥으로 사용되다 1952년부터 현재까지 해양박물관으로 사용되고 있다. 성 입구에는 중세 때 사람들을 공포에 떨게 했던 거인(Lange Wapper) 동상이 있다. 현재 공사 중이다.

교통 마르크트 광장에서 스헬더(Shelde) 강변으로 가서 위쪽으로 3분 정도 걸어가면 나온다. **지도** p.167-D

♥

안트베르펜이 배출한 거장
페테르 파울 루벤스 Peter Paul Rubens(1577~1640)

플랑드르 지방 안트베르펜 출신인 루벤스는 독자적인 바로크 양식을 확립한 17세기 유럽의 대표적 화가이다. 루벤스는 어릴 적부터 천부적인 재능을 인정받아 이탈리아 유학파 오토 반 벤(Otto Van Veen)에게 미술 수업을 받았다. 1600년 유럽 미술의 메카였던 이탈리아로 떠나 8년 동안 체류하면서 당대 거장 미켈란젤로를 비롯한 여러 르네상스 화가들의 작품을 접하면서 이탈리아 미술을 터득했다. 이탈리아인을 제치고 만토바 공의 궁정 화가 지위를 얻고 동시에 로마의 주요 성당의 제단화를 제작했다. 1616년 어머니가 세상을 떠나자 귀국해 안트베르펜에서 30여 년을 보내면서, 고국에서 알베르토 대공의 궁정 화가로 활동하며 많은 제자들을 양성했다. 이 시기에 '인동덩굴 그늘의 루벤스와 이사벨라 브란트'를 비롯해 기독교를 주제로 한 종교화를 많이 그렸다. 안트베르펜의 노트르담 대성당에 전시되어 있는 그의 대표작 '십자가에 매달린 그리스도', '십자가에서 내려지는 그리스도', 아폴로도로스의 신화에 근거한 '레우키포스 딸들의 납치', '마리 드 메디치와 앙리 4세의 만남', '평화의 알레고리', '자화상' 등 수많은 주옥같은 작품을 남기고 1640년 63세에 심장발작으로 사망한다.

여행자들이 놓치기 쉬운
안트베르펜의 독특한 건물

파이 골목 Vlaeykensgang

도심 한복판(Oude Koornmakrt)에서 파이 골목으로 들어서면 마치 16세기 중세로 여행하는 것처럼 예술 세계로 빠져든다. 당시 빈민층들이 거주했던 구역이었으나 지금은 매년 수천 명의 여행객들이 찾는 예쁜 골목길로 탈바꿈했다.

교통 마르크트 광장에서 Oude Koornmakrt로 가다 16번지 골목길(스테이크 하우스 레스토랑 왼쪽)이 파이 골목이다. **지도** p.167-A

성 안나 터널 Sint-Anna Tunnel

1933년 개설한 지하도. 요즘 보기 힘든 옛날 원목으로 바닥을 만든 에스컬레이터를 사용해 터널로 접근할 수 있다. 터널 길이 572m, 깊이 31.57m, 엘리베이터 수용 인원은 80명이다.

교통 마르크트 광장에서 스헬더(Shelde) 강변을 따라 아래쪽으로 걸어가면 나온다. **지도** p.167-D

MAS 박물관(정육점 홀)
MAS, Museum Ann de Stroom(Butcher's Hall)

1504년부터 이곳은 한때 도살업자들이 자기 창고에서 팔았던 정육점 시장이었다. 네덜란드어로 헷 블리스위스(Het Vleeshuis)는 순수한 의미로 정육점(Flesh House)을 뜻하지만 인근 코너에 있는 홍등가를 암암리에 담고 있는 애매한 단어이기도 하다. 1913년부터 박물관으로 사용되고 있다. '도시의 소리'라는 이야기가 전해지는 안트베르펜의 속삭이는 사람(The Antwerpen Whisperer)이라고도 부른다.

교통 마르크트 광장에서 스헬더(Shelde) 강변으로 가서 위쪽으로 10분 정도 걸어가면 나온다. **지도** p.167-A

마르탱
Maritime

1 마르탱 레스토랑 전경
2 가자미생선(Gebakken Zeetong met Boter)
3 홍합(Op de Wijze Van de Chef)

시푸드 전문 레스토랑. 현지인들이 자주 찾는 생선 요리 맛집으로 홍합 요리가 맛있다. 예산 €25, 홍합(Op de Wijze Van de Chef) €28, 혀가자미 구이(Gebakken Zeetong met Boter) €38.

주소 Suikerrui 4, Antwerp **전화** 032-330-758 **홈페이지** www.maritime.be **영업** 월~금요일 12:00~14:00, 18:00~21:30 토 · 일요일 12:00~15:30, 17:00~21:30 **휴무** 목요일 **교통** 마르쿠트 광장에서 Suikerrui 거리를 따라 강변 쪽(확인)으로 가면 바로 **지도** p.167-A

디자이어 드 릴
Desire de Lille

안트베르펜의 대표적인 와플 전문점. 벨기에의 명물인 와플이 입에서 녹을 만큼 맛있어 인기 있다. 와플 €2.

주소 Schrijnwerkersstraat 14, Antwerpen **전화** 032-316-226 **홈페이지** www.desiredelille.be **영업** 일~목요일 09:00~19:00, 금 · 토요일 10:00~20:00 **교통** 마르크트 광장에서 도보 7분 **지도** p.167-E

호텔 이비스 버짓 안트베르펜 센트럴 스테이션
Hotel ibis budget Antwerpen Centraal Station

중앙역과 동물원이 근처에 있어 이동하기 편하다. 유럽에서 이비스 버짓 호텔은 가성비가 좋아 여행객들에게 매우 인기 있다. 2인 1실 €44~.

주소 Lange Kievitstraat 145, Antwerpen **전화** 032-02-5020 **홈페이지** www.accorhotels.com **교통** 안트베르펜 중앙역에서 도보 5분 **지도** p.167-F

독일

GERMANY

독일인이 사랑하는 중세 도시

고슬라어

GOSLAR

#마녀의 전설#중세의 성당들#천년 넘는 광산

하르츠(Harz) 산자락에 위치한 고슬라어는 마녀의 전설이 살아 있는 작은 도시이다. 중세 시대에 '북방의 로마'라고 불린 강력한 도시로, 11~12세기에 제국의회도 여러 번 개최되었다. 개신교인들이 광산을 통해 막대한 부를 축적할 정도로, 1988년 람멜스베르크 광산이 폐광되기까지 천 년 이상 세계에서 가장 오랫동안 채광되었을 뿐 아니라 광산 도시로서 명성을 유지했다. 독일이 제2차 세계대전에서 패망하며 전역이 폐허가 되었지만, 고슬라어는 평지가 아닌 하르츠 지방의 높은 지역에 위치해 전쟁을 피해 갈 수 있었다.
지리적 이점으로 중세 모습을 그대로 보존한 덕분에, 고슬라어 시가지와 광산은 유네스코 세계문화유산으로 등재되었다.

{ 가는 방법 }

베를린 중앙역(Berlin Hbf)에서 고슬라어로 가는 직행편이 없어 1~2회 환승해서 가야 한다. ICE 고속열차로 먼저 브라운슈바이크 중앙역(Braunschweig Hbf)으로 간 후 RB열차(고슬라어행)로 환승. 고슬라어 중앙역(Goslar Bahnhof)에 하차한다. 총 2시간 30분 소요.

고슬라어 중앙역에서 구시가 마르크트 광장까지는 걸어서 10여 분 걸린다. 람멜스베르크 광산에 가려면 역 앞에서 803번 버스(€2.3)를 탄다. 마을이 작아 걸어서 관광한다.

{ 여행 포인트 }

여행 적기 5~9월이 여행하기 좋다.
점심 식사 하기 좋은 곳 마르크트 광장(교회) 주변
최고의 포토 포인트
●마르크트 교회 타워 전망대.
●츠빙거 박물관 전망대
주변 지역과 연계한 일정 고슬라어에 숙소를 정하고 당일로 엑스테른슈타이네(p.187)를 다녀온다. 한국 여행객에게는 다소 생소한 곳이지만 신비롭고 영험한 기(氣)를 받을 수 있는 기암괴석 엑스테른슈타이네는 가볼 만한 곳이다. 차로 약 2시간 거리이지만 교통편이 불편해 렌터카로 이동하는 게 편하다.
여행안내소
주소 Markt 7, Goslar

전화 05321-78060
홈페이지 www.goslar.de
개방 4~10월 월~금요일 09:15~18:00, 토요일 09:30~16:00, 일요일 09:30~14:00 / 11~3월 월~금요일 09:15~17:00, 토요일 09:30~14:00, **휴무** 일요일
교통 마르크트 광장(Marktplatz)에 위치, 시청사(Rathaus) 앞 분수대 맞은편
지도 p.182

{ 추천 코스 }

예상 소요 시간 3~6시간, 람멜스베르크 광산 투어 시 하루

> 고슬라어 중앙역

도보 4분

> 개신교 교회

도보 7분

> 마르크트 광장

도보 5분(호어 길)

> 카이저팔츠

도보 6분

> 츠빙거 박물관

※마르크트 광장에서 호어 길을 따라 카이저팔츠로 가는 길목이 아름답다.

개신교 입구 앞의 콜롬비아 조각가 보테로가 제작한 커플 동상

츠빙거 박물관에서 바라본 칸타히흐호

❶ 거리에는 하프팀버 양식의 아름다운 목조 건물이 즐비하다.
❷ 마르크트 교회

고풍스러운 역사 도시

고슬라어는 도시 전체가 유네스코 세계문화유산에 등재되어 있을 정도로 거리 곳곳이 고풍스러운 역사적 마을이다. 마을이 작아 걸으면서 관광할 수 있으니, 좁고 구불구불한 골목길을 거닐며 중세풍 가옥 모습을 찬찬히 감상해보자.

중앙역에서 나와 구시가 방향으로 가다 보면 다양한 볼거리가 여행객들의 발걸음을 붙잡는다. 중심지인 마르크트 광장에 도착하면 시민의 자부심을 표현하는 분수대 위의 황금독수리와 고딕 양식의 시청사가 당시의 위용을 자랑하는 듯하다. 광장에는 예전에 신발 상인들의 길드홀인 신발 광장(Schuhhof)과 독일에서 자주 볼 수 있는 하프팀버 양식(외벽에 기둥·들보 등의 건축 자재를 드러나게 하고, 그 사이를 돌·흙 등으로 메우는 목조 건축 양식)

❸ 신발 광장(Schuhhof). 예전 마르크트 광장으로 신발 상인들의 길드홀이 있다. ❹ 마르크트 교회 앞의 마르크트 거리

가옥들이 즐비해 있다. 중세풍의 구시가 모습을 즐기고 싶다면 시청사 뒤편의 마르크트 교회(Marktkirche) 타워 전망대로 올라가 보자. 또한 교회 정문에서 왼쪽 호어 길(Hoher Weg)을 따라 카이저팔츠로 가는 길목에 고제강 사이의 고옥 풍경이 동화 마을처럼 아름답다. 카이저팔츠 궁전은 독일 최강의 황제 하인리히 3세가 지은 역사적인 건축물이다. 이곳에서 광산의 산증인 람멜스베르크 광산에 대한 개략적인 내용을 미리 알아보자. 또한 츠빙거 박물관에 들러 갑옷, 공성 장비, 무기 등 중세의 물품들을 감상해본다. 시간적 여유가 있다면 1992년 유네스코 세계문화유산으로 등재된 람멜스베르크 광산으로 가서 광산 지하 투어에 참여해보자. 이벤트가 열리는 동안 고슬라어를 찾는다면 여행의 즐거움이 배가된다. 7월에는 불꽃놀이와 페스티벌 퍼레이드, 8월에는 수공예품 시장과 뮤직 페스티벌, 11~12월에는 크리스마스 마켓이 열려 즐거움을 더한다.

❶ 마르크트 광장의 카이저보르트
❷ 고슬라어 성당
❸ 꼬마열차(요금 €6.59)

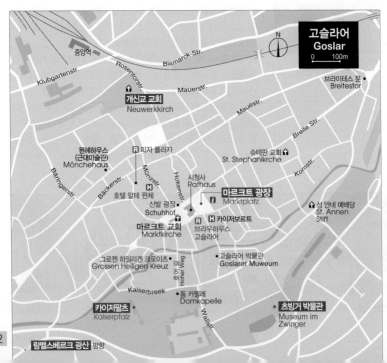

고슬라어
Goslar
0   100m

중앙역
Rosentorstr.
Bismarck-Str.
Klubgartenstr.
Mauerstr.
브라이테스 문
Breitestor
Mauestr.
개신교 교회
Neuwerkkirch
Breite Str.
뮌헤하우스
(근대미술관)
Mönchehaus
피자 플라자
슈테판 교회
St. Stephanikrche
Kornstr.
Bäringerstr.
Bäckerstr.
Münzstr.
Hokenstr.
시청사
Rathaus
마르크트 광장
Marktplatz
성 안네 예배당
St. Annen
Stift
호텔 알테 뮌체
신발 광장
Schuhhot
카이저보르트
브라우하우스
고슬라어
마르크트 교회
Marktkirche
그로젠 하일리겐 크로이츠
Grossen Heiligen Kreuz
Hoher Weg
고슬라어 박물관
Goslarer Muweum
Kaiserbreek
동 카펠레
Domkapelle
Wallstr.
츠빙거 박물관
Museum im
Zwinger
카이저팔츠
Kaiserpfalz

람멜스베르크 광산 방향

♥
고슬라어 여행의 시작
개신교 교회
Neuwerkkirche

고슬라어의 여행 시발점에 위치한 개신교 교회는 1186년 고슬라어 내에서 유일한 로마네스크 양식으로 지어졌다. 전(前) 시토수도회 수도원(가톨릭 베네딕토 원시회칙파의 주축을 이루는 개혁 수도회)으로 고슬라어의 모든 교구 교회와 마찬가지로 서쪽에 두 개의 첨탑이 있는 3중 십자형 대성당이었던 제국 교회이다. 독일 북부 지역에서는 보기 드문 교회로 원래 그대로의 모습을 간직하고 있다. 나중에 고슬라어 성당의 모델이 되었다. 교회 앞에는 콜롬비아 조각가 보테로가 제작한 커플 동상이 있다.

주소 Rosentorstrasse 27, Goslar **전화** 05321-22839 **홈페이지** neuwerkkirche-goslar.de **개방** 3~12월 월~토요일 10:00~12:00, 14:30~16:30, 일요일 14:30~16:30 **휴무** 1~2월 **요금** 무료 **교통** 중앙역에서 도보 4분 **지도** p.182

♥♥♥
도시의 랜드마크
마르크트 광장
Marktplatz

주소 Markt, 38640 Goslar **전화** 05321-78060 **홈페이지** www.goslar.de **개방** 시청사 월~금요일 11:00~15:00, 토~일요일 10:00~16:00 **요금** 시청사 €3.50(어린이 €1.50) **교통** 개신교 교회에서 도보 7분 **지도** p.182

마르크트 광장 한가운데에 고슬라어의 랜드마크인 황금독수리 분수대가 있다. 1230년부터 개보수를 통해 유지된 분수대 맨 위의 황금독수리는 시민들의 자부심의 표시로 자리 잡고 있다. 광장 분수대 정면에는 상아색 외관의 고딕 양식 2층짜리 시청사(Huldigungssaal im Goslarer Rathaus)가 있다. 시청사는 1505~1520년에 의회 회의장으로 건설되었는데, 내부는 벽과 천장, 창문 틈새가 그림으로 장식되어 있고 후기 고딕 양식의 공간 예술이 돋보인다. 광장 왼편에는 검은색 지붕과 붉은색 벽면의 외관이 조화를 이루는 카이저보르트(Kaiserworth)가 있다. 15세기 잡화 상인들의 길드홀로 유명했는데, 현재는 호텔과 레스토랑으로 사용하고 있다. 시청사 뒤편의 쌍둥이 첨탑이 마르크트 교회인데, 교회 타워 전망대에서 바라본 고풍스러운 구시가의 전경이 멋있다. 시청사 앞 광장 쪽에 여행안내소가 있고, 크리스마스 시즌, 주말에는 벼룩시장이 열려 생기가 넘쳐난다.

1 마르크트 광장 분수대의 황금독수리
2 마르크트 광장. 중앙은 시청사. 왼편은 카이저보르트(15세기 잡화 상인들의 길드홀. 현재는 호텔과 레스토랑)

카이저팔츠

♥ ♥ ♥
하인리히 3세 황제의 궁전
카이저팔츠
Kaiserpfalz

11세기 로마 교황청까지 굴복시킬 정도로 무소불위의 권력을 행사했던 신성로마제국황제 하인리히 3세가 지은 궁전이다. 1040~1050년에 건설된 로마네스크 양식의 궁전으로 근 200년간 독일과 유럽의 역사가 형성된 의미 있는 곳이다. 남쪽 끝에 자리 잡은 울리히 예배당(Pfalzkapelle St. Ulrich)에는 사르코파구스라는 거대한 석관 속에 하인리히 3세의 심장을 황금 캡슐로 감싸 보관하고 있다. 신성로마제국이 쇠락하면서 궁전은 많이 훼손되었지만, 1879년부터 궁전과 예배당 외관을 전면적으로 재건축했고, 비슬리체누스에 의해 궁정 내부 상층 홀은 웅장한 벽화와 천장 프레스코화로 꾸며졌다. 1층에는 람멜스베르크 광산에서 채취한 광물들을 전시하고 있다. 카이저팔츠 궁전은 산자락으로 둘러싸여 주변 녹지가 많아 궁전 앞뜰이 정원을 가름하고 있다. 궁전 앞에는 양쪽에 프리드리히 1세와 2세의 동상이 위용을 자랑한다. 궁전 뒤편 산책로에는 거북이 조형물이 있다.

주소 Kaiserbleek 6, Goslar **전화** 05321-3119693 **홈페이지** www.goslar.de **개방** 4~10월 10:00~17:00, 11~3월 10:00~16:00 **요금** €7.5(학생 €4.5) **교통** 마르크트 광장에서 도보 5분 **지도** p.182

1 황제의 방 2 거대한 석관의 하인리히 3세 무덤

♥♥

요새 역할을 했던 곳

츠빙거 박물관
Museum im Zwinger

1517년 람멜스베르크 광산과 마을 동쪽부터 츠빙거 대문(Breite Tor)까지 보호하기 위해 6.5m 두께의 벽으로 둥글게 둘러싸듯 세워진 요새이다. 유럽에서 가장 방어력이 뛰어난 츠빙거 대문은 적에게 포위되더라도 1000명이 안전하게 머물 수 있는 곳이다. 내부에는 중세 당시의 기사 갑옷과 무기, 고문 기구 등의 물품들이 전시되어 있다. 지붕 테라스에 올라가면 고풍스러운 시가지와 칸타히흐 호수와 주변 산세의 전경이 파라노마처럼 펼쳐진다.

주소 Thomasstrasse 2, 38640 Goslar **전화** 05321-43140 **홈페이지** www.zwinger.de **개방** 3월 15일 ~10월 31일 11:00~16:00 / 11월 1일~3월 14일 예약된 10명의 방문객만 받음 **휴무** 월요일 **요금** €4.20, 테라스 전망대 €2 **교통** 카이저팔츠에서 도보 6분 **지도** p.182

1 요새 역할을 한 츠빙거 박물관 **2** 중세 십자군전쟁 때 여인들에게 채웠던 정조대

♥♥

천년 이상 채굴 중

람멜스베르크 광산
Weltkulturerbe Erzbergwerk Rammelsberg

1992년 유네스코 세계문화유산으로 등재된 광산이다. 람멜스베르크는 세계에서 천년 이상 중단되지 않고 계속 채굴한 유일한 광산으로, 고슬라어 마을 전체와 더불어 1992년 유네스코 세계문화유산에 등재되어 있다. 10세기 이상 동안 광산 역사에 기록된 람멜스베르크도 대체에너지가 개발되면서 1988년 폐광되었다. 당시 3000만 톤 이상 은, 구리 등의 광물을 채굴해 고슬라어는 엄청난 번영을 누릴 수 있었다. 11세기 하인리히 2세부터 1253년까지 독일 황제들이 이곳에 머물며 위용을 과시해왔다. 이곳에서는 광산 박물관 지하 투어를 꼭 참여해보자. 안전을 위해 가이드 투어만 가능하다. 터널 안은 12℃ 정도로 쌀쌀하니 외투를 챙긴다. 중세 시대에 완성된 이곳의 특유 '물레방아'를 이용한 광산 시스템이야말로 독일인의 지혜가 엿보이는 볼거리다.

주소 Bergtal 19, 38640 Goslar **전화** 05321-7500 **홈페이지** www.rammelsberg.de **개방** 3월 16일~10월 09:00~18:00, 11월~3월 15일 09:00~17:00 **휴무** 12월 24일, 12월 31일 **요금** 박물관 €9(학생 €6), 박물관+투어 €16(학생 €11) **교통** 중앙역에서 803번 버스로 이동, 12분 소요 **지도** p.182

피자 플라자
Pizza-Plaza

고슬라어에서 유명한 이탈리안 레스토랑. 저렴한 비용으로 나폴리 못지않게 맛있는 피자, 파스타를 맛볼 수 있어 인기 있다. 테이크아웃이 가능하다. 맥주 €2.1, 와인 €3, 피자(파스타) €5~.

주소 Marstallstrasse 1, Goslar **전화** 05321-22202 **홈페이지** www.pizzaplaza.de **영업** 17:00~23:00 **교통** 마르크트 교회 근처 **지도** p.182

브라우하우스 고슬라어
Brauhaus Goslar

현지인들에게 인기 있는 전통 요리 레스토랑. 1720년에 세워진 역사적인 건물이라 매우 고풍스러운 분위기에서 식사할 수 있다. 최고의 맥주 맛을 자랑하는 수제 맥주를 직접 제조 판매한다. 예산 €15~.

주소 Marktkirchhof 2, Goslar **전화** 05321-685804 **홈페이지** www.brauhaus-goslar.de **영업** 월~목요일 11:00~23:00, 금~토요일 11:00~24:00 **교통** 마르크트 광장 근처 **지도** p.182

호텔 알테 뮌체
Hotel Alte Münze

구시가에 위치한 4성급 호텔로 이용자들의 평판이 양호하다. 무료 와이파이와 무료 주차가 가능하다. 스탠더드 €69~, 클래식 €79~, 슈퍼 €89~, 딜럭스 €99~, 조식 포함.

주소 Münzstrasse 10-11, Goslar **전화** 05321-22546 **홈페이지** www.hotel-muenze.de **교통** 구시가지 내 마르크트 광장에서 도보 3분 **지도** p.182

시퍼
Schiefer

최신식 스타일이며 객실이 깔끔해 평판이 좋다. 마르크트 광장 근처에 위치해 시내를 관광하기에 편리하다. 호텔과 레스토랑을 함께 운영한다. 무료 와이파이가 가능하며 유료 주차다. €80~.

주소 Markt 6, Goslar **전화** 05321-3822700 **홈페이지** schiefer-erleben.de **교통** 마르크트 광장 근처 **지도** p.182

자연이 빚어낸 경이로운 풍광

엑스테른슈타이네
Externsteine

영국의 스톤헨지가 인위적인 힘으로 형성된 돌기둥이라면 독일 북서부 노트라인 베스트팔렌 (Nordrhein-Westfalen)주 데트몰트(Detmold) 근처에 우뚝 서 있는 엑스테른슈타이네는 자연이 솜씨를 제대로 발휘한 기암괴석이다. '에게산의 바위'라는 뜻의 이 천연 조형물은 28~38m 높이의 기이한 모양을 한 5개의 바위기둥이 주변의 울창한 수목들과 어우러져 신비로운 광채를 발산한다. 최근에 엑스테른슈타이네가 주목받는 이유는 신비롭고 기이한 형상뿐 아니라 바위기둥에서 강하게 느껴지는 생명의 기운을 받을 수 있기 때문이다. 우리에겐 다소 생소하지만, 현지인들에게는 힐링과 생명의 기운을 얻을 수 있는 생명의 안식처로 주목받는 곳이다.

오랜 역사를 품고 있는 곳
약 1억3000만 년 전, 바닷속에 잠겨 있던 이 지역에 퇴적 침전물이 계속 쌓여 사암층이 형성되다가, 8000만 년 전쯤 심한 지각변동이 일어나면서 엄청난 압력이 발생했고, 그 힘으로 사암층이 서서히 수직으로 솟아나 지금의 기이한 암석 모습을 갖추게 되었다. 그 후 바위 틈새로 물이 흐르면서 희귀 식물이 자라고, 올빼미를 비롯한 동물들의 안식처가 되었다. 6세기까지는 인간이 거주했다는 고고학적 증거는 없고, 8세기 이후 켈트족과 게르만족의 종교적 안식처, 천문 관측소 등으로 사용되었다. 11세기 무렵부터는 수도승들이 암석 기둥 밑에 동굴을 파서 기거하고, 바위를 뚫어 무덤과 계단 흔적이 남아 있는데, 그중에서도 12세기에 새긴 로마네스크 양식의 부조 '십자가에서의 하강'은 탁월한 예술성이 돋보인다. 13세기에는 귀족들의 연회 장소로 사용되었고, 18세기부터는 대중들에게 공개되었다. 이때 계단과 전망대도 복구되었다. 바위 전망대에서 바라보는 풍경은 사람들의 손길이 닿지 않은 대자연의 모습이다. 하지만 곳곳에 사람들을 끌어모으기 위한 시도들이 눈에 띈다. 그중에서도 바람이 불면 은빛으로 물결치는 연못은 18세기에 조성된 것으로 작가 그림 형제가 다녀간 곳으로도 알려졌다. 1930년대에 이르러 권력을 잡은 나치는 그들의 선전, 선동에 이곳을 이용했다.

1 5개의 바위가 특이한 모습으로 돌출된 엑스테른슈타이네 2 수도승들의 거주 공간. 일부는 암석 동굴 예배당으로 사용하고, 일부는 아치 모양의 암석 무덤으로 예수 부활을 의미하는 예수 무덤을 재현했다. 3 기를 받을 수 있는 꼭대기 전망대 4 난간 옆 평평한 곳은 미세 에너지를 받을 수 있는 공간이다. 5 예수 하강을 정교하게 새긴 부조

그들은 바위산을 성지로 규정하고, 게르만족의 우수성을 대변하는 상징물로 활용했다. 그 당시 히틀러의 심복으로 권력의 정점에 서 있던 하인리히 히믈러(1900~1945년: 유대인 대학살 실무를 주도한 최고책임자)가 이곳을 방문해서 그 가치를 역설하기도 했다.

생명의 힘을 느낄 수 있는 명소로 주목

최근 엑슈테른슈타이네가 주목 받는 이유는 신비롭고 기이한 형상뿐 아니라 바위기둥에서 강하게 느껴지는 생명의 기운 때문이다. 기공 전문가 토머스 리에메르에 따르면 미세 에너지가 충만할수록 생명의 근원에 가까워져 그 존재를 느낄 수 있고, 결국은 생명의 근원과 동화되어 새로운 기운을 얻게 되는데, 이 바위기둥이야말로 생명 근원의 기운을 느낄 수 있는 공간이다. 바위기둥 곳곳에 있는 석관은 시신을 안치하는 역할도 하지만 생명의 기운을 품고 있어 아픈 사람이 누우면 건강해진다. 옛사람들은 높이 올라갈수록 에너지 역시 강해진다고 믿었기에 꼭대기로 이어지는 계단을 만들었고, 지체가 높은 사람일수록 높이 올라가서 생명의 기(氣)를 받았다. 바위기둥 정상에는 돌을 깎아 만든 제단이 있고, 난간 옆 평평한 곳은 미세 에너지를 받을 수 있도록 마련된 공간이다. 기를 가장 많이 받을 수 있는 곳은 가파른 계단을 올라 꼭대기에 이르면 마주할 수 있는 전망대이다. 사방이 시원스레 뚫려 있어 어떤 방해도 받지 않고 기를 받을 수 있다. 간혹 발성 연습을 하는 사람들이 눈에 띄기도 한다. 가장 높은 바위기둥 사이에는 철제로 된 구름다리가 연결된다. 고소공포증이 없다면 다리를 건너며 전율을 만끽할 수 있다. 다만 겨울에는 위험해서 연결 다리를 폐쇄한다.

홈페이지 www.externstein.de 개방 매일 일출~일몰 요금 무료 여행안내소 개방 4~10월 10:00~18:00 휴무 겨울 교통 도르트문트 중앙역에서 열차를 타고 호른바트 마인베르크(Horn-Bad Meinberg) 역에 하차. 약 1시간 40분 소요. 호른바트 마인베르크 역 앞에서 92번 버스(매일 09:00~17:00, 매시 44분 출발)를 타고 엑스테른슈타이네 버스정류장에서 내려 표지판을 따라 3분 정도 걸어가면 주차장이 나오고, 오른편 입구 근처에 여행안내소와 레스토랑이 있다. ※겨울에는 여행안내소, 매점 등이 문을 닫아 불편하지만, 하얀 눈으로 덮인 바위기둥과 주변 수목이 운치를 더한다.

여행 포인트

여행 적기 5~9월이 여행하기 좋다. **예상 소요 시간** 1~2시간 정도면 둘러볼 수 있다. 만약 주변 지역을 하이킹 하려면 하루를 잡아야 한다.
주변 지역과 연계한 일정 ●1코스 : 프랑크푸르트(쾰른)→ 엑스테른슈타이네→ 고슬라어→ 라이프치히→ 포츠담→ 베를린
●2코스 : 프랑크푸르트(쾰른)→ 엑스테른슈타이네→ 고슬라어→ 드레스덴→ 프라하
엑스테른슈타이네는 독일 북부 외진 곳에 자리 잡아 이곳만 다녀오기에는 많은 시간이 소요되므로, 가능하면 베를린(또는 프라하)을 갈 때 한데로 묶어 일정을 짜되 서쪽에서 동쪽으로 가는 동선으로 잡는다. 이곳은 교통편이 불편하므로 버스 출발 시각표(호른→엑스테른슈타이네)를 잘 확인해둬야 한다.

1 바위기둥 사이로 연결된 철제 다리. 겨울에는 위험해서 폐쇄한다. 2 호숫가에서 바라본 엑스테른슈타이네

중세 모습을 그대로 간직한 도시

베르니게로데

WERNIGERODE

베를린
★
베르니게로데

Germany

#마녀 마을#초콜릿 축제#베르니게로데 맥주

하르츠산지의 북쪽 끝자락에 자리 잡은 하르츠 지방의 작은 중세 도시이다. 19세기 재건된 베르니게
로데 성을 비롯한 고풍스러운 하프팀버 목조 가옥들이 세월의 손때가 묻지 않아 중세풍의 고즈넉한
분위기를 풍긴다. 마녀 마을과 초콜릿 축제로 알려져 있고, 하르츠산지 최고봉인 브로켄산(1141m) 초
입에 있어 관광 도시와 휴양지로 인기 있다. 맥주 양조업으로도 유명해 베르니게로데 맥주 또한 관
광객의 발길을 멈추게 하는 요인 중 하나다.

Travel INFO

{ 가는 방법 }

기차 베르니게로데는 베를린이나 하노버에서 바로 가는 직행편이 없어 중간 역에서 환승해서 가야 한다. 고슬라어에서 가까워 패키지로 묶어 함께 관광하면 좋다.

● **고슬라어(Goslar) → 베르니게로데**
RB열차로 35분 소요

● **베를린 → 마그데부르크(Magdeburg-Buckau, RE열차 또는 할레 Halle/ICE열차) → 베르니게로데**
2시간 40분 소요

● **하노버(Hannover) → 고슬라어(RB열차) → 베르니게로데**
1시간 45분 소요

시내 교통 베르니게로데 기차역 안에 무인보관함(대 €3.5)이 있으며, 작센 티켓(Sachsen Ticket)으로 RE열차, S반, 트램을 이용할 수 있다.

베르니게로데 역 바로 앞에 브로켄산으로 올라가는 SL등산열차역이 있다. 베르니게로데 역에서 구시가까지는 도보 15분 거리이므로, 걸어다니며 관광할 수 있다.

┌─────────── TRAVEL TIP ───────────┐

관광객을 위해 운행되는
꼬마열차 Schlossbahn

구시가에서 베르니게로데 성까지 운행하는 교통수단이다. 타는 곳은 브라이테 거리(Breitestrasse 7)에 있다.

전화 03943-606000 **홈페이지** www.schlossbahn.de **운행 시간** 11~4월 10:00~16:00, 5~10월 10:00~18:00(일요일 ~16:00) **요금** 왕복 €6(6~14세 €3) **타는 곳** 브라이테 거리

└──────────────────────────────────┘

{ 여행 포인트 }

여행 적기 5~9월이 여행하기 좋다. 초콜릿 축제(2019년 10월 30일~11월 3일)와 마녀 축제(4월 30일) 때는 많은 관광객이 몰린다.

초콜릿 축제 정보 www.chocolart-wernigerode.de

점심 식사하기 좋은 곳 마르크트 광장 주변

최고의 포토 포인트

● 베르니게로데 성

주변 지역과 연계한 일정 고슬라어와 베르니게로데는 테마가 비슷한 중세풍의 마을로, 지리상으로 퀼른에서 베를린 가는 길목에 있어 베를린으로 이동 시 중간 지점의 교통 요지인 하노버에 머물면서 당일로 고슬라어와 베르니게로데를 다녀오는 게 동선상 효율적이다. 또는 고슬라어에 숙소를 정하고 베르니게로데를 다녀와도 좋다.

여행안내소

주소 Marktplatz 10, Wernigerode
전화 03943-5537835
홈페이지 www.wernigerode-tourismus.de
개방 5~10월 월~금요일 09:00~19:00(11~4월 ~18:00), 토요일 10:00~16:00, 일요일 10:00~15:00 **휴무** 1월 1일, 12월 25일
교통 마르크트 광장에 위치

{ 추천 코스 }

예상 소요 시간 2~3시간, 브로켄산 추가 시 한나절

┌──────────────────────────────┐
│ **베르니게로데 역** │
└──────────────────────────────┘
⋮ 도보 15분, 브라이테 거리 한가운데

┌──────────────────────────────┐
│ **마르크트 광장 · 시청사** │
└──────────────────────────────┘
⋮ 꼬마열차 10분

┌──────────────────────────────┐
│ **베르니게로데 성** │
└──────────────────────────────┘

※특정 명소보다는 독일 전통 양식인 하프팀버 가옥의 중세 분위기를 감상하는 데 여행의 포인트를 둔다.

● 니콜라이 광장
❷ 베르니게로데 성 타워
❸ 꼬마열차

걸어다니며 중세 마을의 분위기를 만끽하자

고슬라어처럼 베르니게로데는 알록달록한 중세풍의 하프팀버
전통 가옥이 여행객들의 마음을 설레게 한다. 독일 대부분의 도
시는 제2차 세계대전으로 폐허가 된 후 복원 과정을 거쳐 지금
의 모습을 갖추게 되었지만, 이곳 베르니게로데를 비롯한 하르
츠 지방은 다행히 전쟁의 포화를 벗어나 중세 모습을 고스란히
간직하고 있다. 시청사가 있는 구시가의 마르크트 광장을 중심
으로 도보 10분 거리에 볼거리가 밀집해 있어 1~2시간(베르니
게로데 성 관람 시 2~3시간)이면 대충 마을을 둘러볼 수 있다.
번화가인 브라이테 거리는 동화 속의 하프팀버 목조 가옥들을

❶ 번화가인 브라이테 거리 ❷ 마녀 마네킹 ❸ 이곳의 명물인 초콜릿

감상하기에 아주 좋은 장소이다. 유명 명소는 별로 없지만 걷는 것 자체가 여행의 즐거움이 될 수 있으니 찬찬히 걸으면서 중세 분위기를 느껴보자. 언덕 위에 자리 잡은 베르니게로데 성은 베르니게로데의 랜드마크이니 브라이테 거리에서 꼬마열차를 타고 가거나, 한적한 산길을 따라 산보하듯 올라가보자. 마녀 축제나 초콜릿 축제 기간에 이곳을 찾는다면 추억에 남는 여행이 될 것이다.

♥♥♥
컬러풀한 전통 가옥이 아름답다
마르크트 광장 · 시청사
Marktplatz & Rathaus

베르니게로데의 번화가인 브라이테 거리(Breitestrasse)는 동화에서나 볼 수 있는 중세의 하프팀버 (Half-timber: 기둥, 들보는 목재로 만들고, 그 사이에 벽돌, 흙을 채워 메우는 건축 구조) 목조 가옥들이 알록달록 줄지어 있어 독일에서 가장 아름다운 가옥의 진수를 보여준다.

거리 양쪽에는 카페, 선물 가게, 레스토랑 등이 즐비한데 그 중심에 마르크트 광장이 있다. 역사적으로 마르크트 광장은 1366년부터 교역과 장사의 유일한 장소로, 정육점, 제과점, 식료품점 등이 모여 장사를 시작했다. 때론 광장은 집행관이 시장에서 물건을 훔친 도둑의 손을 자르는 교수대 역할도 담당해왔고, 엔터테이너, 음악가, 댄서, 이발사, 치과 의사 등의 임시 활동 무대이기도 했다.

광장의 하이라이트인 시청사는 후기 고딕 양식의 가장 아름다운 하프팀버 양식의 목조 가옥이다. 1468년 중세 축제 장소이자 결혼식장으로 이용되어 주말에 시작된 결혼식이 월요일 저녁에야 끝날 정도로 신랑, 신부의 메카로 떠올랐다. 1544년부터 개축해 화려한 하프팀버 목조 가옥으로 변신했다. 광장 중앙에는 1848년 세워진 황금빛 볼타터 분수(Wohltäterbrunnen)가 있는데, 귀족과 상인들의 기부를 명패에 적어 분수에 새겨놓았다. 마을에서 가장 오래된 건물은 15세기의 고티체스하우스 (Gothisches Haus)인데 오늘날 호텔로 사용하고 있다.

브라이테 거리 양끝에는 성곽 출입문인 림커 문(Rimkertor)과 베스 테른 문(Wes Terntor)이 있고, 역사적 가치가 있는 여러 목조 가옥들이 있다. 말머리로 장식한 크렐셰의 대장간(Krellsche Schmiede)은 1678년부터 현재까지 영업을 하고 있는 전통 가옥으로 현재는 박물관으로 이용하고 있다. 1680년에 세워진 물방앗간이었던 시페스 하우스(Schiefes Haus), 18세기 바로크 하프팀버 가옥으로 지은 높이 4.2m, 폭 2.95m, 문 높이는 1.7m로 겨우 방 1개만 있는 마을에서 가장 작은 집인 클라인스테스 하우스(Kleinstes Haus)도 볼만하다.

교통 베르니게로데 역에서 도보 15분 **지도** p.194-A

마르크트 광장

시청사

클라인스테스 하우스

1 2

♥♥♥
마을이 한눈에 바라다보이는 고성
베르니게로데 성
Schloss Wernigerode

하르츠산들이 보이는 해발고도 350m의 아그네스베르크산 위에 솟아 있는 고성. 1213년 고딕 양식으로 세워졌으나, 30년전쟁으로 파괴되어 17세기 바로크 양식으로 재건 후, 19세기 네오고딕 양식으로 개축해 지금의 모습이 되었다. 베르니게로데 백작 가문의 거성으로 사용했던 19세기 모습 그대로 보존해 당시 독일 고위층의 생활양식을 가감 없이 보여준다.

성 내부는 50개 방으로 구성되어 있다. 1870~1880년에 프랑스 고딕 양식으로 세워진 성 교회 예배당, 리모델링 후 백작 거실로 사용된 홀(Halle), 원래 식당으로 사용되었던 신서재에는 20세기 초 12만 권을 소장할 정도였으나 1929~1932년 경매로 귀중한 고서들을 매각했다. 구서재는 오토 백작의 참고 문헌 서재로 백작의 자서전 문헌들을 전시하고 있다. 덮개 침대가 딸린 의상실은 백작의 제2침실인데 밤늦게까지 업무를 보던 곳이다. 성의 하이라이트인 연회장은 1880년 이래 현재 모습 그대로이다. 오토 백작 가족들뿐만 아니라 빌헬름 1세, 프리드리히 3세, 빌헬름 2세도 기다란 식탁에서 공식적인 왕실 방식으로 식사를 하곤 했다. 4개의 글라스는 체리, 레드 와인, 화이트 와인, 샴페인 잔으로 각각 사용했다. 연회장의 브라스 샹들리에는 독일에서 가장 큰 전기 샹들리에 중 하나이다. 2011년 리모델링한 그린 하인리히 회의실에는 유럽에서 가장 아름다운 부인으로 알려진 안토니아 폰 브란코니를 비롯한 18세기 초상화들이 전시되어 있다.

홈페이지 www.schloss-wernigerode.de **개방** 3~4월 월~금요일 10:00~17:00(토 · 일요일 ~18:00) / 5월~11월 4일 매일 10:00~18:00 11월 5일~12월 23일 화~금요일 10:00~17:00(토 · 일요일 ~18:00) / 12월 25일~1월 5일 10:00~18:00 / 2019년 1월 6일~2월 10일 화~금요일 10:30, 11:00, 12:00, 13:00, 14:00, 15:00, 16:00 가이드 투어 진행, 토 · 일요일 10:00~18:00 **휴무** 12월 24일 **요금** €7(6~14세 €3.5) / 2019년 1월 6일~2월 10일 가이드 투어로 진행되며 €1 추가 **교통** 마르크트 광장에서 꼬마열차(€6)로 10분 소요 **지도** p.194

1 베르니게로데 성 2 성 테라스 3 그린 하인리히 회의실 4 연회장

3 4

♥ ♥

〈파우스트〉에 묘사된 곳
브로켄산
Brocken

하르츠산지의 최고봉(1142m)으로 알려져 있으며 산세와 전망이 아름답기로 유명하다. 괴테의 〈파우스트〉에 묘사된 발푸르기스의 마녀 축제로 알려진 산이다. 산 정상에는 브로켄하우스 박물관(Brockenhaus)이 있다. 베르니게로데에서 브로켄산으로 가는 SL열차(Brockenbahn)가 운행되고 있다. 이곳의 명물 협궤증기열차를 타고 좁고 구불구불한 산자락 주변의 아름다운 풍경을 즐기다 보면 어느덧 목적지에 도달하게 된다. 계절에 따라 열차 운행 시간이 달라지므로 출발 전에 확인한다.

브로켄산 SL열차
소요 시간 약 1시간 40분 **출발 시간** 베르니게로데 08:55, 09:40, 10:25, 10:47, 13:25, 14:55 / 브로켄 11:36, 13:14, 15:00, 16:22, 17:07, 17:49, 18:31 **요금** 편도 €28, 왕복 €43 **홈페이지** www.hsb-wr.de

┌─ **TRAVEL TIP** ─┐

마녀 축제
발푸르기스의 밤 Walpurgisnacht

매년 4월 30일 하르츠 산간 지방의 각지에서 발푸르기스의 밤이라는 마녀 축제가 열린다. 779년에 죽은 발푸르기스 수녀는 나중에 성인이 되었는데, 마녀의 마법이나 역병에 대한 수호성인으로 5월 1일이 성인의 축일이다.

괴테의 〈파우스트〉에 소개된 이 축제는 할레, 고슬라어, 시르케, 베르니게로데 등 주변 20곳 이상에서 열린다. 마녀와 악마가 퍼레이드를 하고, 모닥불을 둘러싸고 연회를 연 후, 빗자루를 타고 브로켄산을 향해 날아간다. 축제 기간 중 지역 주민들은 저마다 마녀와 악마 복장을 한 뒤 밤에 모닥불을 피우고 주변에서 춤을 추며 축제를 즐긴다. 노점에서 소시지를 팔거나 퍼레이드를 하는 곳도 많다. 마녀 콘테스트나 가수의 초청 콘서트를 열기도 한다. 원래는 고대부터 전승된 것으로 브로켄산에서 봄을 맞이하는 의식으로 행해지던 축제라는 설이 있다. 축제는 밤늦게까지 이어지므로 되돌아갈 교통편을 확인해두어야 한다.

평화와 예술의 도시

포츠담

POTSDAM

#베를린 근교#종전회의가 열린 곳#평화의 상징

베를린 근교에 위치한 브란덴부르크주의 포츠담은 제2차 세계대전 종전회의가 열린 도시이다. 1685년 포츠담칙령으로 종교 자유가 보장되어, 네덜란드와 프랑스 위그노들이 이주했고, 18세기 계몽전제군주였던 프리드리히 2세(1712~1786) 때 상수시 궁전과 같은 수많은 별궁을 세우는 등 도시가 크게 발전했다. 유네스코 세계문화유산으로 등재된 상수시 궁전은 여름 궁전으로 불리며 주변의 매력적인 호수를 끼고 숲이 잘 정돈되어 있다. 1989년 통일 이후 브란덴부르크주의 주도로 바뀌면서, 도시의 초기 외관을 복원하기 위한 다양한 노력을 시도하고 있다. 1991년에는 포츠담대학교를, 1730~1916년에는 500ha에 이르는 공원과 150여 동의 복합 지구를 건립했다. 건축물과 정원은 멋진 조화를 이루어 하나의 예술 단지로 자리 잡았다

베를린
포츠담 ★

Germany

조경이 아름다운 상수시 궁전

{ 가는 방법 }

포츠담은 베를린 근교에 위치하고 있어 다른 대도시에서 갈 때는 베를린을 경유해 이동한다. 베를린에서 포츠담까지 S-bahn 7번 열차를 이용하면 38분 소요, RE열차를 이용하면 24분 소요.

포츠담은 C존에 해당하므로 베를린 1일권 ABC존(€7.4)을 구입하고 당일로 다녀온다.

포츠담 중앙역(Potsdam Hbf) 남쪽 출구로 나와 센트로(루이젠 광장)를 갈 때 버스 605 · 606 · 695번이나 트램 91번을 타면 약 10분 소요된다. 요금은 1시간권 €1.80, 1일권 €3.90. 상수시 공원은 매우 넓은 지역이니 가능하면 중앙역 앞에서 자전거를 대여해 이동하는 게 편하다. 중앙역 북쪽 출구로 나오면 자전거 대여소와 건너편에 시티 투어 버스를 타는 곳이 있다.

{ 여행 포인트 }

여행 적기 5~9월이 여행하기 좋다.
점심 식사 하기 좋은 곳 루이젠 광장, 브란덴부르크 거리 주변
최고의 포토 포인트
●상수시 궁전 아래 분수대에서 바라본 조각상과 상수시 궁전
일정 짜기 포츠담의 볼거리가 집약된 상수시 공원은 워낙 규모가 커서 걸어서 돌아보는 데 시간이 많이 걸린다. 중앙역 앞에서 자전거를 대여해 이동하거나, 버스와 도보를 적절히 활용해 공원 내 핵심적인 궁전 몇 곳만 관람한다. 상수시 공원 내 궁전들의 위치는 서쪽의 신궁전, 동쪽의 오란게리에 궁전과 상수시 궁전 순서다.

●**포츠담 중앙역(Potsdam Hbf) 하차 시**
포츠담 중앙역 앞에서 버스(695번)를 타고 상수시 궁전 정류장에서 내린다. 길 건너 오르막 길을 따라 올라가면 상수시 궁전이 있다. 상수

시 궁전에서 Maulbeerallee 거리를 따라 10분 정도 걸으면 오란게리에 궁전이 보인다. 오란게리에 궁전에서 신궁전까지는 걸어서 20분 걸린다.

●**포츠담 상수시 공원 역**
(Bhf Park Sanssouci) 하차 시
상수시 공원역에서 내려 북쪽으로 5분 정도 걸으면 신궁전이 있다. 상수시 궁전으로 편하게 가려면 신궁전 앞에서 695번 버스를 탄다.

여행안내소
주소 Bahnhofspassagen Potsdam, Babelsberger Str. 16, Potsdam
전화 0331-2755-8899
홈페이지 www.potsdamtourismus.de
개방 월~토요일 09:30~18:00
휴무 일요일 **교통** 중앙역 내, 루이젠 광장에도 여행안내소가 있다.
지도 p.201-B

{ 추천 코스 }

예상 소요 시간 하루

> **상수시 공원역**

⋮ 도보 5분

> **신궁전**

⋮ 도보 20분(또는 695번 버스로 7분)

> **오란게리에 궁전**

⋮ 도보 10분

> **상수시 궁전**

⋮ 도보 20분

> **더치 쿼터**

⋮ 버스 14분(603번 버스)

> **체칠리엔호프 궁전**

⋮ 도보 20분

> **글리니커 다리**

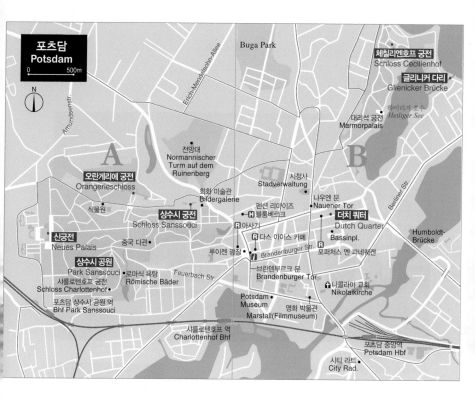

포츠담
Potsdam
0 500m
N

Buga Park

Erich-Mendelssohn-Allee

Amundsenstr.

체칠리엔호프 궁전
Schloss Cecilienhof

글리니커 다리
Glienicker Brücke

하이리거 호수
Heiliger See

대리석 궁전
Marmorpalais

Berliner Str.

오란게리에 궁전
Orangerieschloss

식물원

A

전망대
Normannischer
Turm auf dem
Ruinenberg

회화 미술관
Bildergalerie

시청사
Stadverwaltung

B

상수시 궁전
Schloss Sanssouci

중국 다관

신궁전
Neues Palais

펜션 리마이즈
블룸베르크 H
아사기 R

나우엔 문
Nauener Tor

더치 쿼터
Dutch Quarter

Bassinpl.

Humboldt-
Brücke

상수시 공원
Park Sanssouci

샤를로텐호프 궁전
Schloss Charlottenhof

포츠담 상수시 공원 역
Bhf Park Sanssouci

로마식 욕탕
Römische Bäder

루이젠 광장

다스 아이스 카페 R

Brandenburger Str.

포퍼처스 엔 파네퀘켄 R

브란덴부르크 문
Brandenburger Tor

니콜라이 교회
Nikolaikirche

Feuerbach Str

Potsdam
Museum
Marstall(Filmmuseum)

영화 박물관

샤를로텐호프 역
Charlottenhof Bhf

포츠담 중앙역
Potsdam Hbf

시티 라트
City Rad.

TRAVEL TIP

투어를 이용해 편하게 둘러보기

시티 투어

포츠담 여행의 하이라이트인 상수시 공원 자체가 워낙 넓어 포츠담의 이곳저곳을 자유롭게 타고 내리는 호프온 호프오프(hop-on hop-off) 방식의 시티 투어 버스를 이용해도 좋다. 센트럴부터 체칠리엔호프 궁전, 글리니커 다리, 소련 KGB 감옥 등을 편하게 관광할 수 있다.

포츠담 시티 투어 Potsdam City Tour
홈페이지 www.potsdam-city-tour.de **운행** 4~10월 09:55~17:00, 20~30분 간격 **요금** €17(학생 €14) ※역 주변의 브로커를 통하면 티켓을 좀 더 저렴하게 구매할 수 있다.

자전거 투어

시간적 여유와 체력이 있다면 자전거 투어를 추천한다. 여유롭게 돌아다니며 자연경관과 시내 구석구석을 원하는 대로 돌아볼 수 있다. 자전거를 빌려 혼자 여행하거나 가이드와 함께 자전거 투어를 할 수도 있다.

시티 라트 City Rad.
홈페이지 www.cityrad-rebhan.de **영업** 3~11월 09:30~19:00(토~일요일 · 공휴일 ~20:00) **요금** 1일 €11, 2일 €19, 가이드 €30(시간당) **교통** 중앙역에서 도보 5분 **지도** p.201-B

관광의 하이라이트는 상수시 공원

포츠담의 볼거리가 집약된 상수시 공원은 워낙 넓어 걸어서 관광
하려면 땀 좀 흘려야 한다. 가능하면 중앙역 앞에서 자전거를 빌
려 타고 자연경관과 시내 구석구석을 훑어보길 권하고 싶다. 지리
적으로 상수시 공원 내 서쪽에 신궁전, 동쪽에 오란게리에 궁전
과 상수시 궁전이 있으니, 서쪽의 신궁전에서 관광을 시작하면
동선이 중복되지 않아 효율적으로 둘러볼 수 있다.

베를린에서 출발할 경우 상수시 공원역(Bhf Potsdam Park
Sanssouci)에서 내리면 신궁전까지 걸어서 5분 걸린다. 신궁전에
서 공원에서 가장 규모가 큰 오란게리에 궁전까지 20분 정도 걸
리고, 이곳에서 상수시 궁전까지는 도보 10분 정도 소요된다. 프
리드리히 2세가 가장 좋아했던 휴식 공간이라 볼거리가 많다.

상수시 공원의 궁전 관람을 마치면 더치 쿼터로 이동한다. 붉은
벽돌로 만든 네덜란드풍의 건축물을 볼 수 있다. 제2차 세계대전
후 4개국 정상이 회담했던 역사적 장소로 가고 싶으면 체칠리엔

❶ 시내의 관문이 되는
브란덴부르크 문(Brandenburger Tor)
❷ 마차 투어를 할 수 있다.
❸ 상수시 공원의 조각상

호프 궁전으로, 냉전 시대의 흔
적을 보려면 글리니커 다리로
가본다. 이 다리는 동독과 서독
의 경계 지역으로 여러 번 간첩
교환 장소로 사용되어 '간첩의
다리'라 불리기도 한다. 주변 하
펠강의 풍광도 볼만하다.

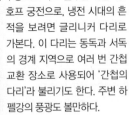

♥♥♥
♥♥

프리드리히 2세의 마지막 궁전
신궁전
Neues Palais

신궁전은 프로이센의 프리드리히 2세가, 7년전쟁이 끝나고 프러시아의 무소불위 권력과 부귀영화를 과시하기 위해 세운 그의 마지막 궁전이다. 건축가 칼 폰 곤타르트가 바로크 양식으로 설계해 1769년에 완공되었다.

높이 220m의 3층 건물로 18세기 건축물 중 가장 규모가 크다. 프로이센의 왕관을 받치고 있는 세 명의 여신 조각들이 놓인 중앙부 꼭대기가 특히 볼만하다. 남쪽에 있는 상수리 바로크 궁전 극장을 비롯해 대연회장, 화려한 갤러리, 제왕같이 디자인한 스위트가 있다. 신궁전은 왕의 거주지는 물론 왕실과 귀족들과의 접견을 위한 중요한 장소로, 200개 이상의 방 중 4개의 주요 방과 극장이 왕실 업무 등을 위해 사용되었다. 실제로 대제는 신궁전에 거의 머무르지 않아 게스트 아파트와 축하연으로 사용되었다. 최근에 로열 스위트, 장식 룸, 콘서트 룸, 타원형 캐비닛, 주요 페스티벌 홀로 사용된 대리석 홀, 작은 동굴 홀 등을 복원했다. 프리드리히 2세가 세상을 떠난 후, 궁전은 거의 사용되지 않다가, 1859년 프리드리히 빌헬름 2세가 거주했고, 11월 혁명 이후 박물관으로도 사용되었다.

주소 Am Neuen Palais, Potsdam **전화** 0331-969-4200 **홈페이지** www.spsg.de **개방** 4~10월 화~일요일 10:00~17:30(11~12월 ~17:00, 1~3월 10:00~16:30) **휴무** 화요일 **요금** €8(학생 €6) **교통** 중앙역에서 버스 695번이나 트램 91번으로 이동. 또는 포츠담 파크 상수시(Bhf Potsdam Park Sanssouci) 역에서 내려 도보 5분 **지도** p.201-A

♥♥♥
상수시 공원에서 가장 최근에 지은 궁전

오란게리에 궁전
Orangerieschloss

상수시 공원에서 가장 늦게 지어졌지만 규모가 제일 큰 궁전이다. 프로이센 프리드리히 빌헬름 4세 때, 1851년~1864년 프리드리히 아우구스트 슈틸러와 루드빅 페르디난드 헤세에 의해 세워졌다.

궁전 앞에는 프리드리히 2세 동상이 위용을 자랑한다. 궁전 주변에 조성된 깔끔한 조경과 분수대, 조각상들이 한 폭의 그림처럼 조화를 이룬다. 300m 높이의 파사드는 이탈리아 로마 빌라 메디치와 피렌체 우피치 미술관을 모방해 르네상스 양식으로 설계되었다.

쌍둥이 탑이 있는 중간 건물은 실제 궁전으로, 객실마다 다양한 색상의 인테리어로 꾸며져 눈길을 끈다. '오렌지 궁'으로도 불리고 영빈관으로 재개관해 일반인에게 개방하고 있다. 궁전 센터에 라파엘로의 복제품을 전시하기 위해 지은 라파엘로 홀과 프리드리히 윌리엄의 누이를 위해 지은 공작석 방(Malachite Room)도 볼만하다. 궁전은 길이 103m, 너비 16m의 식물정원(Plant Hall)으로 연결된다. 오란게리에 홀 끝의 건물 코너에는 왕실 아파트와 시종들의 숙소가 있고, 정원에는 프리드리히 빌헬름의 동상이 있다.

주소 An der Orangerie 3-5, Potsdam **전화** 0331-969-4200 **홈페이지** www.spsg.de **개방** 4월 토~일요일 10:00~17:30, 5~10월 화~일요일 10:00~17:30 **휴무** 4월 평일, 5~10월 월요일, 11~3월 **요금** €6 (학생 €5) **교통** 중앙역에서 버스 695번을 타고 슐로스 상수시(Schloss Sanssouci) 정류장에서 하차. 또는 신궁전에서 도보 20분 **지도** p.201-A

1 프리드리히 버리의 '성 식스토의 성모상'
2 르네상스 양식의 정원

♥♥♥

조경이 아름다운 화려한 궁전
상수시 공원과 궁전
Schloss Park & Schloss Sanssouci

상수시 궁전 남쪽의 80%가 상수시 공원일 정도로 상당히 넓은 규모를 자랑한다. 넓이는 290ha로 18세기 프랑스식 정원 양식에 따라 조경가 페터 요제프 레네가 설계했다. 상수시 공원 안에서 가장 볼거리가 많은 상수시 궁전은 '근심이 없다'는 뜻의 프랑스어에서 유래했다. 상수시 궁전은 프리드리히 2세(1745~1747년)가 2년간 직접 설계에 참여했고, 내부는 호화로운 로코코 양식과 대리석으로 장식했다. 궁전 내 프리드리히 로코코 양식으로 꾸며진 콘서트 룸은 왕의 유명한 플루트 콘서트를 위한 장소였고, 대리석 홀에서 대제의 주관으로 원탁회의가 열렸다. 프리드리히 2세는 1786년 8월 17일 그의 서재 겸 침실에서 서거했다.

상수리 궁전은 전망이 아름다운 앞쪽 분수와 포도밭으로도 유명하다. 여름에는 대왕의 거주지로, 어려운 시기에는 위안을 받을 수 있는 안식처로 프리드리히 2세가 가장 좋아하는 공간이었다. 그는 생전에 포도밭에서 가장 높은 테라스 포도밭에 묻히길 원했는데, 1991년에 가서야 소원대로 이곳에 묻혔다.

주소 Maulbeerallee, Potsdam **전화** 0331-969-4200 **홈페이지** www.spsg.de **개방** 4~10월 화~일요일 10:00~17:30(11~12월 ~17:00, 1~3월 10:00~16:30) **휴무** 월요일 **요금** €12(학생 €8) **교통** 중앙역에서 버스 695번을 타고 슐로스 상수시(Schloss Sanssouci) 정류장에서 하차. 또는 오란게리에 궁전에서 도보 10분 **지도** p.201-A

1 상수시 궁전을 둘러싸고 있는 상수시 공원 2 상수시 궁전의 콘서트 룸

♥

독일에서 만나는 네덜란드
더치 쿼터
Dutch Quarter(Holländisches Viertel)

네덜란드 스타일의 적색 벽돌의 건축물을 볼 수 있는 거리. 독일어로 홀렌디셰스 피어텔(Holländisches Viertel)이라 부른다. 프리드리히 1세의 명을 받아 1733~1742년에 네덜란드 건축가 요한 보우만이 건설했다. 거리 양쪽에 늘어선 169개의 붉은 네덜란드 벽돌로 만든 건물들이 마치 네덜란드에 온 것 같은 착각에 든다.

주소 Potsdam, Mittelstrasse, 14467 Potsdam **전화** 0331-200-2870 **홈페이지** www.hollaendisches-viertel.net **교통** 트램 92 · 96번으로 이동. 또는 상수시 궁전에서 도보 20분 **지도** p.201-B

황태자 부부가 지내던
대리석 궁전
체칠리엔호프 궁전
Schloss Cecilienhof

1 포츠담회담을 위해 심은 체칠리엔호프 궁전 안마당의 레드 스타
2 1945년 포츠담회담이 열린 곳

1990년부터 유네스코 세계문화유산 '베를린과 포츠담의 궁전과
정원'에 속해 있다. 호엔촐레른(Hohenzollern) 가에 의해 건립된
마지막 궁전이다. 빌헬름 2세가 그의 장남 빌헬름 황태자 위해 건
축가 파울 슐츠(Paul Schultze)에게 설계를 맡겨 1913년부터
1917년에 걸쳐 건립했다. 설계는 영국 튜더 왕가 양식과 비드스톤
언덕 가옥을 기초로 이루어졌다. 1945년 제2차 세계대전이 끝나
자 미국 대통령 트루먼과 영국 처칠, 소련 스탈린이 이곳에서 정
상회담을 개최했던 역사적인 장소이다. 지금은 호텔과 박물관으
로 이용되고 있다.

주소 Am Neuen Garten 11, Potsdam **전화** 0331-969-4200 **홈페이**
지 www.spsg.de **개방** 4~10월 10:00 ~18:00, 11~12월 10:00~17:00,
1~3월 10:00~16:30 **휴무** 월요일 **요금** €8(학생 €6) **교통** 구시가 나우
에너 토어(Nauener Tor)에서 603번 버스로 이동
지도 p.201-B

간첩의 다리였던 곳
글리니커 다리
Glienicker Brücke

1907년 세운 글리니커는 하펠강 위에 있는 다리로 다리 이름은
근처 글리니커 궁전에서 따왔다. 1945년 제2차 세계대전에서 패
망하며 상당 부분이 파괴되어 그 후 주요 부분을 재건했다. 냉전
시대에는 동독과 서독의 경계 지역으로 여러 차례 간첩 교환 장
소로 사용되어 간첩의 다리(Bridge of Spies)라는 별명이 있다.
1962년 소련에 억류 중이던 프랜시스 게리 파워스와 미국에 억류
중이던 KGB 요원 루돌프 아벨을 이 다리에서 교환한 것이 대표
적 사건이다. 어두운 역사는
뒤로한 채 지금은 하펠강의 아
름다운 풍광을 즐길 수 있는
명소로 거듭나고 있다. 근처
로마 메디치 빌라를 모방한 사
자 분수가 볼만하다. 2015년에
개봉한 톰 행크스 주연의 영화
〈스파이 브릿지〉로도 유명세
를 탔다.

교통 구시가에서 93번 버스를 타고
글리니커브뤼케(Glienicker
Brücke) 하차, 또는 체칠리엔호
프 궁전에서 도보 20~30분
지도 p.201-B

아사기
Assaggi

이탈리안 레스토랑. 인기 메뉴로는 토마토 파스타와 모차렐라 파스타가 있다. 파스타 €7.5~14.5, 스테이크(Filetto alla Griglia) €26.5, 새우구이(Scampi alla Griglia) €24.5.

주소 Luisenplatz 3, Potsdam **전화** 0331-2879-5452 **홈페이지** www.assaggi-potsdam.de **영업** 12:00~24:00 **교통** 루이젠 광장 (Luisenplatz)에 위치 **지도** p.201-B

1 아사기 레스토랑 전경 2 봉골레 스파게티

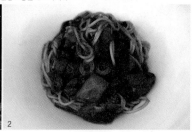

다스 아이스 카페
Das Eis·Café
Am Brandenburger Tor

아이스크림, 초콜릿 음료, 케이크 등 디저트가 유명한 카페, 예산 €5~.

주소 Brandenburger Str. 70, Potsdam **전화** 0331-297-4829 **홈페이지** www.eiscafe-potsdam.de **영업** 매일 10:00~20:00 **교통** 루이 젠 광장(Luisenplatz)에서 도보 3분 **지도** p.201-B

포퍼처스 엔 파네쾨켄
Poffertjes en Pannekoeken

디저트 초콜릿과 프라페를 맛볼 수 있는 커피숍. 커피 €2.5~, 스페셜 커피 €4.5.

주소 Mittelstrasse 32, Potsdam **전화** 0331-6008-0386 **홈페이지** www.poffertjes-en-pannekoeken.de **영업** 12:00~20:00 **휴무** 월요일 **교통** 더치 쿼터에 위치, 나우에너 토어(Nauener Tor) 정류장에서 도보 2분 **지도** p.201-B

펜션 리마이즈 블룸베르크
R Das Kleine Haus im Hof - Pension Remise Blumberg

3성급 호텔로 객실이 넓고 깔끔하고 직원도 친절하다. 도심 근처에 자리하고 있어 관광하기 편하다. 무료 와이파이와 무료 주차가 가능하다. 호텔에 머무는 동안 대중교통 이용권을 무료로 제공한다. 싱글 €75~, 조식 포함.

주소 Weinbergstrasse 26, Potsdam **전화** 0331-280-3231 **홈페이지** www.pension-blumberg.de **교통** 상수시 궁전에서 도보 10분 **지도** p.201-B

독일의 피렌체라 불리는 작은 도시

드레스덴

DRESDEN

#건축과 미술의 중심#독일의 피렌체#작센 왕국

작센주의 주도 드레스덴은 동유럽과 서유럽의 매력을 느낄 수 있는 도시로 관광객들의 발길이 끊이지 않는다. 드레스덴은 바로크 시대에 활짝 꽃을 피웠던 건축과 미술의 중심지로 '독일의 피렌체'라 불린다. 제2차 세계대전의 패망으로 한때 도시의 80%가 파괴되었지만 종전 후 도시 복원 계획에 따라 츠빙거 궁전, 젬퍼 오페라하우스, 프라우엔 교회 등 옛 작센 왕국의 호화로움을 재현했다. 다행히도 세계적으로 가장 유명한 박물관 드레스덴 국립미술관의 작품들은 손상되지 않아 지금까지 전시되고 있다. 드레스덴에는 푸른색 물줄기 엘베강이 약 30㎞를 뻗어 있으며 신시가지와 구시가지의 경계선 역할을 한다. 여행객들은 엘베강이 한눈에 보이는 브릴의 테라스에서 발길을 멈추고 드레스덴의 매력에 빠지곤 한다.

※드레스덴은 도시 규모가 비교적 넓지만, 중요 볼거리가 구시가에 몰려 있어 소도시 범주에 포함시켰다.

{ 가는 방법 }

기차 교통편이 좋아 주요 도시에서 쉽게 이동할 수 있다.

●베를린에서 고속열차로 드레스덴까지 1시간 55분 소요

●프랑크푸르트에서 고속열차로 드레스덴까지 4시간 27분 소요

●프라하에서 고속열차로 드레스덴까지 2시간 17분 소요

버스 우등고속(FlixBus)이 독일의 모든 지역을 운행한다.

홈페이지 www.flixbus.de

시내 교통 기차역은 신시가지의 드레스덴 노이슈타트(Dresden-Neustadt) 역과 구시가지의 드레스덴 중앙역(Dresden Hbf) 두 군데가 있다. 신시가지 드레스덴 역에서 센트로에 갈 때 326·458·457번 버스(모리츠부르크행)나 트램 11번을 타고 10분 정도 간다. 구시가지 드레스덴 중앙역에서는 트램 7번을 타고 시내로 간다.

버스, 트램 요금 1회권 €2.3, 1일권 €6, 4회권 €8.2(2일 이용할 경우 4회권이 유용하다)

신시가지의 드레스덴 역

{ 여행 포인트 }

여행 적기 5~9월이 여행하기 좋다.

점심 식사 하기 좋은 곳 프라거 거리(Prager Strasse)에 퓨전 음식점, 성모 교회 주변에 전통 음식점이 밀집해 있다.

최고의 포토 포인트

●아우구스투스 다리(Augustusbrücke) 한가운데에서 브륄의 테라스를 바라본 야경

●브륄의 테라스에서 바라본 신시가지와 엘베 강 풍경

여행안내소

주소 Neumarkt 2, Dresden

전화 0351-501501

홈페이지 www.dresden.de

개방 월~금요일 10:00~19:00, 토요일 10:00~18:00, 일요일 10:00~15:00

교통 노이마르크트 광장에서 성모 교회 정면에서 바라볼 때 왼쪽 **지도** p.211-D

※14개 박물관 입장이 가능한 뮤지엄 카드를 판매한다(2일간 유효, 요금 €22).

{ 추천 코스 }

예상 소요 시간 1일(구시가 위주)

> 드레스덴 중앙역

⋮ 트램

> 레지던츠 궁전·군주행렬

⋮ 도보 2분

> 츠빙거 궁전

⋮ 바로

> 젬버 오페라하우스

⋮ 도보 1분

> 대성당(궁정교회)

⋮ 도보 3분

> 브륄의 테라스

⋮ 도보 2분

> 알베르티눔

⋮ 도보 2분

> 성모 교회(프라우엔 교회)

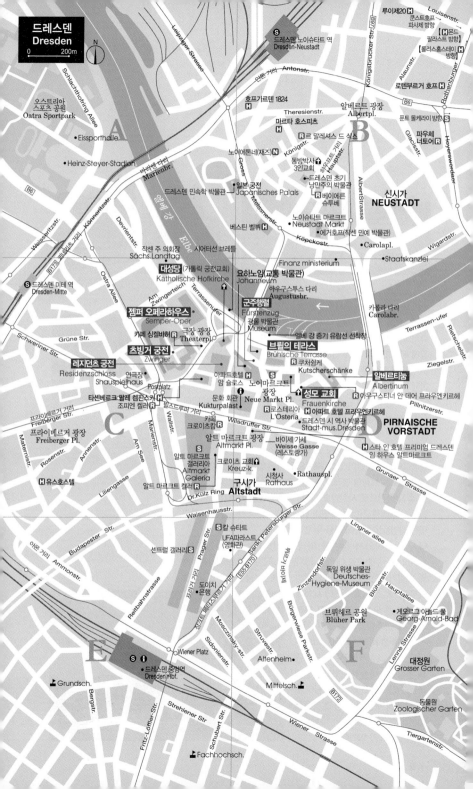

엘베강이 흐르는 드레스덴

극장 광장(Theaterplatz)

볼거리가 모여 있는 구시가

드레스덴을 비롯해 독일 대부분 도시는 제2차 세계대전 때 거의 파괴되었지만, 독일인들의 탁월한 복원력 기술로 거의 원형에 가깝게 복구되었다. 본래 건물이 아닌 복원된 건축물이지만 복원력이 완벽할 정도로 탁월해 구별하기가 쉽지 않다. 그러므로 독일 여행 시 복원 건물을 늘 염두에 두고 관광한다.

❶ 츠빙거 궁전
❷ 노이마르크트 광장

드레스덴은 비교적 큰 도시이지만 볼거리는 구시가에 몰려 있어 중앙역에서 트램(버스)을 타고 구시가로 이동해 일정을 시작한다. 드레스덴에서 가장 유명한 노이마르크트 광장(Neumarkt Platz)을 중심으로 루터교인 성모 교회와 근처의 무기고를 개조해 만든 알베르티눔 미술관이 있다. 북쪽으로 가면 엘베강의 전경이 한눈에 들어오는 브륄의 테라스가 나온다. 주민들과 여행객들의 아늑한 휴식 공간으로 사랑받고 있다. 엘베 강변을 따라가다 아우구스투스 다리를 건너면 브륄의 테라스와 성모 교회 등 구시가의 멋진 장면들을 사진에 담을 수 있다.

다시 되돌아와서 강변을 따라 직진하면 극장 광장(Theaterplatz) 주변으로 대성당, 레지던츠 궁전, 젬퍼 오페라하우스와 츠빙거 궁전이 모여 있다. 특히 레지던츠 궁전으로 연결되는 아우구스투스 거리 벽면에 세계에서 가장 큰 모자이크 자기로 그려진 벽화 '군주행렬'이 제2차 세계대전의 포화를 비켜나 아직도 그대로 남아 있다. 츠빙거 궁전은 드레스덴의 번창했던 예술과 문화가 반영된 바로크 양식 건축물이다. 정원이 넓고 님프의 욕탕과 유명 조각품을 비롯해 회화관, 도자기관, 수학물리관 등 볼거리가 의외로 많다.

❶ 레지던츠 궁전
❷ 성모 교회 앞의 돌덩이
제2차 세계대전 때 폭격으로 건물 일부가 떨어진 것이다.
❸ 궁전 광장(Schlossplatz).
오른쪽이 대성당, 왼쪽이 레지던츠 궁전. 중앙은 한스만 탑

♥♥♥
화려한 내부가 볼거리

레지던츠 궁전(드레스덴 성)
Residenzschloss(Dresden Castle)

레지던츠 궁전은 한때 작센 왕가의 권력의 중추적인 역할을 해왔으나 여러 번 부침을 거듭해왔다. 궁전은 14세기에 짓기 시작해 15세기에 4개 동을 완성했으나, 1701년 화재로 파괴된 후 아우구스투스 스트롱 왕이 재건했다. 또한 제2차 세계대전 때 공습을 받아 500개 홀과 방이 파괴되고 귀중한 내부 가구들이 훼손되었다. 1985년부터 순차적으로 복원을 시작해 2013년 완전히 새롭게 태어날 정도로 지금의 궁전 모습은 예전과는 사뭇 다르다. 20세기 초 베틴 왕조 800주년을 기념해 외관을 네오르네상스 양식의 건물로 완성했다. 현재는 독일에서 가장 귀중한 후기 바로크 작품과 보물을 소장한 박물관이다. 성안에는 50만 점에 달하는 판화와 사진, 보석 컬렉션, 황금으로 장식된 기물들은 눈부실 정도로 화려하다. 터키 무기 전시실(Türckische Cammer), 녹색 둥근 천장인 그뤼네 게뷜베(Grünes Gewölbe), 화폐박물관(Münzkabinett)을 놓치지 말자. 관람 후 전망대(Hausmannsturm)에 올라가면 고풍스러운 시가 전망을 즐길 수 있다.

주소 Taschenberg 2, Dresden **전화** 0351-4914-2000 **홈페이지** www.skd.museum **개방** 10:00~18:00 **휴무** 화요일 **요금** €12(학생 €9), 오디오가이드 무료, 통합권(궁전+녹색 둥근 천장) €21 **교통** 트램 4·8·9번을 타고 극장 광장(Theaterplatz)에서 하차, 극장 광장 맞은편 **지도** p.211-C

1 궁전의 안뜰 2 녹색 둥근 천장의 '무어족' 3 레지던츠 궁전

1 102m나 이어지는 벽화 2 모자이크 자기로 재탄생한 벽화

♥ ♥ ♥
세계에서 가장 큰 모자이크 자기
군주행렬
Fürstenzug

'군주행렬'은 빌헬름 발터가 제작한 길이 102m, 높이 8m나 되는 모자이크 벽화다. 옛 왕궁 마구간 외곽을 둘러싸고 있는 아우구스투스 거리(Augustusstrasse) 옆의 슈탈호프 벽화(군주행렬)의 손상이 심해지자, 1906년 2만5000개의 마이센 자기 타일로 교체해 세계에서 가장 큰 모자이크 자기로 재탄생했다. 왕가와 예술가, 과학자, 농민 등이 그려져 있다. 다행히도 제2차 세계대전 때 피해를 기적적으로 비켜났고 일부 파손 외에는 온전히 남아 있다.

주소 Augustusstrasse 1, Dresden **교통** 궁전 정문 들어가기 전 벽면, 노이마르크트 광장에서 대성당으로 가는 길목에 위치 **지도** p.211-D

♥ ♥ ♥
네오바로크 양식의 오페라 극장
젬퍼 오페라하우스
Semperoper

시내 한가운데에 위치한 유럽 명문 오페라 극장으로, 건축가 고트프리트 젬퍼가 1838년부터 4년간 심혈을 기울여 지은 네오바로크 양식의 건축물이다. 젬퍼와 절친인 리하르트 바그너가 그의 초기작을 이곳에서 선보였다. 두 사람은 고대 그리스 주신제를 연상시키는 떠들썩한 연극을 다시 부흥시키고자 했고, 젬퍼의 화려한 건축 양식이 자연스럽게 드러났다. 아쉽게도 오페라하우스는 1869년 화재로 훼손되었으나 젬퍼는 절망을 딛고 다시 복원하면서, 그의 두 번째 작품도 큰 호평을 받았다. 젬퍼 오페라하우스는 젬퍼 이름을 딴 만큼 젬퍼의 놀라운 성품을 가장 잘 드러내고 있다.

주소 Theaterplatz 2, Dresden **전화** 0351-491-1705 **홈페이지** www.semperoper.de **개방** (매표) 월~금요일 10:00~18:00, 토요일 10:00~17:00, 일요일 10:00~13:00 **요금** 내부 가이드 투어 €11(학생 €7), 오페라(발레) €5~210(좌석에 따라 다름) **교통** 츠빙거 궁전 바로 앞 **지도** p.211-C

알테 마이스터 회화관

♥♥♥
바로크 양식 건축물의 정수
츠빙거 궁전
Dresden Zwinger

작센과 폴란드의 왕이었던 아우구스트 2세가 통치하던 시기에 드레스덴의 예술과 문화를 반영해 완벽한 미를 보여주던 바로크 양식의 걸작이다. 건축가 마테우스 다니엘 페펠만과 조각가 발타자르 페르모저의 끊임없는 노력으로 츠빙거 궁전의 회화, 작품, 분수 등을 만들어냈으며 1847년 공사를 이어받은 고트프리트 젬퍼는 북동쪽 윙을 마무리 지으며 1854년 츠빙거 궁전을 완성했다. 젬퍼는 츠빙거 궁전 바로 옆에 자신의 이름을 딴 젬퍼 오페라하우스를 짓기도 했다. 서쪽의 크로넨 문(Kronentor: 왕관의 문)은 폴란드의 왕관이 장식되어 있다. 크로넨 문을 따라가면 수학물리 살롱(Mathematisch-Physikalischer Salon)이, 북쪽으로 가면 환상적인 님프(요정)의 욕탕(Nymphenbad)이 있다. 님프의 욕탕에서 소원을 빌기도 하며, 각국의 동전들이 한자리에 모여 세계의 소원들을 들어준다.

바로 옆 카페 레스토랑을 지나면 알테 마이스터 회화관(Gemäldegalerie Alte Meister)이 나온다. 루벤스와 같은 거장들의 명화가 소장 중이다. 가장 유명한 라파엘로의 '시스티나 성당의 마돈나', 페르메이르의 '편지를 읽는 소녀'를 놓치지 말자. 반대편 남쪽 전시관에는 도자기 컬렉션

1 츠빙거 궁전 2 님프의 욕탕

1 | 2

크로넨 문

(Porzellansammlung)이 있다. 신 동아시아 갤러리에는 동양 도자기나 마이센 자기 등이 전시되어 있다. 정원과 옥상은 무료로 개방한다.

주소 Sophienstrasse, Dresden **전화** 0351-4914-2000 **홈페이지** www.der-dresdner-zwinger.de **개방** 정원 매일 06:00~20:00(4~8월 06:00~22:00) / 박물관 화~일요일 10:00~18:00 **휴무** 월요일 **요금** 통합권(회화관+도자기+수학물리관) €12(학생 €9), **교통** 극장 광장(Theaterplatz) 앞 **지도** p.211-C

♥ ♥ ♥
엘베강의 멋진 풍경을 즐기자
브륄의 테라스
Brühlsche Terrasse

'유럽의 테라스'라 불리는 브륄의 테라스는 엘베 강변의 풍광을 마음껏 즐길 수 있는 곳이다. 1740년 경 아우쿠스트 3세의 친구인 브륄 백작이 조성한 정원인데, 최근에는 드레스덴 주민들과 관광객들이 자주 찾는 휴식 공간이다. 또한 젊은 예술학도들이 아름다운 드레스덴의 건축물과 엘베 강변에서 많은 영감을 받는 야외 교육장이기도 하다. 아우구스트 다리 한가운데에 서서 바라보는 브륄의 테라스의 야경, 브륄의 테라스에서 바라본 신시가지와 엘베강 풍경이 무척 아름답다.

주소 Georg-Treu-Platz 1, Dresden **교통** 알베르티눔에서 도보 2분 **지도** p.211-D

1 중앙 제단의 안톤 라파엘 멩스의 '예수의 승천' 2 고트프리트 요한 질버만이 제작한 황금 오르간 3 대성당

◗♥◗♥

작센주에서 가장 규모가 큰 교회

대성당(가톨릭 궁전 교회)
Katholische Hofkirche

대성당은 이탈리아 건축가 가에타노 키아베리가 극장 광장에 1739~1755년에 걸쳐 바로크 양식으로 지은 작센주 최대 규모의 교회이다. 이 교회 역시 1945년에 파괴되었으며 1979년 복원 계획에 포함되어 재건되었다. 높이 90m에 달하는 종탑은 드레스덴의 스카이라인이라 불리는 드레스덴의 랜드마크이다. 성당 외관의 난간과 니치에는 로렌초 마티엘리가 제작한 12사도, 성인, 교회 고위 성직자 등 3.5m 크기의 78개 석조상이 장식되어 있다. 중앙 제단은 안톤 라파엘 멩스의 '예수의 승천'이 장식하고 있다. 지하실에는 작센 왕가(베틴 가) 49구의 묘가 있고 그릇 안에는 아우구스투스 왕의 심장이 보관되어 있다. 육신은 폴란드 크라쿠프(Krakow) 성당에 안치되어 있다. 2층에는 1753년 고트프리트 요한 질버만이 제작한 황금빛 오르간파이프가 있다.

주소 Schlossstrasse 24, Dresden 전화 0351-4844712 홈페이지 www.bistum-dresden-meissen.de 개방 월~목요일 09:00~17:00, 금요일 13:00~17:00, 토요일 10:30~17:00, 일요일 12:00~16:00 요금 무료 교통 트램 4·8·9번을 타고 극장 광장(Theaterplatz)에서 하차. 중앙역에서는 트램 8번 이용. 극장 광장에서 젬퍼 오페라하우스를 정면으로 봤을 때 뒤편, 또는 브륄의 테라스에서 도보 5분 지도 p.211-C

◗♥◗♥◗♥

무기고가 미술관으로 변신

알베르티눔
Albertinum

과거의 무기고를 개조해 만든 미술관으로 회화관, 조각관에 따라 다양한 걸작을 볼 수 있다. 2010년 리모델링을 마치고 낭만주의부터 현대까지의 작품을 소장하고 있다. 특히 독일 대표적인 낭만파 작가 카스파르 프리드리히부터 독일 현대 미술의 거장 게르하르트 리히터의 회화, 로댕과 21세기 작가들의 유명 조각품을 전시하고 있다.

주소 Tzschirnerpl. 2, 01067 Dresden 전화 0351-4914-2000 홈페이지 www.skd.museum 개방 10:00~18:00 요금 €10(학생 €7.5) 교통 성모 교회에서 도보 2분 지도 p.211-D

♥♥♥
개신교 종교 건축의 대표작
성모 교회(프라우엔 교회)
Frauenkirche

루터교인 성모 교회는 원래 가톨릭 교회였는데, 종교개혁으로 개신교로 바뀌었다. 현재는 개신교 종교 건축의 대표적인 교회로 평가받는다. 11세기 로마네스크 양식으로 지은 후, 1726~1743년에 바로크 양식의 대가 게오르게 베어가 재건축했는데, 제2차 세계대전 때 융단 폭격으로 파괴되었다. 동독 정부는 교회 잔해를 전쟁 기념관에 보관한 후 통일되어서야 복원을 시작했다. 성모 교회는 독일과 국제재단의 기부금으로 2004년 외벽 복원, 2005년 10월 내부 복원이 완성된 화해의 상징이기도 하다.

교회 내부의 돔은 베드로 성당 못지않게 웅장하고 화려하다. 바흐가 처음 연주했다는 교회의 파이프 오르간은 1736년에 고트프리트 요한 질버만이 제작한 것이다. 최근에는 다양한 콘서트 행사와 오르곤 연주, 그룹 투어 등이 진행되고 있다. 입구(G)로 들어가 리프트를 타고 24m 올라간 뒤 다시 좁고 가파른 통로를 따라 올라가면 높이가 67m의 돔 전망대가 나온다.

주소 Neumarkt, Dresden **전화** 0351-6560-6100 **홈페이지** www.frauenkirche-dresden.de **개방** 매일 10:00~12:00, 13:00~18:00 / 돔 전망대 11~2월 월~토요일 10:00~16:00, 일요일 12:30~16:00, 3~10월 월~토요일 10:00~18:00, 일요일 12:30~18:00 **요금** 성당 무료, 돔 전망대 €8(학생 €5) **교통** 알트마르크트(Altmarkt)에서 트램 1·2·4번으로 이동 **지도** p.211-D

1 천장화 2 성모 교회 3 화려한 황금 중앙 제단

쿠처쉥케
Kutscherschänke

독일 전통 요리 전문 레스토랑. 현지인 평판이 매우 좋은 곳으로 내부 분위기가 아담하고 고풍스럽다. 직원이 친절하며 음식 맛이 일품이다. 굴라쉬 €5.4, 생선요리 €12.5, 특별 요리(Kutscherschmaus) €15.9

주소 Münzgasse 10, Dresden **전화** 0351-496-5123 **영업** 일~목요일 10:00~24:00, 금·토요일 10:00~밤 01:00 **홈페이지** kutscherschaenke-dresden.de **교통** 성모 교회 뒤편 **지도** p.211-D

아우구스티너 안 데어 프라우엔키르헤
Augustiner an der Frauenkirche

전형적인 독일 전통 레스토랑. 가격에 비해 맛있고 서민적이고 독일 분위기가 풍긴다. 맥주와 학센이 인기 있다. 수프 €4.9, 샐러드 €4.5~10.9, 바이에른 고기 (Hausgebackener Leberkase) €9.8, 학센(Knusprige ganze hintere Schweinshaxe vom Grill) €16.8.

주소 An der Frauenkirche 16/17, Dresden **전화** 0351-4977-6650 **홈페이지** www.augustiner-dresden.com **영업** 10:00~24:00 **교통** 성모 교회 근처 **지도** p.211-D

아파트호텔 암 슐로스
Aparthotel Am Schloss

4성급 아파트형 호텔. 드레스덴 박물관 옆에 위치하고 있어 시내 관광을 하기에 용이하고 야경을 관람하기에도 편하다. 객실은 한국 콘도식으로 취식이 가능하고 세탁기도 비치되어 있다. 깔끔한 인테리어에 중세 분위기가 물씬 난다. 공항 셔틀버스를 이용할 수 있다. €70~, 조식 불포함.

주소 Schössergasse 16, Dresden **전화** 0351-438-1111 **홈페이지** www.aparthotels-frauenkirche.de **교통** 드레스덴 박물관 바로 옆. 노이마르크트 광장 주변 **지도** p.211-D

스타 인 호텔 프리미엄 드레스덴 임 하우스 알트마르크트
Star Inn Hotel Premium Dresden im Haus Altmarkt

알트 마르크트 광장 한가운데에 위치한 3성급 호텔. 구시가지와 접근성이 뛰어나다. 넓고 최신 스타일의 객실과 미니 바, TV가 설치되어 있다. 바로 앞 광장 시장을 비롯해 쇼핑센터가 거리 앞으로 들어서 있다. 요금 €75~.

주소 Altmarkt 4, Dresden **전화** 0351-307-110 **홈페이지** www.starinnhotels.com **교통** 알트마르크트 광장에 위치 **지도** p.211-D

드레스덴에 간다면 반드시 들러야 할 곳

모리츠부르크
Moritzburg

1 모리츠부르크 2 손님을 영접하는 방(Steinsaal Stone Salon), 실내 벽면을 실제 사슴 뿔로 장식했다.
3 태피스트리 방(The Leather Tapestry)

모리츠부르크는 드레스덴에서 13km 떨어진 곳에 위치한 호수 위에 세워진 동화 같은 성이다. 이 성은 모리츠 공작이 사냥할 때 잠시 머물 수 있는 거처를 마련하기 위해 웅장한 바로크 양식으로 지어져 1546년에 완공했다. 1723년 작센 왕 겸 폴란드 왕이었던 아우구스투스 1세부터 1800년 3세에 이르기까지 르네상스 양식부터 바로크 양식으로 증축해 거처로 활용했다. 호수 위에 있는 모리츠부르크는 진주 같은 네 개의 둥근 탑으로 둘러싸여 있다. 성 내부에는 은으로 장식된 화려한 가구들로 꾸며져 있으며 다이닝룸 전체를 작센 숲에서 사냥한 사슴 뿔로 장식할 정도로 세계에서 가장 많은 뿔을 소장한 궁전이다. 깃털의 방은 수만 마리의 새 깃털로 장식해 다른 성들과는 차별적인 볼거리를 제공한다. 1973년에는 영화 〈신데렐라의 3가지 소원〉의 배경이 될 정도로 성이 예쁘고 아름답다.

전화 0352-078-730 **홈페이지** www.schloss-moritzburg.de **개방** 3월 20일~11월 4일 매일 10:00~18:00, 11월 17일~3월 3일 화~일요일 10:00~17:00 **휴무** 2월 26일~3월 19일, 11월 5~16일, 월요일, 1월 1~2일, 12월 24일, 12월 31일 **요금** €8(학생 €6.5) **교통** 노이슈타트 역(드레스덴 신시가지 역) 15m 앞에서 326번 버스(Radeburg행)로 이동, 모리츠부르크 하차, 20여 분 소요

중세의 모습을 간직한 예술과 문화의 도시

밤베르크

BAMBERG

#리틀 베네치아#유럽의 살아 있는 건축사 화집
#중세 모습 그대로

밤베르크는 뉘른베르크에서 북쪽으로 약 50km 떨어져 있는 레그니츠강과 마인강의 합류 지점에 위치한 작은 도시이다. '작은 베네치아'라고 불릴 정도로 아름다운 이 도시는 1993년 유네스코 세계문화유산에 등재되었다. 11세기 초 슬라브인을 그리스도교로 개종시키기 위해 밤베르크가 주교좌의 소재지가 되면서 한때 제국의 중심지이기도 했다. 밤베르크는 7개의 언덕 위에 수많은 성당과 수도원이 세워지면서 역사적으로 귀중한 예술품을 많이 소장하고 있다. 특히 하인리히 2세가 세운 대성당 안에는 독일의 위대한 조각가 리멘슈나이더의 '밤베르크의 기사상' 등 13세기 조각의 걸작들이 있다. 30년전쟁 이후 영주 주교 쇤보른 백작이 바로크 양식 궁전을 세우면서 도시는 로마네스크, 르네상스, 바로크 양식의 다양한 건축물로 둘러싸여 '유럽의 살아 있는 건축사 화집'이라 불렸다.

Travel INFO

{ 가는 방법 }

기차 뉘른베르크와 뷔르츠부르크에서 밤베르크까지 대부분 직행열차가 운행되어 이동하기가 편하다.

● **뉘른베르크 → 밤베르크** ICE열차 30분, RE · IC · ICE열차 40분 소요, 수시 운행
● **뷔르츠부르크 → 밤베르크** RE열차 1시간 소요, 수시 운행
● **뮌헨 → 밤베르크** ICE열차 1시간 45분 ~2시간 30분 소요, 1시간에 1편 운행

시내 교통 밤베르크 역에서 구시가까지 도보 15분 거리이니 걷거나 901 · 902번 버스(€1.9, 1일권 €4.4)를 탄다.

버스 정보 www.vgn.de

{ 여행 포인트 }

여행 적기 5~9월이 여행하기 좋다.
점심 식사 하기 좋은 곳 구청사, 녹색 시장(Grüner Markt) 주변
최고의 포토 포인트
● 가이어스뵈르트 성 앞에서 바라본 구시청사와 레그니츠 강변의 풍경
● 알텐부르크 성 전망대

알텐부르크 성

주변 지역과 연계한 일정 뉘른베르크와 밤베르크는 테마가 같은 고성가도 코스이므로, 두 지역을 동시에 다녀오는 게 효율적이다. 밤베르크 혹은 뉘른베르크에서 1박 하면서 당일로 상대 지역을 다녀온다. 만약 프라하에 갈 경우 기차로 이동하면 뉘른베르크에서, 차로 이동한다면 밤베르크에서 1박 하고 다녀온다.

여행안내소
주소 Geyerswörthstrasse 5, Bamberg
전화 0951-297-6200
홈페이지 www.bamberg.info
개방 월~금요일 09:30~18:00, 토요일 09:30~16:00, 일요일 · 공휴일 09:30~14:30, 12월 2일 · 31일 09:30~12:30
휴무 12월 25~26일, 성 금요일
교통 구시청사 옆의 가이어스뵈르트 성에서 도보 2분
지도 p.226-B

{ 추천 코스 }

예상 소요 시간 4~5시간

밤베르크 역

⋮ 도보 15분(또는 버스 이동)

구시청사

⋮ 도보 2분

가이어스뵈르트 성

⋮ 도보 5분

대성당

⋮ 바로

구궁전

⋮ 건너편

신궁전

⋮ 도보 5분

작은 베네치아 지구

운테레 다리 주변

고풍스러운 고성의 도시

밤베르크는 유네스코 세계문화유산에 등재될 만큼 독일에서 가장 아름다운 고성 도시이다. 밤베르크는 레그니츠(Regnitz)강 주변의 구시가지에 볼거리가 밀집해 있으니 느긋하게 작은 베네치아 도시를 음미하자. 역 앞 루이트폴트 거리(Luitpoldstrasse)를 따라 직진한 후 우회전해 오베레 쾨니히 거리(Obere Königstrasse)를 따라가다 다시 좌회전하면 케텐 다리(Kettenbrücke)가 나온다. 다리를 건너면 신청사, 막시밀리언 광장(Maximiliansplatz)을 비롯한 여러 성당과 화려한 저택, 고딕, 로코코 양식의 건물들이 들어서 있다.

계속 직진하면 웅장한 성 마틴 교회, 녹색 시장(Grüner Markt), 넵튠 샘이 있고 바로 T자형 도로가 보인다. 우회전해서 조금 걸으면 베네치아를 연상시키는 레그니츠강이 한 폭의 그림처럼 펼쳐진다. 운테레 다리(Untere Brücke)와 오베레 다리(Obere Brücke) 사이에 구시청사가 있는데 구시청사 벽면의 프레스코화가 유명하다. 오베레 다리와 연결된 가이어스뵈르트 성 앞에 서면 고풍스러운 구시청사와 레그니츠강의 풍경이 하모니를 이뤄 멋진 풍경을 연출한다. 근처에는 여행안내소가 있으니 시내 지도와 정보를 얻는다. 레그니츠강을 따라 가면 콘코르디아 수성이 나온다. 이곳 풍경 또한 아름답기 그지없다.

다시 구시청사 방향으로 되돌아와서 레그니츠강을 건너 완만한 언덕을 올라가면 넓은 대성당 광장(돔 광장)이 나온다. 밤베르크

❶ 녹색 시장과 넵튠 샘
❷ 운테레 다리 위에 세워진 성상
(하인리히 황제 부인인 황후 쿠니군데)

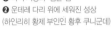

를 상징하는 중세 독일의 걸작인 대성당에 들어가 독일의 천재 조
각가 틸만 리멘슈나이더(Tilman Riemenschneider)의 작품 '밤
베르크의 기사'를 꼭 보자. 성당 옆에는 황제와 주교가 거주했던
구궁전이 있는데, 7월에는 정원에서 칼테론 연극제가 열린다. 구
궁전 맞은편에 쇤보른 주교가 세운 바로크 양식의 신궁전이 있다.
신궁전의 정원에 장식된 장미꽃 자태가 눈부실 정도로 화려하다.

신궁전 뜰에서 보이는 탑 건물이 성 미하엘 교회이다. 이곳 발코
니에서 바라다보는 밤베르크의 저녁놀은 놓치기 너무 아깝다.
성 미하엘 교회에서 샛길을 따라 내려오면 레그니츠강이 보인다.
강변을 따라 걸으면 레그니츠강 제방을 따라 중세풍의 목조 가옥
인 어부의 집들이 나온다. 이곳이 그 유명한 작은 베네치아 지구
이다.

❶ 카롤리네 거리
❷ 레그니츠강 ❸ 돔 광장

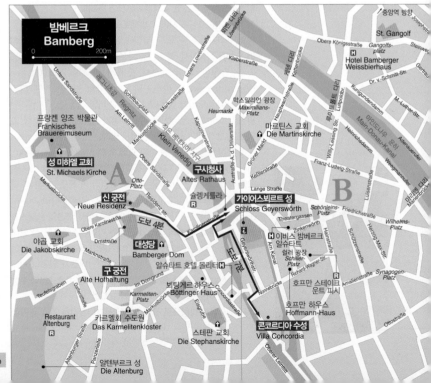

1

Sightseeing

♥♥♥ ♥
밤베르크의 랜드마크
구시청사
Alte Rathaus

'섬의 청사(Island Town Hall)'라고도 불리는 구시청사는 밤베르크의 대표적인 중세 건축물로 레그니츠강을 가로지르는 짧은 다리인 운테레 다리(Untere Brüke)와 오베레 다리(Obere Brüke) 사이에 위치하고 있다. 1386년 강 한가운데 인공섬에 세워진 이 건물은 제방으로 양쪽 다리를 연결시켰다. 타워 첨탑은 쇤보른 주교가 발타자르 노이만에게 의뢰해 지었다. 시청사 벽면에 1755년 요한 안반더가 그린 환상적인 프레스코화는 제2차 세계대전 때 심하게 훼손된 후 1960년에 안톤 그라이너가 복원했다. 1995년부터 내부는 루트비히 미술관으로 사용되고 있다. 특히 아치교에 서면 레그니츠강 양안의 제방을 따라 늘어선 어부들의 집들이 낭만적인 분위기를 자아낸다.

오베레 다리 옆 가이어스뵈르트 다리(Geyerswörthsteg)를 건너면 가이어스뵈르트 성이다. 이 성 앞에서 보는 시가지의 전경이 매우 아름답다. 가이어스뵈르트 성 근처에 여행안내소가 있다.

1 구시청사 벽면의 프레스코화
2 구시청사
3 구시청사와 연결되는 오베레 다리

주소 Obere Brücke, Bamberg **전화** 0951-871-871 **홈페이지** www.bamberg.info **개방** 루트비히 컬렉션 화~일요일 09:30 ~16:30 **휴무** 월요일 **요금** €6(학생 €5) **교통** 레그니츠강 근처 **지도** p.226-A

2 3

밤베르크의 전망 포인트
가이어스뵈르트 성
Schloss Geyerswöth

1585~1587년에 세워진 가이어스뵈르트 성은 한때 주교의 성으로 사용했으나, 지금은 시행정 사무실의 일부로 쓰고 있다. 가이스뵈르트 성 앞 다리에서 바라본 시청사와 주변 풍경이 멋있다. 예전에 한 건물에 있었던 여행안내소는 근처 현대식 건물로 이전했다.

주소 Geyerswörthstrasse 3A, Bamberg **교통** 레그니츠강 근처, 오른쪽 골목으로 가면 여행안내소가 나온다. **지도** p.226-B

가이어스뵈르트 성에서 본 시청사와 주변 풍경

♥♥♥
아름다운 조각이 돋보이는 독일의 대표 건축물
대성당
Bamberger Dom

1012년 신성로마제국 황제 하인리히 2세가 세웠으며 나중에 성 베드로와 성 게오르크에게 봉헌되었다. 1081년, 1085년 두 번의 화재로 파손되었으나 1200년경부터 다시 개조 공사가 시작되어 1237년에 완성되었다. 네 개의 아름다운 탑이 도시 위로 우뚝 솟은 이 건물은 로마네스크에서 고딕 양식으로 옮겨가는 과도기의 교회당으로 독일의 대표 건축물 중 하나이다. 특히 이곳에는 '마리아상', '최후의 심판' 등의 아름다운 조각도 많이 있는데, 그중에서도 독일의 천재 조각가인 틸만 리멘슈나이더의 신비로운 작품 '밤베르크의 기사'가 성가대 왼편 벽면에 새겨져 있으니 놓치지 말고 꼭 보자. 이 작품은 13세기 초 중세 통치자의 이상을 실현한 한 익명의 대가에 의해 조각되었다. 성 게오르크의 합창대 앞에 있는 황제 하인리히 2세와 황후인 쿠니군데의 묘비도 리멘슈나이더의 작품이다. 또한 알프스 북부 지역에서는 유일하게 교황 클레멘스 2세의 무덤이 안치되어 있다.

주소 Domplatz 2, Bamberg **전화** 0951-502-330 **홈페이지** www.bamberger-dom.de **개방** 4~10월 월~수요일 09:00~18:00, 목~금요일 09:30~18:00, 토요일 09:00~16:30 일요일 13:00~18:00 / 11~3월 월~수요일 09:00~17:00, 목~금요일 09:30~17:00, 토요일 09:00~16:30 일요일 13:00~17:00, **요금** 무료 **교통** 구시청사로 되돌아가서 카롤리넨슈트라세(Karolinenstrasse)를 따라 직진하다가 막다른 길에서 우회전하여 약간 경사진 길을 올라가면 대성당 광장이 나온다. **지도** p.226-A

1 대성당 2 천재 조각가 틸만 리멘슈나이더의 '밤베르크 기사'

밤베르크 주교가 살던 궁전

구궁전
Alte Hofhaltung

광장에 위치한 대성당과 구궁전은 유네스코 세계문화유산에 등재된 구시가의 핵심 건축물이다. 구궁전은 1020년 하인리히 2세의 궁전으로 지어졌으나 1570년에 바이트 폰 뷔르츠부르크 지휘 아래 1570년에 르네상스 양식으로 지어 영주 주교가 거주했다. 궁전 입구에는 1573년에 조각가 판크라스 바그너가 건설한 '아름다운 문'이 있는데, 가운데 문에는 하인리히 2세와 황후 쿠니군데가, 측면 문에는 성 베드로와 성 게오르크가 묘사돼 있다.

이 건물은 한때 대사관 사무국, 도서관, 회의실로 사용된 적도 있다. 1938년에 도시의 예술과 문화, 역사를 다루는 소장품을 모아 프랑켄 지방의 역사박물관으로 개관했다. 구궁전과 연결된 '아름다운 문'을 통과하면 중세풍의 예쁜 안뜰이 나온다. 마당에는 15세기에 지어진 고딕 양식의 빨간 지붕이 있는 목조 회랑이 세워져 있다. 7월이면 이곳에서 야외 연극이 열린다. 이곳은 폴 앤더슨 감독의 영화 〈삼총사〉에서 시골뜨기 달타냥이 삼총사와 결투를 신청했던 장소로 유명세를 탔던 곳이다.

1 구궁전 2 구궁전 안의 목조 회랑

주소 Domplatz 7, Bamberg **전화** 0951-871-142 **홈페이지** www.schloesser.bayern.de **개방** 5~10월 09:00~17:00, 11~4월 특별 전시 기간에만 오픈하니 현지 확인 필요 **휴무** 월요일 **요금** €3.5(학생 €2.5) **교통** 대성당 옆 **지도** p.226-A

화려한 주교의 궁전

신궁전
Neue Residenz

1 신궁전
2 장미 정원

1703년에 완성된 주교의 궁전이다. 구궁전이 더 이상 주교에게 만족을 줄 만큼 인상적이지 못하자, 폰 게브사텔 주교가 르네상스와 바로크 양식의 신궁전을 지었다. 대성당 광장에서 볼 때 ㄱ자형의 날개 모양을 하고 있는 신궁전은 4개의 날개가 뻗친 건물로 2단계에 걸쳐 지어졌다.

현재는 그림 소장품, 제국의 홀, 중국식 캐비닛을 일반에게 공개하고 있다. 제국의 홀은 천장화가 화려하고 웅장하여 주요 리셉션이나 페스티벌에 사용되었다. 또한 손님 접대용으로 이용된 중국식 캐비닛은 사치스러울 정도로 화려하게 장식했는데 동양적인 분위기가 가득하다. 신궁전의 하이라이트는 건물 뒤편에 조성된 장미 정원이다. 화사하게 핀 수천 송이의 장미가 정원을 가득 채우며 아름다움을 자아낸다. 장미 정원은 무료로 개방하고 있다.

주소 Domplatz 7, Bamberg **전화** 0951-519-390 **홈페이지** www.schloesser.bayern.de **개방** 4~9월 09:00~18:00, 10~3월 10:00~16:00 **휴무** 12월 24~25일, 12월 31일, 1월 1일, 성회 화요일 **요금** €4.5(학생 €3.5) **교통** 대성당 맞은편 **지도** p.226-A

바로크식 파사드가 압권
성 미하엘 교회
St.Michael kirche

1 로코코 양식의
내부 제단과 꽃무늬로 채색된 천장
2 성 미하엘 교회 전경

미헬스베르크 언덕에 자리 잡은 성 미하엘 교회는 1015년 하인리히 2세의 제안으로 세워졌다. 1610년 대화재로 소실되었다가 1696~1750년에 엔첸호퍼 형제가 후기 고딕 양식으로 복원했다. 원래는 베네딕투스회 수도원의 부속 성당으로 교육의 중추적 역할을 담당했다. 내부로 들어가면 천장에 그려진 578개의 꽃과 약초를 그린 천장 프레스코화 '천국 정원(Himmelsgarten)'이 눈에 띈다. 또한 이곳에는 이 성당을 지은 성 오토의 유골이 안치되어 있다. 1102년 부터 1139년까지 밤베르크의 주교를 지냈던 그는 오늘날까지 포메른의 사도로 존경받고 있다. 특히 바로크식 파사드(정면 모습)는 이 건물의 압권이다. 현재는 공립 양로원으로 이용되고 있다. 정원 뒤편에 있는 발코니에서 내려다보는 전망이 아름답다.

주소 Michelsberg 10, Bamberg
개방 현재 내부 공사 중으로 입장 불가 교통 대성당 광장에서 도보 10분 지도 p.226-A

중세 때 어부들이 살았던
목조 가옥 지구
작은 베네치아 지구
Klein-Venedig

구시청사 왼쪽 레그니츠 강변을 따라 17세기에 지어진 작고 예쁜 집들이 늘어선 조그마한 마을이 있는데, 고즈넉하고 아담한 모습이 마치 이탈리아 베네치아를 떠올리게 해 '작은 베네치아'라 불린다. 강변을 따라 그림처럼 아름다운 풍경이 펼쳐진다. 중세 때 어부들이 거주용으로 지었던 목조 골재의 가옥들은 대부분 기다란 테라스와 정원이 있는 게 특징적이다. 테라스는 어부들이 그물과 낚시 도구들을 널어서 말리는 공간으로 사용했다. 또한 강변과 접해 있는 저지대라 자주 강물이 범람해 침수 피해를 입었으나, 1800년 이후 배수 공사로 범람을 피할 수 있었다. 이곳은 여행 서적 〈달로 가는 여행객을 위한 핸드북(Handbuch für Reisende auf dem Mond)〉이 발간되면서 서서히 알려지게 되었다. 여행 시즌에는 유람선을 타고 멋진 베네치아의 분위기를 즐길 수 있어 많은 관광객들이 이곳을 찾는다.

주소 Fischerei 21, Bamberg
교통 성 미하엘 교회에서 도보 5분 지도 p.226-A

호프만 스테이크 운트 피시
Hoffmanns Steak und Fisch

스테이크와 생선 요리 전문점. 예산 토마토 수프 €5, 파스타 €15, 피시 필레(Fish Fillet) €19, 엉덩이살(Rump Steak) €23~29.

주소 Schillerplatz 7, Bamberg 전화 951-700-0885 홈페이지 www.hoffmanns-bamberg.de 영업 월~금요일 11:30~14:00, 17:30~23:00, 토요일 17:30~23:00 교통 실러 광장(Schillerplatz)에 위치, 구시청사에서 도보 7분 지도 p.226-B

슐렝케를라
Schlenkerla

슐렝케를라는 6대째 운영되는 곳으로, 훈제 맥주 라우흐비어로 유명하다. 중세풍의 목조 건물이라 실내 분위기가 고풍스럽다. 학센(Haxen : 족발) €9.5, 훈제맥주(Smoked Beer) 1잔 €2.7, 구운 돼지어깨(Schauferla) €9.9

주소 Dominikanerstr 6, Bamberg 전화 951-560-60 홈페이지 www.schlenkerla.de 영업 매일 09:30~23:30 교통 구청사(운테레 다리 Unterebrucke)에서 도보 3분 지도 p.226-A

알슈타트 호텔 몰리터
Altstadt-Hotel Molitor

3성급 호텔로 가정집 같은 분위기가 풍긴다. 콘코르디아 수성 근처에 위치하고 있어 주변 전망이 멋지다. €100~, 조식 포함.

주소 Obere Mühlbrücke 2-4, Bamberg 전화 951-9170-7950 홈페이지 www.altstadthotel-molitor.de 교통 구시청사에서 도보 7분 지도 p.226-A

(TRAVEL TIP)

밤베르크의 명물 맥주
라우흐비어(Rauchbier)

라우흐비어(Rauchbier)는 너도밤나무 훈연 맥아를 다른 일반 양조맥아와 혼합하여 만든 맥주로, 밤베르크를 대표하는 전통 맥주이다. 부드러운 흑갈색 에일(라거 맥주보다 독함)로 맛이 진하고 독특한 향기와 맛을 낸다. 밤베르크는 자동차가 출입 금지인 보행자 전용 도로를 따라 많은 맥주 집과 인파로 넘쳐난다. 선술집에 들어가 라우흐비어 한잔하면서 회포를 풀자.

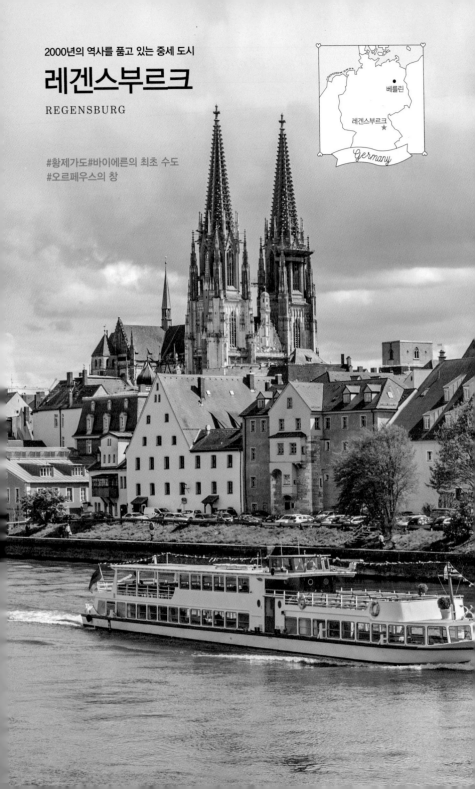

2000년의 역사를 품고 있는 중세 도시

레겐스부르크

REGENSBURG

#황제가도#바이에른의 최초 수도
#오르페우스의 창

베를린

레겐스부르크
★

Germany

6세기 바이에른 최초의 수도로 황제가도의 중심지였다. 도나우 강변에 위치한 레겐스부르크는 1663~1806년 약 150년간 신성로마제국의 제국의회가 열릴 정도로 중부 유럽 중세 무역의 중심지였다. 신성로마제국의 중심지답게 11~13세기의 대성당, 중세 귀족 주택, 교회와 수도원, 돌다리 등 주옥같은 로마네스크 양식과 고딕 양식 건축물들이 고스란히 보존되어 있어 2006년 구시가 전체가 유네스코 세계문화유산에 등재되었다. 고풍스러운 길이 향수를 불러일으키며 시간이 멈춘 듯 진기한 로마 시대의 흔적을 느낄 수 있다. 교황 베네딕트 16세의 고향이자 이케다 리요코의 유명한 만화 〈오르페우스의 창〉의 배경이 된 고도(古都)이다.

{ 가는 방법 }

기차 뮌헨 또는 뉘른베르크를 거점 삼아 당일로 다녀올 수 있다. 바이에른주에서 주로 이동한다면 바이에른 티켓(Bayern Ticket: 공항이나 기차역 자동판매기에서 구입)을 사용하는 게 저렴하다.

● 뮌헨 → 레겐스부르크
잉골슈타트 중앙역(Ingolstadt Hbf)에서 1회 환승, RE열차로 1시간 55분~2시간 10분 소요

● 뉘른베르크 → 레겐스부르크
RE 또는 ICE열차로 1시간 소요

시내 교통 레겐스부르크 중앙역에서 구시가까지는 도보 10~15분 소요. 볼거리가 몰려 있는 구시가에서는 걸어서 관광한다.

교통 정보 www.rvv.de

{ 여행 포인트 }

여행 적기 5~9월이 여행하기 좋다.

점심 식사하기 좋은 곳 시청사 광장, 대성당 주변

최고의 포토 포인트
● 슈타이네르네 다리에서 바라본 구시가와 도나우 강변 주변 풍경
● 발할라 신전에서 바라본 도나우 강변 주변 풍경

주변 지역과 연계한 일정 잠시 휴식을 취하고

식사하기 좋은 시청사 광장 주변

싶으면 휴양 도시로 유명한 파사우, 고성가도의 흔적을 느끼고 싶으면 뉘른베르크, 밤베르크와 같은 고성 도시, 또는 독일에서 가장 인기 있는 로텐부르크를 비롯한 로맨틱가도를 한데 묶어 일정을 짠다.

여행안내소
주소 Rathausplatz 4, Regensburg
전화 0941-507-4410
개방 월~금요일 09:00~18:00, 토요일 09:00~16:00, 일요일 · 공휴일 09:30~16:00(11~3월 ~14:20)
홈페이지 tourismus.regensburg.de/en
교통 시청사 광장의 시청사 안에 위치
지도 p.235

{ 추천 코스 }

예상 소요 시간 3~4시간

> 레겐스부르크 중앙역

도보 10분

> 성 엠머람 수도원

바로

> 투른과 탁시스 성

도보 8분

> 대성당

도보 2분

> 구시청사

도보 3분

> 슈타이네르네 다리

유람선 2시간

> 발할라 신전(선택)

레겐스부르크 제대로 즐기기

레겐스부르크는 바이에른 최초의 수도답게 역사적인 문화재가 풍부하다. 역사는 물론 문화 천국으로 투른과 탁시스 궁전 페스티벌, 바이에른 재즈 주말, 록, 팝, 클래식 콘서트를 만끽할 수 있고, 매주 일요일, 공휴일에 대성당에 가면 천년의 역사를 자랑하는 세계에서 가장 오래된 어린이 합창단의 공연을 관람할 수 있다. 또한 전통적인 맥주 정원에서 부드러운 맥주를 마시며 바이에른 라이프스타일과 문화를 즐길 수 있다. 시간적 여유가 있다면 크루즈를 타고 발할라 신전까지 펼쳐지는 다뉴브강의 풍광을 만끽할 수 있는 유람선 투어를 권하고 싶다.

유람선 Donauschifffahrt
구시가, 근교의 발할라 신전(Walhalla), 휴양지로 유명한 파사우까지 크루즈를 타고 도나우 강변의 멋진 풍광을 즐길 수 있다.

선착장
주소 Ostengasse 3, Regensburg **전화** 0941-50277880 **홈페이지** www.donauschifffahrt.eu **운항 시간** 4월 28일~10월 7일 • 구시가 10:30/11:30/12:30/13:30/14:30/15:30, 약 45분 소요 • 발할라 신전 레겐스부르크 출발(11:00/13:00/15:00) → 발할라 도착/출발(11:45/13:45/15:45) → 레겐스부르크 도착(12:45/14:45/16:45), 총 2시간 소요 • 파사우 08:00→17:45 **요금** 발할라 신전 왕복 €14.8, 구시가 왕복 €8.9, 파사우 편도 €36 **교통** 구시가 방향 슈타이네르네 다리 아래 **지도** p.235

노이파르 광장에 있는 개신교 노이파르 교회(Neupfarrkirche)

Preview
REGENSBURG

고풍스러운 길이 향수를 불러일으키는 도시

레겐스부르크 중앙역에 도착하면 직진하다 두 번째 대로에서 왼쪽 방향(St-Peters-Weg)으로 직진하면 엠머람 광장이 나온다. 주변에 성 엠머람 수도원과 투른과 탁시스 궁전이 있는데, 이곳은 레겐스부르크 역사에 끼친 영향이 지대하므로 놓치지 말고 방문하자. 투른과 탁시스 궁전은 가이드 투어로만 관람할 수 있으니 투어 시간을 확인하고 이동해야 대기 시간을 줄일 수 있다. 구시가로 가는 소로를 따라가다 보면 마치 시간이 멈춘 듯 진기한 역사적 흔적을 쉽게 접할 수 있다. 길가에는 세련된 전문점들이 늘어서 있어 쇼윈도를 들여다보는 것만으로도 즐겁다. 구시가 중간쯤에 산뜻해 보이는 노이파르 광장(Neupfarrplatz)은 늘 여

❶ 노이파르 광장
❷ 노이파르 광장에 있는 교회
(노이파르 교회)
❸ 대성당

❹ ❺ 구시가의 골동품 숍
❻ 브리지타워 박물관
(Bruckturm—museum)
❼ 시청사 광장
❽ 구시가 거리

행객들로 붐빈다. 광장은 예전에 유대인 거주 지구로 유대인회당과 주택들이 모여 있었는데, 유대인 추방 사건으로 건물들이 많이 훼손되자 그 터에 개신교 노이파르 교회(Neupfarrkirche)를 새로 지었다.

주말이라면 구시가의 랜드마크인 대성당에 들러 독일에서 역사가 가장 오래된 소년 합창단의 공연을 관람하고, 중세풍의 건물을 둘러보며 시청사 광장 주변을 산책해보자. 도나우강을 가로지르는 슈타이네르네 다리는 독일에서 가장 오래된 돌다리인데 다리에서 바라본 강변과 구시가의 풍경이 환상적이다. 아직까지 개보수 공사 중이라 멋진 다리 장면을 찍기에는 아쉬움이 따른다. 근처에는 독일에서 가장 오래된 소시지 식당(Die historische Wurstkuchl)이 있다. 숯불에 구운 레겐스부르크 소시지는 씹는 맛이 최고이다. 도나우강 유람도 추천할 만하다. 강가의 푸른 언덕에 서 있는 새하얀 벽의 발할라 신전은 '게르만족의 명예의 전당'이라 불린다. 시간이 있으면 강변의 도시에 온 기념으로 수운박물관을 관람해도 좋고, 시립박물관도 볼만하다.

화려한 바로크 양식의 성당 내부
성 엠머람 수도원
Basilika St. Emmeram

8세기 카롤링거 왕조 때 로마의 성자 엠머람(St. Emmeram) 묘지 터에 지은 수도원이다. 수차례 화재로 훼손되자 여러 번 복원했는데, 특히 18세기에 독일의 대표적인 바로크 건축가인 아삼 형제가 천장화, 제단 등 성당 내부를 화려한 바로크 양식으로 개축하면서 지금의 모습에 이른다. 천장화는 로마 기독교인들의 순교 장면을 묘사하고 있다. 출입구 뒤쪽 부속 예배당에는 오르간과 십자가 예수도 볼만하다. 전 베네딕토회 수도원은 바이에른에서 가장 중요한 수도원이었는데, 지금은 레겐스부르크의 교구 교회이며 투른과 탁시스 가족 교회이기도 하다. 주일 오후 5시에는 전통 방식으로 라틴어 미사를 행한다.

주소 Emmeramspl. 3, 93047 Regensburg **전화** 0941-5971094 **개방** 08:00~18:00 **요금** 무료 **교통** 레겐스부르크 중앙역에서 도보 10분 **지도** p.235

1 바로크 양식으로 벽면을 장식했다.
2 성 엠머람 수도원 3 소예배당

8세기에 지은 후작 가문의 성

투른과 탁시스 성
Schloss Thurn und Taxis

웅장한 투른과 탁시스 성은 원래 성 엠머람 수도원으로 사용해왔다. 북부 이탈리아 베르가모 근처의 코르넬로 출신인 투른과 탁시스 가문은 15세기 황제의 명으로 우편 제도를 만들어 1595년부터 근 300년간 투른과 탁시스 가문이 프랑크푸르트 암 마인을 지역 기반으로 우편 사업을 독점하면서 막대한 부를 쌓았다. 프로이센이 프로이센-오스트리아 전쟁 승리로 우편 독점권이 폐지되자 투른과 탁시스 가문은 보상의 차원에서 1812년 수도원 건물 대부분을 인수해 1816년 그들의 거주지로 확장했다. 1883~1888년 건축가 막스 슐츠가 앨버트 1세 왕자를 위해 새 거주지로 화려하게 네오로코코 양식의 궁전 남쪽 건물(Princely Palace)을 지었다. 대리석 계단, 궁전에서 가장 웅장하고 화려한 무도회장, 예배당, 다용도 살롱, 공식 알현실, 온실, 헬렌과 시시(엘리자베트 황후)의 발코니실을 박물관으로 사용해 일반에 공개하고 있다. 보물실에는 세련된 도자기, 값비싼 가구, 스너프 박스, 무기류, 금은 세공 아이템을 전시하고 있다. 개별 관람은 안 되고 가이드 투어로만 관람이 가능하다. 특히 이 궁전은 만화 〈오르페우스의 창〉에 나오는 음악학교 교정으로도 유명해졌다. 크리스마스 시즌에는 궁전 마당에서 각종 행사들이 열린다

1829~1832년 건축가 메트비에(Jean-Baptiste Metivier)가 지은 마구간은 마차박물관(Carriage Museum)으로 개조해 1층은 도자기, 은제품 식기류실과 18~19세기의 다양한 마차실로 이용하고, 2층은 총기류와 승마용품을 전시하고 있다. 이곳은 개별 관람이 가능하다.

주소 Emmeramspl. 5, 93047 Regensburg **전화** 0941-5048133 **홈페이지** www.thurnundtaxis.de **개방** 11월 5일~3월 15일 90분 가이드 투어 토·일요일 10:30, 13:30, 15:30, 60분 가이드 투어 토·일요일 11:30, 14:30 / 3월 16일~11월 15일 90분 가이드 투어 매일 10:30, 12:30, 14:30, 16:30, 60분 가이드 투어 매일 11:30, 13:30, 15:30 **휴무** 12월 24~26일 **요금** 90분 가이드 투어 €13.5(학생 €11), 60분 가이드 투어 €10(학생 €8.5) **교통** 성 엠머람 수도원에서 바로, 대성당에서 도보 10분 **지도** p.235

1 17~19세기의 다양한 마차가 전시된 마차실 2 테레사 왕비의 침실 3 투른과 탁시스 성

♥♥♥ ♥
레겐스부르크의 랜드마크
대성당
Dom

바이에른주를 대표하는 유일한 고딕 양식 건축물로 레겐스부르크
의 랜드마크이자 교구의 영적 중심지이다. 13~16세기에 거쳐 완
공된 성 바오로(St. Peter) 대성당은 105m 높이의 2개 첨탑이 있
는데 탑에 있는 조각들('말을 타고 있는 왕', '어리석은 처녀들', '동
물과 인간 모습을 한 가고일')이 성당의 수호신 역할을 하고 있다.
내부는 매우 웅장하고 화려하고, 사방이 스테인드글라스를 통해
환한 빛이 비친다. 무엇보다 수세기 동안 투철한 신앙심이 사람들
의 삶을 변화시켰다고 믿음이 있어 기도의 장소로도 유명하다.
내부 뒤편에는 세계에서 규모가 가장 큰 오르간이 있고, 돔슈파
첸(Domspatzen: 대성당의 참새들)이라 불리는 독일에서 가장
오래된 소년 합창단은 975년에 레겐스부르크의 주교 볼프강이
세운 후 무려 천년 이상 이어져 오고 있다. 일요일 아침 10시에 맑
은 노랫소리를 들을 수 있지만 예배를 방해하지 않도록 주의해야
한다. 가이드 투어(75분)도 진행한다. 제대를 바라볼 때 왼편에 대
성당 보물들을 전시하는 유료 박물관이 있고, 지하에는 벽면에는
역대 주교의 이름과 묘지가 있다.

1 대성당
2 역대 주교들이 무덤이 있고,
왼쪽 벽면에는 역대 주교 이름이 연대순
으로 적혀 있다.
3 대성당 내부 4 가고일

주소 Domplatz 1, 93047 Regensburg **전화** 0941-5971660 **홈페이지**
www.bistum-regensburg.de **개방** 4~10월 06:30~18:00, 11~3월
06:30~17:00 **교통** 레겐스부르크 중앙역에서 도보 15분, 투른과 탁시스 성
에서 도보 10분 **지도** p.235

부유한 상인 가문의 상징
황금 탑
Goldener Turm

레겐스부르크 구시가에 자리 잡은 황금 탑은 13세기 후기에 지은 '하우스 타워'라 불린다. 중세에 부유한 상인 가문들은 서로 경쟁하듯 이 탑을 신분의 상징으로 지었다. 가문이 중요하면 중요할수록 더욱더 탑을 높게 세웠다. 50m 높이의 9층짜리 하우스 타워는 이 도시에서 가장 높이 치솟아 있다. 인상적인 내부 안뜰은 일반에 개방되어 있다.

주소 Wahlenstrasse 14, 93047 Regensburg **교통** 구시청사에서 도보 1분 **지도** p.235

❤❤ ❤
독일에서 가장 오래된 돌다리
슈타이네르네 다리
Steinerne Brücke

'세계의 기적'이라 불리는 슈타이네르네 다리는 독일에서 가장 오래된 12세기의 돌다리로 천년 이상 동안 훼손되지 않고 잘 보존되어 있다. 도나우강을 건너는 최초이자 유일한 다리로 영주들이 다리 통행료를 수거해 부를 축적했다고 전해 내려온다. 다리 중간에는 16세기 중엽이

세워진 작은 조각상 브루크만들(Bruckmandl)이 있다. 악마에게 영혼을 바친 닭을 새긴 조각상과 사람 대신 닭과 개를 건너게 한 기발한 아이디어를 착안한 소년상이 있다. 아치형의 돌다리는 이후 드레스덴의 돌다리, 프라하의 카렐교, 아비뇽의 생 베네제 다리, 코르도바의 로마교 등 교각 건축에 많은 영향을 끼쳤다. 현재 다리 일부를 공사하고 있다.

교통 구시가에서 도보 5분
지도 p.235

❤
가장 오래된 건물
구시청사
Altes Rathaus

돌다리 남쪽에 자리 잡은 건물 중 가장 오래된 곳이 14세기에 건설한 구시청사 건물이다. 수세기 동안 개보수 과정을 거쳐 현재는 13세기의 시청사 탑, 고딕 양식의 제국의회박물관, 바로크 양식의 시청사의 세부분으로 구성되어 있다. 카를 대제

때부터 1806년까지 이곳에서 정치적으로 신성로마제국의 중요한 제국의회나 제후회의가 열렸다. 무시무시한 고문 도구도 있다. 제국의회박물관(Reichstagsmuseum)은 가이드 투어를 통해 관람할 수 있다. 건물 내에 여행안내소가 있다.

주소 Rathausplatz 1, 93047 Regensburg **전화** 0941-5073440 **개방** 가이드 투어(영어) 4~10월 15:00, 11·12·3월 14:00 **휴무** 1~2월 **요금** €7.5(학생 €4) **교통** 대성당에서 도보 3분 **지도** p.235

♥♥

그리스풍 신전

발할라 신전
Walhalla

레겐스부르크 동쪽으로 약 11km 떨어진 도나우 강변의 높이 96m 언덕에 위치하고 있다. 바이에른 왕 루트비히 1세의 명으로 1830~1842년에 19세기 가장 유명한 신고전주의 건축가 레오 폰 클렌체(Leo von Klenze)가 건설한 신고전주의 양식의 그리스 신전이다. 그는 기원전 5세기 아테네 아크로폴리스에 있는 파르테논 신전에 깊은 영감을 받았다.

발할라 신전은 명실상부 19세기 가장 중요한 독일 국립 건축물 중 하나이다. 역사가 존 뮬러(John Müller)의 영향을 받아 게르만 신화에 나오는 전사 낙원인 발할라(Valhalla, 신화 속의 최고의 신인 오딘을 위해 싸우다 죽은 전사들이 머물던 궁전)를 본따 '발할라(Walhalla) 신전'이라고 불린다. 엄숙하면서도 밝은 분위기로, 높은 천장의 근사한 내부의 기대의 홀(Hall of Expectation)에는 벽면을 따라 루트비히 1세를 비롯해 그의 고문, 통치자, 장군, 19세기의 과학자와 예술가들 총 191명(원래 96명이었는데 1962년부터 7년 동안 5명씩 추가함)에 이르는 독일 위인 흉상이 있다. 정면 계단에서의 전망도 훌륭하다.

주소 Walhallastrasse 48, Donaustauf **전화** 09403-961680 **홈페이지** www.walhalla-regensburg.de **개방** 3월 30일~10월 09:00~18:00, 11월~3월 29일 10:00~12:00, 13:00~16:00 **휴무** 1월 1일, 12월 24 · 25 · 31일, 참회 화요일 **요금** €4(학생 €3) **교통** 슈타이네르네 다리에서 유람선으로 이동

유람선
홈페이지 www.donauschiffahrt.de **운항 기간** 4월 28일~10월 7일 매일 3회 운항, 3월 31일~4월 22일 · 10월 13일~10월 28일 토 · 일요일 3회 운항 **출발 시간** 11:00, 13:00, 15:00 **소요 시간** 2시간 **요금** €14.80(6~13세 50% 할인)

히스토리세 부르스트퀴헤
Historische Wurstküche

850년의 역사를 자랑하는 소시지 레스토랑. 녹색 건물의 귀여운 외관이 눈에 띈다. 숯불로 구운 레겐스부르크 소시지는 바삭한 껍질의 맛이 일품이다. 도나우강을 바라보면서 맥주와 곁들여 즐겨보자.

주소 Thundorferstrasse 3, Regensburg **전화** 0941-466210 **홈페이지** www.wurstkuchl.de **영업** 매일 09:00~19:00(1월 10:00~17:00, 2월 10:00~18:00) **교통** 슈타이네르네 다리 근처 **지도** p.235

크나이팅거
Kneitinger

바이에른 전통 요리 레스토랑으로 분위기도 매우 좋다. 에르딩거 필스와 10~4월의 보크(알코올 도수가 높다) 맥주가 인기 있다. 수프 €4.9, 버섯 굴라시 €14.9, 송어 요리(Forelle Müllerin) €15.9, 황소고기찜(Geschmorte Ochsenbackerl) €16.9, 돼지구이(Schweinsbraten) €11.9.

주소 Am Arnulfsplatz 3, Regensburg **전화** 0941-52455 **홈페이지** www.knei.de **개방** 매일 09:30~24:00 **교통** 대성당에서 도보 10분 **지도** p.235

레겐스부르크 유스호스텔
DJH Jugendherberge Regensburg

도나우섬에 자리 잡은 유스호스텔로 고객 만족도가 높다. 침대 190개를 갖추고 있다. 접수처는 오전 7시부터 밤 12시까지 개방한다. 국제유스호스텔 회원증이 필요하며, 27세 이상은 1박당 €4 추가. 베드 리넨, 타월은 무료. 조식 포함 €22.4, 조식과 석식 포함 €28.9.

주소 Wöhrdstr. 60, Regensburg **전화** 0941-4662830 **홈페이지** regensburg.jugendherberge.de **교통** 구시가에서 도보 15분. 레겐스부르크 중앙역에서 버스 3·8·9번을 타고 Wöhrdstrasse Jugendherberge에서 하차 **지도** p.235

알트슈타트호텔 아르흐
Alstadthotel Arch

12세기에 지은 전통 깊은 귀족 저택 호텔이다. 역사적 의미가 있는 부분은 개축을 금지해 여러 건축 양식이 혼합된 객실이 여전히 남아 있다. 구시가 번화가인 하이트 광장에 위치하고 있어 주변 관광을 하기가 편하다. 더블 €100~.

주소 Haidpl. 2-4, Regensburg **전화** 0941-58660 **홈페이지** www.altstadthotelarch.de **교통** 구시가 하이트 광장에 위치하며, 대성당 근처 **지도** p.235

독일 속의 이탈리아

파사우

PASSAU

베를린
파사우★

Germany

#배 모양의 구시가#바로크 도시#국경 도시

오스트리아, 체코와 국경을 맞대고 있는 파사우는 도나우, 인, 일츠 3개의 강이 만나는 독특한 위치 덕분에 문화, 예술의 중심지로 발전해왔다. 구시가의 좁고, 구불구불한 소로와 바로크 양식의 역사 지구 경관이 수려한 강변과 어우러져 도시의 아름다움을 배가시킨다. 파사우는 1662년 대화재를 계기로 이탈리아 바로크 대가에 의해 이탈리아풍의 바로크 도시로 변모한다. 세계에서 가장 규모가 큰 파이프오르간이 있는 성 슈테판 대성당과 3개 강 합류점의 환상적인 파노라마를 보여주는 오버하우스 요새는 도시의 하이라이트라 할 수 있다. 유람선을 타고 도나우 강변의 멋진 경관을 즐길 수 있고, 국경 도시답게 오스트리아의 민속 의상이나 체코의 보헤미안 유리, 헝가리의 식료품 등을 쉽게 접할 수 있어 쇼핑하는 즐거움도 누릴 수 있다.

{ 가는 방법 }

기차 뮌헨을 비롯한 주변 도시에서 기차로
1~2시간 거리에 있어 당일로 다녀올 수 있다.

● **뮌헨 → 파사우**

RE열차(직행)로 2시간 15분 소요

● **뉘른베르크 → 파사우**

ICE열차(직행)로 2시간 소요

● **레겐스부르크 → 파사우**

ICE열차(직행)로 2시간 소요

유람선 오스트리아 린츠, 바하우 계곡, 독일 레
겐스부르크 등으로 이동하면서 도나우 강변의
정취를 느껴볼 수 있다. 선착장은 시청사 광장
앞에 있다.

● **레겐스부르크(08:00) → 파사우(17:45)**

파사우행 편도 €36

● **파사우(09:00) → 린츠(14:10), 린츠(14:20)
→ 파사우(20:50)**

린츠행 편도 €27

● **린츠(09:00) → 바하우계곡(멜크 14:40, 크
렘스 16:20)**

바하우계곡행 편도 €40

유람선 정보 www.donauschifffahrt.eu

시내 교통 파사우 역에서 구시가까지는 도보
15분 거리. 볼거리가 몰려 있는 구시가는 규모
가 작아서 걸어서 관광한다.

{ 여행 포인트 }

여행 적기 5~9월이 여행하기 좋다.

점심 식사하기 좋은 곳 시청사 광장, 대성당과
레지던츠 주변

최고의 포토 포인트

● 오버하우스 요새. 가파른 절벽 위에 서 있는
요새에 올라서면 파노라마처럼 펼쳐지는 시내
전경이 숨 막힐 정도로 아름답다.

주변 지역과 연계한 일정 뮌헨, 레겐스부르크
등에서 1~2시간 거리에 있어 당일로 다녀올
수 있다. 또한 파사우는 국경 도시로 오스트리
아와 체코와 인접해 있어 독일에서 오스트리

아(잘츠부르크, 잘츠카머구트)로 이동 시 패키
지로 묶어 방문하는 게 낫다.

여행안내소

주소 Rathausplatz 3, Passau

전화 0851-955980

홈페이지 www.tourism.passau.de

개방 부활절~9월 월~금요일 08:30~18:00, 토 ·
일요일 · 공휴일 09:00~16:00

10월~부활절 월~목요일 08:30~17:00, 금
08:30~16:00, 토 · 일요일 · 공휴일 10:00~15:00

교통 시청사 광장

※파사우 중앙역 앞에도 여행안내소가 있다.

{ 추천 코스 }

예상 소요 시간 2~3시간, 오버하우스 요새를 포함
하면 3~4시간

> 파사우 역

⋮ 도보 15분

> 성 슈테판 대성당

⋮ 도보 6분

> 시청사(광장)

⋮ 바로

> 유리박물관

⋮ 버스 10분

> 오버하우스 요새

유람선 선착장

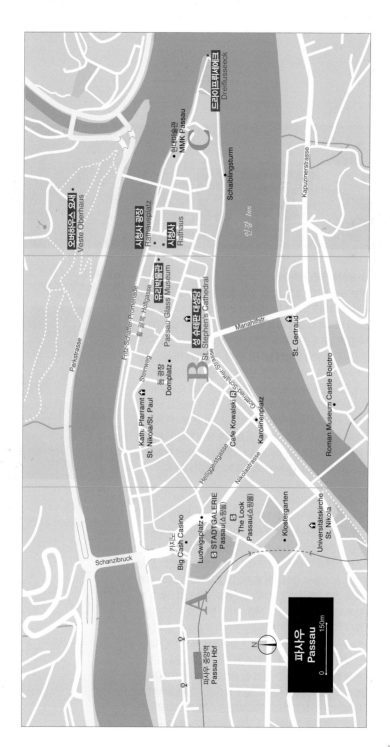

드라이프루세에크
Dreiflusseeck

현대미술관
MMK Passau

오버하우스 요새
Veste Oberhaus

Schaiblingsturm

시청사 광장
Rathausplatz

시청사
Rathaus

인강 Inn

유리박물관
Passau Glass Museum

Fritz-Schäffer-Promenade

성 슈테판 대성당
St. Stephen's Cathedral

Marlahilfstr.

St. Gertraud

Parkstrasse

콜 골목 Hollgasse

Steinweg

돔 광장
Domplatz

Kath. Pfarramt
St. Nikola/St. Paul

Gottfried-Schäffer-Strasse

Cafe Kowalski

Karolinenplatz

Kapuzinerstrasse

Roman Museum Castle Boiotro

Heiliggeistgasse

Nikolastrasse

카지노
Big Cash Casino

Ludwigsplatz

STADTGALERIE
Passau(소핑몰)

The Look
Passau(소핑몰)

Klostergarten

Universitätskirche
St. Nikola

Schanzlbruck

파사우 중앙역
Passau Hbf

파사우
Passau

0   150m

N

Preview
PASSAU

바로크 도시의 멋진 건축물들

파사우는 도나우, 인, 일츠 3개의 강이 흐르고 있는데, 구시가는 마치 여의도의 하중도처럼 도나우강과 인강, 일츠강 사이에 형성된 섬이라 요새에서 보면 마치 배처럼 보인다. 기차역을 나와서 오른쪽 방향으로 15분 정도 걸으면 구시가에 이른다. 우선 고지대에 있는, 푸른색 양파 모양의 탑이 있는 성 슈테판 대성당으로 향하자. 화려한 내부 장식과 더불어 세계에서 가장 큰 파이프오르간을 볼 수 있다. 근처에는 주교의 신레지던츠가 있고 도나우강 쪽으로 내려가면 저지대에 자리한 시청사가 나온다. 외관이 멋있어 사진 찍기에 좋다. 옆에는 유럽에서 가장 규모가 큰 유리박물관이 있고 바로 앞 도나우 강변에 호화 유람선이 정박해 있다. 시청사 광장(광장에서 도나우강을 바라볼 때 오른쪽) 직진하면 끝머리에 세 개의 강이 만나는 세물머리(드라이플뤼세에크)가 나온다.

파사우 관광의 하이라이트

파사우는 경관이 무척 아름다워 도나우 강변의 풍치를 즐기는 것만으로도 충분하니 오버하우스 요새는 반드시 방문해야 한다. 도나우강 맞은편 절벽에 오버하우스 요새가 있는데, 시청사 앞에서 버스를 이용하면 절벽 위의 요새까지 편하게 갈 수 있다. 요새에 도착해 성 안뜰로 들어서면 왼편이 박물관이고 오른쪽 표지판을 따라 가면 2층으로 올라가는 엘리베이터가 있다. 1층에 레스토랑이 있고, 2층으로 가면 전망대가 나온다. 요새 전망대에 서면 도나우, 인강, 일츠강이 만나는 환상적인 풍광이 펼쳐진다. 아까 지나온 구시가의 지리를 이곳 전망대에서 바라보며 복습을 해보는 것도 괜찮다. 도나우강 한가운데 있는 섬이 구시가인데, 가장 눈에 띄는 쌍둥이 하얀 탑이 성 슈테판 대성당이고 유람선이 정박하고 있는 선착장 주변의 넓은 광장이 시청사 광장이다. 바로 옆에는 유럽 최대 규모의 유리박물관, 유람선 선착장을 따라 직진하면 성 파울 성당이 자리 잡고 있음이 한눈에 들어온다.

❶ 오버하우스 요새
❷ 레지던츠 광장의 비텔스바흐 분수
❸ 성 파울 교회

♥ ♥

매력적인 풍경이 가득
구시가와
드라이플뤼세에크
Dreiflusseeck

그림 같은 광장, 우뚝 솟은 타워, 로맨틱한 예술가 골목인 휠 골목(Hollgasse), 매력적인 산책로는 여행객들이 쉽게 접하는 구시가의 풍경들이다. 화려함이 극치를 자랑하는 성 슈테판 대성당, 주교가 머물렀던 레지던츠의 보물관, 파사우의 역사가 담긴 시청사, 예수회대학에 속하는 성 미카엘 교회, 성 파울 교회, 도나우강, 인강, 일츠강의 풍광이 어우러져 여행객들의 마음을 사로잡는다. 특히 시청사 광장(광장에서 도나우강을 바라볼 때 오른쪽)으로 직진하면 끝머리에 세 개의 강이 만나는 세물머리(드라이플뤼세에크)는 마치 남양주의 두물머리가 연상된다.

교통 파사우 중앙역에서 도보 15분 **지도** p.247-C

구시가의 중심
시청사 광장 · 시청사
Rathausplatz & Rathaus

1 '파사우 기슭에 있는 3개 강' 천장화
2 시청사

1322년 당시 생선 시장이었던 시청사 광장은 바로 앞에 시청사와 여행안내소(건물 내)가 있다. 또한 도나우 강변에 유람선 선착장이 있어 유람선을 타고 도나우강의 풍광을 즐기기 편해서, 구시가 투어의 시발점으로 늘 여행객들로 붐빈다. 시청사 문(여행안내소 입구) 옆에는 1501년 대홍수가 범람했던 상황을 알리기 위해 벽면에 수위를 표시해 놓았다. 1889~1992년에 세운 시청사 탑은 날렵한 네오고딕 양식의 탑으로 도시의 방어 기능을 담당했다. 시청사의 바로크 페스티벌 홀에는 화가 페르디난트 바그너의 19세기 명화들이 전시되어 있다. '파사우 기슭에 있는 3개 강' 천장화 등이 유명하다.

홈페이지 www.passau.de **개방** 시청사 3월 26일~1월 6일 매일 10:00~16:00 / 탑 매일 10:30, 14:00, 15:30 **휴무** 1월 1일, 12월 24일 **요금** €2(학생 €1.5) **교통** 도나우 강변의 유람선 선착장 앞 **지도** p.247-C

1 프레스코화롸 웅장한 바로크 양식 기둥 2 성 슈테판 대성당과 대성당 광장

양파 모양의 쌍둥이 탑이 인상적
성 슈테판 대성당
St. Stephen's Cathedral

파사우에서 가장 장엄한 성 슈테판 대성당은 구시가 높은 곳에 위치하고 있다. 1662년 대화재로 거의 불타 버렸으나 바로크 건축의 대가 카를로 룰라고(Carlo Lurago)에 의해 복원되었다.
스투코(치장벽토) 작품은 이탈리아 화가 칼로네(Giovanni Battisista Carlone), 프레스코화는 텐칼라(Carpoforo Tencalla)의 작품인데 이들 모두 바로크 시대의 예술가이다. 17만974개의 파이프오르간은 세계에서 가장 규모가 큰 대성당 오르간이다. 성당은 무료입장이지만 오르간 콘서트는 입장료를 받는다. 정오 연주는 사람들로 북적이므로 일찍 가야 한다.

주소 Domplatz, Passau **전화** 0851-3930 **홈페이지** www.bistum-passau.de **개방** 성당 1~3월 26일 · 10월 30일~3월 25일 06:30~18:00, 3월 27일~10월 29일 06:30~19:00 오르간 콘서트 낮 공연(30분) 5월 2일~10월 매일 11:20(일요일 · 공휴일 제외) **요금** 저녁 공연(1시간) €5, 5월 2일~10월 목요일 18:45(공휴일 제외) €10 **교통** 시청사 광장에서 도보 6분 **지도** p.247-B

유럽 최대의 유리 전시
유리박물관
Passau Glass Museum

1650~1950년 바로크, 로코코, 아르누보, 아르데코, 모더니즘 시대를 망라해 유럽 유리 제품에서 가장 중요한 연구센터로 1985년 개관했다. 유럽 왕실의 유명 유리 제품은 모두 파사우 유리박물관에서 만들고, 수많은 대가들이 19세기 세계 전시회 기간 동안 정교한 컬렉션을 전시했다. 지금도 전시관은

1 유리박물관 2 아르데코 양식의 작품 3 엠파이어 양식

세계적으로 유명한 예술가, 디자이너, 유리 제품, 유리 정제 공장, 글라스 그래프팅 기관이 유명 작품을 출품한다. 아름다운 색채의 보헤미안 유리 3만 점이 전시되어 있어 250년에 걸친 유리의 역사를 엿볼 수 있다. 스위스 극작가 프리드리히 뒤렌-마트는 파사우 유리박물관을 세계에서 가장 아름다운 글라스하우스라고 극찬한 적이 있다.

유리박물관은 시청사 광장 바로 옆 호텔 빌더만(Hotel WliderMan)안에 있다. 호텔 빌더만은 도시에서 가장 권위 있는 호텔로 유명 인사들을 비롯해 오스트리아 제국의 엘리자베트 황후(일명 시시)가 1862년 9월 투숙했던 역사적인 장소이다.

주소 Schrottgasse 2, Passau **전화** 0851-35071 **홈페이지** www.glasmuseum.de **개방** 매일 09:00~17:00 **요금** €7(학생 €5) **교통** 시청사 광장 바로 옆 **지도** p.247-B

오버하우스 요새

요새 안뜰과 박물관

파사우의 전망 포인트

오버하우스 요새
Veste Oberhaus

1219년에 세워진 오버하우스는 파사우 도나우 강변의 가파른 언덕 위에 세워진 요새로 유럽에서 가장 보존이 잘된 성곽이다. 뷰포인트에 서면 그림 같은 파사우 시가지와 3개 강의 합류점의 멋진 파노라마 전경이 황홀하게 펼쳐진다. 주교들이 거주했던 800년 이상 오래된 성벽을 거닐다 보면 살아숨 쉬는 역사의 숨결을 느껴볼 수 있다.

주교 시대의 파사우는 권력 중심지이자 거주, 행정, 경제 중심지였다. 울리히 주교는 황제에 의해 1217년 제국 통치권을 받아 영적과 세속적 통치자로 지배했다. 그는 강력한 통치력으로 외부의 적으로부터 시민들을 보호해줬으나, 시민들은 독립과 자유를 위해 수차례 반란을 일으켜 1367년 마침내 요새를 정복하기도 했다. 1803년은 요새의 큰 전환기였다. 세속화 과정에서 주교는 파사우에 대한 세속적인 힘을 상실하고, 바이에른공국이 침공해 도시를 점령했다. 바이에른 동맹국인 나폴레옹도 오스트리아와의 전쟁에서 요새를 일시적으로 국경 보루로 사용했다. 1867년부터 요새는 정치범과 군부대의 교도소로 사용된 후, 바스티유 바이에른이라는 별명이 생길 정도로 요새는 1918년까지 두려움과 공포의 대상이었다. 1932년 파사우시가 요새를 인수하고 개조해 박물관으로 개관했다. 성안에 있는 박물관에는 고대 고고학의 유물, 중세 무기와 갑옷, 고딕 패널 페인팅을 전시하고 있다. 성 게오르게 예배당은 14세기의 장엄한 프레스코화를 전시하고 있다.

전화 0851-396-800 **홈페이지** www.oberhausmuseum.de **개방** 3월 15일~11월 15일 금 · 토요일 09:00~17:00, 토 · 일요일 · 공휴일 10:00~18:00, 12월 25일~1월 6일 10:00~16:00 **요금** €5(학생 €4) **교통** 시청사 광장에서 버스(10분 소요)로 이동한다. 운행 시간은 박물관 개방 시간과 동일하다. **지도** p.247-C

독일에서 만나는 알프스

가르미슈 파르텐키르헨

GARMISCH-PARTENKIRCHEN

#알프스#장엄한 설산#스키의 천국

베를린

가르미슈
파르텐키르헨
★

Germany

독일 남부 바이에른주에도 장엄하면서 아름다운 알프스의 추크슈피체산(2963m)을 끼고 있는 가르미슈 파르텐키르헨이 있다. 이름이 길다 보니 현지에선 줄여서 '가르미슈'라 부른다. 로이자흐(Loisach) 계곡과 파르트나흐(Partnach) 계곡이 교차하는 곳에 있어 수려한 경관과 천연의 아름다움을 간직하고 있다. 겨울에는 백설로 물든 산야의 활주로를 짜릿하게 점핑하듯 즐기는 스키족들로, 여름에는 때묻지 않은 자연의 매력에 빠져 하이킹을 즐기는 현지인과 관광객들로 인기 있다. 가르미슈와 파르텐키르헨이라는 마을 2곳을 합쳐 시로 승격되면서 1936년 제4회 동계올림픽을 성공적으로 치러 겨울 스포츠의 메카로 자리매김했다.

{ 가는 방법 }

기차

● **취리히 → 가르미슈 파르텐키르헨** 약 5시간 10분 소요. 직행편이 없어 뮌헨 또는 인스부르크에서 환승해서 간다.

● **인스부르크 → 가르미슈 파르텐키르헨** 약 1시간 30분 소요.

● **뮌헨 → 가르미슈 파르텐키르헨** 약 1시간 30분 소요.

● 뮌헨에서 바이에른주(퓌센, 가르미슈 등)를 여행할 때 바이에른 티켓(Bayern Ticket)을 끊으면 ICE(초고속열차)를 제외한 나머지 교통수단(로컬 기차, 지하철, 트램, 버스)을 하루에 1~5명까지 무제한 이용할 수 있다. 티켓 이용 시 대표자 영문 이름을 적고 아래 밑줄 친 곳에 동행자의 영문 이름을 적는다.

바이에른 티켓 1일권 1인 €25, 2인 €31, 5인 €4

티켓 정보 www.bahn.de/bayern-ticket

시내 교통 마을은 동쪽의 파르텐키르헨, 서쪽의 가르미슈로 구분한다. 가르미슈는 쿠어파크 주변으로 쇼핑 지역이 밀집해 활기 넘치는 거리의 분위기를 느낄 수 있으나, 파르텐키르헨은 루트비히 거리를 중심으로 비교적 한산하지만 옛 민가 주변으로 운치를 느낄 수 있다. 가르미슈 역에서 나와 왼쪽으로 500m 직진해 도이치 은행을 끼고 왼쪽으로 간다. 돌다리 밑을 지나 300m쯤 직진하면 가르미슈-쿠어파크가 나온다. 마을이 작아 걸어 다니면서 관광할 수 있다. 버스 편도 요금은 €3.

{ 여행 포인트 }

여행 적기 5~9월이 여행하기 좋다. 겨울에는 동계올림픽 개최지답게 스키와 썰매를 즐길 수 있다. 또한 사계절 내내 아이브제 호수(Eibsee)까지 완만한 경사의 하이킹과 자전거를 이용한 여행이 가능하다. 호수 근처에서 한적함을 즐기는 것도 여행의 키포인트다. 사계절마다 추크슈피체 모습은 각기 다르니 계절별 느껴보는 것도 좋다.

점심 식사 하기 좋은 곳 쿠어 파크 주변

최고의 포토 포인트

● 추크슈피체 전망대의 360도 파라노마 전경

● 중앙역 근처 반호프 거리 다리 위에서 바라본 파르트나흐(Partnach)의 풍경

주변 지역과 연계한 일정 인스부르크나 뮌헨에서 가까워(1시간 30분 소요) 통상 당일로 다녀온다. 루트비히 2세에 관심이 있다면 인근에 위치한 노이슈반슈타인 성, 린더호프 성, 헤렌킴제 성도 일정에 포함시킨다.

여행안내소

주소 Richard-Strauss-Platz 2, Garmisch-Partenirchen

전화 08821-180700

홈페이지 www.gapa.de/en

개방 월~금요일 09:00~17:00, 토요일 09:00~15:00

휴무 일요일

교통 마을 중심지에 위치

지도 p.258-B

{ 추천 코스 }

예상 소요 시간 시가지 1~2시간, 추크슈피체 3~4시간, 하이킹 및 스키의 경우 1일 추가

> **가르미슈 파르텐키르헨 역**

⋮ 등산열차

> **아이브제 호수**

⋮ 케이블카

> **추크슈피체**

⋮ 등산열차+케이블카

> **가르미슈 파르텐키르헨 역**

⋮ 버스

> **파르트나흐 계곡**

♥♥

산속에 자리한 에메랄드빛 호수

아이브제 호수
Eibsee

아이브제 호수는 가르미슈에서 남서쪽으로 13km 떨어진 곳에 위치하고 있다. 아이브제는 추크슈피체 가는 도중 1000m 높이에 있어 가르미슈 역에서 산악열차를 타고 아이브제 역에서 내린다. 호수는 주위가 삼림으로 둘러싸여 있어 크리스털처럼 맑고 투명하다. 추크슈피체 정상까지는 케이블카 또는 하이킹을 하며 올라갈 수 있다. 케이블카를 타고 편하게 에메랄드빛을 발산하는 아름다운 호수의 풍광을 즐기든지, 바이에른주에서 가장 아름다운 산책로인 아이브제 루프 트레일(Eibsee Loop Trail)을 따라 하이킹하며 신비로움과 환상적인 뷰를 자랑하는 아이브제를 가까이에서 체험할 수도 있다. 산책 코스는 7.5km 거리로 호텔 앞 주차장에서 시작된다. 힘들면 가는 도중에 투어 보트를 타고 이동해도 된다.

교통 아이브제(Eibsee) 역에서 하차 후 도보 5분. 버스로 이동 시 중앙역 정문으로 나와 왼쪽 건너편 방향 중앙역에서 등산열차를 타고 버스정류장에서 EVG버스(€4.5)로 이동 **지도** p.259

1 아이브제 호수
2 추크슈피체 정상으로 가는
케이블카 3 등산철도 역

♥♥♥
독일의 최고봉
추크슈피체
Zugspitze

해발고도 2963m로 독일 최고봉인 추크슈피체산은 스위스, 오스트리아, 이탈리아, 독일 4개국에 걸쳐져 있는 알프스 산봉우리 중 독일에 속한 산이다. 연중 만년설로 덮여 있어 천혜의 아름다움을 자랑한다. 정상에는 3개의 레스토랑(빙하 가든, 파노라마 라운지 2962, 비어 가든)과 전망대가 있다. 전망대와 빙하고원에서 360도로 즐기는 알프스의 비경은 숨이 막힐 정도로 환상적이다. 황금빛 고봉 정상에 오르려면 안전 장비를 준비하고 도전해본다.

추크슈피체를 가려면 먼저 가르미슈 역에서 산악열차를 타고 그라이나우(Grainau) 역을 통과해 아이브제(Eibsee) 역에서 내린다. 유의할 점은 올라갈 때는 오른쪽 자리에, 내려올 때는 왼쪽에 앉아야 환상적인 풍광을 만끽할 수 있다. 아이브제는 알프스산과 잘 어울리는 아름다운 호수이다. 산책로를 따라 하이킹하며 정상으로 올라갈 수 있다. 편히 올라가려면 아이브제 승차장에서 케이블카로 갈아타고 추크슈피체 빙하고원으로 올라간다.

빙하고원(Gletschergarten)은 여름에도 빙하를 체험할 수 있는 코스가 있으므로, 만년설을 직접 체험하거나, 여름 썰매도 즐길 수 있다. 정상까지는 빙하 케이블카(Gletscherbahn)를 타고 올라간다. 티켓 구입은 미리 바이에른 관광청에서 예약하면 맥주 무료 쿠폰 등을 무료로 얻을 수 있다.

홈페이지 www.bayern.kr www.zugspitze.de **요금** 추크슈피체 티켓(등산열차+케이블카+왕복) 비수기 €45, 성수기 €56, 스키 1일권 €50 **교통** 가르미슈 역 근처 티켓 판매소에서 표지판을 따라가면 추크슈피체행 케이블카 승차장이 나온다. **지도** p.259

💗 💗 💗

알프스의 스펙터클한 파노라마 전망

알프스픽스 전망대
AlpspiX

가르미슈 클래식(Garmisch-classic) 코스는 알프스 북부 지역에서 가장 아찔하고 인상적인 풍경을 알프스픽스 전망대를 통해 감상할 수 있다. 정상에서 알프슈피츠 산악열차(Alpspitzbahn)를 타고 해발고도 2050m의 오스터펠더코프(Osterfelderkopf)까지 올라간다. 1000m 높이의 낭떠러지 위에 자리 잡은 알프스픽스 전망대에 서면 탁 트인 스펙터클한 전망을 볼 수 있다. 오스터펠더코프는 하이킹의 짜릿하고 환상적인 전망을 감상할 수 있는 시발점이 된다. 이곳에서 알프스 정상 체험 코스(GipfelErlebnisweg)와 알프스 오감 체험 코스(GenussErlebnisweg) 중 하나를 택해 트레킹할 수 있다. 호흐알름(Hochalm)에서 잘 다듬어진 산책로를 따라 30여 분 정도 걸어가거나 케이블카를 타고 쿠로이첵(Kreuzeck) 케이블카 승차장으로 간다. 가는 도중에 드라이토아슈피체, 무스터슈타인, 베터슈타인 등 멋진 암벽을 감상할 수 있다.

전화 049-8821-797~0 **홈페이지** www.zugspitze.de **요금** 가르미슈 클래식 왕복 €27 **지도** p.259

하이킹과 레포츠의 천국
파르트나흐 계곡
Partnachklamm

파르트나흐 계곡은 독일 알프스 명소로 알려져 있다. 중앙역 정문으로 나와 직진해 다리를 건너 보이는 강이 바로 파르트나흐 계곡물의 연장선이다. 계곡으로 다가갈수록 아찔한 절벽과 자연 계곡 모습을 즐길 수 있다. 입구에서 계곡까지 표지판(Pathnach Klamm)을 따라 산길로 20분 정도 걸어가야 하므로 편하게 가고 싶으면 마차를 타고 이동한다. 계곡 매표소에서 티켓을 끊고 암반굴 속으로 들어가면 암반 사이의 좁고 가파른 협곡 사이로 광음을 내며 폭포수가 흘러내린다. 계곡은 험준하지만 하이킹 코스는 잘 다듬어져 있다. 계곡에서 에크바우어산(Eckbaue)으로 가는 하이킹 코스는 3시간 정도 걸린다. 계곡에서 래프팅 등 다양한 레포츠를 즐길 수 있다.

개방 5~10월 08:00~18:00, 11~4월 09:00~18:00 **요금** €4(6~17세 €2.5) **교통** 중앙역에서 버스 1 · 2번(매시 1회 운행, 중앙역 출발 06:09~21:23/계곡 출발 06:26~22:06)을 타고 올림픽 스타디움 맞은편에서 내린다. 표지판을 따라 도보 20분 **지도** p.258-A

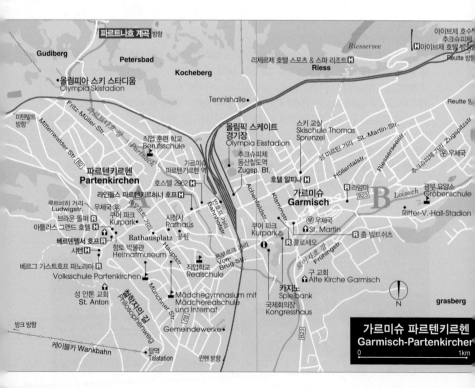

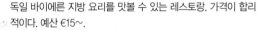
춤 빌트슈츠
Zum Wildschütz

독일 바이에른 지방 요리를 맛볼 수 있는 레스토랑. 가격이 합리적이다. 예산 €15~.

주소 Bankgasse 9, 82467 Garmisch-Partenkirchen **전화** 08821-3290 **영업** 매일 11:30~23:30 **교통** 여행안내소에서 도보 5분. 쿠어파크 주변 **지도** p.258-B

콜로세오
Colosseo

이탈리안 요리 전문 레스토랑, 피자, 파스타, 이탈리아 와인 등이 맛있기로 소문나 있다. 예산 €7~15.

주소 Klammstraße 7, 82467 Garmisch-Partenkirchen **전화** 08821-52809 **홈페이지** www.colosseo-garmisch.de **영업** 매일 11:30~14:30, 17:00~23:30 **교통** 여행안내소에서 도보 5분, 쿠어파크 주변 **지도** p.258-B

호스텔 2962
Hostel 2962

최근 레노베이션한 호스텔로 아파트와 가족실이 있다. 가르미슈 중심부에 위치하고 있어 편리하다. 4~5인실 €20~, 아파트(4인실) €110~, 2인실 €30~, 조식 뷔페 1인 €6 추가.

주소 Partnachauenstraße 3, 82467 Garmisch-Partenkirchen **전화** 08821-909-2674 **홈페이지** www.hostel2962-garmisch.com **교통** 기차역에서 250m 거리에 위치 **지도** p.258-A

동화 속 젊음의 도시

튀빙겐

TÜBINGEN

베를린

★튀빙겐

Germany

#대학 도시#헤르만 헤세#시인과 철학자의 도시

튀빙겐은 바덴–뷔르템베르크주의 심장부에 있는 대표적인 대학 도시 겸 세계적인 시인과 철학자, 과학자들을 배출한 도시로 유명하다. 인구 8만6000명 중 40%가 대학과 관련되어 있을 정도로 도시 전체가 대학 구내 같은 인상을 준다. 네카어강을 끼고 있는 작은 언덕 위에 호엔튀빙겐 성을 비롯한 마르크트 광장 등 중세풍의 구시가가 형성되어 있다. 전쟁의 피해가 적었던 구시가는 대문호 헤르만 헤세, 철학자 헤겔 등이 거닐었던 골목길이 당시 모습 그대로 남아 있다. 수많은 거리 카페, 와인 선술집, 독특한 학생 펍, 고급 상점, 맛있는 레스토랑, 아늑한 호텔들이 몰려 있는 구시가와 플라타너스 산책로를 거닐거나 펀팅 투어로 네카어 강변의 그림 같은 풍광을 즐기는 재미도 쏠쏠하다.

Travel
I N F O

{ 가는 방법 }

슈투트가르트에서 44km 거리에 있어 기차로 1시간 정도 걸리므로 당일로 다녀올 수 있다. 직행열차 또는 1회 환승(Iochingen 또는 Herrenberg)해서 간다. IRE/RE열차로 45분 ~1시간 15분 소요. 볼거리는 구시가에 몰려 있어 걸어서 관광한다

{ 여행 포인트 }

여행 적기 5~9월이 여행하기 좋다.
점심 식사하기 좋은 곳 마르크트 광장 주변
최고의 포토 포인트
●호엔튀빙엔 성
주변 지역과 연계한 일정 슈투트가르트를 거점 삼아 튀빙겐, 울름, 바덴바덴, 프라이부르를 패키지로 묶어 다녀온다.
여행안내소
주소 An der Neckarbrücke 1, Tübingen
전화 07071-91360
홈페이지 www.tuebingen-info.de
개방 월~금요일 09:00~19:00, 토요일 10:00~16:00, 일요일 · 공휴일 5~9월 11:00~16:00
교통 튀빙겐 중앙역에서 도보 7분. 네카어강을 건너는 에베르하르트 다리 초입에 위치 **지도** p.262

{ 추천 코스 }

예상 소요 시간 3~4시간(호엔촐레른 성 관람 시 2~3시간 추가)

```
┌──────────────────────────┐
│       튀빙겐 중앙역        │
└──────────────────────────┘
   │ 도보 5분, 에베르하르트 다리에서 바로
┌──────────────────────────┐
│      플라타너스 산책로      │
└──────────────────────────┘
   │ 도보 2분
┌──────────────────────────┐
│       슈티프트 교회        │
└──────────────────────────┘
   │ 바로
┌──────────────────────────┐
│    알테 아울라(구 대학)    │
└──────────────────────────┘
   │ 도보 5분(올라가는 길)
┌──────────────────────────┐
│       호엔튀빙엔 성        │
└──────────────────────────┘
   │ 도보 5분(내려가는 길)
┌──────────────────────────┐
│       마르크트 광장        │
└──────────────────────────┘
   │ 기차+버스+도보 1시간
┌──────────────────────────┐
│       호엔촐레른 성        │
└──────────────────────────┘
```

❶ 에베르하르트 다리
❷ 구시가 골목
❸ ❹ 키르흐가세(Kirchgasse)

네카어 강변 풍경이 아름다운 대학 도시
중앙역에서 5분 정도 걸어가면 구시가의 초입인 여행안내소와
에베르하르트 다리가 나온다. 다리 아래 계단을 따라 내려가면
바로 현지인들의 쉼터인 네카어 강변의 플라타너스 산책로가 연
결된다. 다리를 건너 왼쪽 좁은 길로 올라가면 슈티프트 교회와
알테 아울라(구 대학)가 있고, 근처에 구시가의 중심지인 마르크
트 광장이 있다. 광장을 둘러싸고 있는 중세풍의 하프팀버 목조
가옥들이 볼만하다.

네카어 다리 근처는 평지인데 교회, 대학, 마르크트 광장은 비스듬한 언덕에 있고 왼쪽 구불구불한 소로를 따라 올라가면 372m 높이의 호엔튀빙겐 성이 자리 잡고 있다. 언덕 위에 있어 구시가 전망이 좋다.

인구 40%가 대학생과 대학 관련자이며 도시 자체가 대학 구내 같은 분위기가 풍긴다. 대학 도시답게 골목 곳곳에 카페와 서점, 문구점, 레코드 가게, 와인 전문점 등의 톡톡 튀면서 멋진 상점들이 많아 눈요기하는 데 즐겁다. 구시가 관광이 끝나면 다시 에베르하르트 다리 방향으로 되돌아와 플라타너스 산책로를 거닐면서 잠시나마 철학자처럼 사색에 잠기든지 옥스퍼드나 케임브리지 대학에서처럼 펀팅 투어에 참여해 1시간 동안 네카어 강변의 풍광을 즐겨보는 것도 좋다. 대학에 관심 있으면 구시가의 알테 아울라(구 대학)나 북쪽으로 10~15분 정도 떨어진 대학도서관으로 가서 독일 대학의 분위기를 느껴본다.

❶ 성 바로 아래 구시가 전경
❷ 네카어강을 끼고 있는 레스토랑에서 잠시 휴식
❸ 슈티프트 교회 앞 분수
❹ 전형적인 하프팀버 가옥의 부르제 (Burse)
❺ 마르크트 광장의 전형적인 하프팀버 가옥

1 슈토퍼칸(펀팅 보트) 2 휠더린 탑 3 플라타너스 산책로 4 꽃으로 단장된 에베르하르트 다리

❤ ❤
사시사철 산책하기 좋은 곳
플라타너스 산책로
Plataneallee

네카어강 섬에서 1km에 이어진 플라타너스 가로수길은 사시사철 산책을 즐길 수 있는 곳이다. 예쁜 꽃들로 장식된 에베르하르트 다리에서 구시가로 건너기 전에 왼쪽 계단으로 내려가면 넓은 플라타너스로 다듬어진 산책로가 보인다. 1828년부터 플라타너스를 심어 지금은 울창한 가로수로 변해 시민들의 휴식 공간으로 사랑받고 있다. 산책로와 건너편(구시가지) 사이로 네카어강이 흐르고 있다. 강 너머에 노란색 휠더린 탑(Hölderlin Tower : 현재 공사 중이며 2020년 완공 예정)은 독일의 위대한 시인 휠덜린의 생활 공간이며 작업실이었는데 지금은 박물관으로 사용하고 있다. 5~9월에는 슈토허칸(Stocherkahn : 펀팅 보트. 베네치아의 곤돌라 모양의 배. 요금 €7. 티켓은 여행안내소에서 구입)을 타고 네카어 강변 1km를 일주하며 관광할 수 있다.

보트 승선장 휠덜린 탑 앞, 여행안내소를 끼고 있는 네카어 강변 **지도** p.262

♥

에베르하르트가 묻힌 곳
슈티프트 교회
Stiftskirche

대학 설립자 에베르하르트에 의해 1470~1493년 건축된 후기 고딕 양식의 탑이 있는 교회. 56m의 탑은 1529년 완성되었다. 1534년 이래 프로테스탄트 교회로서 교구와 대학 교회의 두 가지 기능을 봉사해 왔다. 성가대석의 스테인드글라스 창문이 가장 볼만하다. 탑 전망대에 올라가면 구시가의 전경을 볼 수 있다. 튀빙겐 시민에게 추앙받고 있는 대학 설립자 에베르하르트와 도시의 유명 인사, 제후 등이 이곳에 묻혀 있다.

주소 Clinicumsgasse, Tübingen **개방** 매일 09:00~16:00 **교통** 마르크트 광장에서 도보 3분 **지도** p.262

♥♥

지성의 향기가 물씬
알테 아울라(구 대학)
Alte Aula(Old University Assembly Hall)

알테 아울라(Alte Aula)라 불리는 대학 하우스는 1547년 사피엔츠(Sapienz) 터전에 세워졌는데 몇 년 전 화재로 모두 타버렸다. 하프팀버 목조 건물의 뾰족한 박공지붕 아래에 교수 봉급의 일부로 곡식을 저장해두었다. 대학 중앙 건물로서 기록보관소, 도서관, 강당이 있다. 최상층에는 연회장과 상원의원실, 학사학위 수여실, 대학생 처벌실이 있다. 가파른 남쪽 경사면에 있는 5층짜리 건물은 1777년 대학 300주년 기념 행사를 위해 하프팀버 목조 건물을 모임지붕(Hip Roof), 플라스터 파사드, 고전 양식의 발코니로 변경했다. 뮌츠 거리(Munzgasse)는 약 300년간 대학의 주요 거리로 옛 특징들을 간직하고 있다. 20번지는 독일에서 가장 오래된 감옥(견학은 여행안내소에 문의)이 있다. 남쪽으로 내려가면 강변에 횔덜린 탑(Hölderlinturm)이 있다. 정신질환이 있었던 시인 횔덜린이 36년간 머물던 곳이다. 서쪽에는 전형적인 하프팀버 가옥의 부르제(Bruse)라는 학생 기숙사 겸 교수실이 있는데 1805년 대학의 첫 번째 교수 병원으로 변경했고, 지금은 철학과 미술 역사의 세미나실로 사용 중이다. 구시가 북쪽으로 가면 대학도서관이 있다.

주소 Münzgasse 30, 72074 Tübingen **교통** 마르크트 광장에서 슈티프트 교회 정문 쪽으로 올라가는 길 **지도** p.262

1 구시가 전경 2 르네상스 양식의 성문 3 호엔튀빙 성 안뜰의 아우구스투스 황제 조각상

최고의 전망 포인트
호엔튀빙겐 성
Schloss Hohentübingen

구시가의 슈티프트 교회에서 호엔튀빙겐 성으로 올라가는 좁다란 소로인 부르크레인(Burglane)을 지나면 로마 개선문을 닮은 16세기 르네상스 양식의 성문이 나온다. 성문에 새겨진 뷔르템베르크 공국의 문장이 눈에 띈다. 문을 지나면 호엔튀빙겐 성이 나온다. 구시가가 내려다보이는 372m 높이 언덕 위에 11~12세기 세워진 호엔튀빙겐 성은 16세기에 지금의 모습을 갖췄다. 성안은 대학연구실로 사용되어 왔으나 1997년부터 건물 일부가 박물관으로 일반인에게 공개되고 있다. 고고학과 민속학 컬렉션은 대부분 튀빙겐 학자들의 기부금과 연구로 구성되어 있다. 유럽에서 대학 소유의 고고학 소장품 중 가장 규모가 크다. 원시 시대, 고대, 고대 이집트 및 동아시아 역사를 망라한 작품들이 전시되어 있다. 또한 특별 전시품과 350여 점이 넘는 고전 조각 작품도 전시된다. 지하 창고에는 독일에서 가장 오래되고(1549년) 가장 규모가 큰 와인 통(84리터)이 있고, 성곽에서 서면 빨간 지붕으로 물든 중세풍의 구시가 풍경이 한폭의 그림처럼 펼쳐진다.

주소 Burgsteige 11, Tübingen **전화** 07071-2977384 **홈페이지** www.tuebingen-info.de **개방** 박물관 수~일요일 10:00~17:00, 목요일 10:00~19:00 **휴무** 월 · 화요일, 12월 24 · 25 · 31일 **요금** €5(학생 €3) **교통** 마르크트 광장에서 도보 5분 **지도** p.262

1 마르크트 광장 **2** 시청사 **3** 천문시계 **4** 헤세의 전시실

♥♥
튀빙겐의 거실
마르크트 광장·시청사
Marktplatz & Rathaus

11세기부터 알려진 마르크트 광장은 언덕 위의 호엔튀빙겐 성에서 점점 낮아지는 비탈길 중간에 위치해 있어 낮은 곳을 내려다볼 수 있는 구조이다. 튀빙겐의 거실이라 불릴 정도로 마르크트 광장은 15~16세기에 지은 하프팀버 목조 가옥들이 광장을 빼곡하게 둘러싸고 있어 중세 분위기가 물씬 풍긴다. 상쾌한 여름 밤이면 광장의 분수 주변에 젊은이들이 몰려들어 좋은 만남의 장소가 되고 있다. 일주일에 3회(월·수·금요일) 치즈, 고기, 수제품 등을 파는 시장이 열린다.

광장에는 1435년에 지은, 도시에서 가장 오래된 시청사가 있다. 이곳은 당시 창고와 재판소 겸 시의회 기능을 갖고 있었다. 시청사 벽면의 시계 오른편에는 튀빙겐의 문장이 그려져 있고 그 위의 지붕 중앙에는 튀빙겐 대학의 수학 교수였던 요한네스 스퇴플러(Johannes Stöffler)가 1511년 제작한 천문시계가 있다. 3개의 손이 있는 천문시계는 달, 해, 용을 의미하는데 월, 연, 18년 주기를 각각 측정한다.

시청사 앞에 삼지창을 잡고 있는 넵튠 분수는 하인리히 슈크하트(Heinrich Schickhart)가 볼로냐 양식으로 제작하고, 1617년 게오르그 뮐러(Georg Müller)가 돌 모양으로 만든 르네상스 양식의 분수이다. 깨지기 쉬운 돌샘이라 수세기를 거치면서 많이 망가지자 제2차 세계대전 후 금속으로 복원했다. 넵튠의 발에 있는 여성상은 사계절을 의미한다. 근처에 독일에서 가장 유명한 작가 헤세의 전시실(Hesse Cabinet : 금·토요일 12:00~17:00, 일요일 14:00~17:00)이 있다.

주소 Am Markt, Tübingen **교통** 여행안내소에서 도보 5분 **지도** p.262

마우가네슈틀
Mauganeschtle

독일 슈바벤 요리를 전문으로 하는 레스토랑으로 호텔도 함께 운영하고 있다. 언덕 위에 위치하고 있어 테라스에서 주변의 멋진 전망을 즐기며 식사하기 좋다. 슈바벤 지역의 대표적인 요리 독일 만두(마울타셴 : Maultascen) €12~, 만두(Dreierloi 3종류) €14.5.

주소 Burgsteige 18, Tübingen 전화 07071-92940 홈페이지 www.hotelamschloss.de 영업 12:00~14:30, 18:00~23:00 교통 호엔튀빙겐 성 입구에 위치 지도 p.262

1 마우가네슈틀 레스토랑 전경
2 슈바벤 요리

네카어뮐러
Neckarmüller

튀빙겐에서 가장 유명한 레스토랑으로 네카어 강변의 넓은 테라스 좌석이 꽉 찰 정도로 인기 있다. 테라스(맥주 정원)에서 맥주나 커피 한잔을 하면서 강변 풍경을 즐기기 좋다. 맥주(0.5리터) €3.4, 음료(0.4리터) €2.7.

주소 Gartenstrasse 4, Tübingen 전화 07071-27848 홈페이지 www.neckarmueller.de 영업 일~수요일 12:00~23:00, 목~토요일 12:00~24:00 교통 여행안내소에서 구시가 방향으로 에베르하르트 다리를 건너면 바로 오른편 지도 p.262

1 네카어 뮐러 레스토랑
2 맥주 정원

독일에서 가장 아름다운 성

호엔촐레른 성
Burg Hohenzollern

호엔촐레른 성은 슈바벤 구릉지 정상에 왕관을 씌운 듯한 모습으로 서 있다. 독일에서 가장 아름다운 성답게 수많은 탑과 아름다운 주변 경관은 멋지고 장엄한 분위기를 자아낸다. 요새에 서면 확 트인 주변 전원 풍경이 숨막힐 정도의 파노라마가 펼쳐진다.

성의 역사

11세기에 세운 성은 1423년에 모두 파괴된 후 1819년 7월 23세의 프러시아 프리드리히 빌헬름 왕자가 폐허가 된 이곳에 방문해 재건축하기로 결심하고, 1850~1867년에 걸쳐 프리드리히 빌헬름 4세는 현란한 네오고딕 양식으로 복원하면서 그의 젊은 시절의 꿈을 실현했다. 여러 탑으로 이루어진 주요 성 단지는 램프와 방어 시설로 둘러싸여 있다.

원래 호엔촐레른 가는 슈바벤 지방의 영주였는데 후에 프로이센 왕을 거쳐 독일 황제가 된 황실 가문이다. 지금도 독일의 마지막 황제 빌헬름 2세의 자손이 보유하고 있다.

1. 2 호엔촐레른 성 3 성 내부 안뜰

성의 볼거리

셔틀버스에서 내려 표를 끊고 이글 게이트를 통과해 직진하면 호엔촐레른 성 안뜰이 나온다. 왼쪽에 레스토랑과 성 미카엘 예배당(가톨릭 교회), 뒤편 보루는 포토 스폿으로 인기 있다. 오른편에는 크리스트 예배당(개신교)이 있고, 안뜰 맨 북쪽으로 가면 주 출입구가 나온다.

입구에 들어서면 다음 순서로 관람한다. 가계 홀(프리드리히 대왕을 비롯한 호엔촐레른 가문의 가계도) → 백작 홀(성에서 가장 규모가 크고 대표적인 방으로 연회장과 댄스 홀이라 불림) → 서재(빌헬름 피터의 8개 벽화 중 백의(白衣) 여인이 유명) → 후작 응접실 → 왕의 침실·드레스룸(프로이센의 프리드리히 2세를 비롯한 왕실 가계 초상화) → 블루 응접실(여왕의 방. 아우구스타 여왕, 엘리자베스여왕. 루이스 여왕의 초상화) → 여왕 영접실 → 왕실 보물실(프로이센 왕의 왕관, 중세 갑옷과 무기, 3개 스너프 박스, 2개의 은촛대, 장식품과 명예 메달, 궁중 의복 등 볼거리가 많다). 보물실 관람 후 지하실을 통과해 성 외곽으로 나오면 성벽 따라 세워져 있는 역대 프로이센 왕들의 동상을 보면서 성곽 투어가 마무리된다.

특히 1952년 후부터 프로이센의 루이스 페르디난드 왕자(1907~1994년)의 도움으로 화려한 홀과 방에 프로이센 왕과 독일 황제와 관련된 왕실 미술품과 골동품 가구를 비치했다. 앙투앙 페느, 엘리자베스 비제 르 브룅 등 유명 화가들의 명화를 비롯해 17~19세기의 값비싼 도자기, 금은 세공품, 프리드리히대왕의 전장 유니폼, 황비 루이스의 드레스 등을 전시하고 있다. 성안에는 슈바벤 요리 전문 레스토랑도 운영하고 있다.

주소 B 27 Ausfahrt, 72379 The Hohenzollern Castle **전화** 07471-2428 **홈페이지** www.burg-hohenzollern.com **개방** 3월 16일~10월 10:00~17:30, 11월~3월 15일 10:00~16:30 1월 1일 11:00~16:30, 12월 31일 10:00~15:00 **휴무** 12월 24일 **요금** 성채 외관 €7(학생 €5), 성 내부 €12(학생 €10) **교통** 튀빙겐역에서 IRE열차를 타고 헤싱엔(Hechingen) 역에서 하차. 20~25분 소요. 역 앞에서 300번 버스(15분 소요)를 타고 호엔촐레른 성 아래 주차장(p1)까지 간다. 주차장에서 성까지는 도보 20분이며, 셔틀버스도 운행된다. 300번 버스(헤싱엔 역 앞 출발) 4월 29일~10월 평일 11:25, 13:25, 토·일요일·공휴일 09:25, 14:30, 16:30 ※11:25은 요일에 관계없이 연중 운행한다. 셔틀버스(p1 주차장에서 성 입구까지 운행) 3월 16일~10월 09:00~18:30, 11월~3월 15일 10:00~17:30 **요금** 편도 €2, 왕복 €3,3

4 빌헬름 2세 초상화 5 백의 부인 6 프로이센 왕의 왕관 7 크리스트 예배당

로마 제국의 중심 도시

쾰른

KÖLN(COLOGNE)

베를린

★ 쾰른

Germany

#독일 가톨릭 교회의 중심지#라인 강#한자동맹

라인강 좌안에 자리 잡은 쾰른은 일찍이 수운을 이용해 수륙 교통의 요충지로 발달한 루르 최대 상공업 지역이다. 쾰른의 기원은 기원전 38년 로마 제국이 이곳에 식민 도시를 건설하면서 시작되었다. 쾰른이란 명칭도 로마명 콜로니아(Colonia)에서 유래한다. 795년 카를 대제가 대주교구를 이곳에 세워 역대 대주교의 거점 도시로 발전하면서, 독일 로마 가톨릭 교회의 중심지가 된다.

14~15세기에는 쾰른, 뒤셀도르프 등 라인 강변의 도시들이 한자동맹을 맺어 정치. 경제적 연합체를 이루면서 독일 최대의 상공업 도시로 번창했다. 쾰른 대성당, 오 드 콜로뉴 4711 향수, 쾰슈 맥주, FC 쾰른 축구팀은 쾰른 시민들의 자랑이고 자존심이다.

※쾰른은 도시 규모가 비교적 넓지만, 중요 볼거리가 구시가에 몰려 있어 소도시 범주에 포함시켰다.

Travel
I N F O

{ 가는 방법 }
쾰른 중앙역은 유럽 주요 도시를 연결하는 교통의 요지이다. 프랑크푸르트에서 쾰른까지 ICE열차를 타면 1시간~1시간 20분 정도 걸린다.

쾰른 중앙역의 유인 짐 보관소는 대성당 쪽 출구 왼편에 있으며, 역에서 나오면 바로 쾰른 대성당이 눈에 띈다. 도시는 넓지만 볼거리가 구시가에 밀집해 있어 걸어 다니면서 관광한다.

{ 여행 포인트 }
여행 적기 5~10월이 여행하기 좋다.
점심 식사 하기 좋은 곳 쾰른 대성당 주변과 호에 거리(Hohe Strasse) 주변
최고의 포토 포인트 ●쾰른 대성당 타워
여행안내소
주소 Kardinal–Höffner–Platz 1 D, Köln
전화 0221–34643–0
홈페이지 www.koelntourismus.de
개방 월~토요일 09:00~20:00, 일요일 · 국경일 10:00~17:00
교통 쾰른 대성당 정문 맞은편
지도 p.276

{ 추천 코스 }
예상 소요 시간 5시간(미술관 관람 시 1일)

> **쾰른 역**
>
> ⋮ 도보 2분
>
> **쾰른 대성당**
>
> ⋮ 도보 2분
>
> **로마게르만 박물관**
>
> ⋮ 바로
>
> **루트비히 미술관 · 아그파 사진박물관**
>
> ⋮ 도보 5분
>
> **발라프 리하르츠 미술관**
>
> ⋮ 도보 10~15분
>
> **초콜릿 박물관**
>
> ⋮ 도보 10분
>
> **오 드 콜로뉴 4711 향수 쇼핑**

TRAVEL TIP

쾰른에서 시작하자
유람선 타고 라인 강 투어하기

쾰른에서 뤼데스하임까지 전 구간의 유람선을 타면 시간이 많이 걸리므로, 경관이 밋밋한 쾰른–장크트고아르 구간은 열차로 이동하고, 장크트고아르–뤼데스하임 구간은 열차 대신 유람선으로 이동하면서 로렐라이를 비롯한 라인 강변 고성의 절경을 즐기는 것을 추천한다. 라인강을 따라가는 로맨틱 라인 여행의 자세한 정보는 p.284 참조.

KD라인 유람선
코스 쾰른–장크트고아르–뤼데스하임 구간 **전화** 0221–208–8318 **홈페이지** www.k–d.com **운행** 4~10월 편도 €38.4, 왕복 €43.40, 유레일패스 소지자 무료 **교통** 쾰른 대성당 뒤편 라인 강변 따라 남쪽으로 내려가 도이치 다리(Deutzerbrucke) 건너기 전에 선착장이 있다.

대성당 앞 광장에 열린 크리스카스 마켓

❶ 라인 강변 고성의 절경을 즐길 수 있는 유람선을 쾰른에서 탈 수 있다.
❷ 오 드 콜로뉴 4711 향수
❸ 루트비히 미술관

도시 전체가 볼거리

중앙역에서 나오면 쾰른의 랜드마크인 대성당이 바로 앞에 우뚝 솟아 있다. 대성당 타워에 올라가면 라인 강변의 구시가의 전경이 한눈에 들어온다. 광장 바로 옆에 있는 로마게르만 박물관에서 2000년 전 로마 식민지 때의 유적들을 본다. 피카소를 비롯한 현대미술에 관심이 많다면 로마 게르만 박물관에서 라인강 쪽으로 조금만 가면 나오는 루트비히 미술관으로 간다. 시간적 여유가 없다면 바로 독일의 대표적 미술관인 발라프 리하르츠 미술관으로 가자. 렘브란트, 루벤스 등 인상파 화가 작품과 슈테판 로흐너의 '장미 정자의 마돈다' 등을 놓치지 말자.

관람을 마치면 대충 점심시간
이 될 것이다. 늘 여행객들로
붐비는 보행자 천국의 쇼핑가
인 호에 거리(Hohe Strasse)
로 가면 숍과 식당이 즐비해
독일의 음식을 골라가며 맛볼
수 있다. 쾰른의 명물 쾰슈비
어(Kolschbier)도 마셔보고,
쾰른의 명물 향수인 오 드 콜

❶ 쾰른의 명물인 쾰슈 맥주
❷ 보행자 천국의 쇼핑가 호에 거리

로뉴 4711 상점도 들러보자. 강변으로 되돌아가면 초콜릿 제조
과정을 볼 수 있는 초콜릿 박물관이 나온다. 1층 커피숍의 강변
전망이 좋으니 이곳에서 커피 한잔 마시면서 잠시 피로를 풀어도
좋다.

일정을 마치고 프랑크푸르트로 간다면 코블렌츠 또는 라인 강변
의 하이라이트인 장크트고아르(St.Goar)까지 기차로 이동하고,
장크트고아르에서 버스를 타고 로렐라이로 올라가서 라인 강변
의 전경을 즐겨보고, 오후(17시 10분경) 유람선을 타고 뤼데스하
임까지 간다면 여유 있게 일정을 마칠 수 있다.

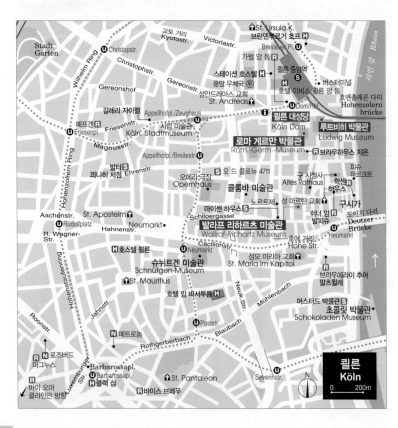

♥♥♥
쾰른의 상징적인 건축물
쾰른 대성당
Köln Dom

중앙역 바로 앞에 높이 157m인 2개의 첨탑이 우뚝 솟아 있는 거대한 고딕 건축물이 바로 쾰른을 대표하는 대성당이다. 1248년 대주교 콘라트 폰 호흐슈타텐이 짓기 시작해 전쟁과 자금 부족 등으로 1560년부터 300여 년 동안 공사가 중단되었다가 1880년에 완공되었다.

구조와 장식의 조화로 가장 장엄하고 대담한 고딕 양식의 구조로서 1880년 당시 세계에서 가장 높은 건축물이었으나 10년 후 에펠탑에 추월당했다. 제2차 세계대전 때 쾰른시 전체가 파괴되었으나 다행히도 대성당만은 폭격으로부터 비켜나가 지금의 위용을 지킬 수 있었다. 오늘날 대성당의 가장 큰 골칫거리는 날씨와 오염이라 대성당 건축회사가 유지, 복원 작업을 끊임없이 하고 있다.

성 베드로와 성 바올로가 조각되어 있는 정문을 통과해 성당 안으로 들어서면 왼쪽에 그리스도의 생애를 그린 성 클라라의 제단이 있다. 오른쪽에는 루트비히 1세가 기증한 화려한 스테인드글라스가 있는데, 그곳에 성모와 성 베드로의 생애를 묘사한 중요 장면들이 있다. 북쪽 왼쪽에는 970년에 게로 대주교가 만든 유럽에서 가장 오래된 나무십자가(Gerokreuz)가 있으니 눈여겨보자[당시 눈에서 광채가 나는 메시아가 아니라 죽어가는 인간으로서 그리스도가 눈을 감는 모습을 보여준다는 자체가 흔하지 않던 시절이었다]. 중앙 맨 끝에는 세 동방박사의 유골이 안치된 황금빛 유골함(1180~1225년에 만든 보석으로 치장된 석관)이 볼만하다. 제단 왼편의 지하 보물실에는 금, 은, 등으로 세공한 헌금 접시, 제의(祭衣), 검 등이 보관되어 있다.

쾰른 시내 전경을 보고 싶으면 힘들더라도 157m의 첨탑으로 연결된 509개 계단을 따라 올라가면 된다. 대성당에서 나와 왼쪽 계단으로 내려가면 첨탑 입구가 나온다.

주소 Domkloster 3, Köln **전화** 0221-9258-4730 **홈페이지** www.koelner-dom.de **개방** 성당 11~4월 06:00~19:30, 3~10월 06:00~21:00, 일요일·공휴일 13:00-16:30 / 탑 11~2월 09:00~16:00, 3·4·10월 09:00~17:00, 5~9월 09:00~18:00 / 보물실 매일 10:00~18:00 **요금** 성당 무료, 탑 €4(학생 €2), 보물실 €6(학생 €3) **교통** 쾰른 역에서 나오면 왼쪽으로 도보 1분 **지도** p.276

1 쾰른 대성당 2 제단 보물실 3 970년에 게로(Gero) 대주교가 만든 유럽에서 가장 오래된 나무십자가 4 황금빛 유골함

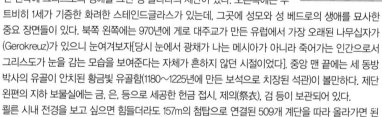

로마게르만 박물관
Romisch-Germanisches Museum

1974년 술의 신 디오니소스의 모자이크가 발견되었던 곳에 박물관을 세웠다. 이 박물관은 2000년 전 로마의 식민지로 출발했던 쾰른의 역사를 한눈에 볼 수 있다. 이곳에 전시된 소장품들은 3층에 걸쳐 라인 강변에서 출토되었던 로마 시대의 유물인 그릇, 화폐, 장난감, 값비싼 로마 유리등과 문화를 생생하게 보여준다. 220~230년쯤 한 상인의 저택 식당 마루를 장식했던 그리스 신화의 술의 신인 디오니소스의 모자이크가 볼만하다. 연회장 바닥을 장식한 가로 7m, 세로 10m 크기의 모자이크 한가운데에는 디오니소스가 술에 만취해 반인반수 사티르에게 기대어 서 있는 장면이 있다. 주노, 빅토리아, 마르스를 묘사한 주피터 기둥의 광장도 볼만하다.

로마 시대에 쾰른은 유리 세공에 가장 중요한 곳이었기에 이곳에는 유리 제품 소장품이 많다. 가장 유명한 전시품으로는 대작으로 알려진 '뱀실 유리병(Nake-thread Glasses)'이있다. 1893년에 발견된 높이 27.5cm의 3세기 작품으로, 여러 색상의 뱀실로 장식한 무색으로 만든 유리병이다. 그 밖의 흑해 대장간에서 만든 케르치 왕관(Kerch Crown)도 볼만하나, 현재 다른 곳에 임대 중이다.

주소 Roncalliplatz 4, Köln **전화** 0221-2212-4438 **홈페이지** www.roemisch-germanisches-museum.de **개방** 화~일요일 10:00~17:00, 매월 첫째 주 목요일 10:00~22:00 **휴무** 월요일 **요금** 박물관 €9(학생 €5), 통합권(박물관+프라에토리움) €10(학생 €5.5) **교통** 쾰른 대성당 뒤편 **지도** p.276

1 박물관 앞에 전시된 라인 강변에서 출토되었던 로마 시대의 주춧돌
2 로마게르만 박물관
3 연회장 바닥을 장식한 디오니소스의 모자이크
4 주노, 빅토리아, 마르스를 묘사한 쥬피터 기둥의 광장

❤
수백 점의 피카소 작품을 전시

루트비히 미술관 · 아그파 사진박물관
Ludwig Museum · Agfa Photo-Historama

루트비히 황제와 동명 이인인 루트비히가 기증한 수집품으로 1976년에 설립된 미술관이다. 쾰른에서는 현대미술을 전시한 첫 번째 박물관이다. 독일 표현주의 작품, 앤디 워홀의 팝아트 작품, 러시아 아방가르드 미술 등 20세기 이후의 현대미술만을 전시하고 있다. 수백 점의 피카소와 칸딘스키 작품도 볼 수 있다. 로이 리흐텐슈타인의 '아마도(Maybe)', 조지 시갈의 '식당 창문(Restaurant Window)', 에르스트 루트비히 키르히너의 '모자 쓴 여인의 반 누드화' 등이 이 박물관에서는 가장 유명한 작품에 속한다. 입구에는 백남준 비디오 아트도 설치되어 있다. 그리고 같은 건물에 아그파 사진박물관이 있는데 독일을 대표하는 필름 제조 회사이다. 19세기부터 지금까지 필름과 카메라의 역사를 일목요연하게 보여주는 세계적인 사진 전시관이다.

주소 Heinrich–Böll–Platz, Köln **전화** 0221-221-26165 **홈페이지** www.museum-ludwig.de **개방** 화~일요일 10:00~18:00, 매월 첫째 주 목요일 10:00~22:00 **휴무** 월요일 **요금** €12(학생 €8) **교통** 쾰른 대성당(쾰른 역)에서 도보 8분 **지도** p.276

1, 2 루트비히 미술관 3 루트비히 미술관 내부

♥

유명 작품을 다수 보유한 독일 대표 미술관

발라프 리하르츠 미술관
Wallraf-Richartz Museum

19세기 초에 페르디난트 프란츠 발라프가 수집한 작품을 쾰른의 상인 리하르츠가 기부한 자금으로 1954년에 개관한 독일의 대표적인 미술관이다. 1500년대 귀중한 작품은 물론 중세 때 쾰른을 중심으로 라인란트 지방에서 활약한 쾰른파와 인상파의 작품들이 가장 광범위하게 전시되어 있다. 16~18세기 플랑드르와 네덜란드 대가들(렘브란트, 루벤스 등), 현대부터 1900년대까지의 독일과 프랑스 화가의 작품들이 전시되어 있다. 중세 작품인 '옥좌 위의 마돈나와 아기 예수', 슈테판 로흐너의 '장미 울타리가 있는 정자의 마돈나', 바로크 시대 작품인 루벤스의 '유노와 아르고스(이오를 사랑하는 제우스와 질투하는 헤라의 이야기, 천개의 눈을 가진 아르고스는 헤라의 명을 받아 이오를 감시하다 헤르메스에게 목이 베어 살해된다)', 렘브란트의 '자화상', 프랑소아 부셰의 '휴식 중인 소녀', 19세기 작품인 막스 리버만의 '표백장', 오귀스트 르누아르의 '커플', 인상파 화가 모네의 '수련', 뭉크의 '다리 위 3명의 소녀' 등 우리에게 친숙한 작품이 많이 있다.

주소 Obenmarspforten 40, Köln **전화** 02221-221-21119 **홈페이지** www.wallraf.museum **개방** 화~일요일 10:00~18:00, 매월 첫째 · 셋째 주 목요일 10:00~22:00 **휴무** 월요일, 12월 24~25일, 1월 1일 **요금** €9(학생 €5.5) **교통** 대성당에서 도보 5분. 또는 6 · 11 · 12 · 13번 S-반(S-Bahn)이나 106 · 132 · 133 · 250 · 260 · 978번 버스를 타고 호이마르크트(Heumarkt) 하차 **지도** p.276

1 슈테판 로흐너의 '장미 울타리가 있는 정자의 마돈나'
2 오귀스트 르누아르의 '커플'
3 뭉크의 '부두가의 소녀들'
4 막스 리버만의 '표백장'
5 옥좌 위의 '마돈나와 아기 예수'

♥♥♥
전망 좋은 카페가 인기
초콜릿 박물관
Schokoladen Museum

초콜릿 제조 과정을 볼 수 있는 박물관이다. 카카오 열매를 말려 코코아 가루를 만든 다음 초콜릿으로 완성해 가는 과정이 아주 흥미롭다. 입장권에는 초콜릿 한 조각이 포함되어 있다. 초콜릿을 시식하는 코너에 가면 남녀노소 할 것 없이 초콜릿을 즐기는 모습을 볼 수 있다. 1층 로비에는 라인 강변의 전망 좋은 초콜릿 카페가 있다.

주소 Am Schokoladenmuseum 1A, Köln **전화** 0221-9318-880 **홈페이지** www.schokoladenmuseum.de **개방** 화~금요일 10:00~18:00, 토~일요일, 공휴일 11:00~19:00 **휴무** 월요일 **요금** €11.5(학생 €7.5) **교통** 중앙역에서 133번 버스를 타고 박물관(Schokoladenmuseum) 앞에서 하차 **지도** p.276

(TRAVEL TIP)

쾰른의 명물 향수
오 드 콜로뉴 4711(Eau de Cologne 4711)

프랑스어로 '쾰른의 물'을 의미하는 오 드 콜로뉴는 알코올에 감귤계 기타의 천연 방향유를 배합해 용해시킨 상쾌한 방향을 내는 향수를 말한다. 1792년 카르투지오 수도회의 수사가 젊은 뮐헨스 부부에게 소중한 결혼 선물[훗날 쾰른 생수라 불리는 아쿠아 미라빌리스(기적의 물)의 제조 기법]을 선사했는데, 이 비법의 가치를 바로 인식하고 빌헬름 뮐헨스는 글로켄가세(Glockengasse)에 쾰른 생수 제조업체를 설립했다. 그 후 쾰른의 물에는 신비한 효능이 있다고 알려지면서 1907년 이탈리아 출신의 G.M 파리나가 감귤계(오렌지유. 레몬유 등)를 주체로 한 새로운 화장수를 만들어 내어 독일어로 쾰른수라 명했다. 보통의 향수보다 향분이 적고 다소의 수분을 함유한 알코올성 방향품이라 욕실. 거실. 병실 등의 살포용에서 수건 그 밖의 의류 등에도 사용하는 만능 향수의 일종이다. 4711이라는 이름은 나폴레옹 점령 때(1796년) 쾰른 주재 프랑스 사령관인 도리예 장군이 통치상 편의를 위해 집집마다 각기 번지를 매기면서, 글로켄 거리(Glockengasse)에 있는 빌헬름 뮐헨스 향수 공장이 4711번지가 되면서부터다. 1875년에는 상표로 등록되었다. 나폴레옹 군대가 철수할 때 군인들이 선물용으로 이 향수를 사갔는데, 파리에서 좋은 반응을 얻으면서 쾰른의 대표적 향수로 사랑을 받게 되었다. 지금도 글로켄 거리 4711번지에는 오 드 콜로뉴 4711과 기념품을 사기 위해 찾아오는 여행객들로 붐빈다. 가격은 향수 비누 1개당 €2.5, 향수병이 €7 정도이다.
오 드 콜로뉴에 관심이 있다면 발라프 리하르츠 박물관 대각선에 위치한 향수박물관(Duftmuseum im Farina Haus; www.farinahaus.de, 월~토요일 10:0~19:00, 일요일 11:00~16:00, 입장료 €7, 1시간 소요)에 들러보자. 가이드 투어를 통해 오 드 콜로뉴의 역사와 제조 방법 등을 흥미롭게 진행한다.

주소 Glockengasse 4, 50667 Köln **전화** 0221-5728-9250, 0221-270-999 **홈페이지** www.4711. com **영업** 월~금요일 09:30~18:30, 토요일 09:30~18:00 **휴무** 일요일 **교통** 쾰른 대성당에서 호에 거리(Hohe str.)를 따라 가다가 브뤼켄 거리(Brücken str.)에서 우회전해서 직진하면 나온다. 또는 S6, U1선 아펠호프플라츠(Appellhofplatz) 역이나 노이마르크트(Neumarkt) 역에서 하차 후 도보 2분 **지도** p.276

쾰른의 명물 맥주
쾰슈비어 Kölsch Bier

쾰슈 맥주는 대성당, 라인강과 함께 쾰른을 대표하는 상징이다. 로마게르만 박물관에 있는 디오니소스 모자이크(디오니소스가 술에 만취해 반인반수 사티르에게 기대고 서 있는 장면)처럼 로마 시대부터 쾰른 사람들은 늘 맥주를 마시곤 했다. 쾰른에는 대략 3000여 개의 레스토랑과 펍이 있는데, 그중에서 알트마르크트 주변에 있는 쾰른 양조장이 가장 전통을 자랑한다.

쾰슈 맥주는 대맥과 소맥을 약간 섞어 발효시켜 제조하는데, 옅은 색깔과 독특하고 씁쓸한 맛이 특징이다. 쾰슈 맥주는 반드시 전형적인 맥주잔(폭이 좁고 가느다란 잔으로 용량은 0.2ℓ)에 부어 마신다.

참고로, 쾰슈 맥주를 마실 때 더 이상 마시고 싶지 않으면 맥주잔 받침을 빈 컵 위에 올려 놓는다. 그렇지 않으면 추가 주문으로 인식해 계속 채워준다. 주의해야 할 점은 절대로 쾰른의 라이벌 도시인 뒤셀도르프(1200년대부터 광물 소유권 문제로 쾰른과 사이가 좋지 않으며, 맥주, 축구 등 도시 간의 라이벌 의식이 심하다)를 칭찬하거나 다른 지역의 맥주를 주문하면 안 된다는 사실이다.

11월 11일 11시 11분에 시작되는 축제
쾰른 카니발 Köln Carnival

쾰른 카니발은 대성당, 라인강처럼 쾰른에 속하는 다섯 번째 계절로 대접을 받고 있다. 매년 11월 11일 11시 11분에 카니발이 시작되어 3개월간 지속된다. 카니발은 모든 사람에게 자기 자신과 세상 모든 사람을 웃음바다로 만드는 것을 허용하고 있다.

크리스마스이브와 재의 수요일[옛날 이날에는 참회자 머리 위에 재를 뿌린 습관에서 유래] 사이에 600개 이상의 이벤트가 있는데, 특히 장미의 날(Rosenmontag; 재의 수요일 전 월요일)을 전후로 한 '미치면 미칠수록, 더욱더 좋다'는 모토의 미친 날(카니발 마지막 둘째 주 목요일)은 카니발 시즌의 하이라이트이다. 수백만 명의 카니발 팬들이 쾰른의 3인조 왕자, 농부, 처녀들의 개선 퍼레이드를 보기 위해 이곳으로 몰려든다. 트럭 행렬, 거인, 전 세계에서 온 수십 명의 밴드, 수백 마리의 말, 컬러풀한 보행자들이 거리를 행진한다. 연인들이 서로 알라프(Alaaf : 연인들끼리 부르는 소리)하며 고성을 지르고, 구경꾼들에게 꽃과 인형 등을 마구 뿌려대는 모습은 광란 그 자체이다. 특히 술에

취한 여성들이 거리를 헤매면서 넥타이를 맨 남자들에게 덤벼들어 넥타이[남자의 성기를 의미]를 자르면서 광란의 극치를 이룬다. 외지에서 온 여행자들에게 큰 매력 포인트가 되는 쾰른 카니발은 이 도시의 문화와 경제에도 상당한 영향을 미친다. 쾰른 시는 축제는 많은 돈을 순환시켜 카니발 덕분에 3000개의 직업이 보장받는다. 레스토랑과 기차, 대중교통수단, 장인, 제과점, 예술가 등이 쾰른 카니발을 통해 엄청난 돈을 번다.

가펠 암 돔
Gaffel Am dom

상당히 넓은 홀이 늘 손님들로 가 득 차 있을 정도로 인기 있는 독일 전통 요리 전문점이다. 예산 €15~. Knusprige spanferkelhaxe- roasted suckling pig(정강이돼 지고기+감자+양배추) €14.90, Ein Drittel Bratwurst(소시지+감자+양배추) €10.90.

1 소시지 요리(Ein Drittel Bratwurst)

주소 Bahnhofsvorpl. 1, 50667 Köln **전화** 0221-913-9260 **홈페이지** www.gaffel-am-dom **영업** 매일 11:30~23:00 **교통** 중앙역 맞은편 **지도** p.276

바이 오마 클라인만
Bei Oma Kleinmann

현지인들이 즐겨 찾는 술집 겸 레스토랑. 비너슈니첼은 양이 매 우 많으니 요리 주문 시 유의한다(여성 2명이라면 1인분만 시키 고 다른 디저트를 추가 주문하는 게 낫다). 직원이 매우 친절하고 서비스가 양호하다. 슈니첼 €14.9~, 샐러드 €3.9~.

주소 Zülpicher Str. 9, 50674 Köln **전화** 0221-232-346 **홈페이지** www.beiomakleinmann.de **영업** 화~목요일·일요일 17:00~24:00, 금~토요일 17:00~밤 01:00 **휴무** 월요일 **교통** U선 바르바로사플라 츠(Barbarossaplatz) 역에서 도보 5분 **지도** p.276

스테이션 호스텔 백패커스
Station Hostel Backpackers

중앙역 근처에 위치한 유스호스텔. 객실 50개, 침대 180개를 갖 췄으며 주로 배낭여행객들이 머문다. 더블 €48, 조식 포함.

주소 Marzellenstrasse 44-56, 50667 Köln **전화** 0221-912-5301 **홈페이지** www.hostel-cologne.de **교통** 대성당에서 북쪽 마르첼렌 거리(Marzellenstrasse)로 도보 5~7분 **지도** p.276

이비스 쾰른 암 돔
Ibis Koeln Am Dom

유럽에서 가장 유명한 이비스 체인 호텔. 바로 중앙역 앞에 자리 해 입지가 좋다. €70~.

주소 Bahnhofsvorplatz, 50667 Köln **전화** 049-221-9128580 **홈페 이지** www.ibis.com **교통** 쾰른 역 근처 **지도** p.276

라인강을 따라가는 최고의 관광 코스

로맨틱 라인

ROMANTIC LINE

#최고의 경관#포도밭#고성#중세 분위기

베를린

로맨틱 라인

Germany

라인 강변에서 가장 아름다운 마을로 꼽히는 뤼데스하임

총 1320km에 이르는 라인강(Rhein)은 스위스 알프스 산지에서 시작해 오스트리아, 독일, 프랑스, 네덜란드를 거쳐 북해로 흘러간다. 그중에서도 독일을 거쳐 가는 부분이 가장 길며 로마 시대부터 운하를 이용해 상공업의 거점으로 성장했다.

보통 뤼데스하임에서 코블렌츠에 이르는 70km 구간을 로맨틱 라인(넓게는 쾰른~마인츠 구간 180km)이라 하는데, 그중에서도 빙겐(Bingen)부터 장크트고아르스하우젠(St. Goarshausen)까지의 라인 협곡은 가장 아름다운 경관을 자랑한다. 강변을 따라 화이트 와인의 주산지인 포도밭과 중세의 흔적이 남아 있는 고성들, 하이네의 시로 유명한 로렐라이 언덕 등이 있어 수많은 관광객들의 발길을 끄는 관광 코스이다.

{ k-d 유람선 }

마인츠에서 쾰른까지 운항되는 유람선은 통상 1일 1회 운항하지만 로맨틱 라인의 하이라이트인 장크트고아르스하우젠(보파르트)-뤼데스하임 구간은 1일 3회 정도 운항한다. 운항 시간이 최소 2~4시간 이상 걸리므로 유람선 내에서 식사도 할 수 있다. 여름에도 기상변화가 심해 흐린 날은 춥기 때문에 긴 팔 옷을 꼭 준비해야 한다.

전화 0221-2088-318 **홈페이지** www.k-d.com

{ 추천 코스 }

독일 여행의 하이라이트라고 할 만큼 그 경관이 뛰어난 '로맨틱 라인' 코스. 유레일패스 소지자는 기차와 유람선을 무료로 탈 수 있어 여행의 즐거움이 배가된다. 프랑크푸르트에서 당일로 다녀오는 방법과 쾰른에서 프랑크푸르트로 이동하면서 즐기는 방법이 있다.

라인강 유역 여행 정보
www.loreleyvalley.com
www.rhinecastles.com
www.rhine-cruise-lines.com

프랑크푸르트에서 출발할 때
프랑크푸르트 중앙역(Hbf)에서 RB열차로 뤼데스하임까지 1시간 10분 걸려 통상 당일치기로 다녀오는 경우가 많다. 아침 일찍 출발하면 뤼데스하임과 주변 로렐라이, 빙엔 등을 들를 수 있다.

❶ **기차** 프랑크푸르트 중앙역(07:53)→뤼데스하임 역(09:04)
뤼데스하임 역에서 선착장까지 도보 5~8분

❷ **유람선** 뤼데스하임(09:15) → 장크트고아르스하우젠(로렐라이 11:05)
이 코스가 로맨틱 라인의 하이라이트이다.

❸ **유람선** 장크트고아르스하우젠(15:10)→뤼데스하임(18:15)
유람선에서 내려 관광을 한 후 다시 상행선을

타고 뤼데스하임으로 돌아온다. 뤼데스하임 시내는 2시간이면 관광할 수 있다.

❹ **기차** 뤼데스하임(18:53, 20:53) → 프랑크푸르트(20:05, 22:05)

쾰른에서 출발할 때
오전에 쾰른 시내를 관광하고, 오후에 로맨틱 라인으로 이동하는 코스

❶ **기차** 쾰른(11:53, 13:53) → 장크트고아르스하우젠(13:25, 15:25)

❷ **유람선** 장크트고아르스하우젠(15:10, 17:10) → 뤼데스하임(18:15, 20:15)
쾰른에서 코블렌츠까지는 주변 경관이 밋밋하므로 열차로 이동하고 로맨틱 라인의 하이라이트인 장크트고아르스하우젠(뤼데스하임행 구간)에서 유람선을 탄다.

❸ **기차** 뤼데스하임(18:53, 20:53) → 프랑크푸르트(20:05, 22:05)
시간적 여유가 있으면 뤼데스하임에서 1박을 하자. 라인 강변에서 가장 아름다운 마을 뤼데스하임에서 와인을 마시며 즐거운 하루를 보낼 수 있다.

※쾰른~마인츠 구간(상행)은 마인츠~쾰른 구간(하행)에 비해 물살을 거슬러 올라가야 하므로 시간이 좀 더 걸리니, 일정을 짤 때 유의한다.
※열차 이동 시 북쪽(하행선)으로 갈 때는 오른쪽에, 남쪽(상행선)으로 갈 때는 왼쪽에 앉아야 라인 강변의 아름다운 절경을 즐길수 있다.
※뤼데스하임(Rüdesheim) 역은 작은 역사라 짐을 넣어둘 무인보관함이 없으니 유의한다. 기차역이 서쪽에, 구시가지와 선착장이 동쪽에 위치하고 있으므로 기차역에서 내리면 동쪽으로 되돌아가야 한다.

여행안내소(뤼데스하임)
주소 Rheinstrasse 29a D-65385 Rüdesheim am Rhein **전화** 06722-90615-0
홈페이지 www.ruedesheim.de
개방 11~3월 월~금요일 10:00~16:00, 4~10월 09:00~18:00, 토~일요일 10:00 ~16:00
교통 뤼데스하임(Rüdesheim) 역에서 라인 거리(Rheinstrasse)를 따라 도보 10분 **지도** p.293-B

Preview
ROMANTIC LINE

라인강 유람선 투어의 하이라이트

스위스 산속에서 발원해 네덜란드의 북해로 흘러드는 라인강은 전체 길이 1320km에 이르는 유럽에서 가장 긴 강 중 하나다. 기원전 게르만족은 이 강을 끼고 로마군과 싸웠다고 한다. 독일인에게는 아버지 같은 강으로, 강변에는 전설이 깃든 성과 바위산이 줄지어 있다. 주변은 화이트 와인의 주요 생산지임을 알려주듯 포도밭이 펼쳐져 있다.

라인 강변에서 제일 처음 만나게 되는 뤼데스하임은 마을을 에워싸고 있는 아름다운 포도밭과 아담한 고성 그리고 중세 분위기가 물씬한 구시가지가 어우러져 라인 강변에서 가장 아름다운 마을로 손꼽히는 곳이다. 라인강과 모젤강이 합쳐지는 곳에 위치한 코블렌츠는 숲과 호수가 아름다운 곳으로 상업이 발달한 도시이다. 로맨틱 라인의 마지막 종점인 퀼른은 대성당이 유명하다.

로맨틱 라인은 라인강을 따라 주변 산자락에 고풍스러운 고성들이 즐비하게 서 있다. 이 고성들은 중세 때 각국의 제후들이 라인 강변에 지어 자기 영지에 들어오는 선박에 통행세를 받으며 세수를 확보하거나, 방어의 기능, 제후의 거처를 위한 기능으로 활용했다. 14세기 후에는 군사용으로 사용되었는데, 프랑스 군대에 의해 파괴된 후 방치되다가 19세기에 복원했다. 지금은 박물관, 레스토랑, 호텔 등으로 사용되고 있다. 언덕 위에 세워진 고성들이 라인강과 조화를 이루어 매우 아름답다.

1 뤼데스하임
2 코블렌츠
3 빙엔

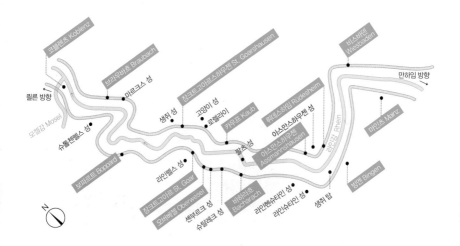

생쥐의 전설이 전해지는 곳
생쥐 탑
Mäuseturm

라인강 531km 지점. 하토라는 사제가 농민들에게 교구세(식량)를 거둬들어 마인츠에 있는 창고에 쌓아 놓았다. 흉년이 들어 배고픈 농민들이 사제에게 가서 식량을 요구하자, 그는 농민들을 창고에 가두고 불을 태워 죽였다. 겨우 생쥐만 구사일생으로 탈출해 성에 쳐들어가 곡식을 게걸스럽게 다 해치워

먹자, 하토는 라인강의 작은 성에 있는 탑으로 가면 생쥐로부터 안전할 거라 생각하고 빙겐으로 간다. 그런데 그곳에 생쥐들이 대기하고 있다가 그를 공격해 죽이고 잡아먹었다는 전설이 있다.

유스호스텔로 사용 중인 성
슈탈레크 성
Burg Stahleck

라인강 545km 지점. 바하라흐(Bacharach) 언덕에 위치한 성으로 1095년에 건축되었으며, 지금은 유스호스텔로 이용되고 있다.

통행세를 걷기 위해 세운 성
팔츠 성
Pfaltz

라인강 547km 지점. 팔츠 선제후가 14세기에 통행세를 징수하기 위해 축성했는데, 강 한가운데에 성을 축성한 이유는 양쪽으로 지나가는 선박한테 통행세를 신속하게 거두기 위해서다.

♥♥♥
전설이 내려오는 언덕
로렐라이
Lorelei

라인강 555km 지점으로, 오른편에 우뚝 솟아 있는 커다란 바위다. 하이네의 시로 유명해졌으며 그 사연은 전설처럼 회자되고 있다. 가곡 '로렐라이'는 라인 강변에서 전해 오는 로렐라이의 전설을 다룬 노래로, 하인리히 하이네가 쓴 시에 프리드리히 질허가 곡을 붙였다.

전설에 의하면, 라인 강변의 한 마을에 로렐라이라는 눈부신 금발의 아름다운 여인이 살았다. 그녀는 연인을 전쟁터로 떠나보낸 후, 매일같이 언덕에 나와 그를 기다렸다. 언덕 아래 협곡은 물살이 험하기로 유명한 곳이어서 그녀의 아름다운 모습에 한눈을 판 사공의 배가 난파되는 일이 잦았다. 로렐라이는 그것도 모르고 계속 언덕에 나와 있었는데, 불행하게도 돌아오던 연인이 탄 배 역시 언덕 앞을 지나다 암초를 들이받고 가라앉게 되었다. 하이네는 전설 속 여인의 아름다움을 찬미하며, 그녀의 신비로우면서도 슬픈 노래가 뱃사공을 홀려서 난파를 이끌었다고 표현했다. 실제로 로렐라이 언덕이 있는 장크트고아르스하우젠의 협곡은 수심이 깊고 물살이 빨라 난파 사고가 자주 나는 곳이다. 로렐라이는 라인 강변에 우뚝 솟아 있는 커다란 바위 언덕인데, 노래가 국민적인 인기를 끌면서 많은 사람이 찾는 명소가 되었다.

로렐라이 언덕에 가려면 장크트고아르스하우젠 선착장에서 하차해야 한다.

로렐라이의 신비로운 전설이 담긴 시

라인강은 고요히 흐르고 산봉우리에 저녁놀이 빛나고,
저기 바위 위에 천사같이 아리따운 여인이 앉아,
황금빛으로 머리카락을 빗고, 나직이 노래하네.
노래의 선율이 이상하게 사람의 마음을 유혹하고,
작은 배에 탄 뱃사공은 걷잡을 수 없는 수심에 잠겨
암초는 보지 못하고 언덕 위만 바라보네.
마침내 물결이 사공과 배를 삼킬 것이야,
로렐라이의 노래가 그랬던 것처럼.
– 하인리히 하이네, '로렐라이' 중에서

무사 통과를 감사하며
선원들이 쉬어가던 곳
장크트고아르 ·
라인펠스 성
St. Goar ·
Burg Rheinfels

라인강 557km 지점. 라인펠스 성은 1245년 카체넬른보겐 백작이 라인강을 지나는 배에게 통행세를 징수하기 위해 장크트고아르 위에 세운 성인데, 지금은 성 일부가 고성 호텔로 이용되고 있다. 과거 선원들이 가장 두려워하는 인근 로렐라이 언덕을 무사히 통과하면 이곳 장크트고아르에 정박하면서 잠시 쉬어 갔으며, 이에 감사의 표시로 신에게 헌금을 내곤 했다고 한다.

1 라인펠스 성 2 장크트고아르

언덕 위의 아름다운 고성
고양이 성
Burg Katz

라인강 560km 지점. 1371년 카체넬른보겐 백작이 축성한 고성으로, 라인강을 지나는 배에게 통행세를 징수하기 위해 장크트고아르스하우젠 너머 언덕에 세웠다. 고양이 성은 로렐라이 언덕(Patersberg)에서 바라볼 때 가장 아름답다. 라인 강 건너편에 라인펠스 성이 보인다.

1 고양이 성
2 로렐라이 주변. 맨 뒤가 고양이 성

고양이 성과 서로 경계하던 관계
생쥐 성
Burg Maus

라인강 562km 지점. 카체넬른보겐 백작이 지은 라인펠스 성이 완성된 지 10년 후 트리어의 대주교가 1255년 라인펠스 성 건너편에 작지만 교묘하게 망을 볼 수 있는 성을 지었다. 이에 카체넬른보겐 백작이 즉각적인 반응을 보이며 생쥐 성보다 큰 규모의 고양이 성을 지었다. 고양이 성 신하들이 경멸의 의미로 상대의 성을 생쥐 성으로 불렀단다.

보존이 잘된 로마식 성벽
보파르트
Boppard

라인강 570km 지점. 서기 50년 로마인이 세운 도시인데, 350년에 알레마니안이 침입하자 3m 두께의 로마식 성벽을 쌓았다. 28개의 성벽을 세웠는데, 10m 높이의 11개 벽이 아직도 남아 있다. 독일에서 가장 보존이 잘된 로마식 성벽이 있다.

♥
800년 동안 그대로 보존된 성
마르크스 성
Marksburg

라인강 580km 지점. 브라우바흐 (Braubach) 언덕 위에 세워진 마르크스 성은 후원자 성 마르크의 이름을 따서 지었다. 마르크스 성이 세워진 지점은 라인강이나 배후에서도 공격받지 않는 요충지에 위치해 800년 동안 라인강의 다른 모든 성이 정복과 파괴로 인해 파괴되었지만 마르크스 성만은 이를 피해갈 수 있었다.

♥ ♥
두 개의 강이 만나는 곳
코블렌츠
Koblenz

라인강 590km 지점. 로마 시대에 세워진 도시로 라인 강과 모젤 강이 만나는 교통의 요새이다. 선착장에 도착하면 라인강과 모젤강이 합류하는 지점 도이체스 에크(Deutsches Eck)에 세워진 23m의 거대한 발헬름 1세의 기마상이 가장 눈에 띈다. 제2차 세계대전에

1 플란 광장
2 발헬름 1세의 기마상
3 도이체스 에크

파괴되었으나 최근에 복원되었다. 승선장에서 중앙역으로 가려면 1번 버스를 타고 간다. 걸어서 가려면 30분 이상이 걸린다. 중앙역에 가면 역 건너편에 여행안내소가 있다. 코블렌츠 또한 다른 도시와 마찬가지로 제2차 세계대전으로 많이 파괴된 후 이후 복원된 도시이다. 중앙역에서 구시가지로 이어지는 뢰어 거리 (Lohrstrasse)는 보행자 거리로 현지인들이 많이 모이는 쇼핑가이다. 그리고 고대 로마인이 거주했다는 플란 광장(Amplatz), 뮌츠 광장(Munzplatz) 등의 볼거리가 있다.

❤❤❤
로맨틱 가도의 하이라이트
뤼데스하임
Rüdesheim

로맨틱 라인의 시발점이자 하이라이트인 뤼데스하임은 과즙 맛이 일품인 화이트 와인의 원산지로 유명하다. 낮은 구릉지에 펼쳐진 포도밭 전경이 매우 아름다워 뤼데스하임을 비롯한 라인 계곡 주변이 유네스코 세계문화유산에 등재되었다.

프랑크푸르트에서 기차로 약 1시간 거리에 있어 여행객들이 당일치기로 자주 찾는 뤼데스하임은 라인 강변(철도길)을 따라 길 건너편에 기다랗게 형성된 작은 마을이라 걸어서 관광할 수 있다. 기차역에서 내려 라인 거리(Rheinstrasse)를 따라가면 왼편에 브룀저 성(Brömsburg)이 보인다. 이곳은 10세기 마인츠의 대주교들이 사용하던 성으로, 1640년부터 부분적으로 훼손되자 수차례에 걸쳐 보수했고 지금은 시에서 구입해 와인박물관으로 사용 중이다. 길을 따라 계속 직진하면 라인 강변 쪽에 유람선 선착장이, 건너편에 여행안내소가 있다. 이곳에서 여행 정보를 얻고 도보 여행을 시작한다. 여행안내소 옆 골목길(마르크트 거리)로 걸어가면 마을의 휴식 공간인 마르크트 광장이 있고, 바로 앞에 11세기에 세워진 성 야고보 성당(Pfarkirche St. Jakobus)이 있다. 수세기에 걸쳐 거의 파괴되자 1944년 후에 석조 건물로 복원했다. 광장 왼편에는 유료 화장실이 있다.

광장 위쪽 마르크트 거리로 가면 오베르 거리(Oberstrasse)와 만난다. 니더발트 곤돌라 승강장 부

1 뤼데스하임 2 게르마니아 여신상이 있는 독일 통일기념비 전망대 3 브룀저 성

4 마르크트 거리와 만나는 마르크트 광장 5 성 야고보 성당 6 브룀저 저택(지그프리트 음악박물관)

근 좁은 골목길 주변은 옴짝달싹 못할 정도의 엄청난 인파에 놀라게 된다. 일명 '철새 골목(드로셀 거리 Drosselgasse)'이라 불리는 좁은 골목길은 뤼데스하임의 심장부로 밤이 되면 분위기가 한층 고조된다. 여행객들이 밴드 연주에 맞춰 노래를 부르고 춤추는 모습을 쉽게 볼 수 있다. 오베르 거리(Oberstrasse)의 승차장 근처에 있는 브룀저 저택(Brömserhof: 지그프리트 음악박물관)은 마을에서 가장 아름다운 귀족 저택으로 지금은 350종 이상의 자동연주악기가 있는 박물관이다.

뤼데스하임의 하이라이트는 마을 뒤편 포도밭 언덕의 풍광이다. 니더발트행 곤돌라(Seilbahn: 왕복 €8, 편도 €4, 성수기 09:30~19:00/비수기 09:30~17:00)를 타고 라인 계곡의 니더발트 포도밭 언덕으로 올라가는 10여 분 동안, 드넓은 비탈길을 덮고 있는 푸릇푸릇한 포도밭이 라인 강변과 어우러져 한 폭의 그림처럼 아름답다.

전망대에 올라가면 1877~1883년 독일제국을 축하하기 위해 세운 독일 통일기념비가 보인다. 거대한 게르마니아의 여신상이 위용을 자랑한다. 최근 주변에 계단과 전망대를 조성해 예전보다 한층 멋진 라인 강변의 뷰를 즐길 수 있다. 라인강 건너편에 보이는 마을이 와인 재배로 유명한 빙엔(Bingen)이다. 내려올 때는 곤돌라보다는 가볍게 하이킹하며 낮은 구릉성 포도밭 사잇길로 내려오면서 포도밭 향기에 잠시 빠져보자.

'Rüdesheim' 표지판을 따라가면 쉽게 구시가로 연결된다. 와인 생각이 나면 바인구트(Weingut : 자체농장을 소유하고 있는 와인 양조장)에 들러 회포를 풀고, 유레일패스(또는 독일패스)가 있다면 유람선을 타고 라인 강변의 뷰를 즐겨도 좋다.

괴테가 머문 도시

베츨라어

WETZLAR

#괴테의 연인#라이카#중세 마을

베를린

★
베츨라어

Germany

프랑크푸르트에서 약 70km 정도 떨어진 독일 헤센주에 있는 소도시이다. 광학, 전자공업이 발전한 도시로 아날로그 시대의 명품 카메라 브랜드인 라이카(Leica)의 본거지이기도 하다. 1772년 고등법원재판소였던 제국법원의 수습생이던 괴테가 그곳에서 만난 샤를로테를 사모해 소설 〈젊은 베르테르의 슬픔〉을 집필했던 곳답게 거리 곳곳에 괴테의 흔적들이 남아 있다. 베츨라어의 랜드마크인 돔을 비롯해 괴테 연인의 집인 로테하우스, 제국법원박물관, 독일 전통 가옥인 하프팀버 가옥이 밀집해 있는 코른마르크트, 실러 광장 등 마치 동화책 책장을 하나하나 넘기듯 과거와 현재가 어우러져 소소한 중세 분위기가 돋보인다.

{ 가는 방법 }

기차 프랑크푸르트에서 1시간 거리에 있어 당일로 다녀올 수 있다.

●프랑크푸르트 중앙역 → 베츨라어

RB열차로 1시간 소요

시내 교통 베츨라어 역에서 구시가까지 버스(1회권 €0.5, 매시 10분·40분 출발)로 이동한다. 걸어갈 경우 20분 정도 소요된다. 구시가는 작아서 걸어 다닐 수 있다.

{ 여행 포인트 }

여행 적기 5~9월이 여행하기 좋다.

점심 식사하기 좋은 곳 돔 광장 주변

최고의 포토 포인트

●돔 광장

주변 지역과 연계한 일정 괴테에 관심이 있으면 프랑크푸르트와 베츨라어를 패키지로 묶어 다녀온다. 프랑크푸르트에 있는 괴테 생가인 괴테하우스를 먼저 방문해 명문가 출신인 괴테의 집안 내력을 이해하고, 그가 젊은 시절을 보낸 베츨라어로 이동한다. 1772년 괴테가 수습생으로서 샤를로테를 사모하면서 겪은 번민, 고뇌, 사랑, 실연 등 누구에게나 젊을 때 한번쯤 앓아보는 옛 추억을 되새겨본다.

여행안내소

주소 Domplatz 8, Wetzlar

전화 06441-99-7755

홈페이지 www.wetzlar-tourismus.de

개방 5~9월 월~금요일 09:00~18:00, 토요일 10:00~14:00, 일요일 11:00~15:00 / 10~4월 월~금요일 09:00~17:00, 토요일 10:00~12:00

교통 대성당 앞 돔 광장(Domplatz)에 위치

{ 추천 코스 }

예상 소요 시간 2~3시간

| 대성당 |

도보 2분

| 로테하우스 |

도보 8분(코른마르크트 경유)

| 제국법원박물관 |

도보 1분

| 칼 빌헬름 예루살렘 하우스 |

대성당

돔 광장

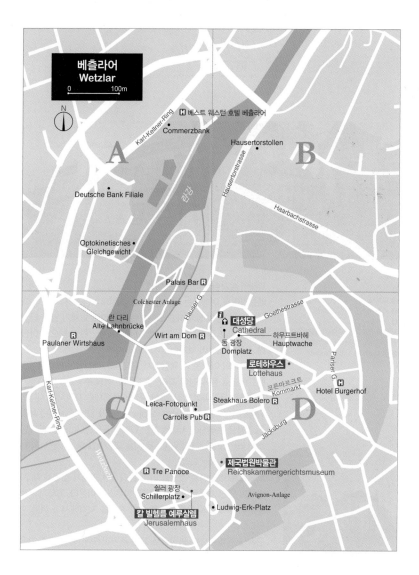

베츨라어
Wetzlar

0   100m

N

Karl-Kellner-Ring
Commerzbank
베스트 웨스턴 호텔 베츨라어 H
Hausertorstollen
Hausertorstrasse
Haarbachstrasse

A

B

란 강

Deutsche Bank Filiale

Optokinetisches Gleichgewicht

Palais Bar R

Colchester Anlage

Hauser G.

란 다리
Alte Lahnbrücke

Wirt am Dom R

Goethestrasse

i 대성당
Cathedral
하우프트바헤
Hauptwache

돔 광장
Domplatz

Paulaner Wirtshaus R

C

Karl-Kellner-Ring

Lahn

로테하우스
Lottehaus

코른마르크트
Kornmarkt

Pariser G.

Hotel Burgerhof H

Leica-Fotopunkt

Steakhaus Bolero R

Carrolls Pub R

D

Jacksburg

R Tre Panoce

제국법원박물관
Reichskammergerichtsmuseum

쉴러 광장
Schillerplatz

Avignon-Anlage

칼 빌헬름 예루살렘
Jerusalemhaus

Ludwig-Erk-Platz

크래머 거리

실러 광장

WETZLAR

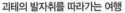

❶ 로테하우스 입구
❷ 시청사
❸ 위병소였던 하우프트바헤
❹ 코른 마르크트.
맨 왼쪽 건물이 1607년에 세워진 하프팀
버가옥(Zum Reichsaphel)이다.
❺ 란 다리(Old Lahn Bridge)

괴테의 발자취를 따라가는 여행

베츨라어를 여행하는 목적은 도시 경관이나 명소가 아니라, 괴테 젊은 시절의 발자취를 느껴보는 것이므로 18세기 말로 타임머신을 타고 돌아간 듯 괴테를 생각하며 편안한 마음으로 아담한 소로를 거닐어 보자.

베츨라어의 여행은 돔 광장에서 시작된다. 대성당은 베츨라어의 랜드마크로 돔 광장에 자리 잡고 있다. 광장 주변은 17~18세기 건물들로 둘러싸여 있다. 특히 광장 오른쪽에는 프러시아 시대의 위병소였던 하우프트바헤(Hauptwache)가 있는데, 1861년 세워진 건물로 프러시아 시대의 고전 양식이 돋보인다. 1862~1877년까지 라인 보병대대의 위병소로 사용되다가 그 후 1972년까지 현지 경찰서로 사용되었다.

하우프트바헤 뒤쪽 계단을 따라 올라가면 괴테가 젊었을 때 사랑했던 연인 샤를로테의 집인 로테하우스가 나온다. 18세기 저택 분위기와 괴테와 샤를로테의 삶의 흔적을 지척에서 느껴볼 수 있다.

근처 코른마르크트 광장으로 가면 주변이 모두 독일 전통 가옥인 하프팀버 가옥들이다. 특히 1607년에 세워진 창문이 돌출된 하프팀버 가옥(Zum Reichsaphel)이 눈에 띈다. 창문 아래 벽면에 가문 내력이 새겨져 있으니 눈여겨보자. 아래 방향으로 걷다 보면 쇼핑가가 나오는데 화려함보다는 소소하면서 은은한 분위기가 풍긴다. 실러 광장에는 괴테 동료였던 칼 빌헬름 예루살렘이 권총 자살했던 칼 빌헬름 예루살렘 하우스가 있다. 그의 자살은 그 후 괴테의 〈젊은 베르테르의 슬픔〉의 모티브가 되었다. 약간의 힐링이 필요하면 근처 란강(Lahn River)으로 가본다. 13세기 말에 세워진 란 다리는 중세 때 프랑크푸르트와 연결된 교역로 역할을 했다. 주변이 숲으로 우거진 공원이라 잠시 피로를 푸는 데 안성맞춤이다.

베츨라어의 랜드마크
대성당
Cathedral

돔 광장에 자리 잡은 대성당은 사실 완성된 건축물이 아니라 서쪽 고딕 파사드와 왼쪽 탑이 아직도 미완성 상태로 남아 있다. 12세기 로마네스크 양식 교회가 있었던 자리에 1230년 새로 교회를 짓기 시작했으나, 건설 계획이 여러 번 변경되면서 화려한 남쪽 탑과 서쪽 파사드 일부만 세웠다. 그 후 자금이 부족해 공사가 중단되었고, 1590년에 비로소 꼭대기 층과 메인 탑 지붕을 완성했다. 결과적으로 로마네스크 말기부터 현대에 이르기까지 독일 교회 건축사의 한 단면을 대변해준다. 초기 고딕 양식의 남쪽 입구로 들어서면 초창기 교회의 로마네스크 세례반과 14세기 말 거대한 대형 피에타를 비롯해 설교단과 바로크 양식의 묘비들이 있다. 종교개혁 이후 주민들이 루터파로 개종하면서 대성당은 프로테스탄트와 가톨릭 교회가 동시에 사용해왔다.

주소 Domplatz, 35578 Wetzlar **전화** 06441 −42493 **홈페이지** www. dom-wetzlar.de **개방** 4월~10월 15일 09:00~19:00, 10월 16일~3월 10:00~16:30 예배 시간(가톨릭 09:30~10:40, 신교 11:00~12:30에는 관람 불가) **요금** 무료 **교통** 돔 광장에 위치 **지도** p.297-D

1 오르간 **2** 대성당 **3** 고딕 양식의 중앙 제단

♥♥.

괴테의 연인 샤를로테의 집

로테하우스
Lottehaus

1772년 5월 10일 괴테가 베츨라어에 도착했을 당시 샤를로테 부프 (Charlotte Buff)의 가족은 지금의 로테하우스로 알려진 독일기 사단 행정관의 저택에서 살았다. 우리에게 잘 알려진 샤를로테의 집은 23세의 젊은 괴테가 법률 수습생으로 거의 매일 그녀의 집을 방문하면서 유명세를 타기 시작했다. 27세의 샤를로테는 이미 청 혼자가 있는 상태라 그의 사랑을 받아들일 수 없었다. 그녀는 일 찍이 어머니를 잃고 16명의 형제, 자매를 부양해야 하는 처지였다. 샤를로테에 대한 깊고 절망적인 애 정으로 더욱 강화된 내면의 감정이 표출된 게 바로 1774년에 발표한 괴테의 첫 번째 소설 〈젊은 베르 테르의 슬픔〉이다. 괴테가 소설 여주인공 이름으로 샤를로테란 실명을 사용할 만큼 그녀는 평생 잊지 못할 여인이었다.

로테하우스 입구로 들어가면 건물이 세 군데 있는데, 정면 건물에서 티켓을 끊고 마당 왼쪽 건물(로 테하우스)로 입장한다. 1922년부터 박물관으로 사용되고 있는데, 건물 안에는 괴테의 샤를로테에 관한 추억과 이미지가 소설 〈젊은 베르테르의 슬픔〉에 고스란히 담겨 있다. 로테에 관한 초상화, 개인 소지품, 역사적인 가구 등을 통해 18세기 당시 중산층의 생활상을 볼 수 있다. 3개 방은 괴테의 〈젊은 베르테르의 슬픔〉 소설에 관한 물품과 원고 등으로 가득차 있다. 첫 번째 인쇄본을 비롯해 수많은 모 조품, 비평 팸플릿, 패러디, 번역물 등이 전시되어 있다. 한글 번역서와 세계 각국의 번역서도 있다. 국내 모기업 총수가 젊었을 때 소설 여주인공에 빠져 그룹명을 지었다는 사연도 박물관 직원들이 알 고 있을 정도이다.

주소 Lottestrasse 8-10, Wetzlar **전화** 06441-99-4134 **홈페이지** www.wetzlar.de **개방** 화~일요일 10:00~13:00, 14:00~17:00 **요금** €3 **교통** 돔 광장에서 도보 2분 **지도** p.297-D

1 로테가 대가족인 형제 자매를 부양했다. 2 샤를로테의 초상화 3 샤를로테의 드레스 4 안마당 왼쪽 건물이 로테하우스이다. 5 로테하우 스의 거실 6 〈젊은 베르테르 슬픔〉 번역본 7 〈젊은 베르테르 슬픔〉 원본 1쇄본

♥
괴테가 수습생으로 일한 곳
제국법원박물관
Reichskammergerichtsmuseum

1495년 독일신성로마제국 최고 법정이 사법 수단에 의한 분쟁을 평화적으로 해결하면서, 자유민이라면 누구나 법원 판결에 이의가 있을 경우 항소할 수 있었다. 1693년 베츨라어로 대법원이 이전하면서 1806년 제국이 무너질 때까지 항소 기능을 수행하며 점차 국민의 존경을 받는 기관으로 자리매김했다.

아베만 하우스(Avemann House)로 알려진 노란색 건물은 18세기 중엽에 파피우스(Papius)라고도 불리는 판사에 의해 지어졌다. 19세기 아베만 중령이 소유한 후 1987년 박물관을 개축해 일반인에게 공개하고 있다. 괴테가 베츨라어에 체류할 당시 신성로마제국의 고등법원재판소였던 제국법원의 수습생으로서, 1772년 5월 25일 그가 자필로 쓴 입학 허가 복사본이 전시되어 있다.

주소 Hofstatt 19, Wetzlar **전화** 06441-994131 **홈페이지** www.reichskammergericht.de **개방** 화~일요일 10:00~13:00, 14:00~17:00 **요금** €3 / 통합 박물관 €4.5 **교통** 돔 광장에서 도보 5분 **지도** p.297-D

♥
괴테 소설의 모티브가 된 곳
칼 빌헬름 예루살렘 하우스
Jerusalemhaus

17세기 말 지은 칼 빌헬름 예루살렘 하우스는 브런즈윅 공사관 비서 겸 독일 변호사였던 칼 빌헬름 예루살렘(Karl Wilhelm Jerusalem: 1747~1772년)이 권총 자살했던 집이다. 그는 약혼자가 있던 엘리자베트 백작부인을 사모했지만 사랑을 이루지 못하자, 이 집에서 1772년 10월 30일 권총 자살로 비극적인 삶을 마감한다. 그의 자살은 그 후 괴테의 〈젊은 베르테르의 슬픔〉의 모티브가 되었다. 괴테는 베츨라어에서 자신의 경험을 바탕으로 예루살렘의 비극적인 운명을 안타까워 하며 1774년 처음 출판된 서간체 소설 〈젊은 베르테르의 슬픔〉을 집필했다. 칼 빌헬름 예루살렘, 괴테의 베르테르를 위해 1986~1987년에 박물관을 개축했다. 2개 방에 있는 수많은 서류가 그의 불행한 삶을 투영한다. 예루살렘이 실제 자살할 때 사용했던 총이 전시되어 있고, 괴테-베르테르의 도서관도 있다.

주소 Schillerplatz 5, 35578 Wetzlar **전화** 06441-99-4134 **홈페이지** www.wetzlar.de **개방** 화~일요일 14:00~17:00 **교통** 실러 광장(Schillerplatz)에 위치. 돔 광장에서 도보 10분 **지도** p.297-C

중세의 성과 마을을 만나는 가도(街道)

로맨틱 가도
Romantische Strasse

뷔르츠부르크

독일에는 아름다운 경관을 자랑하는 여러 가도(街道) 중 가장 인기 있는 곳은 바로 로맨틱 가도이다. 이 가도는 뷔르츠부르크에서 시작해 바트메르겐트하임~로텐부르크~딩켈스뷜~아우구스부르크~퓌센까지 이어진다. 로맨틱 가도는 낭만적인 분위기의 도로가 아니라 로마로 통하는 길을 의미한다. 중세 시대에 독일과 이탈리아를 연결하는 주요 교역로였으며, 독일 정부가 관광 자원으로 집중 개발하면서 독일뿐 아니라 유럽에서도 가장 많이 찾는 관광 코스가 되었다. 특히 동화 속에 나오는 듯한 중세의 성과 거리가 목가적인 분위기를 자아낸다.

총 360km에 이르는 이 가도에는 26개의 도시들이 속해 있는데, 마을 하나하나가 중세 유럽의 역사와 문화를 간직한 채 전원의 아름다움을 지키고 있다. 특히 '중세의 보석'이라 불리는 로텐부르크는 현재까지도 중세의 모습을 고스란히 간직하고 있다. 노이슈반슈타인 성이 있는 퓌센은 관광 휴양지로도 유명하고 겨울 스포츠의 천국으로도 잘 알려져 있다.

홈페이지 www.romantischestrasse.de

아우구스부르크

퓌센

로맨틱 가도 코스

뷔르츠부르크 ┉▶ **로텐부르크** ┉▶ **딩켈스뷜** ┉▶ **뇌르틀링겐** ┉▶ **아우구스부르크** ┉▶ **퓌센**

로맨틱 가도에 산재해 있는 작은 마을들은 기차편이 연결되지 않는 곳이 많아 기차와 버스를 번갈아 타야 하는 경우가 있다. 그러나 로맨틱 가도의 핵심 지역인 뷔르츠부르크, 로텐부르크, 아우구스부르크, 퓌센 등은 기차편으로 1~3회 환승하면 다닐 수 있다. 편하게 여행하고 싶다면 유로파버스를 이용한다. 단 유로파버스는 4~10월에만 운행한다.

기차
프랑크푸르트, 뷔르츠부르크 또는 뮌헨에서 일반 열차로 2~3회 환승해서 간다.
- 프랑크푸르트–퓌센 : 약 5~5시간 30분 소요, 아우구스부르크에서 1회 환승
- 뷔르츠부르크–퓌센 : 약 4시간 25분 소요, 아우구스부르크에서 1~3회 환승

- 뮌헨–퓌센 : 약 2시간 15분 소요, 직행 또는 부흐로(Buchloe)에서 1회 환승

유로파버스
로맨틱 가도를 갈 때 가장 편한 이동 수단이다. 유로파버스는 프랑크푸르트에서 출발하여 뮌헨이나 퓌센까지 간다. 유로파버스는 4~10월까지 프랑크푸르트–퓌센 구간(매일 오전 8시 출발)을 하루에 1회 왕복 운행한다. 구간에서는 버스가 정차하는 곳이면 어디서든 자유롭게 승하차할 수 있다. 원하는 곳이 있으면 그곳에서 1박을 하고 다음 날 버스 시각표에 맞춰 다시 탑승하면 된다. 내릴 때 다음 날 예약을 해둔다. 최종 목적지인 퓌센까지 표를 끊었다면 도중에 다시 탈 때 티켓을 제시하면 무료이다.

예약 독일 투어링사(Deutsche Touring GmbH) **전화** 069-719126-141/236+49(0)69 719126-141/236 **홈페이지** www.touring-travel.eu **영업** 월~금요일 09:00~18:00 **요금** 프랑크푸르트–퓌센 편도 €108, 왕복 €158 / 프랑크푸르트–로텐부르크 편도 €45, 왕복 €66 / 유레일패스 20% 할인

세상에서 가장 로맨틱한 곳 중 하나

로텐부르크
ROTHENBURG OB DER TAUBER

#중세의 거리가 그대로#유럽에서 가장 가고 싶은 곳

로텐부르크는 중세 시대 모습이 가장 잘 보존된 마을로, 매년 100만 명 이상이 찾는 독일 최고의 관광 명소이다. 성곽으로 둘러싸여 외부와의 교류를 단절한 채 옛 풍속을 지키며 소박하게 사는 모습을 볼 수 있다. 동화 속에 나올 법한 고풍스러운 분위기로 '중세의 보석'이라는 칭송을 받기도 한다. 로텐부르크의 원래 명칭은 '타우버강 위쪽에 있는 로텐부르크(Rotenburg ob der Tauber)'이다. 9세기에 요새를 중심으로 도시가 형성되어 13~17세기까지 국제 자유 도시로 수공업 위주의 교역이 발달하면서 지금의 모습이 되었다. 하지만 30년전쟁을 거치면서 서서히 쇠퇴했으며 제2차 세계대전 때는 도시의 약 40%가 파괴되기도 했다. 시 당국과 주민들의 열정으로 복원시켜 지금은 유럽에서 가장 가고 싶은 관광 명소로 인기를 모으고 있다.

{ 가는 방법 }
기차

●프랑크푸르트 → 로텐부르크
직행열차가 없으므로 2회 환승(뷔르츠부르크, 슈타이나흐)해야 하며 총 2시간 30분 소요. 로텐부르크 역은 규모가 작아 짐을 넣을 무인보관함이 몇 개밖에 없다.

●뮌헨 → 로텐부르크
직행열차가 없어 2~3회 환승(뉘른베르크, 안스바흐, 슈타이나흐)하며 총 2시간 50분~3시간 25분 소요. 로텐부르크, 뉘른베르크, 뷔르츠부르크는 삼각 벨트라 패키지로 묶어 움직이면 다른 지역보다 교통이 편리하고 로맨틱 가도, 고성 가도를 한꺼번에 볼 수 있어 좋다.

버스 프랑크푸르트에서 유로파버스를 타면 로맨틱 가도의 여러 마을을 경유해 로텐부르크로 간다. 약 4시간 45분 소요.

시내 교통 성곽 마을이라 걸으면서 관광할 수 있다.

{ 여행 포인트 }
여행 적기 5~9월이 여행하기 좋다.
점심 식사 하기 좋은 곳 기차역, 마르크트 광장(Marktplatz) 주변
최고의 포토 포인트
●시청사 탑 전망대
●뢰더 문 탑 전망대
주변 지역과 연계한 일정 당일 코스라면 프랑크푸르트 또는 뮌헨에서 유로파 버스로 다녀온다. 2일 코스라면 로텐부르크 또는 퓌센에 머물면서 로맨틱 가도를 한데로 묶어 관광한다.

여행안내소
주소 Marktplatz 2, Rothenburg ob der Tauber
전화 09861-404-800
홈페이지 www.rothenburg.de
개방 5~10월 월~금요일 09:00~18:00, 토~일요일 10:00~17:00 / 11~4월 월~금요일 09:00~17:00 토요일 10:00~13:00

휴무 11~4월 일요일 **교통** 마르크트 광장(Marktplatz)에 위치 **지도** p.308

{ 추천 코스 }
예상 소요 시간 3~4시간

> **기차역**

⋮ 도보 3분

> **뢰더 문(전망대)**

⋮ 도보 10분(성곽 통로 경유)

> **성 야곱 교회**

⋮ 도보 2분

> **시청사(전망대)**

⋮ 바로

> **의원연회관**

⋮ 도보 3분

> **중세범죄박물관**

⋮ 도보 1분

> **플뢴라인**

⋮ 도보 7분

> **제국도시박물관**

⋮ 도보 5분

> **부르크 공원**

TRAVEL TIP

로텐부르크행 열차 티켓을 끊을 때 유의할 점

독일에는 로텐부르크라는 지명이 여러 곳 있다. 따라서 티켓을 끊을 때 로텐부르크 오프 데어 타우버(Rothenburg ob der Tauber)인지 반드시 확인해야 한다.

성곽 통로

❶ 성곽 통로

동화 속에 들어온 듯한 성곽 도시

로텐부르크는 5개의 성문과 성곽으로 둘러싸여 있는 작은 마을
이라 도보 관광이 가능하다. 유로파버스를 이용하면 바로 성곽
앞에 내려 기차보다 이동하기가 편하다. 기차로 이동할 경우 역
에서 나와 왼쪽 반호프 거리(Bahnhofstrasse)를 따라 가다 T자
형 도로에서 오른쪽 안스바허 거리(Ansbacherstrasse)를 따라
걸어가면 뢰더 문(Rödertor)이 나온다. 문을 통과해 왼쪽 계단을
따라 탑 전망대로 올라가면 고풍스러운 시가지 전경이 한눈에 들
어온다. 전망대에서 내려와 성곽 통로(성곽 통로가 지붕으로 덮
여 있다)를 따라 걷는 재미가 아주 쏠쏠하다.

클링겐 문(Klingentor) 계단으로 내려가 클링겐 거리
(Klingengasse)를 따라가면 성 야콥 교회와 번화가인 마르크트
광장(Marktplatz)이 나온다. 광장 옆에 르네상스 양식의 시청사
전망대로 올라가면 뢰더 문 전망대와는 사뭇 다른 중세풍 시가지
모습을 볼 수 있다. 의원연회관의 시계탑에서 연출하는 이벤트도
놓치지 말자. 오전 11시부터 오후 3시까지 매시간 시계 옆 부분
창문이 열리면서 인형이 나와 술잔을 들이켜는 장면이 연출된다.
광장에서 약간 경사진 길을 따라 내려가면 오른쪽 골목에 중세범
죄박물관이 있다. 십자군전쟁 때 정조대를 비롯한 희한한 고문
관련 기구들이 전시되어 있어 볼만하다.

시장기가 들면 로텐부르크를 대표하는 과자 스노볼(슈네발렌)을
먹어보자. 광장 주변에 있는 테디랜드(숍)에는 곰을 소재로 하는
다양한 인형이 많아 아이들과 함께 여행한다면 들러볼 만하다.
광장에서 약간 떨어져 있는 제국도시박물관에 가면 로텐부르크
의 역사를 바꿔놓은 마이스터트룽크(Meistertrunk)의 큰 술잔이
전시되어 있다. 북쪽 부르크 문(Burgtor)으로 가면 산책하기 좋
은 부르크 공원이 나온다. 부르크 문에서 타우버강 계곡으로 연
결되는 산책로는 주변 전경이 숨이 막힐 정도로 아름다운 코스
이다.

❶ 오베레 슈미트 거리
(Obere Schmidgasse). 마르크트 광장
에서 플뢴라인 광장으로 연결되는 거리
❷ 타우버강 계곡

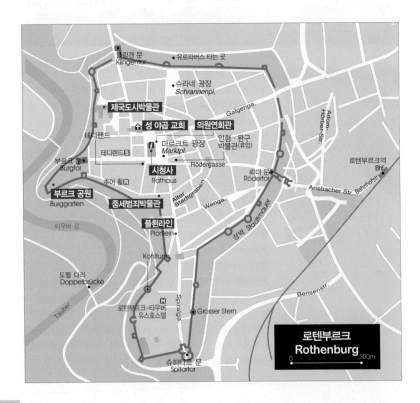

고딕 양식의 중요 건축물
성 야곱 교회
St. Jakobs Kirche

1 성 야곱 교회의 성혈 제단
2 크리스마스 보트,
탄자니아에서 새긴 조각 보트

1311~1471년이라는 비교적 긴 세월에 걸쳐 세워진 로텐부르크의 대표적인 고딕 양식인 프로테스탄트의 교구 교회이다. 남부 독일에서는 가장 중요한 교회 건축물 중 하나로, 프리드리히 헤를린이 만든 중앙 제단과 중앙 제단 반대편에 있는 독일의 위대한 조각가 틸만 리멘슈나이더가 제작한 '성혈의 제단(Holy Blood Altar)'이 유명하다. 리멘슈나이더가 예수님이 만찬하는 장면을 상상하면서 무려 5년간의 각고 끝에 나무에 조각해 만든 섬세하고 간결한 성혈 제단은 작품 독일 역사상 가장 아름다운 제단 중 하나이다. 1499~1505년에 만든 '성혈의 제단'은 위쪽 두 천사가 잡고 있는 금박의 십자가에 예수의 피가 세 방울 떨어졌다는 수정이 박혀 있다고 한다. 5000개 파이프로 된 오르간도 볼만하다.

주소 Beim Klingentor, Rothenburg ob der Tauber **홈페이지** www. rothenburgtauber-evangelisch.de/jakobskirche **개방** 4~10월 09:00~17:00, 11월, 1~3월 10:00~12:00, 14:00~16:00, 12월 10:00~16:45 **요금** €2.5(학생 €1.5) **교통** 마르크트 광장(Marktplatz)에서 도보 2분 **지도** p.308

♥♥

아름다운 전망대 탑이 유명

시청사
Rathaus

마르크트 광장(Markplatz)은 로텐부르크의 랜드마크로 늘 수많은 관광객들이 몰려와 생동감이 넘치는 분위기를 연출한다. 광장 옆에 위치한 중세풍의 시청사는 중세 제국 도시민의 자부심과 영혼을 인상 깊게 반영하는 건물이다. 1375년에 탑이 있는 건물 옆 부분은 고딕 양식으로 건축되었고, 시청사 앞 부분(파사드)은 1572~1578년에 르네상스 양식으로 지어졌다. 내부의 재판이 열리곤 했던 제국의 방은 볼만하다. 1501년 동편 건물은 화재로 훼손되었으나, 서쪽 타워 빌딩은 아직까지 원형 그대로 남아 있다. 바로크식 아치형의 입구 앞 계단에는 앉아서 담소를 나누는 여행객들로 늘 붐빈다. 무엇보다 220개의 계단을 따라 52m 높이의 시청사 탑(Rathausturm)에 올라가 시내와 타우버 계곡 전경을 감상하다 보면 이곳에 온 보람을 느낀다.

주소 Marktplatz, 91541 Rothenburg ob der Tauber **개방** 4~10월 매일 09:30~12:30, 13:00~17:00 / 11월 · 1일~3월 토~일요일 12:00~15:00 / 크리스마스 시즌 10:30~14:00, 14:30 ~18:00 **요금** 탑 전망대 €2 **교통** 마르크트 광장(Marktplatz) 옆 **지도** p.308

1 시청사 전망대에서 내려다본 마르크트 광장
2 마르크트 광장. 왼쪽이 시청사.
오른쪽이 의원연회관

> ⌐ TRAVEL TIP ⌐
>
> ## 시청사 전망대와 뢰더 문 전망대, 어디로 갈까
>
> 시청사 전망대는 1층에서 전망대까지 올라가는 데 아주 힘들다. 중간 층부터 전망대까지는 계단이 한 사람이 겨우 올라갈 수 있을 정도로 폭이 좁고 가파르다. 10분 이상 비좁은 계단을 올라가다 보면 비지땀을 엄청 흘리게 된다. 내려오는 사람과 서로 양보하면서 어렵게 정상에 올라가도 힘들긴 마찬가지이다. 전망대가 아주 비좁아 사진 찍기가 아주 불편하지만 구시가의 중세풍 전망은 놓치기에 너무나 아름답다. 성수기라면 사람으로 붐비는 이곳보다는 뢰더 문 전망대를 이용하는 게 편하다. 비교적 한산해서 여유 있게 시내 전경을 감상할 수 있고 사진 찍기에 편하다.

술을 들이켜는 인형으로 유명
의원연회관
Ratstrinkstube

시청사 옆에 있는 건물인데, 1층에 여행안내소가 있고, 3층에는 로텐부르크의 랜드마크인 마이스터트룽크(Meistertrunk)가 있다. 오전 10시부터 오후 10시까지 매시간 시계 옆 부분 양쪽 창문이 열리면서 인형(시장과 장군)이 나와 술잔을 들이켜는 장면이 반복되는 행사가 있다. 이는 30년전쟁으로 위기에 처한 도시를 시장이 큰 잔의 술을 단숨에 마셔 어렵게 도시를 지킨 역사적 사건을 기리는 의미라고 한다.

주소 Grüner Markt 10, Rothenburg ob der Tauber **교통** 마르크트 광장(Marktplatz) 앞 **지도** p.308

위기의 마을을 구한 시장을 본뜬 인형
마이스터트룽크 Meistertrunk

정오 무렵 시내에서 북적거리던 사람들이 시청사 옆 의원연회관(관광안내소) 건물의 한쪽 벽면을 보고 서 있다. 시계가 정오를 알리는 순간, 그 벽에 달린 나무 창문이 열리면 인형 두 개가 나타난다. 하나는 중세 군인의 모습, 또 다른 것은 보통 사람인 듯한 인형, 두 인형은 종소리에 맞춰 번갈아 가며 손에 든 술잔을 마시고 나서 다시 들어간다. 이 다소 싱거운 행위에는 이곳에 전해 내려오는 전설이 하나 얽혀 있다. 1631년 신교와 구교가 싸운 30년전쟁 당시 로텐부르크는 구교편의 틸리 장군에게 점령당했다. 그가 도시를 불태우라는 명령을 내리자 시의원들이 연회를 베풀면서 회유를 한다. 얼큰하게 취한 틸리 장군은 3리터짜리 큰 술잔에 와인을 가득 채우고 이 술을 단숨에 마시면 명령을 철회하겠다고 약속하자, 시장은 저장된 와인 3리터를 단숨에 마셔버리고 도시를 구해달라고 부탁했다. 물론 그런 배짱으로 마을을 구할 수 있었다.

그렇게 마을을 지킨 시장을 기려 마이스터트룽크라고 불리는 인형을 만들었으며, 오전 10시부터 오후 10시까지 관광객들에게 보여주고 있다. 성령강림일(5월, 마지막 주 일요일)에는 마이스터트룽크 축제가 열려 마르크트 광장에서는 이 시장에 대한 이야기를 담은 시민극도 공연한다.

♥♥♥
중세 유럽의 형벌과 고문 도구를 전시

중세범죄박물관
Mittelalterliches Kriminalmuseum

로텐부르크에서 가장 이색적인 볼거리가 많은 박물관이다. 중세 유럽의 형벌의 역사, 문서, 고문 도구, 형장의 모습 등 3000여 점 이상을 일목요연하게 전시해 놓았다. 지금과는 사뭇 다른 중세 시대의 법률이나 형벌 등의 개념에 다소 당황할 수 있다. 인간의 잔혹성을 적나라하게 보여주는 기구들을 보노라면 인간의 원초적인 본능을 되돌아보게 된다. 교회 정문 앞에서 예배하려 들어가는 신자들이 볼 수 있도록 죄인에게 죄를 상징하는 커다란 천으로 만든 목걸이(죄를 상징하는 징표)를 걸고 서 있게 하는 장면, 그물처럼 만든 4각형 쇠틀 안에 죄인을 집어넣고 주위에서 손가락질하면서 죄인을 조롱하는 장면, 십자군전쟁 때 군인들이 전쟁터에 나가면서 부인에게 착용을 강요한 정조대, 바늘의자 위에 앉혀놓고 고문하는 장면, 목이나 손에 씌우는 수갑, 죄인에게 수치심을 주기 위한 돼지 가면, 물 고문, 전기 의자 등 이곳의 모든 수집품은 각 지역에서 모았던 기구들이다.

주소 Burggasse 3–5, Rothenburg ob der Tauber **전화** 09861–5359 **홈페이지** www.kriminalmuseum. rothenburg.de **개방** 4~10월 10:00~18:00, 11~3월 13:00~16:00, 12월 24일 · 31일 10:00~13:00(마감 시간 45분 전까지 입장) **요금** €7(학생 €4) **교통** 마르크트 광장(Marktplatz)에서 도보 3분 **지도** p.308

1 중세범죄박물관의 외관 **2** 범죄별로 형벌이 다르다. **3** 의자에 뾰족한 압정이 박힌 형벌 의자 **4** 박물관 입구 앞 단두대

♥♥ ♥♥
가장 유명한 포토 존
플뢴라인
Plönlein

중세 마을의 매력을 흠뻑 느껴볼 수 있는 작은 광장이다. 로텐부르크에서 가장 사진 찍기 좋은 포토 존으로 유명해 로텐부르크 그림책이나 엽서 사진에 꼭 나온다. 플뢴라인은 라틴어에서 평평한 광장을 의미하는 'Planum'에서 유래한다. 1204년 마을을 확장시킬 때 코볼첼러 탑(Kobolzeller Tower)과 더 높은 지베르스 탑(Siebers Tower)과 함께 세웠다. 코볼첼러 탑(플뢴라인 앞 양 갈래에서 오른쪽 내리막길로 직진)은 타우버 계곡에서 마을 입구를 방어하기 위해 지베르스 탑(플뢴라인 앞 양 갈래에서 직진)은 남쪽 문을 보호하기 위해 지었다.

교통 마르크트 광장(Marktplatz)에서 남쪽으로 도보 5분
지도 p.308

1 포토 존으로 유명한 플뢴라인
2 플뢴라인을 지나가는 바이크족

1 제국도시박물관 전경 2 박물관 내부의 재래식 부엌

♥♥ ♥♥
중세 주택과 도시의 역사
제국도시박물관(라이히슈타트 박물관)
Reichsstadtmuseum

13세 말부터 도미니크회의 여자 수도원으로 사용된 건물. 13~19세기에 사용된 방 구조와 로텐부르크 역사를 보여주는 전시물들이 있다. 당시 생활상을 볼 수 있는 재래식 부엌, 농기구, 가구, 무기 등을 재현했다. 중세부터 1678년까지 사용된 82개의 황금 동전과 로텐부르크 프랑스 교회에서 그린 12개의 중세 패널화 작품인 '로텐부르크의 열정(Rotenburger Passion: 1494년, 예수의 열정을 재현한 그림)'이 볼만하다. 또한 마이스터트룽크의 커다란 술잔(3.25리터의 술잔)도 놓치지 말자.

주소 Klosterhof 5 **전화** 09861-939043 **홈페이지** www.reichsstadtmuseum.rothenburg.de **개방** 4~10월 09:30~17:30, 11~3월 13:00~16:00, 크리스마스 시즌 10:00~16:00 **요금** €6(학생 €5) **교통** 마르크트 광장(Marktplatz)에서 도보 3분 **지도** p.308

♥♥

강과 도시 풍경을 감상할 수 있다

부르크 공원

Burggarten

부르크 공원에서 타우버 계곡에 이르는 산책은 로텐부르크에서 빼놓을 수 없는 즐거움이다. 공원 옆문에서 나와 타우버강을 향해 계곡을 내려가보자. 내려가면 석조의 도펠 다리 (Doppelbrüke)가 보인다. 이 다리 위에서 보면 푸른 언덕 위로 마치 도시 전체가 떠 있는 듯하다. 또 도시를 에워싼 전체 길이 3.4km의 성벽 일부는 지붕이 있는 경호용 통로로 되어 있어 이곳을 걸으면 마치 탐험가가 된 기분이 든다.

주소 Alte Burg, Rothenburg ob der Tauber **교통** 마르크트 광장에서 서쪽 끝자락 **지도** p.308

1 부르크 문 안으로 들어가면 부르크 공원이 나온다. 2. 3 부르크 공원

Shop & Restaurant & Hotel

테디랜드

Teddyland

☆

봉제 인형뿐만 아니라 그림책 등 테디베어 관련 상품이 5000여 종 이상 구비되어 있는 독일 최대의 테디베어 전문점. 다양한 곰 인형을 보는 것만으로도 시간 가는 줄 모른다.

주소 Herngasse 1, Rothenburg ob der Tauber **전화** 09861-8904 **팩스** 09861-8944 **홈페이지** www.teddyland.de **영업** 09:00~18:00 **휴무** 1~3월 일요일, 국경일 **교통** 마르크트 광장(Marktplatz) 근처 **지도** p.308

추어 횔
Zur Höll

지옥을 의미하는 추어 횔은 로텐부르크에서는 가장 오래된 중세 풍의 레스토랑이다. 독일 프랑켄 와인과 지역 요리를 제공한다. 립이 맛있고 직원이 매우 친절하다. 예산 €20~, 결제는 현찰만 가능하다.

주소 Burgasse 8, Rothenburg ob der Tauber **전화** 09861-4229 **홈페이지** www.hoell.rothenburg.de **영업** 월~토요일 17:00~23:00 **휴무** 일요일 **교통** 마르크트 광장(Marktplatz)에서 도보 4분, 중세범죄 박물관 근처 **지도** p.308

로텐부르크-타우버 유스호스텔
Youth hostel Rothenburg ob der Tauber

로텐부르크 시내에 있는 유일한 유스호스텔로 내부 시설이 깔끔하다. 기차역 수하물 사무실에 요청하면 짐을 호스텔까지 옮겨준다. 리셉션 오픈 시간은 오전 8시부터 오후 10시까지다. 도미토리 €22.90~(조식 포함), €28.40~(조식, 석식 포함), €33.9~(3끼 포함).

주소 Mühlacker 1, Rothenburg ob der Tauber **전화** 09861-9416-0 **홈페이지** www.rothenburg.jugendherberge.de **교통** 마르크트 광장(Marktplatz)에서 도보 8분, 플뢴라인(Plönlein)에서 도보 4분 **지도** p.308

(**TRAVEL TIP**)

로텐부르크의 명물 과자
슈네발렌(Schneeballen)

슈네발렌은 로텐부르크의 대표적인 과자이다. 모양이 눈으로 둥글게 만든 구슬처럼 생겼다고 해서 스노볼(Snowball)이라 불린다. 띠 모양의 반죽을 둥글게 말아서 튀긴 다음 겉면에 설탕 가루를 뿌려 만든 과자로, 초콜릿, 땅콩, 아몬드 등을 겉에 입힌 여러 종류의 스노볼이 있다. 경사스러운 날에 축하용 과자로 먹으면서 서서히 서민들에게 보급되었다고 한다. 아주 달지 않으면서도 맛있다.
마르크트 광장 주변에 가게가 있는데 종종 위치를 옮기기도 하지만 마르크트 광장에서 중세범죄박물관 사이에 자리 잡아 쉽게 찾을 수 있다. 1개에 €1.8~2.8 정도로 가격 부담이 없으니 맛있는 스노볼을 먹으며 입 주위에 설탕 좀 묻혀보자.

1 슈네발렌 제과점 2 구슬처럼 생긴 슈네발렌

베를린

루트비히
2세의 고성
★
Germany

동화 속 세계로 떠나는 중세 고성 투어

루트비히 2세의 고성
LUDWIG Ⅱ CASTLE

#고성 투어#중세 왕들의 성
#디즈니랜드의 모델

루트비히 2세가 심혈을 기울여 만든 대표적인 고성은 퓌센의 노이슈반슈타인 성과 오버아머가우의 린더호프 성, 프린의 헤렌킴제 성이다. 그가 생전에 완성한 유일한 성은 린더호프 성이고 나머지는 미완성인 채로 남아 있다. 이중 노이슈반슈타인성은 디즈니랜드의 모델이 되기도 했다. 린더호프 성은 파리의 베르사유 궁전을 모델 삼아 화려한 로코코풍으로 지어졌고, 헤렌킴제 성은 헤른인젤섬 안에 세워진 성으로, 가장 규모가 크다. 루트비히 2세의 고성들은 성이 단순히 방어의 기능만 하는 것이 아니라 아름다움을 표현하는 예술의 산물이라는 것을 새삼 느끼게 한다. 루트비히 2세의 예술에 대한 열정과 혼을 제대로 느끼고 싶다면 세 개의 성을 모두 둘러보자. 단지 대중교통이 불편해 하루에 2개 성도 다녀오기 힘드니, 뮌헨을 기점으로 1박 2일 코스로 차분히 다녀오자.

Travel
INFO

루트비히 2세의 고성은 노이슈반슈타인 성, 호엔슈반가우 성, 린더호프 성, 헤렌킴 제 성이 대표적이다. 여행 적기는 6~9월 로, 위의 4개 성을 모두 여행하려면 2박 3 일 정도 소요된다. 루트비히 2세의 고성은 뮌헨 주변에 몰려 있어 뮌헨에 숙소를 정하 고 다녀올 수 있다. 이렇게 당일치기로 여 행할 경우 거리적으로 가까우나 대중교통 이 불편하므로 고성 한 곳만 다녀온다. 당 일에 두 곳을 다녀오려면 버스 투어나 렌터 카로 이동한다.

♥♥♥
유럽에서 가장 화려하고 웅장한 성
노이슈반슈타인 성
Schloss Neuschwanstein

매년 찾아오는 관광객만 해도 270만 명 이상이나 되는 이 성은 유럽에서 가장 화려하고 웅장하기로 알려져 있다. 특히 성수기에는 하루에 2만5000명 이상이 찾아와 3~4시간 이상을 기다려야 입장이 가능하지만 불평 한마디 없는 곳이다. 그 모습이 너무나도 매혹적이어서 디즈니랜드의 모델이 되었다고 한다. 성 주변은 호수로 둘러싸여 있으며 언덕에 세워져 있어 한층 운치를 더한다. '새로운 백조의 성'이라는 뜻을 지닌 이 성은 루트비히 2세가 장장 17년이라는 세월에 걸쳐 완성한 피와 땀의 결정체이다. 또한 이 성은 바그너 오페라의 무대 배경으로도 자주 등장하며 오늘날 로맨틱 양식으로 지어진 중세의 건축물 중 대표적인 성이다. 기괴하면서도 신비롭고 로맨틱하면서도 창의적인 왕의 성격이 그대로 표출되어 있다. 특이한 점은 그가 직접 진두지휘를 한 성이지만 성 내부의 어느 곳을 찾아봐도 그의 초상화는 볼 수 없다.
이 성은 '로엔그린'의 주제인 백조 모티브로 가득 차 있다. 벽화, 커튼 자수, 문고리, 화병, 심지어는 주방의 수도꼭지까지

백조로 장식되어 있다. 입구로 들어서면 맨 처음 나타나는 대관 홀은 비잔틴 양식이다. 이탈리아산 대리석으로 만든 계단을 오르면 금색의 반원형(Apse)이 나타난다. 이곳에는 예수와 12제자를 그린 그림이 있다. 무엇보다 무게가 1톤 이상 나가는 왕관 모양의 샹들리에가 빛나는 왕좌의 방(The Throne Room)이 단연 압권이다. 그리고 대리석 바닥에 그려진 전 세계 동식물도 눈길을 끈다. 성 주인의 침실에서도 섬세함에 놀라지 않을 수 없다. 완성하는 데 총 4년 이상이 걸렸다는 네오고딕 양식의 침실, 침대 발치의 그리스도 부활을 소재로 한 조각도 압권이다. 이는 죽음과 잠의 관계를 상징한다. 특히 터키산 침대와 바닥 무늬, 스페인산 이불과 침대, 이탈리아산 대리석 침대, 사자와 함께 독서를 한 독방 등도 놓치지 말고 봐야 할 곳이다. 이렇게 아름답게 만든 성이지만, 루트비히 2세가 이곳에서 생활한 것은 겨우 172일 정도밖에 안 된다고 한다.

대관 홀

◆ 대관 홀(왕좌의 방) The Throne Room

홀 내부는 화려한 비잔틴 양식으로 장식되어 있다. 하기아 소피아가 콘스탄티노플에서 영감을 받아 설계한 2층으로 된 홀은 루트비히 2세가 세상을 떠난 뒤 1886년에 완공되었다. 이탈리아 대리석인 카라라로 된 9개 계단을 오르면, 금색의 반원형(Apse)이 나타난다. 이곳에는 예수와 12제자의 모습이 담긴 그림이 있다. 이곳의 하이라이트는 거대한 왕관 모양의 샹들리에이다. 놋쇠로 도금되어 있고 둘레에 96개의 초가 장식되어 있으며 그 무게가 무려 1톤이 넘는다. 모자이크 바닥은 비엔나의 테르모타가 착안한 작품으로 동식물을 도형화해 묘사한 것이다.

◆ 왕의 침실 The Royal Bed Chamber

벽면이 나무 조각품으로 장식되어 있다. 전체적인 이미지는 로맨틱 양식이지만 침실은 고딕 양식으로 되어 있다. 왕의 침대는 값비싼 필리그란(가느다란 철사를 구부려서 만든 공예품)으로 꾸며졌다. 침실에 있는 그림들은 트리스탄과 이졸데의 이야기를 소재로 하고 있다.

◆ 탈의실 Dressing Room

벽화는 발터 폰 데어 포겔바이데와 한스 작스의 일생을 다루고 있다. 이 그림들은 모리츠 폰 슈빈트의 제자 에두아르 일레의 작품이다. 세탁 탁자 위에는 '벨프 백작의 궁에서 노래하는 발터', 반대편 벽에는 '보리수나무 아래에서'가 있다.

◆ 거실 Living Room

'백조의 방'이라 불리는 웅장한 거실은 루트비히 2세의 그림에 나타난다. 백조의 기사의 중요한 인물로 로엔그린에 영향을 주었다. 화가 하우실트와 폰 헤겔의 대형 벽화에는 '그랄의 기적', '안트베르펜에 도착한 로엔그린'의 장면이 담겨 있다. 왕은 리하르트 바그너를 통해 오페라 〈로엔그린〉 상연을 직접 관람한 뒤 자신을 백조의 기사로 느끼고 그에 맞춰 분장을 하곤 했다.

◆ **악사 홀** Singer Hall

4층 전체를 차지하는 커다란 홀은 튀링겐주에 있는 바트부르크의 가수 홀과 연회장을 율리우스 호프만이 한 장소에 연결시켜 놓은 것이다. 홀과 무대 쪽의 벽화는 슈피스와 필로티의 작품으로 중세의 파치팔(Parzifal) 내용을 표현하고 있다. 루트비히 2세가 그랄의 성, 로엔그린의 백조 기사의 성으로 설계한 노이슈반슈타인 성은 이 홀에서 세 번째 상상의 소재가 된 탄호이저 성으로 마무리된다.

주소 Neuschwansteinstrasse 20, Schwangau **전화** 08362-939880 **홈페이지** www.neuschwanstein. de **개방** 4월 1일~10일 · 15일 08:00~17:00, 10월 16일~3월 31일 09:00~15:00 **휴무** 1월 1일, 12월 24~25일, 12월 31일 **요금** €13(학생 €12, 보호자 동반 시 18세 이하 무료) / **호엔슈반가우 성+노이슈반슈타인 성 공통권** Königsticket €25(학생 €23) **지도** p.320

TRAVEL TIP

노이슈반슈타인 성 이용 팁

가는 방법

퓌센 역에서 버스를 타고 노이슈반슈타인 입구 앞 티켓 센터에서 내려 표를 끊는다. 성은 높은 언덕 위에 자리하고 있어 올라갈 때는 미니 버스, 내려올 때는 도보가 가장 무난하다. 도보 약 30~40분 소요.

● **셔틀버스** 상행 €2.5, 하행 €1.5, 왕복 €3 / 주차장 앞(AIPSEE)에서 탄다. 티켓은 매표소 또는 버스 내에서 구입

● **마차** 상행 €7, 하행 €3.5 / 호텔 뮐러 (Hotel Muller) 앞에서 탄다.

입장권은 사전 예약 필수

성수기에는 사전 예약을 반드시 해야 한다. 예약하지 않으면 대기 시간이 2~3시간 정도 걸리고, 운이 나쁘면 당일 표가 매진되어 관람 자체가 안 된다. 예약 시 입장 1시간 전에 예약 전용 창구에서 입장용 티켓으로 교환한다.

예약 전화 08362-930830 **홈페이지** www. ticket-center-hohenschwan gau.de **티켓 센터** 4월 1일~10월 15일 08:00~17:00, 10월 16일~3월 31일 09:00~15:00 **예약 수수료** €1.8(호엔슈반가우 성+노이슈반슈타인 성 공통권 Königsticket의 예약 수수료 €3.6)

입장 방법

노이슈반슈타인 성 입구에 도착해 잠시 대기하면, 구입한 티켓 번호가 전광판에 나오면 자동 검표기에 표를 넣고 입장한다. 가이드와 동행해 관람한다. 관람 시간은 30~40분.

◆ **서재** The King's Study

도토리나무로 짠 틀에 요제프 아이그너가 벽장식용 카펫 천 위에 그린 그림들은 바그너의 탄호이저와 바트부르크의 악사 대회를 소재로 한 것이다. 출입문 근처의 아치 부분에 나타난 탄호이저는 교황 우어반 4세 앞에서 회개하는 모습이다. 탑 모양의 벽장 위에는 회어젤베르크에서 탄호이저가 비너스 팔에 안겨 있는 모습이다. 이곳에서 이어지는 곳에 종유석 동굴이 있다.

♥ ♥ ♥
왕족의 여름 별궁
호엔슈반가우 성
Schloss Hohenschwangau

노이슈반슈타인 성 건너편의 알프 호수와 슈반 호수 사이로 숲이 우거진 산 위에 그림처럼 지어진 성이 바로 호엔슈반가우 성이다. 이 성은 루트비히 2세의 아버지인 막시밀리안 2세가 즐겨 찾던 바이에른 왕족 (영어 Babaria)의 여름 별궁이었다. 그는 즉위하기 전 1832년 폐허의 성을 상속받아 건축가이자 무대 미술가인 도메니코 콰글리오로 하여금 중세 양식으로 재건축하게 했다. 루트비히 2세는 이곳에서 17세까지

살다가 이후 이 성을 모델로 자신의 성을 만들었는데 그게 바로 노이슈반슈타인 성이다. 호엔슈반가우 성은 그리 화려해 보이지 않는 단아한 노란색의 성이다. 그러나 그 안의 왕가 보물을 보면 눈이 휘둥그레질 정도이다. 그중에서도 루트비히 2세의 침실이 압권이다. 침실 천장에는 하늘이 그려져 있어 왕자가 아닌 공주의 침실 같다. 네오고딕 양식인 왕의 예배실과 〈로엔그린〉을 모티브로 한 백조 기사의 홀에는 〈로엔그린〉의 내용을 그린 벽화가 인상적이다. 영웅의 홀 벽화는 모리츠 폰 슈빈트가 그린 것인데, 이곳에는 당시 유명한 장인들인 모리츠와 페터 코르넬리우스, 빌헬름 카울바흐가 불멸하기를 바라는 마음에서 그들의 모습을 익살스럽게 그려 넣었다고 한다. 오른쪽 포도주통 근처에 있는 이들을 찾아보자. 영웅의 홀에서 눈에 띄는 것은 루트비히 2세의 흉상. 미켈란젤로도 구하러 갔다는 그 유명한 카라라에서 가져온 대리석으로 만들었다. 3층의 일명 '바그너 피아노'라고 불리는 단풍나무로 만든 피아노는 루트비히 2세가 바그너와 함께 연주했다는 바로 그 피아노이다.

주소 Alpseestrasse 30, Schwangau **전화** 08362-81127 **개방** 4월 1~10일 · 15일 08:00~17:00, 10월 16일~3월 31일 09:00~15:00 **휴무** 1월 1일, 12월 24~25일, 12월 31일 **요금** €13(학생 €12, 보호자 동반 시 18세 이하 무료) / 호엔슈반가우 성+노이슈반슈타인 성 공통권 Königsticket €25(학생 €23), 투어 진행(영어, 독일어/35분 소요) **교통** 티켓 센터에서 도보 20분. 마차 이용 시 올라갈 때 요금 €4, 내려갈 때 요금 €2 **지도** p.320

> (TRAVEL TIP)
>
> ## 호엔슈반가우 성 찾아가기
>
> ### 기차
> 뮌헨에서 당일로 다녀올 수 있다. 뮌헨 중앙역에서 퓌센행 열차를 탄다. 2시간 13분 소요. 매시간 1회 운행. 뮌헨(07:51/08:53) → 퓌센(09:56/10:55) 퓌센 역 앞에서 73, 78번 버스를 타고 노이슈반슈타인 성 입구에서 내린다. 유의할 점은 행선지가 노이슈반슈타인 성이 아닌 'Königsschlösser'로 표시되어 있다. 퓌헨(16:06/17:05) → 뮌헨 (18:05/19:17)
>
> ### 유로파 버스
> 뮌헨(프랑크푸르트) → 호엔슈반가우 유로파버스는 1일 1회 운행하며, 버스 투어가 12시간 정도 소요된다. 호엔슈반가우에서 하차한 후 조금 걸어 올라가면 성(Königsschlösser)이 나온다.

♥♥♥

왕의 은둔형 사냥 별장

린더호프 성

Schloss Linderhof

루트비히 2세가 건립한 세 개의 성 중에서 가장 규모가 작으며 프랑스 베르사유 궁전의 트리아농을 보고 감명을 받아 지은 것으로 전해진다. 또한 그의 생전에 완성한 유일한 성이기도 하다. 은둔형 사냥 별장으로 짓다 보니 마을에서 꽤 떨어져 있는 오버아머가우 근처의 그라스 방 계곡에 자리하고 있다. 성 곳곳에는 바그너의 오페라에 나오는 장면을 묘사한 그림이 많이 그려져 있으며, 앞뜰에는 금박을 입힌 여신상과 분수대가 있다. 내부로 들어서면 마법의 식탁이 눈길을 끄는데, 요리가 차려진 식탁이 부엌에서 위층 식당으로 자동으로 올라가도록 장치를 마련해 눈길을 끈다. 왕의 침실은 넓고 화려하게 장식되어 있으며, 거울의 방으로 들어가면 네 면이 거울로 둘러싸여 있어 눈이 부실 정도이다.

이 성의 하이라이트는 비너스 동굴인데 다른 궁전에서는 보기 드문 아주 기발한 아이디어가 돋보인다. 자연스러움을 연출하기 위해 거대한 철골을 시멘트와 조가비 석회석으로 덧칠해 만들었고, 동굴에는 바그너의 오페라 공연에 사용할 목적으로 깊이 3m의 인공 호수를 만들어 자연스럽게 파도칠 수 있는 장치까지 설치되었다. 궁전에서 약간 떨어진 곳에는 무어인 양식의 터키식 정자가 있는데, 내부 중앙에 공작새로 만든 화려한 왕관과 3마리의 공작새로 둘러싸인 소파가 돋보인다.

린더호프 성의 관람 순서

린더호프 성은 내부 치장이 매우 화려하여 볼거리가 많지만, 정원과 주변 경관도 무척 아름답다. 개별 관람은 안 되고 가이드를 동반한 관람만 가능하다. 40명씩 한 팀을 구성하여 가이드의 안내에 따라 25분간 관람하니 관람 시간대를 잘 맞추도록 한다.

◆ 현관 홀 Entrance Hall

붉은 대리석 기둥과 벽에 부조된 기둥으로 둘러싸인 방 한가운데에 프랑스의 루이 14세가 기사복 차림을 한 동상이 있다. 왕관에 부르봉 왕조를 뜻하는 '어느 누구에게도 뒤지지 않는다(Nec Pluribus Impar)'는 문구가 쓰여 있는데 부르봉 왕조가 루트비히 2세를 환영한다는 의미이다. 그의 조부(루트비히 1세)의 대부가 루이 16세였고 태양왕을 형상화하여 루트비히 2세 자신이 그의 정신적 인 계승자임을 은연중에 암시하고 있다.

◆ 카펫 방(서쪽) Audience Chamber

음악실인 카펫 방은 벽화와 소 파 세트로 꾸며져 있다. 19세 기에 제작된 특수 악기(피아노 +하모늄) 옆에 도자기에 그려 진 실물 크기의 공작이 있다. 왕이 백조 다음으로 공작새를 좋아했다고 한다.

◆ 침실 Bed Chamber

왕의 침실은 무대 화가였던 앙젤로 콰글리오가 설계하고 율리우스 호프만이 뮌헨의 레지던츠에 있 는 '부자의 방'을 모델로 하여 이 성에서 가장 큰 방으로 만들어졌다. 108개의 크리스털 촛대에는 촛 불을 꽂아 방을 환하게 밝히고 푸른색은 왕의 색을 나타낸다. 천장 벽화는 고대 신화를 표현했으며, 침대 위로는 루트비히 레스커의 천장 벽화 아폴로의 태양차 '아침의 알레고리'가 그려져 있다.

◆ 식당 Dining Room

밝은 적색으로 꾸며진 타원형 식당은 중앙에 마이스너 도자기로 된 부드러운 꽃들로 장식되어 있다. 마법의 식탁은 왕이 식사를 할 때 하인들이 보기 귀찮아서 직접 고안해낸 기술이다.

◆ 거울의 방 Hall of Mirrors

규모는 작지만 내부의 모습은 화려함의 극치를 보여준다. 1874년 안 델라 파이가 설계했는데, 흰색 과 금색이 어우러진 벽장에 설치된 대형 거울은 크리스털 불빛을 분산시키고 은은한 광채를 투영하 여 방이 길어 보이게 하는 효과를 낸다.

◆ 비너스 동굴 Venus Grotto

인공 조경가 아우구스트 다리글이 왕을 위해 만든 인조 종유석 동 굴로 독특한 아이디어가 보는 이의 눈길을 사로잡는다. 입구에 있 는 금도금 장식을 비롯해 수중 조명, 인공 파도, 색색의 조명 등이 환상적인 분위기를 자아낸다. 1시간에 1회만 입장할 수 있고 가이 드를 따라 동굴로 들어가면 독일어로 20분 정도 안내를 한다.

◆ 정원 Garden

르네상스 양식의 테라스와 바로크 양식의 세련된 정원은 주변 산세의 경관과도 조화를 이루며, 궁전 내부 못지않게 볼거리가 풍부하다. 정면의 분수대는 바그뮐러의 작품으로 아모르로그가 사랑의 화살을 쏘고 있는 금박의 여신상이다. 정원에서 남쪽 끝에 위치한 테라스는 로코코 양식이고, 그 위에 J.M. 하우크만이 대리석으로 만든 비너스를 원형 신전으로 장식했다. 테라스에서 내려다보는 전망이 매우 아름답다. 계단식 폭포는 30개 이상의 대리석 계단을 따라 흘러 내려와 바다의 왕 넵튠 조각으로 꾸며진 수조까지 이어진다.

◆ 키오스크 Kiosk

린더호프 성에서 가장 이국적인 분위기가 감도는 건축물로 무어 양식의 터키식 정자이다. 인도식 탑과 마우리식 상점을 들여와 성안의 높은 곳에 세웠다. 비단으로 뒤덮힌 소파 위에는 금속 칠보로 된 세 마리의 공작이 장식되어 있다

주소 Schloss–und Gartenverwaltung Linderhof **전화** 08822–92030 **홈페이지** www.schlosslinderhof.de **개방** 궁전 3월 24일~10월 15일 09:00~18:00, 10월 16일~3월 23일 10:00~16:30 / 비너스 동굴, 터키식 정자 4월 15일~10월 15일 09:00~18:00, 티켓은 30분 전 마감 **휴무** 1월 1일, 12월 24~25일, 12월 31일, 참회화요일(비너스 동굴, 터키식 정자 10월 16일~4월 14일) **요금** €8.5(학생 €7.5) / 겨울철 궁전만 관람 가능 €7.5(학생 €6.5) / 노이슈반슈타인 성+헤렌킴제 성+린더호프 성 통합권 €26

┌─────── TRAVEL TIP ───────┐

오버아머가우(린더호프 성) 찾아가기

뮌헨 중앙역에서 RB 열차를 타고 작은 무르나우(Murnau) 역에서 환승해 오버아머가우(Oberammergau)로 간다. 약 2시간 소요.
오버아머가우 역 앞에서 9622번 버스를 타고 린더호프 성 입구에서 하차(20분 소요). 버스정류장에 버스 시각표가 있으니 린더호프 성에서 오버아머가우로 되돌아오는 시간표를 확인한다.

루트비히 2세가 세운 최후의 성

헤렌킴제 성
Schloss Herrenchiemsee

루트비히 2세가 건립한 세 개의 성 중 가장 나중에 지어진 것으로 내용 면에서는 기존 두 개의 성보다 부족하지만 규모는 훨씬 크고 웅대하며 비용도 가장 많이 들었다. 알프스 초입의 경치에 둘러싸인 킴제 호수의 섬 위에 세운 그의 마지막 야심작이라 할 수 있다.

루트비히 2세는 1873년 이 섬을 구입했을 당시 베르사유 궁전처럼 짓기를 원했으며 그래서인지 곳곳에서 베르사유 궁전과 매우 흡사한 모습을 볼 수 있다. 하지만 베르사유 궁전을 단순히 복제한 것이 아니라 장식들은 그보다 훨씬 화려하다. 내부는 베르사유에서 오래전 파괴되었던 인테리어가 복원되었고, 대사의 계단은 에칭과 페인트를 복원하고, 가구는 새롭게 디자인했다. 그러나 기금 부족과 왕의 갑작스러운 죽음으로 이 궁전은 건축가 조지 돌만이 1878년부터 건설하기 시작했으나 결국 미완성으로 남아 있다. 북쪽 날개와 이미 건설한 구조물은 1907년에 철거되었으며, 궁전에는 총 70개의 방이 있었는데 완성된 것은 20여 개 정도이다. 내부로 들어서면 의식 행사용 침실이 모든 건축물의 중앙에 위치하고 있다.

침실 뒤쪽에는 베르사유 궁전보다 규모도 더 크고 화려한 길이 98m의 거울의 방(The Hall of Mirror)이 있다. 특히 이 방은 이 궁전에서 가장 아름다운 곳으로 손꼽히는 곳이다. 안타깝게도 루트비히 2세가 이곳에서 머문 기간은 단 9일뿐이었다고 한다. 또한 일반인에게 공개된 것은 그가 죽은 지 2년이 지난 후부터였다. 1987년 개관한 루트비히 박물관은 루트비히 2세의 출생과 비극적 사망에 관한 서류, 초상화, 흉상, 사진들이 전시되어 있다.

◆ 라토나 분수 Latona-Brumen

베르사유 궁전과 아주 흡사하다. 1883년 하우트만이 설계한 라토나 분수는 정면에 호수가 보이고 양쪽에는 보리수가 펼쳐지는 대칭 구조를 이룬다. 분수대 계단 아래에는 프랑스식 정원이 깔끔하게 정돈되어 있다. 작은 자갈과 오너먼트석이 깔린 카펫식 정원에는 기품이 흐른다. 또한 다이애나와 비너스 상이 암피트리테와 플로라로 장식되어 있다.

◆ 입구 Entrance

정원에서 성 내부로 들어가는 입구에 가장 눈에 띄는 것은 공작상이다. 이 공작상은 궁중 예술가였던 티에리와 보로일의 작품으로 동으로 만든 공작에 푸른색을 칠해 동양 세계를 동경하던 왕의 취향과 부르봉 왕조를 상징한다.

◆ 대사의 계단 State Staircase

화려하게 장식된 대사의 계단은 프랑코 도르바이가 태양왕을 위해 지은 계단을 그대로 모방해 지은 것이다. 천장은 유리로 덮고 벽면은 회화로 장식하여 축제 분위기를 자아낸다. 회화는 프란츠 비든만과 루트비히 레스커의 작품이고 화려한 벽은 대리석으로 되어 있다.

◆ 제1방

계단에 오르면 왕의 친위대 방이 나온다. 흰색과 금색으로 장식된 제1의 방에 걸린 그림들은 루트비히 14세(루이 14세) 시대를 표현하고 있다. 천장화는 빌헬름 하우쉴트의 작품으로 박카스 신과 세레스가 승리를 축하하고 있다.

◆ 왕의 침실 State Bedchamber

율리우스 호프만과 파울 슈틀베르거가 설계한 왕의 침실은 루이 15세를 추종한 로코코 양식의 침실이다. 린더호프 성의 비너스 동굴 조명을 담당했던 조명 기술자 오토 슈퇴거가 왕의 침실을 신비롭고 환상적인 분위기로 조성하기 위해 푸른색의 둥근 램프를 설계했다. 금으로 화려하게 도금된 침대에는 비너스와 아도니스의 그림이 걸려 있다.

◆ 거울의 방 Great Hall of Mirrors

베르사유 궁전에 있는 거울의 방을 그대로 옮겨온 듯한 이 방은 게오르그 돌만이 설계했으며 베르사유 궁전보다 더 크고 화려하게 장식되어 있다. 98m의 기다란 방에는 17개의 거울이 44개의 큰 촛대와 33개의 샹들리에가 있는 1848개의 촛불로부터 빛을 발한다.

주소 Schloss–und Gartenverwaltung Herrenchiemsee **전화** 08051–68870 **홈페이지** www.herrenchiemsee.de **개방** 3월 25일~10월 27일 09:00~18:00, 10월 28일~3월 24일 09:40~16:15 **휴무** 성회 화요일, 1월 1일, 12월 24~25일 · 31일 **영어 가이드 투어** 여름철 시간당 2회, 그 외 시간당 1회. 55명씩 한 팀을 구성하여 관람한다. **요금** 신궁+박물관+갤러리 통합 요금 €9(학생 €8) / 분수 5~10월 3일 09:35~17:25(15분마다 가동)

(TRAVEL TIP)

프린(헤렌킴제 성) 찾아가기

뮌헨에서 RE열차를 타고 프린(Prien) 역에서 하차한다. 1시간 소요. 1시간 1편 운행. 프린 역에서 다시 선착장으로 이동해야 하므로, 역에 도착하면 'Prien an Chiemsee' 표지판을 따라 미니 증기기관차 역사로 간다. 역에서 선착장까지 운행하는 미니 증기열차(왕복 €3.9)는 기차가 도착하면 바로 출발하므로 가능한 한 서두른다. 걸어가려면 프린 역에서 나와 마르크트 광장 거리에서 우회전해 철길 굴다리를 통과해 계속 직진해 약 30분쯤 걸어가면 선착장이 나온다. 유람선(10분 소요, 왕복 €8)을 타고 킴제섬(Herreninsel)으로 가서 10분 정도 걸어가면 헤렌킴제 성에 도착한다.

비운의 왕
루트비히 2세의 일생

독일 남부 바이에른 왕국의 왕 루트비히 2세는 누구보다 예술을 사랑했다. 그는 노이슈반슈타인 성, 린더호프 성, 헤렌킴제 성을 지었으며, 이 세 개의 성은 매년 수백만 명 관광객들이 찾는 남부 독일 최고의 관광 명소이다. 하지만 이토록 아름다운 성을 지었던 그의 생은 불운하기 짝이 없다. 정신병자로 몰려 왕의 자리에서 쫓겨나는가 하면 의문의 죽음으로 생을 마감했기 때문이다.

1845년 뮌헨에서 태어나, 어린 시절은 호엔슈반가우 성에서 어머니와 함께 보냈다. 호엔슈반가우 성의 전설에 관한 그림들은 그를 매료시켰으며, 아버지와 할아버지의 로맨틱한 삶의 방식에 강한 인상을 받고 자랐다. 어릴 적부터 혼자서 산책하길 좋아했고, 늘 현실 세계와 거리가 먼 자기만의 세계를 구축했다. 청년이 되면서 문학에 관심을 갖고 정신적 파라다이스 속으로 도피하곤 했다. 1861년 궁정 극장에서 오페라 〈로엔그린〉이 공연되었을 때 바그너와의 운명적 만남이 시작된다. 바그너의 오페라에 매료된 루트비히 2세는 그때부터 그의 작품들을 수집했다. 1864년 막시밀리언 2세가 세상을 떠나자 18세의 어린 나이에 왕위를 계승했지만, 왕의 의무를 진지하게 수행하면서 매일 통치자의 기초 작업에 철저하게 임했다. 바그너와의 교류도 지속되었으며 후견인으로서 그가 창작에 몰두할 수 있도록 도왔다. 바그너는 모든 열정을 오페라에 쏟아 불후의 명작들을 만들고, 왕은 뮌헨에 독일 음악학교와 오페라하우스를 세워 오스트리아 빈처럼 음악의 중심지로 만들 생각이었다. 그러나 이러한 계획은 정부를 비롯한 여러 사람들의 극심한 반대에 부딪힌다.

결국 궁정의 음모와 암투에서 벗어나 그가 사랑했던 알프스산맥에서의 삶을 점점 더 갈망하게 되었다. 1866년 여름, 전쟁을 싫어했던 루트비히 2세는 양위를 결심하고 뮌헨을 떠나 스위스에 있는 바그너에게 달려가지만, 그의 설득에 의해 이틀 만에 다시 돌아와 의회의 요구를 받아들여 프로이센와 싸울 동원령에 사인한다. 무모한 전쟁은 3주 후 평화조약이 조인되고 프로이센에 5400만 금화 마르크를 보상해주는 걸로 마무리된다.

1867년 사촌인 소피아 샬로테(오스트리아 엘리자베트 황후와 자매)와 약혼하지만, 그해 10월 약혼을 파기한다. 이후 죽을 때까지 독신으로 지낸다. 바그너와의 각별한 우정과 성 건설 때문에 수년간 지속된 정치적 음모와 공격은 그를 더욱 고독하게 했고, 결국 왕은 성을 짓는 데 모든 열정을 쏟는다. 1874년 린더호프 성을 비롯해 1878년에는 헤렌킴제 성을 짓는다. 반대는 더욱 거세져 1886년 왕족과 의회는 왕을 미치광이로 선포하고 왕위를 박탈한다. 1886년 왕은 의사와 함께 산책을 나갔다가 밤 11시 둘 다 물 위에 뜬 시신으로 발견된다. 왕이 서거하자 반대 세력들은 왕이 정신병으로 죽었다고 발표한다. 당시의 정보가 진실인지 아닌지 확인할 수는 없지만, 루트비히 2세는 통치 초기에 국민들의 교육 수준을 끌어올리기 위해 무던히 노력했다. 예술에 대한 그의 열정은 각종 예술아카데미와 대학교로 남아 현재까지 이어지고 있다.

1 루트비히 2세 2 루트비히 2세가 연모했던 오스트리아 황후 엘리자베트 3 루트비히 2세와 파혼한 소피아

오스트리아

AUSTRIA

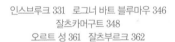

현대 도시와 자연의 조화

인스브루크

INNSBRUCK

빈 ●

★인스브루크

Austria

#티롤 지방#막시밀리안 1세#겨울 스포츠의 메카

티롤주의 주도로 인강이 흐르는 알프스산 계곡에 자리하고 있다. 로마 시대부터 동부 알프스의 교통 요충지로서 발전하면서 1429년에 티롤의 주도가 되었고, 1490년대 막시밀리안 1세가 이곳으로 왕궁을 옮겨 유럽의 정치, 문화 중심지로 전성기를 누려왔으나, 1806년 나폴레옹 점령과 제2차 세계대전으로 도시가 파괴되었다. 지금은 거의 옛 모습 그대로 복원되어 1500년대 황금 지붕을 비롯해 성 야곱 성당 등 중요한 문화유산 등이 남아 있다. 수려한 강과 산으로 둘러싸인 천혜의 아름다운 지세로 1964년과 1976년 두 번의 동계올림픽이 열려 겨울 스포츠 왕국의 명성을 유지하고 있다. 인스브루크의 가장 큰 매력은 현대 도시와 자연의 자연스러운 조화, 삶과 역사가 어우러진 도시의 모습을 가감없이 보여준다는 점이다.

※인스브루크는 도시 규모가 비교적 넓지만, 중요 볼거리가 구시가에 몰려 있어 소도시 범주에 포함시켰다.

Travel
I N F O

{ 가는 방법 }

기차
- **뮌헨→인스브루크** 2시간 소요
- **빈 서역→인스브루크** 4시간 30분 소요
- **잘츠부르크→인스브루크** 2시간 소요

인스브루크는 주변 국가와 인접해 있어 주요 도시로 기차 이동이 편리하다. 행정상으로는 오스트리아에 속해 있지만 잘츠부르크와 더불어 지리적으로 빈보다는 뮌헨이 더 가까이에 있어, 뮌헨에 숙소를 정하고 당일로 다녀오기 좋다.

인스브루크 중앙역에는 무인보관함(소 €2.5, 대 €4.5)을 비롯한 다양한 편의 시설을 갖추고 있다.

시내 교통 시내가 좁아 걸어서 관광이 가능하므로, 암브라스 성에 갈 경우만 버스로 이동한다. 시내 요금 1회권(Einzel-Ticket) €3.

교통 정보 www.ivb.at
www.postbus.at

{ 여행 포인트 }

여행 적기 5~9월이 가장 여행하기 좋으며, 겨울철에는 스키 마니아로 붐빈다.

점심 식사 하기 좋은 곳 황금 지붕, 장크트 야코프 대성당 주변

최고의 포토 포인트
- **시청사 탑 전망대**

주변 지역과 연계한 일정 오스트리아, 독일의 국경선에 위치한 가르미슈 파르텐키르헨과 잘츠카머구트를 한데 묶어 일정을 짠다. 두 지역 모두 한겨울에 눈에 많이 내려 스키 마니아에게 대단히 인기가 있다.

여행안내소(열주 광장 내)
주소 Burggraben 3
전화 0512-53-560
홈페이지 www.innsbruck.info
www.tiscover.com/innsbruck
www.ski-innsbruck.at
개방 매일 09:00~18:00

교통 인스브루크 중앙역 내
지도 p.333-F
※시내 중심가에도 여행안내소가 있다.

{ 추천 코스 }

예상 소요 시간 4~5시간

> **인스브루크 중앙역**

도보 6분

> **개선문**

도보 4분

> **성 안나 기념탑**

도보 4분

> **시청사 탑**

바로

> **황금 지붕**

도보 2분

> **성 야코프 대성당**

도보 2분

> **왕궁**

바로

> **왕궁 교회**

바로

> **티롤 민속박물관**

중앙역에서 버스 이동(10분소요)

> **암브라스 성**

알렌 동물원, 제그루베 전망대 방향

인스브루크
Innsbruck

0   100m

Riedgasse

Nikolaus Gasse

Innstrasse

Innallee

인 강
Inn

Herzog Otto Strasse

Kaiserjägerstrasse

Kapuzinergasse

왕궁 정원
Hofgarten

인스브루크 국제회의장
Kongress Innsbruck

연방 경찰서
Bundespolizei-
Direktion

호프가르텐 카페 레스토랑 R

A

B

Rennweg

발터 공원
Waltherpark

주 의회
Landesregierung

인스브루크 대학교 경제학부
SOWI Universität

카푸치너 교회
Kapuziner Kirche

황금 지붕
Goldenes Dachl

막시밀리안 박물관
Maximilianeum

동 광장
Domplatz

성 야코프 대성당
Dom zu St. Jakob

주립 극장
Landestheater

레오폴트 분수
Leopoldsbrunnen

슈베르처 아들러
R H

두에 시칠레
Due Sicille

헬블링하우스
Helblinghaus

왕궁
Hofburg

그라우어 베어
H

시민 의회
Stadtsäle

Universitätsstrasse

인 다리
Inn Brücke

이에겔

가스트하우스 골데네스 다할

골데너 아들러 R H

맘마미아
Mamma Mia

스페치아리테텐 S

티롤 민속박물관
Tiroler Volkskunstmuseum

구 대학교
Alte Universität

제수이트 교회
Jesuitenkirche

신학교
Kolleg.

Klara Pölt Weg

Siligasse

카페 캇츙
R

인스브루크 H

시청사 탑
Stadtturm
Riesengasse

Seilerg.

슈티프츠켈러

Herzog Friedr Strasse

왕궁 교회
Hofkirche

Burg-
graben

제수이트 교회
Jesuitenkirche

티롤 지방 건강 보험 조합
Tiroler Gebietskrankenkasse

암브라스 성 방향

디 빌데린
Die Wildern

노이베크

바이세스 크로이츠

티롤 주립 박물관(페르디난데움)
Tiroler Landesmuseum
Ferdinandeum

음악동호인회관
Tiroler Landeskonservatorium

바이세스 뢰슬

스와로브스키

바이세스 뢰슬

구시가지
Altstadt

문딩 R

무제움 거리   Museumsstrasse

Museumsstrasse

Landesmuseum

Marktgraben

Maria Theresien Strasse

라 쿠치나 R

Brunecker Strasse

Innrain

Marktplatz

알포텔 H

슈피탈 교회
Spitalkirche

카우스하우스 티롤 S

Meinhardstrasse

Theresien

슈파르카센 광장
Sparkassenplatz

Gilmstrasse

아돌프 피힐러 광장
Adolf Pichler Platz

펜츠 H

시청사
Rathaus

성 안나 기념탑
Annasäule

Erlerstrasse

첸트랄
R H

상공 회의소
Kammer der
gewerbl. Wirtschaft

우체국
Bahnhof Postamt

라트하우스 갤러리
카페 리히트블릭

S

Anichstrasse

티롤러
하이마트베르케
티롤 양봉가 조합

Colingasse

비딩 S

바에어 S

Meraner Strasse

보체너 광장
Bozenerplatz

로텐하우스 S

Brixnerstrasse

Burggrabenstrasse

연방 실업 고교
Techn.Bundes Lehr

Bürgerstr.

Falkmererstrasse

Anichstrasse

신관

구관

Wilhelm Greil Strasse

국립 은행
Nat. Bank.

Adamgasse

그랜드 호텔 유로파
유로파 슈투벨
R H

Brunecker Strasse

뷔르티롤러 광장
Südtiroler Platz

마리아 테레지아 거리

제르비텐 교회
Servietenkirche

연방 공업 학교

제르비텐 수도원
Servietenkloster

주청사
Landhaus

주 의회 의사당

자일러 호텔
자일러 슈투벨
R H

Hauptbahnhof

인스브루크 중앙역
Hauptbahnhof

법원
Justizgebäude

중앙 우체국
Hauptpostamt

란트하우스 광장
Landhausplatz

이비스 인스브루크
Ibis Innsbruck
H

예수회 교회
Herz Jesukirche

개선문
Triumphpforte
Triumphpforte

잘루나 거리 Salurner Strasse

E

F

Maximilianstrasse

Andreas Hofer-Strasse

노이에 포스트
포스틸리온

Liebeneggstrasse

Leopoldstrasse

흐흐하우스
Hochhaus

힐튼

카지노

이비스 인스브루크
버스터미널
Autobus Bahnhof

발리어 R

Müllerstrasse

Heiligeiststrasse

서역 방향

베르기셀 방향

Preview
INNSBRUCK

왕실의 역사와 알프스의 풍경이 매력적인 도시
인스브루크의 볼거리는 구시가에 밀집해 있어 반나절 정도면 관광할 수 있다. 중앙역 건너편 북쪽 방향으로 잘루너 거리 (Salurner Strasse)를 따라 직진하면 개선문, 우회전해 직진하면 성 안나 기념탑, 동일선상에 있는 마리아 테레지아 거리 (Maria Theresien Strasse)를 따라 가면 시청사 탑이 나온다. 탑에 올라가면 인스브루크의 파노라마 같은 중세풍의 전경을 감상할 수 있다. 시청사 옆에 인스브루크 랜드마크인 황금 지붕에

❶ 란데스 극장(landes theater)
❷ 중세 간판
❸ 인스브루크 다리
❹ 로코코 양식의 헬블링하우스

는 막시밀리안 1세의 흔적이 많이 남아 있다. 맞은편에는 하얀 건물 벽면에 화려한 꽃 무늬로 장식된 로코코 양식의 헬블링하우스(Helblinghaus)가 있는데, 과거 귀족 저택과 가톨릭 신자 집회 장소로 쓰였고, 지금은 일반인이 사용하고 있다.
가까운 곳에 있는 성 야코프 대성당과 왕궁도 꼭 관람해보자. 웅장한 바로크 양식의 외

❺ 인스부르크 다리에서 황금 지붕으로
연결되는 헤리초크 프리드리히 거리
(Herzog Friedrich Strasse)
❻ 왼쪽이 헬블링하우스,
오른쪽이 황금 지붕

관과 화려하고 우아한 로코코 양식의 내부 장식도 볼만하다. 근처 티롤 민속박물관에서 티롤 지방의 당시 민속 의상과 생활상을 접할 수 있고, 같은 건물에 속한 왕궁 교회에서 합스부르크가 선조들과 영웅들의 28개 청동상도 놓치지 않고 본다. 시간적 여유가 없으면 이걸로 마무리하고, 여유가 있으면 시내에서 약간 떨어져 있지만, 인스부르크에서 가장 매력적인 암브라스 성도 가본다. 중앙역에서 4134번 버스를 타고 암브라스 성 입구에서 내려 약간 걸어가면 나온다. 스키 마니아라면 하룻밤 머물면서 수려한 알프스의 설경을 즐길 수 있는 티롤 지방의 멋을 맛보자.

(TRAVEL TIP)

인스부르크를 제대로 보고 싶다면

합스부르크 가의 여제 마리아 테레지아, 유난히 인스부르크를 사랑했던 막시밀리안 1세와 비앙카 왕후의 인물사 공부를 하고 나서 인스부르크에 방문하면 좀 더 많은 것을 보고 느낄 수 있을 것이다.

티롤 지방

티롤(Tirol) 지방은 면적 1만2647㎢, 인구 약 67만 명이 거주하는 오스트리아 서쪽 알프스 산악 지역을 말한다. 주도(州都)는 인스부르크이다. 티롤 지방은 14세기 이후 합스부르크 왕가의 지배를 받아왔는데, 제1차 세계대전에서 오스트리아가 패하면서 이탈리아 북부 산악 지방(남 티롤)은 이탈리아에게 할양되었지만, 대다수 주민이 독일계로 독일어를 사용한다. 지금의 티롤 지방은 북·동 티롤의 두 지역으로 축소된 상태이다. 산악 지방에 위치해 오스트리아와는 전혀 다른 폐쇄성과 보수적인 문화가 산재해 있다. 인근 스위스가 신교를 신봉하는 데 반해 이곳은 철저하게 가톨릭을 믿는다.

마리아 테레지아의 추억이 서린 곳
개선문
Triumphpforte

마리아 테레지아 거리(Maria Theresien Strasse) 남쪽 끝자락에 있다. 로마 개선문을 본떠 만든 개선문은 마리아 테레지아 여제가 그의 아들 레오폴트 2세와 스페인 공주 마리아 루도비카의 결혼을 축하하기 위해 세운 문이다. 1744년 발

타자어 몰(Balthasar Moll)에 의해 남쪽에는 레오폴트와 루도비카의 '생과 행복'이, 북쪽에는 마리아 테레지아와 부군 프란츠 1세 스테판의 '죽음과 슬픔'을 모티브로 한 대리석 부조가 새겨져 있다. 아쉽게도 개선문 건설 당시에 마리아 테레지아가 무척이나 사랑했던 남편 프란츠가 사망하는 불상사가 생겼다.

주소 Maria-Theresien-Strasse **교통** 인스브루크 중앙역에서 도보 6분, 잘루너 거리(Salurner Strasse)에 위치, 또는 트램 6번 타고 트리움프포어터(Triumphpforte)에서 하차 **지도** p.333-F

젊은 시절의 마리아 테레지아

도시 방어를 기념하는 탑
성 안나 기념탑
Annasäule

1703년 7월 26일(성 안나의 날: 성모마리아의 어머니)에 바이에른 군대(스페인 왕위 계승전쟁 때 바이에른 군대를 침략으로부터 도시를 방어함)로부터 티롤의 해방을 기념하기 위해 성 안나 기념탑을 마리아 테레지아 거리 한복판에 세웠다. 붉은 대리석으로 만든 고린도 기둥의 꼭대기에 성모마리아의 하얀 대리석 동상이 있다. 기둥 둘레에는 토렌토 출신의 이탈리아 조각가 크리스토포로 벤데티(Christoforo Bendetti)가 만든 성 카시안(St. Kassian), 성 피길루스(St. Vigilus), 성 안나(St. Ann)의 동상들이 세워져 있다.

주소 Maria-Theresien-Straße e 18, 6020 Innsbruck, **교통** 개선문에서 도보 4분, 마리아 테레지아 거리(Maria Theresien Strasse)에 위치. 또는 중앙역에서 6번 트램을 타고 안나조일러(Annasäule)에서 하차. **지도** p.333-C

♥♥

거리가 한눈에 보이는 전망대

시청사 탑
Stadtturm

시청사 탑은 황금 지붕보다 50년 더 오래된 건축물로 1450년 구시청사에 세워졌다. 원래 지붕은 첨탑이었는데, 16세기 양파 모양의 둥근 지붕이 첨가되었다. 51m 높이의 탑은 당시에 매우 인상적인 건물로 마을 사람들의 자랑이자 자부심의 상징이었다. 450년 동안 탑 경비병들은 화재 및 기타 위험을 시민들에게 알려주는 파수꾼 역할을 묵묵히 해왔다. 아래층은 한때 감옥으로 사용해왔으나 오늘날 탑은 방문객들을 위한 전망대로 이용되고 있다. 133개의 계단을 따라 31m 높이의 360도 전망대에 올라서면 인스브루크의 거리와 지붕이 한눈에 들어온다. 탑에 오르면 위엄 있는 중세풍의 옛 모습, 베르기셀 스키 점프대, 인강과 노르트케터 산맥, 하펠레카르슈피체 등의 전경도 볼 수 있다.

주소 Herzog Friedrich Str. 21 **전화** 0512-587-113 **홈페이지** www.innsbruck.info **개방** 6~9월 10:00~20:00, 10~5월 10:00~17:00 **요금** €3.5(학생 €2.5) **교통** 성 안나 기념탑에서 도보 4분, 북쪽 쌍둥이 탑(시청사 탑)이 있는 방향으로 직진한다. 또는 중앙역에서 1·3번 트램을 타고 마리아 테레지아 거리 (Maria Theresien Strasse)에서 하차 후 도보 3분. **지도** p.333-C

1 인스브루크 전경
2 시청사 나선형 계단 3 시청사 탑

♥♥♥
금박 지붕이 인상적
황금 지붕
Goldenes Dachl

1 막시밀리안 1세와 비앙카 왕비의 부조
2 막시밀리안 1세의 두 번째 왕비 비앙카

"남들은 전쟁을 하더라도 행복한 오스트리아여 결혼을 하라"는 황제 막시밀리안 1세의 결혼 정책은 합스부르크 왕가의 세력을 확장시키는 최대의 정책이었다. 1477년 그는 인스브루크에서 부르고뉴 대공의 딸 마리와 결혼하고, 1482년 마리아가 죽은 뒤 밀라노 공작 스포르차의 딸 비앙카와 재혼한 후 신부를 위해 알프스산맥이 잘 보이는 곳에 황금 지붕을 지어 선물함으로써 유럽에서 모여든 상인들에게 자신의 권력을 과시했다.

고딕 양식의 황금 지붕은 인스브루크의 랜드마크가 될 정도로 유명해졌다. 2657개의 금박을 입힌 동판을 사용한 타일 지붕으로 번쩍거릴 만큼 화려하다. 부조에는 황제와 둘째 황후인 비앙카 마리아 스포르차, 무용수 모레스크가 그려져 있다. 막시밀리안 1세는 종종 이곳 발코니에 올라 주민들의 동태를 살펴보곤 했다고 한다. 또한 이 지역은 어느 신성로마제국의 도시보다 부유하고 활기 있고, 도회적인 곳이었다. 그러나 중세 때에는 이곳에서 공개 화형, 혈전, 폭력적인 대결이 난무했던 어두운 면도 있었다. 2012년 진귀한 타일 8점이 분실되었으나 며칠 후 인스브루크 주변 여러 곳에서 발견되었던 아찔한 사건도 있었다. 박물관 내부는 내용이 빈약한 편이니 외관만 감상해도 무관하다.

주소 Herzog Friedrich Strasse 15 **전화** 0512-5360-1441 **홈페이지** www.innsbruck.gv.at **개방** 5~9월 월~토요일 10:00~17:00, 10~4월 화~일요일 10:00~17:00 **휴무** 11월 **요금** 박물관 €4.8(학생 €2.4) **교통** 시청사 근처, 또는 인스브루크 중앙역에서 1·3번 트램을 타고 마리아 테레지아 거리(Maria Theresien Strasse)에서 하차 **지도** p.333-C

인스브루크를 사랑한 황제
막시밀리안 1세

1459년 합스부르크 왕가의 프리드리히 3세의 차남인 막시밀리안 1세(Maximilian I)는 형이 일찍 죽자 후계자가 되어 인문학을 비롯한 목공, 금속 가공, 원예 등 실용 교육을 잘 받아 훗날 400년 동안 합스부르크 왕가의 초석을 다지는 강력한 황제로 성장했다. 막시밀리안 1세의 결혼 정책은 합스부르크 왕가의 세력을 확장시키는 최대의 정책이었다. 1477년 당시 유럽에서 가장 부유한 상속녀인 부르고뉴 공작의 딸 마리아와 결혼해 부르고뉴의 화려한 궁정 문화를 오스트리아에 접목시켰다. 그들 사이에 3남매가 있었는데 일찍 요절해 손자인 카를 5세와 페르디난트 1세가 제위를 계승해 그의 유업을 이어 합스부르크 왕가의 전성기를 이룩했다. 1493년 인스브루크에 처음 온 뒤 이곳의 풍요로운 평화가 맘에 들어 궁정을 짓고 낚시와 수렵 생활을 즐기며 기거할 정도로 인스브루크를 사랑했던 황제였다.

아름다운 천장화로 유명

성 야코프 대성당
Dom zu St. Jacob

주소 Domplatz 6 **전화** 0512-583-902 **홈페이지** www.innsbruck.info, www.dibk.at/st.jakob **개방** 10월 26일~5월 1일 월~토요일 10:30~18:30, 일요일 · 공휴일 12:30~18:30 / 5월 2일~10월 25일 월~토요일 10:30~19:30, 일요일 · 공휴일 12:30~19:30 **요금** 무료 **교통** 황금 지붕에서 도보 2분, 돔 광장에 위치 **지도** p.333-C

1 성 야코프 대성당
2 루카스 크라나흐의 '마리아 힐프'
3 중앙 제단과 천장화
4 3729개의 파이프가 달린 오르간

1180년에 로마네스크 · 고딕 양식으로 세워진 성당. 16~17세기 때 심한 지진으로 많이 손상되었으나 요한 야코프 헤르코마에 의해 1717~1724년 복원되었다. 독일의 유명 화가 알브레히트 뒤러(Albrecht-Düre)가 신성한 성당의 인상적인 모습에 감동을 받아 그의 수채화에 영원히 남겼다.

일단 내부에 들어서면 아잠 형제(형 코스마스 다미안 아잠 Cosmas Damian Asam과 동생 에기트 크이린 아잠 Egid Quirin Asam)의 뛰어난 원근법을 사용한 성 야코프의 삶의 장면을 묘사한 화려한 바로크 양식의 천장 프레스코화가 눈에 띈다.

성당 최대 하이라이트는 중앙 제단 한가운데에 있는 루카스 크라나흐(Lukas Cranach)의 '마리아 힐프(Maria Hilf)'이다. 알프스에 있는 '마돈나와 아이'의 가장 대중적인 이미지를 잘 표현한 걸작이기도 하다. 원래 드레스덴에 있었는데, 1650년 레오폴트 5세의 선물로 이곳 성당으로 옮겨졌다. 왼쪽 윙에는 막시밀리안 3세의 묘가 있다.

이곳을 찾는 방문객들은 대부분 성당의 종소리에 매료된다. 성당 내부 2층에는 3729개의 파이프가 있는 오르간과 티롤에서 두 번째로 큰 종(Mariahilferglocke)이 있다. 인스브루크의 평화의 종은 매일 정오에 울린다.

♥ ♥ ♥
화려한 궁정 문화를 볼 수 있는 곳

왕궁
Hofburg

인스브루크 왕궁의 첫인상은 외관이 노란색과 흰색의 줄무늬로 치장되어 있어 산뜻한 분위기를 연출한다. 16세기 초 막시밀리안 1세와 지그문트 대공 (Archduke Siegmund)에 의해 바로크 양식으로 건설되었으나 18세기 마리아 테레지아 여제 때 개보수했다. 외부는 바로크 양식으로 웅장한 그랜드 홀과 예배당을 지었는데, 로코코 양식의 내부는 각 방의 천장화, 집기, 태피스트리로 화려하게 장식했다. 특히 그랜드 홀은 화려함과 웅장함을 논할 때 타의 추종을 불허할 정도이다. 1765년 마리아 테레지아의 셋째 아들 레오폴트 2세와 스페인 공주 루도비카의 결혼식을 올린 곳이기도 하지만, 마리아 테레지아의 부군 프란츠 1세가 이곳에서 사망한 곳이기도 하다(마리아 테레지아는 16명의 자녀를 두었으나 대부분 정략 결혼시켜 합스부르크 가의 영토를 확장했다. 특히 프랑스와의 관계 회복을 위해 마리 앙투아네트를 루이 16세와 정략 결혼시킨 일은 유명하다). 1층은 전시회가 열리고 2층이 왕궁 시설물이다. 건물 내에는 빈에서 가장 유명한 카페 자허(Sacher)도 있다.

주소 Rennweg 1 **전화** 01-53649-814111 **홈페이지** www.hofburg-innsbruck.at **개방** 박물관 매일 09:00~17:00 **요금** Imperial Apartments €9(학생 €6.5, 19세까지 무료) **교통** 황금 지붕에서 도보 3분. 황금 지붕을 바라볼 때 오른쪽 골목길로 직진하면 왼편에 입구가 있다. 또는 중앙역에서 1번 트램을 타고 뮤지엄스트라세(Museumstra ß e)에서 하차. 버스 F를 타면 콘그레스(Congress)에서 하차. **지도** p.333-C

1 왕궁 2 마리아 테레지아 가족 3 대관식 왕관 4 그랜드 홀

막시밀리안 1세 영묘와 그를 둘러싼 초보병들

♥●♥●♥●

막시밀리안 1세의 영묘가 있는 곳
왕궁 교회
Hofkirche

왕궁 교회는 인스브루크를 너무나 사랑했던 막시밀리안 1세를 위해 페르디난트 1세가 세운 교회이다. 교회 내부 중앙에 24개의 하얀 부조로 장식한 거대한 막시밀리안 1세의 영묘가 있는데, 티롤 지방은 물론 유럽에서 가장 중요하고 장엄한 묘이다. 그러나 그의 시신은 고향인 비너 노이슈타트(Wiener Neustadt)에 안치되어 있다. 교회의 벽과 기반이 약해 그의 무덤을 지탱하기 힘들게 되자 옮기게 된 것이다.

교회 내부에서 가장 웅장하고 엄숙한 분위기를 자아내는 것은 막시밀리안 1세의 영묘를 지키려고 그 주위를 둘러싸고 있는 실물 크기로 된 28명의 검은 청동상들이다. 청동상은 단순한 보초병이 아닌 합스부르크 가(家) 선조들과 영웅들이다. 청동인물 때문에 현지에서는 슈바르츠만더(Schwarzmander: 검은 남자) 교회로 알려져 있다. 검은 조각상 중에서 8명이 여성이다.

내부 맨 뒤쪽 왼편 벽면에는 안드레아스 호퍼(Andreas Hofer) 조각상이 있다. 그는 1809년 수천 명의 병력으로 막강한 나폴레옹 군대와 대항한 자유 투사로 결국 만투아에서 사형당했으나 인스브루크의 영웅으로 추앙받고 있다.

실버 예배당에는 대공 페르디난트 2세와 아내 필리피네 벨저의 무덤이 있다. 그녀는 당시 슈퍼스타로 '하트의 여왕', '허브 전문가', '목욕 미인'으로 불렸다. 중앙 제단 뒤편에 있는 '제비둥지' 오르간은 거의 500년 된 오스트리아에서 가장 잘 보존된 르네상스 오르간과 1900년에 제작된 최근 오르간이 있다. 왕궁 교회 안뜰에서 바로 티롤 민속박물관으로 연결된 문이 있다.

주소 1, Universitätsstrasse 2 **전화** 0512-594-89510 **홈페이지** www.hofkirche.at **개방** 월~토요일 09:00~17:00, 일요일 · 공휴일 12:30~17:00(2018년 기준 1월 1일 12:30~17:00(무료), 2월 13일 09:00~12:00, 10월 6일 09:00~17:00, 18:00~밤 01:00, 12월 24일 09:00~16:00(무료), 12월 25일 12:30~17:00, 12월 31일 09:00~14:00) **요금** 싱글 티켓 €7(학생 €5) / 왕궁 교회 + 티롤 민속박물관 콤비 티켓 €11(학생 €8) **교통** 왕궁 정문에서 나와 오른쪽으로 가면 아치형 문이 나온다. 바로 아치형으로 연결된 오른쪽 건물이 왕궁 교회이고, 왼쪽 건물이 티롤 민속박물관이다. 입구는 티롤 민속박물관으로 들어간다. **지도** p.333-C

티롤 지방의
과거 생활상을 전시
티롤 민속박물관
Tiroler Volkskunstmuseum

프란츠 요제프 1세의 즉위 40주년을 기념하기 위해 세운 박물관. 제1차 세계대전 이후 알프스 지방의 민속박물관으로 재개관했다. 당시의 생활상을 다양하게 알 수 있도록 일목요연하게 전시되어 있다. 티롤풍의 민속 의상과 민가 실내장식, 버터 사용 도구, 타일 장식 난로, 눈 신발, 농기구 등 볼거리가 의외로 많다. 왕궁 교회와 한 건물로 연결되어 있어 통상 콤비 티켓을 끊고 입장한다.

주소 1, Universitätsstrasse 2 **전화** 0512-594-89514 **홈페이지** www.tiroler-landesmuseen.at **개방** 매일 09:00~17:00 **요금** 싱글 티켓 €8(학생 €6) / 왕궁 교회 + 티롤 민속박물관 콤비 티켓 €11(학생 €8), 19세 이하 무료 **교통** 왕궁 정문에서 대각선 방향에 위치 **지도** p.333-D

1 티롤 민속박물관
2 당시 티롤 지방의 전통 의상 3 스튜디오

페르디난트의 수집품으로 장식
암브라스 성
Schloss Ambras

암브라스 성은 알프스의 주도 인스부르크에서 가장 매력적인 곳 중 하나이다. 중세 시대 때 세웠던 성을 대공 페르디난트 2세(1529~1595년)가 사랑하는 아내 필리피네(Philippine Welser)를 위해 개축했다. 성은 상성(上城)과 하성(下城), 스페인 홀로 나뉜다. 그는 진정한 르네상스 왕자로서 예술과 과학을 증진시키는 데 매진했다. 르네상스 양식의 성 내부는 페르디난트 2세가 수집한 예술품으로 가득 차 있다. 그가 사용했던 병기와 유물들, 유명 영웅들의 16~17세기 갑옷 수집품들을 전시하기 위해 하성을 지어 박물관으로 사용했다. 상성에는 알버트 3세와 프란츠 황제 1세 등 합스부르크 가의 초상화 갤러리와 루카스 크라나흐, 안톤 모르, 티치아노, 벨라스케스 등 유명 예술가들의 200여 점 수집품도 전시되어 있다. 또한 성 니콜라스 예배당, 성 역사실, 고딕 조각상, 16세기 목욕실 등도 볼만하다. 상성(上城) 아래에 있는 스페인 홀은 르네상스 시대 중 가장 아름다운 홀이다. 길이 43m에 이르는 홀에 27명의 티롤 지배자들의 초상화로 장식되어 있다. 스페인 홀은 여름에 인스부르크 축제 페스티벌 콘서트가 열린다.

주소 Schlossstrasse 20 **전화** 01525-24-4802 **홈페이지** www.schlossambras-innsbruck.at **개방** 매일 10:00~17:00 **휴무** 11월 **요금** 4~10월 €10(학생 €7), 12~3월 €7(학생 €5) **교통** 인스부르크 중앙역 왼쪽에 있는 정류장에서 포스트버스 4134번을 타고 암브라스 성 입구에서 내린다. 길 건너 왼쪽 좁은 길로 도보 3분. **지도** p.344

1 암브라스 성(상성) 2 스페인 홀

♥♥♥

알프스산의 멋진 파노라마 풍광

하펠레카르슈피체
Hafelekarspitze

인스브루크 북쪽에 위치한 해발고도 2334m의 알프스산으로 티롤 지방의 지붕으로 불린다. 정상에 오르면 부채꼴 모양의 시가지 모습과 인강의 계곡, 오스트리아의 알프스산들의 멋진 풍광을 볼 수 있다. 1905m에는 제그루베(Seegrube) 전망대에서 로프웨이를 타고 8분 정도 올라가면 하펠레카르슈피체가 나온다.

홈페이지 www.seegrube.at **교통** 1번 트램 또는 A · D · E · 4번 버스를 타고 훙어부르크–반(Hungerburg–Bahn)에서 하차, 훙어부르크까지 케이블카를 타고 6분, 제그루베 전망대까지 로프웨이 타고 8분 소요. 마리아 테레지아 거리에서 셔틀버스가 운행된다. 인스브루크 카드 소지자는 무료 승차 가능 **지도** p.344

멋진 건축물에서 전망을 감상

베르기셀 스키 점프 타워
Bergisel Ski Jump

  죽기 전에 꼭 봐야 할 세계 건축물 1001에 뽑힌 곳. 2002년 건축가 자하 하디드(Zaha Hadid)가 설계한 건축물로 인스브루크 시내가 내려다보이는 베르기셀 산꼭대기에 세

웠다. 길이 90m, 높이 50m의 규모로 여러 스포츠 시설과 코브라 형태의 전망대, 카페 등의 공간도 함께 만들었다. 이 건축물로 하디드는 2004년 최초의 여성 수상자로 프리츠커 상을 수상했다.

전화 0512– 58–9259 **개방** 6~10월 09:00~18:00, 11~5월 10:00~17:00 **휴무** 화요일 **요금** 스타디움 티켓 €8.5, 통합 티켓(스타디움+박물관) €14, 스타디움 투어(스키 점프 포함) 50분 €85 **홈페이지** www.bergisel.info **교통** 시내에서 투어버스(Sightseer Insbruck : 1일권 €16, 인스브루크 카드 소지자 무료)로 이동 **지도** p.344

♥

눈이 휘둥그레지는 크리스털의 세계

스와로브스키 크리스탈벨텐
Swarovski Kristallwelten

1995년에 스와로브스키의 창사 100주년을 기념하기 개관한 크리스털 박물관. 멀티미디어 아티스트인 앙드레 헬러(André Heller)가 설계한 이곳은 유일무이한 환상적인 장소로 매년 1200만 명 이상의 관광객이 찾는 티롤의 인기 있는 관광 명소이다. 2015년 새롭게 단장하고 확장 공사를 마쳤다. 입구 안쪽에 있는 62kg, 30만 캐럿에 이르는 세계 최대 크리스털이 있다. 정원에는 반짝거리는 크리스털 구름과 거울 연못이 있고, 4층의 플레이 타워에서 오감을 이용한 놀이도 체험할 수 있다. 월드 매장에서는 주얼리, 액세서리 등 전 제품을 둘러볼 수 있다. 다니엘스 크리탈벨텐 카페 & 레스토랑(Daniels Kristallwelten Café & Restaurant)에서 전 세계 맛있는 요리도 맛볼 수 있다.

주소 Kristallweltenstrasse 1, 6112 Wattens **전화** 05224-51080 **홈페이지** Kristallwelten.swarovski.com **개방** 9~6월 08:30~19:30 (12월 24일 14:00까지 입장, 12월 31일 16:00까지 입장), 7~8월 08:30~22:00 **휴무** 10월 8일, 11월 5~6일 **요금** €19 **교통** 인스브루크 중앙역 앞에서 셔틀버스 운행, 30분 소요 **지도**

지도 범례:

▲2334
노르트케테 Nordkette
하펠레카르슈피체 Hafelekarspitze
노르트케테반 Nordkettebahn
제그루베 전망대 Seegrube 1905m
홍거부르크 역 Hungerburg
케이블카 뮐라우 Mühlau
아르츨 Arzl
홍거부르크-반 Hungerburg-Bahn
알펜 동물원 Alpenzoo
아라하일리겐 호페 역
p.333
인스브루크 Innsbruck
룸 역
유겐트헤르베르게-인스브루크 Jugendherberge-innsbruck
호팅 역
서역
스와로브스키 크리스탈벨텐 키
제페르트 방향
인스브루크 국제공항 Flughafen Innsbruck
암브라스 성 Schloss Ambras
베르기셀 스키 점프 타워 Bergisel Ski Jump
장크트 안톤 방향
나터스 Natters
빌 Vill
이글스 마을 Igls
란스 Lans
무터스 Mutters
N
인스브루크 교외
0   2km
피처쾨펠 Patscherkofel 2246▲
브레너 고개 방향
로프웨이

디 빌데린
Die Wilderin a

오스트리아 요리 전문 레스토랑. 음식 맛이 좋아 현지인들이 자주 찾는 곳이다. 샐러드 €8.5, 수프 €6, 슈니첼 €19, 굴라시 €17.5, 로스트비프 €9.

주소 Seilergasse 5 **전화** 0512-562728 **홈페이지** www.diewilderin. at **영업** 17:00~02:00 **휴무** 월요일 **교통** 황금 지붕 근처 **지도** p.333-C

두에 시칠리
Due Sicilie

이탈리안 레스토랑으로 친절한 직원 서비스는 물론 음식 맛, 분위기가 좋다. 지중해 요리, 글루텐프리 옵션이 가능하고 피자, 시푸드 등 요리가 다양하다. 바다가재와 농어 요리가 인기 있다. 예산 €15~.

주소 Höttinger G. 15 **전화** 0512-936729 **홈페이지** www.duesicilie. at **영업** 17:00~22:00, 토·일요일 12:00~14:00, 17:00~22:30 **휴무** 월요일 **교통** 구시가에서 인스브루크 다리를 건너 정면에 있는 좁은 길로 올라가면 왼편에 위치 **지도** p.333-C

맘마미아
Mamma Mia

저렴하게 이탈리안 요리를 맛볼 수 있는 레스토랑. 식당 규모는 작지만 €10 미만으로 한 끼를 맛있게 해결할 수 있어 인기 있다. 피자 €5.9~, 스파게티 €6.9~.

주소 Kiebachgasse 2 **전화** 0512-562902 **홈페이지** www. mammamia-innsbruck.com **영업** 12:00~24:00 **교통** 황금 지붕을 바라볼 때 왼쪽 도로를 따라 직진해 인스브루크 다리를 건너기 전 왼편 **지도** p.333-C

이비스 인스브루크
Ibis Innsbruck

유럽에서 가장 유명한 체인 호텔 이비스의 지점. 가격 대비 실용적이고 역 근처에 있어 편리하다. 2인 €80~.

주소 Sterzinger Strasse 1 **전화** 0512-5703000 **홈페이지** www.ibis. com **교통** 인스브루크 중앙역에서 왼쪽 포스트버스 정류장 건너편 건물 **지도** p.333-F

자일러 호텔
Sailer Hotel

중앙역에서 가깝고 구시가까지도 도보권에 있어 여행하기에 편리하다. 가격 대비 깨끗한 시설과 친절한 직원 서비스를 비롯해 특히 조식이 양호하다. 2인 €80~.

주소 Adamgasse 8 **전화** 0512-5363 **홈페이지** www.sailer-innsbruck.at **교통** 인스브루크 중앙역에서 길 건너 잘루너 거리 (Salurner Strasse)를 따라 직진해 첫 번째 사거리에서 우회전하면 바로 왼편 **지도** p.333-F

빈 근교로 떠나는 온천 여행

로그너 바트 블루마우
Rogner Bad Blumau

1997년 오스트리아 출신의 세계적인 건축가 프리덴슈라이히 훈데르트바서가 설계한 온천 리조트. 기존의 틀을 과감히 벗어 던진 기발한 아이디어와 자연이 어우러지는 조형미는 이곳을 오스트리아에서 가장 인기 있는 리조트로 자리매김했다. 이곳은 곡선의 미에 충실한 탓에 회색빛 건물에서 흔히 볼 수 있는 일체의 직선을 찾아보기 힘들다. 핑크, 블루, 레드, 화이트 등 다양한 색상으로 장식된 톡톡 튀는 건물은 산뜻하면서 포근한 느낌이 든다. 울룩불룩한 주변 산세를 그대로 살리기 위해 경사면을 따라 자연스럽게 건물을 연결했다. 유선형의 물결치는 지붕에 흙을 덮고 잔디를 심어 산책할 수 있는 옥상 정원으로 꾸몄다. 2000개가 넘는 리조트의 창문은 제각각 형태를 취하고 있어

1 로그너 바트 블루마우의 슈타인하우스(Steinhaus: 돌집) 2 스타임하우스(Stammhaus: 메인 하우스)
3 제각각 개성 있는 모양의 창문들 4 대형 온천장. 숙박하지 않아도 온천 티켓을 끊어 이용할 수 있다.

5, 6 아늑한 객실 7 기부금을 내면 의미 있는 기념 식수를 심을 수 있다.

개성이 넘친다. 환경을 중요하게 여기는 그답게 리조트에 쓰인 건축 자재들은 주변에서 쉽게 구할 수 있는 돌, 유리, 나무, 짚 등이다. 자연스럽게 인간과 자연이 공존하는 낙원이 창조된 것이다.

또한 이곳의 진가는 한겨울에 빛을 발한다. 대형 노천 온천에 들어가면 뜨거운 온천수가 관광객들의 얼었던 몸을 녹인다. 300여 개의 객실은 물론, 대형 실내외 수영장에도 온천수가 공급된다. 언덕 뒤편에 연인들이 언약의 뜻으로 나무를 심는 공간도 있다. 일정액을 기부하면 영원한 사랑을 약속하는 기념수를 심을 수 있으니, 리셉션에 문의해 동참해도 좋은 추억이 될 것이다. 비록 숙박비가 비싸 부담은 되지만 가족 또는 연인끼리 온천장에서 피로를 풀며 머물기에 무척 좋은 휴식 공간이다.

주소 Bad Blumau 100, 8283 Bad Blumau **전화** 03383-5100 **홈페이지** www.blumau.com **개방** 매일 09:00~23:00, 12월 24·31일 09:00~17:00 **요금** 온천장 1일권 평일 €45, 주말 €54, 저녁권 (17:00~23:00) €32.90 / **숙박** 2019년 2인 비수기(4월 28일~9월 7일) €116~ 준성수기(1월 6일~4월 27일, 9월 8일~10월 19일) €130~, 성수기(11월 3일~12월 21일) €140 ~ ※숙박객은 온천장 무료 이용 **교통** 빈에서 약 170㎞, 그라츠에서 약 65㎞ 거리. 그라츠(Graz) 역에 도착하면 온천 리조트에서 운영하는 셔틀버스(요금 €38, 50분 소요)를 이용할 수 있는데, 셔틀버스는 최소 출발 4일 전에 리조트(전화 03383-2377)에 예약해야 한다. 렌터카를 이용하면 좀 더 편하게 찾아갈 수 있다. 기차로 갈 경우, 빈 중앙역에서 바트 블루마우(Bad Blumau) 역까지 2시간 30분 소요. 역에서 온천장까지 도보 7분.

리조트 이용 시 알아두자

- 리조트 출입문 옆에 있는 벨을 누르면 철문이 자동으로 열린다.
- 숙박객은 투숙하는 동안 사우나와 온천장을 무제한 이용할 수 있다.
- 숙박객은 조식, 석식 뷔페 무료. 내부 시설 못지않게 음식 또한 매우 훌륭하다. 신선한 식재료를 사용해 퀄리티가 높다.
- 리조트 키는 시계처럼 손목에 차게 되어 있어 방문을 열 때는 키를 하얀 버튼에 터치한다.
- 온천 이용 시 수영복 필수. 수영복 위에 방에 비치된 가운을 걸치고 온천장을 이용할 수 있다.
- 사우나는 남녀 공용으로 알몸으로 이용하니 유의한다.
- 매우 인기 있는 리조트라 성수기, 주말에는 몇 개월 전에 미리 예약해야 숙박할 수 있다.
- 숙박비가 비싸므로 숙박하지 않고 1일권을 구입해 온천만 이용해도 된다.

벨테르베블릭 스카이워크 전망대에서 바라본 할슈타트호

산과 호수로 둘러싸인 알프스의 휴양지

잘츠카머구트

SALZKAMMERGUT

빈●

★
잘츠카머구트

Austria

#알프스 휴양지#빙하 호수#사운드 오브 뮤직

잘츠부르크부터 빈에 이르는 주변의 수려한 알프스 산악 지대를 잘츠카머구트라 부른다. 주변 곳곳
에는 알프스 산자락과 70여 개의 빙하 호수가 흩어져 있어 유럽에서 가장 아름다운 대표적인 휴양
지이다. 한때는 암염이 많아 소금 산업이 발달했으나 근세에 들어 소금광산이 폐쇄되었다. 아이러니
컬하게도 소금 덕분에 근대화 개발이 늦어져 알프스 주변의 태곳적 자연이 그대로 보존될 수 있었
다. 잘츠카머구트 주변 마을의 동화처럼 아름다운 경관은 영화 〈사운드 오브 뮤직〉에 그대로 담겨
져 세계인에게 깊은 감명을 주고, 1997년 유네스코 세계문화유산으로 지정되었다.

{ 가는 방법 }

통상 잘츠부르크에 숙소를 정하고 당일로 다녀온다. 만약 잘츠카머구트에 숙박하는 경우 주변 경관이 아름다운 장크트볼프강이나 할슈타트에 숙소를 정하고, 온천에서 휴식을 취하고 싶으면 바트이슐에서 1박 한다. 동선상 잘츠부르크에서 가까운 마을 순으로 이동하되 기차, 버스, 유람선을 번갈아 가며 이용한다.

● **잘츠부르크 중앙역 → 장크트길겐** 150번 버스
● **장크트길겐 → 장크트볼프강** 유람선
● **장크트볼프강 → 바트이슐** 546번 버스
● **바트이슐 → 할슈타트** 기차 또는 534번 버스

{ 여행 포인트 }

여행 적기 5~9월이 여행하기 가장 좋다. 겨울철도 눈 쌓인 풍경이 멋져 괜찮다. 봄, 가을에도 날씨가 꽤 서늘하므로 두꺼운 점퍼를 준비

한다.

일정 짜기 기차역이 없거나 작은 역사만 있어 대부분 무인보관함이 없으니, 잘츠부르크 숙소에 짐을 맡기고 당일로 다녀온다. 잘츠카머구트에서 하루 묵는 경우도 숙소에 짐을 맡기고 가볍게 이동한다. 날씨가 흐리거나 구름이 끼었을 때는 산(정상)에 올라가봐야 보이는 것은 구름뿐이니 과감히 포기하는 것이 낫다.

● **잘츠카머구트 마을의 추천 순위** 할슈타트와 장크트볼프강을 가장 추천한다. 그 다음으로 추천하는 장크트길겐, 바트이슐, 오르트성은 취향에 따라 선택한다.

● **잘츠카머구트의 주요 볼거리**
할슈타트 벨테르베블릭 스카이워크, 마르크트 광장
장크트볼프강 샤프베르크산, 아름다운 마을의 골목길
장크트길겐 츠뵐퍼호른, 모차르트 광장, 호수 공원
바트이슐 카이저 빌라, 온천장, 카트린산
여행안내소(바트이슐)
주소 Auböckpl. 5, 4820 Bad Ischl
전화 06132-27757
홈페이지 www.badischl.at
개방 월~토요일 09:00~18:00, 일요일·공휴일 10:00~14:00
교통 바트이슐 역에서 10시 방향 반호프 거리 (Bahnhofstrasse)를 따라 직진하면 왼쪽에 있다. 도보 10분 **지도** p.351

바트이슐의 카이저 빌라

TRAVEL TIP

잘츠카머구트의 투어버스
그린버스·레드버스

하루 동안 버스를 수시로 승하차하면서 웅장한 산과 수려한 호수가 펼쳐지는 잘츠카머구트의 전경을 편하게 즐길 수 있는 버스 투어. 17개 버스정류장에서 당일에 한해 잘츠부르크를 비롯한 잘츠카머구트의 모든 시내버스(그린/레드버스)를 이용할 수 있다.

그린버스 정류장 잘츠부르크 중앙역(4번 정류장), 미라벨 광장, 푸슐호수, 장크트길겐, 몬트호수 등
레드버스 정류장 장크트볼프강(샤프베르크 등산열차역), 스트로블, 장크트길겐 등
1일권 요금 그린버스 €25, 레드버스 €12, 콤비권(그린+레드) €30, 콤비권(그린+크루즈) €41, 콤비권(레드+크루즈) €28, 콤비권(그린+레드+크루즈) €46
홈페이지 www.hoponhopoff.at

눈 내린 할슈타트

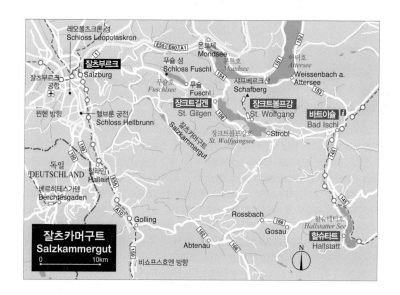

장크트길겐 전경

♥♥♥

〈사운드 오브 뮤직〉의 배경

장크트길겐
St. Gilgen

모차르트 기념관

장크트길겐은 영화 〈사운드 오브 뮤직〉의 배경이 될 정도로 경관이 아름답고 수려하다. 장크트볼프강강 서쪽 끝에 위치해 잘츠부르크에서 가장 가깝다. 마을 안쪽으로 들어가면 작은 모차르트 분수와 모차르트 광장, 시청사가 보인다. 1926년 비엔나 조각가 교수 칼 볼렉(karl Wollerk)이 제작한 청동 모차르트 분수는 어린 모차르트가 꽃밭정원에서 바이올린 연주하는 모습으로 여행객을 반갑게 맞이한다. 1914~16년 세워진 시청사 주출입구에는 호수와 태양을 상징하는 장크트길겐의 문장이 있다. 근처에는 모차르트 조부와 모차르트 누나가 각각 결혼식(1720년 · 1784년)을 올렸던 고딕 형태의 가톨릭교구 교회(Catholic Parish Church of St Agydius)가 있다. 내부 제단에는 장크트길겐의 수호신인 성 아가디우스(St. Agydius), 왼편에는 장크트볼프강강, 오른쪽에는 성 니콜라스 동상이 있다. 호수 방향으로 내려가면 모차르트의 어머니 안나 마리아 발부르가(Anna Maria Walburga Perti 1667~1724년)와 누이 난네를(Nannerl)의 고향이었던 생가가 나온다. 모친은 1801년 사망할 때까지 이곳에서 지냈고, 모차르트 외조부는 주 판사를 역임한 명문가 집안이었다. 1719~20년 세워진 생가는 300년 전 모습 그대로 보존되어 현재 모차르트 기념관으로 사용하고 있다. 오른편에는 장크트볼프강강으로 가는 선착장(Schiffstation)이 있다.

선착장 앞에는 녹색으로 물든 호수공원이 마주하고 있다. 공원에는 어린이 놀이터가 있고 오스트리아의 시인 겸 작가인 마리 폰 에브너 에셴바흐(Marie von Ebner-Eschenbach.1830~1916년)의 기념비가 있다. 그녀는 가난한 자를 위해 자선 사업에 평생 헌신했다.

날씨가 맑은 날에는 해발고도 1522m의 츠뵐퍼호른(Zwölfernhorn)까지 케이블카를 타고 올라가면 빙하 호수와 어우러진 장크트길겐의 환상적인 풍광이 한눈에 들어온다. 겨울에는 트레킹과 스키를 즐길 수 있다.

장크트길겐 북쪽으로 150번 포스트버스를 타고 30분 정도 가면 몬트호수(Mondsee)와 몬트제 마을이 나온다. 이 마을을 배경으로 〈사운드 오브 뮤직〉의 여주인공 마리아와 폰트랩 대령이 결혼식을 올렸던 유명한 미하엘 교회(Basilika St. Michael)가 있다.

교통 장크트길겐은 기차편이 없어 버스로 이동한다. 잘츠부르크 중앙역에서 150번 포스트버스(편도 €6.7, 표는 운전기사에게 구입. 약 40분 소요)를 타고 장크트길겐(St. Gilgen)으로 이동한다. 장크트길겐의 여행안내소가 구시가에서 약간 떨어진 언덕 위의 장크트길겐 초입에 있으니 스파어(Spar) 상점 옆 정류장에 내리고, 여행 정보가 필요 없으면 다음 정류장(구시가)에서 내린다. **지도** p.351

모차르트 광장

호수공원

◆ 츠뵐퍼호른 Zwölferhorn

케이블카 승차장에서 케이블카를 타고 16분 정도 올라가면 해발고도 1522m의 츠뵐퍼호른 정상에 도달한다. 정상에 서면 장엄한 경관이 파노라마처럼 펼쳐진다. 볼프강호를 비롯한 잘츠카머구트의 풍광이 한눈에 들어온다. 남녀노소가 편하게 하이킹을 즐길 수 있도록 코스가 잘 다듬어져 있다. 최근 TV 프로그램 〈꽃보다 할배〉가 방영된 후부터 한국인들이 많이 찾는 인기 지역이 되어 모든 안내판이 한국어로 표기되어 있다.

하이킹
츠뵐퍼호른에서 필슈타인(Pillstein) 주변은 사계절 언제나 하이킹 천국을 이룬다. 남녀노소 모두 부담 없이 하이킹을 즐길 수 있어 인기 있는 코스다.
● **장크트길겐 → 엘페르슈타인(Elferstein) 소요 시간** 1시간 30분~2시간 **난이도** 중급
● **장크트길겐 → 슈투브네람(Stubneralm) 소요 시간** 2시간~2시간 30분 **난이도** 중 · 하급
● **푸슐(Fusch) → 사우슈타이감(Sausteigalm) 소요 시간** 3시간~3시간 30분 **난이도** 중 · 상급

츠뵐퍼호른 케이블카에서 바라본 장크트길겐

츠뵐퍼호른 정상

♥ ♥ ♥

잘츠카머구트에서 가장 환상적인 풍광

장크트볼프강

St. Wolfgangsee

볼프강 빙하 호수의 북쪽에 위치한 마을. 선착장 주변의 마을 전경이 예쁘게 정돈된 분위기를 자아낸다. 호수 마을의 이름은 레겐스부르크 주교로 나중에 성인이 된 성 볼프강에서 유래한다.

마을 한가운데에 위치한 장크트볼프강 교회(Pfarrkirche)는 1000년 이상의 오랜 역사를 자랑한다. 내부에는 티롤의 조각가 미하엘 파허가 1481년 만든 걸작인 성모마리아의 대관을 묘사한 조각상이 있는 12m 높이 황금 제단이 있다. 오페레타 〈바이센 뢰슬에서〉로 유명한 바이센 뢰슬(Weissen Rossl)을 비롯한 마을 가옥들이 대부분 호텔로 사용되고 있다. 마을에서 한 정류장 거리에 있는 샤프베르크 등산열차역(Schafbergbahn)에서 등산열차를 타고 해발 1783m 높이의 샤프베르크산(Mt. Schafberg)으로 올라가면 산 정상에서 바라본 전경은 잘츠카머구트에서 가장 아름답고 환상적이라고 단언할 수 있다. 맑은 날에는 볼프강호(Wolfgangsee), 몬트호(Mondsee), 푸슐호(Fuschlsee)를 비롯해 독일의 킴제호(Chiemsee)까지 볼 수 있다. 여유가 되면 산 정상 호텔(Hotel

1 장크트볼프강 2 장크트볼프강 거리 3 바이센 뢰슬 호텔 겸 레스토랑

1 압트식 톱니열차 2 산 정상의 샤프베르크슈피체 호텔

Schafbergspitze)에서 1박하면서 황홀한 새벽 전경을 만끽하며 멋진 추억을 만들어봐도 좋다.

홈페이지 www.wolfgangseer-advent.at **교통** 장크트길겐 선착장(Schiffstation)에서 유람선(편도 €7.4 / 30분 소요)을 타고 장크트볼프강으로 이동한다. 또는 잘츠부르크 중앙역에서 150번 포스트버스를 타고 스트로블(Strobl) 정류장에서 546번으로 환승해 장크트볼프강에서 하차(왕복 €19.40 / 1시간 30분 소요). 버스로 이동할 경우 선착장이나 구시가로 가려면 장크트볼프강 마르크트(Markt)에서 하차하고, 샤프베르크산으로 이동하려면 장크트볼프강 샤프베르크 선착장(Schafbergbahn)에서 내린다. ※장크트볼프강 여행안내소(개방 시간 내)에서 짐을 맡아준다. 마르크트 버스정류장 근처에 있다. **지도** p.351

◆ 샤프베르크산 Mt. Schafberg

1783m 높이의 샤프베르크산은 오스트리아에서 가장 산세가 수려하고 주변 경관이 아름다워 영화 〈사운드 오브 뮤직〉의 촬영지가 될 정도로 인기 있는 알프스산이다. 최근 〈꽃보다 할배〉가 방영된 후부터 장크트길겐의 츠뵐퍼호른과 더불어 한국인들이 가장 많이 찾는 곳이다.
이곳에 서면 북쪽의 보헤미안 숲과 남쪽의 알프스까지 잘츠카머구트의 여러 호수가 파노라마처럼 한눈에 들어온다. 정상 오른쪽에 보이는 건물은 1882년에 지은 가장 오래된 산장 호텔 샤프베르크슈피체 호텔(Schafbergspitze Hotel: 전화 06138-3542, www.schfberg.net, 5~10월 운영)이고, 왼쪽에는 슈츠휘테 힘멜슈포르테 레스토랑(Schutzutte Himmelspforte, 전화 0664-433-1277, 영업 10:00~17:00, 숙박 가능)이 있다.
샤프베르크 등산열차(SchafbergBahn)은 오스트리아에서 가장 가파른 압트식 톱니철도로 유명하다. 장크트볼프강에서 샤프베르크산 정상까지 수시 운행하고 있다. 정상으로 올라가는 길목마다 원시 숲과 이목하는 소떼, 샬레와 같은 이국적인 풍경이 펼쳐진다.

샤프베르크 등산열차
소요 시간 35분 **운행 시간** 5~9월 운행 등산열차역(SchafbergBahn) → 정상(Schafbergspite) 09:20~16:30 정상→ 등산열차역 10:25~17:05 **요금** 왕복 €36, 편도 €25.5 **홈페이지** www.wolfgangseeschiffahrt.at www.schafbergbahn.at

1 샤프베르크산 정상에 내리면 등산열차역사와 주변 풍경 2 슈츠휘테 힘멜슈포르테(Schutzhutte Simmelspforte) 레스토랑

♥♥♥
황제의 온천 마을
바트이슐
Bad Ischl

소금온천으로 유명한 바트이슐은 온천, 하이킹, 스키를 비롯한 레저 스포츠를 즐길 수 있는 휴양지로 유명하다. 잘츠카머구트에서 가장 큰 마을로 교통의 요충지이며, 오스트리아에서 가장 인기 있는 엘리자베트 황후와 프란츠 요제프 황제의 운명적 만남으로 유명세를 탄 온천 마을이기도 하다. 이곳 온천수는 불임증에 효능이 있어 유럽 전역의 유명 인사들이 자주 찾는다. 특히 프란츠 요제프 황제의 모후가 자주 이곳에 머물며 치료를 하면서 3명의 황태자를 얻었다. 1853년에는 22세의 젊은 미남 청년 프란츠 요제프가 오스트리아 황후의 후보였던 바이에른 공작의 딸 헬렌과 맞선을 보기 위해 이곳을 찾았다. 그러나 맞선 자리에 동행했던 동생 15세의 시시(엘리자베트의 예칭)를 보는 순간 첫눈에 반해 어머니의 강한 반대를 무릅쓰고 그해 8월 19일 시시와 약혼식을 올려 온 나라가 떠들썩할 정도로 센세이션을 일으켰다.

기차역 근처에 위치한 온천장(Eurothermen Resort: 개방 09:00~24:00, 요금 4시간 이용 €19.5, www.eurothermen.at)은 예전의 명성을 유지하며 마을 사람들이 자주 애용하고 있다. 이슐강 건너편에는 황제의 별장이었던 카이저 빌라(Kaiser Villa)를 비롯해 시립박물관(Museum der Stadt Bad Ischl)과 1344년에 세운 성 니콜라스 교회(Stadtpfarr-Kirche St. Nikolaus)도 볼만하다. 바트이슐의 인기 제과점인 에스플라나데(Grand Cafe Zauner Esplanade)도 유명하다.

교통 ●바트이슐은 잘츠카머구트 교통의 중심지다. 잘츠카머구트를 제대로 여행하고 싶으면 이곳에 숙박을 정하고 주변 지역으로 다녀온다. ●잘츠부르크 중앙역에서 출발, 아트낭-푸하임(Attnang-Puchheim) 역에서 환승해 바트이슐로 간다, 약 1시간 50분 소요. ●잘츠부르크 중앙역에서 150번 버스로 이동. 1시간 40분 소요, 편도 €10.7 ●장크트볼프강 마르크트에서 546번 버스를 타면 40분 정도 걸린다. **지도** p.351

1 유명 제과점 에스플라나데 2 트라운 강가를 따라 하이킹하다 보면 카트린산 케이블카 승차장이 나온다. 3 바트이슐 전경

◆ 카이저 빌라 Kaiser Villa ♥♥♥♥

황제의 별장이었던 카이저 빌라는 프란츠 요제프 황제 모후 소피(Sophie)가 1854년 자식 결혼 선물로 제공한 소박한 빌라였으나, 나중에 요제프 황제가 황실 궁전의 면모를 갖추기 위해 빌라와 주변 정원을 상당히 아름답게 꾸몄다. 60년 동안 여름이면 황제 부부가 빈 궁전의 엄격한 의전을 피해 이곳에서 머물며 휴식을 가졌다. 황제 빌라는 황제 부부의 피난처이며 편안한 홈이었다. 전통 양식의 모직 재킷을 입고 사냥하는 것이 황제의 유일한 취미였다고 한다. 요제프 황제는 바트이슐을 "지구 상에 있는 천국"이라 말할 정도로 사랑해, 자신의 생일도 이곳에서 자축할 정도였다. 지금도 그 전통이 남아 매년 8월 18일 황제 생일을 기념한다. 역사적으로 1914년 7월 28일 세계사를 변화시킨 세르비아전쟁 선포를 서명한 장소로도 유명하다. 엘리자베트 황후는 빈의 엄격하고 절도 있는 궁정 생활을 기피하는 대신, 격식 없는 바트이슐의 자유분방한 가족 생활에 만족했다. 이곳에서 시를 짓고, 그림을 그렸다. 그녀가 사용했던 거울은 지금도 그녀 방에 그대로 걸려 있다. 아침 일찍 주변 공원을 산책하다 아무도 모르게 며칠 동안 알프스산으로 사라지곤 해 시녀들이 당혹스러워했단다. 그녀의 초상화는 젊음이 유지되던 42세까지의 모습만 볼 수 있고 그 후의 모습을 볼 수 없다. 빌라 내부에는 황제 부처의 유품이 전시되어 있고, 시시의 방은 그녀가 1898년 스위스 여행 중 무정부주의자 루케니에게 암살당하기 1개월 전 당시 그대로 보존되어 있다.

주소 Kaiservilla, Jainzen 38, 4820 Bad Ischl **전화** 06132-23241 **홈페이지** www.kaiservilla.at **개방** 1~3월 수요일 10:00~16:00, 4·5·9·10월 매일 09:30~17:00, 12월 강림절·토·일요일 10:00~16:00 **휴무** 11·12월 평일 **요금** 빌라+공원 €15, 공원 €5.1 **교통** 바트이슐 역에서 도보 10분

◆ 카트린산 Katrin Mountain

카트린산 케이블카 승차장에서 케이블카(Katrin-SeilBahn)를 타고 15분 동안 1400m 높이의 카트린산의 스펙터클한 전경을 맛볼 수 있다. 여름에 하이킹, 겨울에 알파인 스키를 즐길 수 있다.

케이블카
요금 여름 왕복 CHF19.5(겨울 CHF13.5), 편도 CHF14(겨울 CHF 9.5) **운행 시간** 5~11월 09:00~17:00, 12~4월 10:00~16:00 **교통** 바트이슐 시내에서 552번 타고 종점에서 내린다.

워밍업 정도로 가볍게 하이킹하기
바트이슐의 유명 제과점 카페 자우너 에스플라나데(Cafe Zauner Esplanade)에서 맑고 수려한 트라운(Traun) 강가를 따라 15분 정도 걸으면 카트린산 케이블카 승차장이 나온다. 체력이 약한 사람은 이 정도로 가볍게 걸은 후 케이블카를 타고 올라가면 된다.

카트린 케이블카 승차장 전망대에서 하이킹하기
- 전망대에서 카트린산 정상(1542m)까지 40분 정도 소요
- 전망대에서 엘페르코겔산(Mount Elferkogel:1601m)까지 10분 이상 소요
- 전망대에서 하이첸산(Mount Hainzen:1638m)까지 50분 이상 소요
- 위의 코스를 모두 걸으면 총 2시간 30분 소요

♥♥♥

여행자들이 가장 사랑하는 마을
할슈타트
Hallstatt

잘츠카머구트에서 가장 아래쪽에 자리 잡은 산과 호수로 둘러싸인 할슈타트는 세계자연유산 도시로 인근 지역에서 가장 아름다워 여행객들이 매우 많이 찾는 마을이다. 알프스 특유의 예쁜 샬레 통나무집이 고즈넉한 마을 분위기와 아주 잘 어울린다. 수려한 할슈타트호(Hallstattsee)와 오랜 역사의 소금광산으로 유명한 마을로 1997년 유네스코 세계자연유산으로 지정되었다. 할슈타트의 'hal'은 고대 켈트어로 소금을 의미한다. 할슈타트는 세계 최초의 소금광산으로 기원전 3000년 전에 암염을 채굴하기 시작해 지중해와 발트해 연안까지 수출해 번영을 누렸다. 기원전 1000년부터 500년까지를 할슈타트 시대라 부른다. 지금도 소금이 채굴되고 있어 암염갱을 관광할 수 있다.

열차를 타고 할슈타트 간이역에서 내려 작은 유람선을 타고 호수를 건너면 마을 선착장(Schiffstation)에 도착한다. 선착장앞에는 마을의 랜드마크인 복음 교회(Evangelische Kirche)

1 할슈타트 전경 2 전망대에서 바라본 할슈타트 마을 3 복음 교회

가 있다. 오른쪽 소로(Gosaumühlstrase)를 따라 올라가면 환상적인 할슈타트의 전경이 한눈에 들어오는 포토 스폿이 나오고, 선착장에서 왼쪽으로 가면 마을의 중심지인 마르크트 광장과 레스토랑, 카페 등이 있고, 길 따라 산기슭에 옹기종기 자리 잡은 통나무집과 예쁜 화분으로 장식된 베란다와 호숫가가 자연스럽게 포토스폿이 된다. 아기자기한 소품과 이곳의 명물 암염을 파는 기념품 가게가 즐비하다.

홈페이지 www.dachstein-salzkammergut.at www.inneres-salzkammergut.at **교통** 잘츠부르크 중앙역에서 열차 이동 시 아트낭-푸하임(Attnang-Puchheim) 역에서 환승해 간다, 약 2시간 ~2시간 30분 소요. 바트이슐에서는 열차로 약 20~25분 소요, 편도 €5.4. 할슈타트 간이역에서 내리면 바로 선착장이 나온다. 유람선(왕복 €5, 약 5분 소요)을 타고 호수를 건너면 할슈타트 마을이다. 또는 잘츠부르크 중앙역에서 150번 버스로 바트이슐까지 1시간 40분 소요, 편도 €10.7. 성수기에는 잘츠부르크 중앙역에서 버스 타는 대기 시간이 상당히 길어 차를 놓칠 수 있으니 아침 일찍 서두른다. 티켓은 버스운전사에게 구입한다. 바트이슐에서 534번 버스로 이동 시 약 30분 소요. **지도** p.351

1 여행안내소 근처의 크루즈 선착장
2 할슈타트의 메인 광장인 마르크트 광장

◆ 소금광산 · 벨테르베블릭 스카이워크 전망대
Salz Welten & Welterbeblick Skywalk Platform

호수길을 따라 계속 직진하면 여행안내소가 나오고, 크루즈 선착장(Schiffstation 선착장과 다른 곳) 맞은편 골목으로 들어가면 벨테르베블릭 스카이워크 전망대에 오를 수 있는 다흐타인 승차장 매표소가 보인다. 등산열차인 푸니쿨라를 타고 다흐슈타인산(Mt.Dachstein)에 올라가, 왼쪽 길을 따라 300m쯤(도보 1시간 소요) 쭉 올라가면 소금광산, 오른쪽 리프트를 타고 올라가면 벨테르베블릭 스카이워크 전망대가 나온다.

리프트를 타고 철제 다리를 건너면 루돌프슈투름(Rudolfsturm)이 절벽 위에 우뚝 서 있다. 13세기 방어 목적으로 세워진 탑인데 지금은 레스토랑으로 인기 있는 휴식 공간이다. 바로 옆 해발고도 360m의 벨테르베블릭 스카이워크 전망대에 서면 숨이 막힐 정도로 환상적인 할슈타트 호수와 마을, 다흐슈타인-잘츠카머구트(Dachstein-Salzkammergut)의 비경이 한눈에 들어온다. 멋진 사진을 담고 싶으면 가능한 한 정오 전후에 오는 것이 좋다. 오후에 이곳에 오르면 높은 산이 태양을 가려 호수 주변과 마을이 그늘져 밝고 환한 멋진 사진을 담기 어렵다.

홈페이지 www.salzwelten.at **요금** 푸니쿨라 왕복(전망대) + 소금광산 투어 €30(학생 · 시니어 €27) 푸니쿨라 왕복(전망대) €16(학생 · 시니어 €14) **개방** 소금광산 2019년 3월 2~24일, 9월 30일~12월 8일 09:30~14:30, 3월 25일~9월 29일 09:30~16:30 푸니쿨라 운행 2019년 3월 2~24일, 9월 30일~12월 8일 09:30~16:30, 3월 25일~9월 29일 09:00~18:00 **교통** 여행안내소에서 도보 2분

3 전망대에서 바라본 할슈타트 전경
4 리프트에서 내려 철제 다리를 건너면 루돌프슈투름 레스토랑이 나온다.

임 바이센 뢰슬
Im Weissen Rössl

장크트볼프강의 유명 호텔에 있는 부속 레스토랑. 음식 맛과 전망이 매우 훌륭하다. 뢰슬링 생선 요리 €21.50.

주소 Markt 74, 5360 St. Wolfgang **전화** 06138-2306 **홈페이지** www.weissesroessl.at **영업** 여름 09:00~22:00, 겨울 10:00~18:00 **교통** 장크트볼프강 선착장에서 나와 왼쪽으로 가면 바로

베르크레스토랑 루돌프슈투름
Bergrestaurant Rudolfsturm

할슈타트 파노라마 전망대에서 수려한 전망을 감상하며 식사할 수 있다. 수제 빵과 서양고추냉이 €9.80, 헝가리 굴라시 €4.90, 스파게티 볼로네즈 €8.80, 커드 치즈 €4.90.

주소 Salzberg 1, 4830 Hallstatt **전화** 06136-88110 **홈페이지** www.rudolfsturmhallstatt.at **영업** 09:00~18:00 **교통** 벨테르베블릭 스카이워크 전망대(Welterbeblick Skywalk)에 위치

유겐트게스트하우스 장크트길겐
Jugendgästehaus St. Gilgen

장크트길겐의 공식 유스호스텔. 호수 근처에 위치해 수상스포츠를 즐기기에 제격이다. 최근 리모델링을 해서 객실이 깔끔하다. 실내 축구장, 탁구대, 정원, 보드게임(렌털), 주차장, 세미나룸이 있으며 무료 와이파이가 가능하다. 4인 €27~, 2인 €31.5~(조식 뷔페 포함).

주소 Mondseestrasse 7, 5340 St. Gilgen **전화** 06227-2365 **홈페이지** www.jugendherbergsverband.at 7 **교통** 장크트길겐 선착장에서 도보 6분

유겐트게스트하우스 바트이슐
Jugendgästehaus Bad Ischl

바트이슐의 공식 유스호스텔. 리셉션은 월~금요일 08:00~13:00, 공휴일 포함해 매일 17:00~19:00에 오픈한다. 영업시간 이후에 도착할 경우 리셉션 창문에 적혀 있는 비상 전화를 걸면 직원이 나온다. 4인 €27~, 2인 €31.5~(조식 뷔페 포함).

주소 Am Rechensteg 5, 4820 Bad Ischl **전화** 06132-26577 **홈페이지** www.jugendherbergsverband.at **교통** 바트이슐 역에서 도보 8분

왕실의 여름 휴가지

오르트 성
Schloss Ort

오르트 성은 잘츠카머구트의 휴양 도시 그문덴의 트라운호 중앙의 섬에 세워진 성이다. 폭 3km, 길이 12km의 트라운호는 오스트리아 호수 중에서 수심 191m로 가장 깊다. 합스부르크 왕가에서 여름철이면 이곳에 와서 휴가를 보내곤 했다. 전설에 의하면 거인 에를라(Erla)가 트라운호에서 사는 그의 연인인 금발 인어공주를 위해 호수 성을 세웠고, 거인은 에를라코겔산 (Mt. Erlakogel, 1570m)에 그녀의 얼굴을 새겼다고 한다.

그문덴 공원에서 호수 중앙에 있는 오르트 성을 연결해주는 123m 길이의 목조 다리를 건너면 오스트리아에서 가장 오래된 문화유산 건축물을 만나게 된다. 909년부터 처음으로 호수 가운데에 성을 지은 후 13세기까지 계속 개량했으나 1626년 화재로 상당히 훼손된 후 1634년 재건해 현재 모습으로 복원했다. 수세기 동안 여러 차례 소유자가 바뀐 후 1876년 토스카나의 대공 요한 살바토르 (Johann Salvator)가 구입했다. 1889년 천민 출신의 여배우와 결혼하기 위해 그는 작위를 포기했는데, 후세 사람들은 그를 요한 오르트(Johann Orth)라 부른다. 1995년 성을 구문덴 시의회에서 구입해 대대적인 리모델링을 하고, 1996년부터 2004년까지 영화 촬영지로 사용했다. TV 시리즈 〈Schlosshotel Orth〉 144편의 시리즈가 오스트리아, 독일, 스위스 등에서 방영했다. 최근에는 오늘날 가장 인기 있는 장소로 특히 결혼식장과 웨딩 촬영지로 인기가 있다. 성내 레스토랑(Orther Stub) 은 신선한 생선과 지역 특별 요리를 제공한다.

주소 Ort 1, 4810 Gmunden **전화** 07612-794-400 **개방** 3~10월 09:30~16:30 **요금** 성 15세 이상 €3, 2019년 €5 / 레스토랑 5~9월 화~일요일 10:00~22:00, 10~4월 수~일요일 10:00~22:00 **홈페이지** www.schloss-ort.at **교통** 그문덴 시내에서 꼬마열차로 이동

꼬마열차
운행 시간 수~일요일 10:00~17:00(그문덴 시내 출발 시간 10:35, 11:15, 11:55, 12:35, 13:15, 13:55, 14:35, 15:55) **요금** €6

〈사운드 오브 뮤직〉의 감동을 찾아서

잘츠부르크

SALZBURG

#모차르트의 고향#사운드 오브 뮤직
#유네스코 세계문화유산

빈●
★ 잘츠부르크

Austria

잘츠부르크는 수려한 알프스 산맥을 배경으로 잘자흐강이 흐르는 강변에 위치하고 있다. 일찍이 교통의 요충지로 북유럽과 남유럽의 문화 예술 분야의 용광로였다. 시내 곳곳에서 볼 수 있는 이탈리아풍의 중세 부르주아 가옥과 넓은 광장을 비롯한 웅장한 바로크 양식 건축물 대부분이 이탈리아 건축가 빈첸초 스카모치와 산티노 솔라리의 작품들이다. 잘츠부르크는 '북쪽의 로마'로 알려져, 잘츠부르크 대주교는 로마 교황처럼 4명의 주교 임명권이 허용되었으며 1806년까지 세계에서 두 번째로 큰 교회 국가를 다스릴 정도로 특권을 누려왔다. 주변의 아름다운 경관과 건물들이 비교적 잘 보존되어 1997년 구시가는 유네스코 세계문화유산으로 지정되었다. 또한 천재 음악가 모차르트가 태어난 곳으로 매년 여름이면 잘츠부르크 페스티벌을 개최해 수많은 음악 애호가들이 이곳을 찾는다.

※잘츠부르크는 도시 규모가 비교적 넓지만, 중요 볼거리가 구시가에 몰려 있어 소도시 범주에 포함시켰다.

Travel
INFO

{ 가는 방법 }

잘츠부르크는 지리적으로 빈(3시간 소요)보다
뮌헨(1시간 30분 소요)이 더 가깝다. 통상 빈으
로 갈 때를 제외하고는 뮌헨에 머물면서 당일
치기로 잘츠부르크를 다녀오는 경우가 많다.
취리히에서 갈 경우는 RJ열차로 이동해야 환승
없이 직행으로 빨리 갈 수 있다. 독일과 오스트
리아, 스위스는 대부분의 열차(고속열차 포함)
를 예약 없이 이동할 수 있어 시간과 비용 면에
서 부담이 없고 편리하다.
잘츠부르크 중앙역에서 구시가까지 도보로 20
분 정도 걸린다. 전기자동차인 트롤리버스
1·2·3·5·6·25번(1회권 €2.5, 1일권 €5.5 /
6분 소요)을 타고 미라벨 정원 또는 모차르트
광장에서 내려도 된다.

{ 여행 포인트 }

여행 적기 5~9월이 여행하기 좋다.
점심 식사 하기 좋은 곳 게트라이데가세 거리,
모차르트 광장 주변
최고의 포토 포인트
● 호엔잘츠부르크 요새에서 바라다본 구시가
전경
● 미라벨 정원에서 바라다본 호엔잘츠부르크
전경
주변 지역과 연계한 일정
● 빈을 포함한 동유럽 지역을 여행하지 않을
경우, 뮌헨에 숙소를 두고 잘츠부르크를 당일
(편도 1시간 30분)로 다녀올 수 있다. 프라하와
빈을 간다면 프라하→체스키크룸로프→잘츠
부르크→빈 순서가 무난하다.
● 근처에 위치한 잘츠카머구트(장크트길겐, 장
크트볼프강, 할슈타트 등)는 빙하 호수와 빙하
계곡으로 둘러싸여 있어 환상적인 전망을 선
사한다. 대부분 잘츠부르크에 숙소를 정하고
당일치기로 다녀온다. 유레일패스가 있으면 기
차로, 없다면 버스로 이동한다. 편하게 다녀오
려면 여행안내소에 투어를 신청한다.

여행안내소

숙소, 교통 정보, 공원 안내를 받을 수 있다. 공
원 안내 지도는 유료 판매.
주소 Südtiroler Platz 1, 5020 Salzburg
전화 0662-88987-340
홈페이지 www.salzburg.info
개방 5·9월 09:00~19:00, 6월 08:30~19:00,
7·8월 08:30~19:30, 10~12월, 1~4월
09:00~18:00
교통 잘츠부르크 중앙역 내 모차르트 광장
지도 p.365-B

{ 추천 코스 }

예상 소요 시간 1일

잘츠부르크 중앙역

버스 6분(또는 도보 15분)

미라벨 궁전과 정원

도보 5분

게트라이데가세

바로

모차르트 생가

도보 5분

축제극장

도보 5분

레지던츠·돔(대성당)

도보 5분

호엔잘츠부르크 요새(푸니쿨라 승차장)

모차르트 광장까지 도보 5분,
광장에서 25번 버스(20분) 이용, 하차 후 도보 10분

헬브룬 궁전

오베른도르프 방향↑　↑할라인 린츠 방향

바이에리셔호프 H

(지하) 로칼역 여행안내소
Lokalbhf 중앙역
버스터미널 Hauptbahnhof

Jahnstrasse

Bergheimer Strasse
Stauffenstrasse
Plainstrasse
Elisabethstrasse
Haunspergstrasse
Pfarrermerstrasse

Josef Mayburgerkai

Makartkai

Lehener Br.
레너 다리
Saint Julien Strasse

Merianstrasse
Breitenfelderstrasse
Bayernamerstrasse
Paracelsusstrasse
Vogelweiderstrasse

A　　　　　B

Hans Prodingerstrasse
2번째 굴다리
R 슈티글 브로이
K+K Hotel
StieglBräu

Gabelsbergerstrasse
Welserstrasse
Haydnstrasse
Lasserhof
요호 인터내셔널 유스 호스텔
Yoho International Youth Hostel
Sterneckstrasse

신시가
Neustadt

H 칼튼
홀리데이 인
크라운 플라자
H Markus Sittikus

쉐라톤 i
쿠어하우스
Kurhaus
잘츠부르크 도보 15분

Auersbergstrasse
Franz Josef Strasse
Rupertgasse

잘츠부르크 안드레 교회
St. Andräkirche
Faberstrasse

H 모차르트
H 노보텔

Theaterhotel
Schallmooser Hauptstrasse

쿠어 정원
Kurgarten

미라벨 궁전
Schloss Mirabell

Paris Lodronstrasse

C　　　　　D

Franz Josef Kai
Adlner
뮐너 다리
Müllner Steg
Salzach
Hauptstrasse

전망 포인트
미라벨 정원
Mirabellgarten

Schwarzstrasse
Elisabethkai

북쪽 버스터미널
Terminal Nord

성 제바스티안 교회
St. Sebastianskirche

카푸치너베르크
Kapuzinerberg

슬로스
묀히슈타인
팔리스 로드룬

Makart Platz

도보 10분

모차르트의 집
Mozart-Wohnhaus

Institut St. Sebastian
Youth Hostel

자연사 박물관

Makartsteg

유람선 선착장

Gashaus
Wilder Mann (통로)

Griesgasse

Linzer Gasse

카푸치너 교회
카푸치너 교회

Steingasse

슈타츠 다리
Staatsbrücke

Imbergstrasse
Arenbergstrasse

Heichenhallerstrasse

Pferdeschwemme
말이 물을 마시던 곳
카라얀 광장

게트라이데가세
Getreidegasse

구시청사
Rathaus

알터 마르크트

모차르트 광장
Mozartplatz

모차르트 다리
Mozartsteg

Giselakai

모차르트 생가
Mozart
Geburtshaus

레지던츠
Residenz
레지던츠 광장
Residenzplatz

모차르트 동상

가스트하우스 츠베틀러
Gasthaus
Zwettler's

축제극장
Festspielhauser

돔 광장
Domplatz

돔
Dom

논탈러 다리
Nonntaler Br.

2번 버스
(헬브룬 궁전 방향)

Hinterholzerstr.

성 페터 교회
Stiftskirche St. Peter

구시가
Altstadt

전망 포인트
Kapitel Platz

대주교 관저

주 법원

Hellbrunnerkai

E　　　　　F

빙클호퍼 H

케이블카 타는 곳

케이블카
Festungsbahn

부르크 박물관
Burgmuseum

전망 포인트
페스퉁구스 레스토랑

호엔잘츠부르크 요새
Festung Hohensalzburg

논베르크 수녀원

N

잘츠부르크
Salzburg

0　　200m

레오폴츠크론 성 방향↓
Brunnhausgasse

헬브룬 궁전 방향↓
Schloss Hellbrunn

E. Klotzstrasse

Preview
SALZBURG

음악이 머무는 도시 잘츠부르크

잘츠부르크는 도시가 작아 하루면 돌아볼 수 있다. 만일 사운드 오브 뮤직 투어에 참여하거나 근처 잘츠카머구트를 다녀오려면 2일 일정을 권한다. 중앙역에 도착하면 트롤리버스(전기자동차)를 타고 미라벨 정원 앞에서 내린다. 정원에 들어서면 화사하게 단장된 정원과 함께, 호엔잘츠부르크 요새의 위엄 있는 모습을 볼 수 있다. 게트라이데가세 거리로 가기 전 마카르트 다리(Makartsteg) 앞에서 잠시 쉬면서 구시가지와 신시가지 사이를 가로지르는 잘자흐강 주변의 경관을 즐겨본다.

다리를 건너면 바로 구시가지로 이어진다. 구시가지의 번화가인 좁고 긴 거리, 게트라이데가세를 걷다 보면 이색 간판을 구경하는 재미가 쏠쏠하다. 허기가 지면 젤라토를 먹거나 빵 가게에 들러 배를 채운다. 게트라이데가세 한복판에 위치한 모차르트 생가에 들른 후 축제극장 서쪽으로 가면 말이 물을 마시던 곳(Pferdeschwemme)이 있다. 로마의 트레비 분수처럼 이곳에 동전을 던지며 소원을 비는 여행자도 많다.

게트라이데가세를 따라 직진하면 레지던츠 광장과 모차르트 광장이 나온다. 레지던츠 광장 남쪽은 돔(대성당)이, 서쪽은 호화로운 대주교의 성관 레지던츠, 동쪽은 레지던츠 신관이 있다. 근처에 위치한 모차르트 광장은 잘츠부르크 관광의 시발점으로 언제나 여행객들로 붐빈다. 옆에 여행안내소가 있다.

❶ 미라벨 정원
❷ 마카르트 다리를 건너면 바로 구시가로 연결된다.
❸ 모차르트 광장

❹ 게트라이데가세의 다양한 철제 간판 ❺ 레지던츠 광장 ❻ 호엔잘츠부르크 요새로 가는 푸니쿨라 ❼ 광장에서 체스를 즐기는 시민들

돔 광장을 통해 성 페터 교회(Stiftskirche St. Peter)를 지나면 호엔잘츠부르크 요새까지 가는 푸니쿨라(케이블카) 매표소가 나온다. 호엔잘츠부르크 요새로 올라가면 바로 눈앞에 구시가지와 잘자흐강 건너편의 신시가지가 한눈에 들어온다. 이곳을 배경으로 사진을 찍으면 영화 속 주인공처럼 멋진 분위기를 연출할 수 있다. 잘츠부르크 근교에 자리 잡은 헬브룬 궁전은 시내에서 약간 떨어져 있어 서둘러야 한다. 단, 겨울에는 문을 닫으므로 주의한다. 헬브룬 궁전의 하이라이트는 속임수 분수다. 여기저기서 물이 튀어나와 깜짝 놀라는 관광객들의 모습이 웃음을 자아낸다. 당일 코스라면 바로 중앙역으로 이동하고, 1박 2일 코스라면 다시 게트라이데가세 거리의 멋진 레스토랑에서 저녁 식사를 하고 잘츠부르크의 밤을 즐겨본다.

레지던츠 광장

Sightseeing

❤❤❤

기하학적 모양의 정원과 멋진 궁전

미라벨 궁전과 정원

Schloss Mirabell & Mirabel Garten

1606년 대주교 볼프 디트리히가 연인 살로 메 알트를 위해 그녀의 성을 딴 이름의 알테나우(Altenau) 궁전을 지었다. 성직자는 자식을 둘 수 없음에도 무려 15명의 자녀를 낳았다는 사실(그중 10명이 생존)은 당시 대주교로서 절대 권력의 일면을 볼 수 있다. 그가 실각한 후 대주교의 별궁으로 사용되다가, 1721~1727년에 걸쳐 건축가 요한 루카스 폰 힐데브란트에 의해 바로크 양식으로 개축되어 미라벨 궁전으로 이름이 바뀌었다. 1818년 대화재로 소실된 후 궁중 건축 자문위원 페터 폰 노빌레의 노력으로 새롭게 복원되어 지금은 시청사로 사용되고 있다.

2층 대리석 방(Marmor Saal)은 당시 모차르트가 대주교 가족을 위해 연주회를 자주 열었던 곳인데, 현재는 실내악 연주회(관람을 원할 경우 미리 예약)나 결혼식에 사용되고 있다. 평일 낮에는 관광객이 내부를 볼 수 있도록 문을 개방한다. 정원은 1690년 요한 베른하르트 피셔 폰 에를라흐가 아름다운 바로크 양식으로 설계했다. 영화 〈사운드 오브 뮤직〉에서 줄리 앤드류스(마리아 역)가 폰 트랩 아이들과 함께 '도레미송'을 부른 배경으로 더욱 유명세를 탄 곳이다. 사계절마다 다양한 종류의 꽃이 만발하고 그리스 신화에 나오는 조각상들과 분수대는 화려함의 극치를 자아낸다. 무엇보다 정원에서 보이는 호엔잘츠부르크 요새의 모습은 장관을 이룬다. 특히 하얀 눈에 덮여 있을 때는 마치 동화 속 그림처럼 아름답다. 오늘날 원예의 명품지로 사진작가에게 인기 있는 촬영지가 되고 있다.

주소 Mirabelplatz **전화** 0662-80720 **개방** 정원 06:00~일몰 / 궁전(Marble Hall) 월 · 수 · 목요일 08:00~16:00, 화 · 금요일 13:00~16:00 **요금** 무료 **교통** 잘츠부르크 중앙역에서 도보 15분, 또는 모차르트 광장에서 도보 10분, 또는 버스 1 · 2 · 3 · 5번을 타고 미라벨 광장에서 하차 **지도** p.365-C

1. 2 바로크 양식의 미라벨 궁전 3 미라벨 정원의 조각상

♥ ♥
**세계에서 가장 아름다운
거리 중 하나**
게트라이데가세
Getreidegasse

잘츠부르크에서 가장 유명한 쇼핑 거리. 보석, 전통 의상, 최신 패션, 앤티크, 가죽, 향수, 식품점, 카페, 레스토랑 등 다양한 숍이 여행객의 마음을 사로잡는다. 좁고 기다란 거리에서 가장 눈에 띄고 흥미로운 것은 서로 경쟁하듯 개성 넘치고 이색적인 철제 간판들이다. 중세의 묵은 흔적이 묻어 있는 다양한 철제 세공 간판은 당시 글을 모른 시민들도 물건을 구입할 수 있도록 한 아이디어 집합체였다. 가게마다 독특한 아이디어를 발휘해 열쇠 가게는 열쇠 모양, 제과점은 빵 모양으로 장식해 다양하고 예술적인 간판이 만들어졌다. 그러한 전통이 지금까지 전수되어 더욱더 개성 넘치는 예술의 거리로 변해 많은 사람들의 사랑을 받고 있다.

교통 미라벨 정원에서 잘자흐강 남쪽의 슈타츠 다리(Staatsbrücke)를 건너면 바로(도보 10분). 또는 모차르트 광장에서는 도보 5분 **지도** p.365-C

다양한 철제 세공 간판들

♥
당시 모습 그대로 재건
모차르트 생가
Mozart Geburtshaus

게트라이데가세 거리 한복판에 눈길을 끄는 5층짜리 노란색 건물이 모차르트가 태어난 곳이다. 모차르트는 이곳에서 1756년 태어나 17년 동안 이곳에서 작곡을 하면서 지냈다. 지금은 박물관으로 꾸며 어린 시절의 악기, 악보, 초상화, 가족들과의 편지 등 그의 유품들이 전시되어 있다. 미라벨 공원 근처의 마카르트 광장(Makartplatz)에도 '모차르트의 집(Mozart Wohnhaus)'이 있다. 1773년 온 가족이 이곳으로 이사해 1781년까지 거주하면서 수많은 주옥같은 작품을 작곡했다. 모차르트 생가와 이곳을 함께 볼 수 있는 공통권을 판매한다.

주소 Getreidegasse 9 **전화** 0662-844-313 **홈페이지** www.mozarteum.at **개방** 7~8월 08:30~19:00, 9~6월 09:00~17:30 **요금** €11(학생 €9) / 생가+집 공통권 €18(학생 €15) **교통** 미라벨 정원에서 잘자흐강을 가로지르는 마카르트 다리(Makartsteg)를 건너 왼쪽으로 직진해 오른쪽 아치 문(Gasthaus Wilder Mann)을 통과하면 게트라이데가세 거리이다. 왼쪽으로 직진하면 노란색 5층 건물이 보인다. **지도** p.365-E

1 모차르트 생가
2 악기, 악보, 초상화, 가족들과의 편지 등 모차르트의 유품들이 전시되어 있다.

잘츠부르크 369

〈사운드 오브 뮤직〉의 촬영지
축제극장
Festspielhaus

모차르트 생가 뒤편의 호프슈탈 거리(Hofstallgasse)를 따라 이어지는 복합 건물이 축제극장이다. 이 회관에서 잘츠부르크 음악제가 열린다. 대축제 극장(Grosses Festspielhaus), 대주교 마구간을 개조한 극장인 소축제 극장(Kleines Festspielhaus), 묀히스베르크(Mönchsberg)의 채석장을 개조한 승마학교 펠젠라이트슐레(Felsenreitschule)의 3개로 이루어졌다. 특히 펠젠라이트슐레는 영화 〈사운드 오브 뮤직〉에서 폰트랩 대령의 가족들이 '에델바이스'를 합창했던 무대로 알려져 있다. 내부는 가이드 투어로만 관람이 가능하다.

주소 Hofstallgasse 1 **전화** 0662-849-097 **홈페이지** www.salzburg.info **개방** 9〜3월 14:00, 4〜6월 09:30,14:00, 7〜8월 09:30, 14:00, 15:30 **휴무** 12월 24〜26일 **요금** €7 **교통** 구시청사에서 지그문트-하프너 거리(Sigmund-Haffner-Gasse)로 직진해 프란치스카너 교회(Franziskaner Church)를 지나 T자 도로에서 오른쪽으로 가면 기다란 연두색 3층 건물이 나온다. **지도** p.365-E

♥♥
호화로운 대주교의 성관
레지던츠
Residenz

1 호엔잘츠부르크
요새에서 바라본 돔(대성당) 주변
2 레지던츠 내부 3 레지던츠

주교(主敎)의 도시로 유명한 잘츠부르크. 미라벨 궁전, 호엔잘츠부르크 요새 모두 대주교가 거주했던 곳이다. 도심 중앙인 레지던츠 광장에 세운 레지던츠도 대주교 볼프 디트리히가 16세기에 건설하기 시작해 18세기에 대주교 팔리스 로드론이 완성한 궁전이다. 내부에는 황제의 방(Kaiseraal), 기사의 방(Rittersaal), 옥좌의 방(Thronsaal), 하얀 방(Weiser Saal) 등이 있으며, 수세기 동안 VIP 접견실로 사용해왔다. 프란츠 요제프 황제와 엘리자베트 황후, 나폴레옹 3세와 유제니 황후 등이 며칠간 머물기도 했다. 회의실(Konferen Zsaal)에서는 모차르트가 젊었을 때 초대받은 손님 앞에서 여러 번 지휘를 했다. 근처 레지던츠 갤러리(Residenzgalerie)에는 16〜19세의 화가 루벤스, 렘브란트, 브뤼헐 등 플랑드르 화가들이 그린 회화가 200여 점 소장되어 있다. 레지던츠 광장 맞은편 신 레지던츠 탑에는 35개의 종이 달려있는데, 하루에 3회(07:00, 11:00, 18:00) 모차르트의 음악이 연주된다.

주소 Residenzplatz 9 **홈페이지** www.salburg-burgen.at **개방** 수〜월요일 10:00〜17:00(7〜8월 매일 개방) **휴무** 화요일, 12월 24일 **요금** €12(학생 €10) **교통** 모차르트 광장에서 도보 2분 **지도** p.365-F

1 언덕 위에 자리한 요새 2 푸니쿨라를 타고 올라가면 호엔잘츠부르크 요새 입구가 나온다. 3 요새 안뜰

♥ ♥ ♥

시가지 전경이 한눈에
호엔잘츠부르크 요새
Festung Hohensalzburg

구시가 남쪽 120m 높이의 묀히스베르크(Mönchsberg) 언덕 위에 있는 성채. 시내 어디서나 보이는 잘츠부르크의 상징적인 요새이다. 독일 황제와 로마 교황이 서임권(가톨릭의 주교 등 성직을 임명하는 권한)을 놓고 싸움을 벌이고 있을 때 1077년 교황 측 대주교 게브하르트가 독일 제후의 공격을 물리치기 위해 세운, 유럽에서 규모가 가장 큰 성이다. 11세기부터 시작된 공사가 증개축으로 17세기에 완성되었다. 아주 견고하게 지어졌으며 한 번도 점령당하지 않아 아직도 원형 그대로 남아 있다. 15~16세기에는 헝가리전쟁과 독일농민전쟁 소용돌이 속에 대주교가 요새로 피난해 거주하면서, 성을 확충하고 무기고와 곡물 저장고를 만들었으며 내부도 사치스럽게 장식했다. 17세기 이후 치세가 안정되었을 때부터 대주교가 평지로 내려와 거주했다.

단조롭게 보이는 외부와 달리 내부는 복잡한 구조로 되어 있다. 대주교가 거주했던 호화로운 황금의 방, 중세 고문실, 1502년에 만든 200여 개의 파이프가 붙어 있는 옥외 오르간 등이 있다. 오르간은 '잘츠부르크의 황소'라고 불릴 정도로 소리가 크고 우렁차다. 성은 요새와 대주교의 거주 공간이었지만, 군대 막사와 감옥소로 사용한 적도 있다. 또한 대주교 볼프 디트리히가 조카(계승자) 마르쿠스 시티쿠스(헬브룬 궁전을 건설한 대주교)에게 5년간 감금되어 1617년 죽었던 곳이기도 하다.

특히 이곳에서 바라다보는 잘츠부르크 시내의 전망을 놓치지 말자. 요새에서 내려올 때 오른쪽 길로 빠지면 영화 〈사운드 오브 뮤직〉에서 마리아가 수녀 생활을 했던 논베르크 수녀원(Nonnberg

Abbey: 714년에 세워진 독일어권에서 가장 오래된 수녀원)이 나온다.

주소 Mönchsberg 34 **전화** 0662-842-43011 **홈페이지** www.salzburg-burgen.at **개방** 1~4월 · 10~12월 09:30~17:00, 5~9월 09:00~19:00 **요금** 요새 입장권 €9.4, 푸니쿨라(등산열차)+요새 입장권 €12 **교통** 돔(대성당) 뒤편 카피텔 광장(Kapitelplatz) 앞쪽 골목으로 가면 푸니쿨라 승차장(Festungsbahn)이 나온다. 푸니쿨라 1분 소요. 도보 이동 시 'Festungsgasse' 표지판을 따라 걸어 올라가면 20분 정도 걸린다. **지도** p.365-F

잘츠부르크의 중심
돔
Dom
♥♥

레지던츠 광장을 축으로 분수대 서쪽은 레지던츠, 동쪽은 레지던츠 신관 그리고 남쪽에 웅장한 대성당이 있다. 대성당은 16세기 말에 대주교 볼프 디트리히가 화재로 소실된 옛 성당 터에 거대한 교회를 건설하기 시작해 2대 위의 대주교 팔리스 로드론에 의해 완성되었다.

좌우 대칭을 이루는 2개 탑은 높이가 80m이다. 외부는 밝은 대리석으로 치장하였고 넓은 성당 안도 대리석과 회화 작품으로 덮여 있다. 입구에는 청동제 문은 20세기 후반에 만든 것으로 눈여겨볼 만한 작품이며, 왼쪽부터 신앙, 사랑, 희망을 나타낸다. 6000개로 이루어진 파이프오르간은 유럽에서도 최대 규모를 자랑한다. 모차르트는 이 교회에서 세례를 받고 1779년부터 오르간 연주자를 맡았다. 입구 오른쪽에서 올라가는 돔 박물관에서는 대성당의 보물과 대주교의 소장품을 전시하고 있다.

주소 Domplatz 1a **전화** 0662 8047 7950 **개방** 5~9월 월~토요일 08:00~19:00, 일요일 · 공휴일 13:00~19:00 3 · 4 · 10 · 12월 월~토요일 08:00~18:00, 일요일 · 공휴일 13:00~18:00 1 · 2 · 11월 월~토요일 08:00~17:00, 일요일 · 공휴일 13:00~17:00 **휴무** 화요일, 12월 24일 **요금** 돔 무료, 돔 콰티르(Dom Quartier) €12(학생 €10) 잘츠부르크 카드 소지자 무료 **교통** 레지던츠 광장에 위치 **지도** p.365-F

(TRAVEL TIP)

건축 복합 단지
돔 콰티르 Dom Quartier

돔 콰티르는 레지던츠, 대성당, 부속 박물관을 포함한 건축 복합 단지를 가리킨다. 대주교 도시답게 중세에 막강한 권력을 행사했던 대주교들이 거주했던 레지던츠와 대성당, 부속 박물관에는 바로크 시대의 역사적 자료와 명화 등 다양한 컬렉션을 보유하고 있다

곳곳에 숨은 속임수가 볼거리
헬브룬 궁전
Schloss Hellbrunn
♥♥

알프스 북쪽에 위치한 르네상스풍의 헬브룬 궁전은 이탈리아 미술과 문화 애호가였던 대주교 마르쿠스 시티쿠스가 건축가 산티노 솔라리에게 명해 1616년에 건설한 여름 별궁이다. 유독 장난을 좋아했던 대주교는 궁전과 정원에 기발한 장치를 만들어 방문객들을 놀라게 했다. 물은 궁전 설계에 중심 테마가 되었다. 속임수 그림이 있는 연회실, 팔각형 음악실, 113개의 석상이 음악에 맞춰 움직이는 속임수 극장, 의자와 탁자 등 여기저기서 튀어나오는 물줄기에 관광객들이 깜짝 놀라는 속임수 분수(Wasserspiele)는 400년간 헬브룬 궁전의 자랑거리다.

주소 Furtenweg 37 **전화** 0662-820-3720 **홈페이지** www.hellbrunn.at **개방** 3 · 4 · 10월 09:00~16:30, 5 · 6 · 9월 09:00~17:30, 7~8월 09:00~21:00 **휴무** 12~2월 **요금** 궁전 + 물의 정원 €12.5(학생 €8) **교통** 중앙역(모차르트 광장)에서 25번 버스를 타고 20분 정도 가다가 헬브룬(Hellbrunn)에서 하차 도보 10분 **지도** p.365-F

가스트하우스 츠베틀러
Gasthaus Zwettler's

현지인이 추천하는 펍 분위기의 레스토랑으로, 특히 오스트리아 식 돈가스인 슈니첼 맛이 일품이다. 주인 부부가 고안해낸 수제 맥주(Kaiser Karl Beer, €3.10〜)도 맛이 좋다. 시즌 특별 메뉴 €11.2〜.

주소 Kaigasse 3 **전화** 0662-844-199 **홈페이지** www.zwettlers.com **영업** 수〜토요일 11:30〜02:00, 일요일 11:30〜24:00 **휴무** 월 · 화요일, 12월 24〜26일 **교통** 모차르트 광장 근처, 모차르트 동상 뒤쪽 골목에 위치 **지도** p.365-F

요호 인터내셔널 유스 호스텔
Yoho International Youth Hostel

2012년 투숙객 평가에서 '가장 청결함 상'을 받을 정도로 분위기 가 깔끔하다. 기차역과 구시가지 사이에 위치해 양쪽 모두 도보 10분 거리로 가깝다. 데스크에 문의하면 사운드 오브 뮤직 투어 등의 여행 상품을 10% 할인해준다. 도미토리 €19〜23, 싱글 €40, 더블 €65〜70, 조식 €3.5.

주소 Paracelsusstrasse 9 **전화** 0662-879-649 **홈페이지** www.yoho. at **교통** 잘츠부르크 중앙역에서 도보 10분, 역에서 나와 왼쪽 라이너 거리 (Rainerstrasse)를 따라 직진하다 두 번째 굴다리를 통과한다. 첫 로터리 를 지나 첫 번째로 나오는 왼쪽 길 아우어슈페르 거리(Auersperstrasse) 를 따라 걷다 갈림길에서 오른쪽 길로 직진해 두 번째 사거리에서 왼쪽 **지도** p.365-B

(**TRAVEL TIP**)

오스트리아에서 좀 더 저렴하게 식사하려면

동유럽에서 오스트리아는 물가 가 비교적 비싼 편이지만 대형 슈퍼마켓(Hofer)의 식료품 가격 은 매우 저렴해 부담 없이 한 끼 를 해결할 수 있다.

명장면을 찾아 떠나는 여행

영화 〈사운드 오브 뮤직〉의 배경지

미라벨 정원

영화 〈사운드 오브 뮤직〉은 미국 브로드웨이에서 1500회 이상 공연되어 6개의 토니상을 수상하고, '도레미송'과 '에델바이스' 등 수많은 히트곡을 내면서 300만 장 이상의 앨범이 판매되었다. 1965년에는 5개 오스카상을 수상할 정도로 20세기 최고의 위대한 뮤지컬 영화이다.

실화를 바탕으로 한 이야기

〈사운드 오브 뮤직〉은 실존 인물인 마리아 폰 트랩의 생애를 사실적으로 그린 영화이다. 규율과 엄격한 통제에 익숙해진 폰 트랩 가(家)의 일곱 가족이 사는 대저택에 논베르크 수녀원의 수녀 마리아(줄리 앤드류스)가 가정교사로 들어가면서 벌어지는 유쾌하고 흥미로운 가족 사랑을 그린 휴먼 드라마이다. 빈에서 태어난 마리아 폰 트랩은 잘츠부르크의 논베르크 수녀원의 수련 수녀였다. 7명의 자식이 있는 명문가 홀아비 바론 조지 폰 트랩의 가정부로 들어가게 된다. 곧바로 그의 아내가 되어 30대 초반에 가족 합창단을 만들어 자주 공연하면서 유명해졌다. 1938년 히틀러가 오스트리아를 병합하자, 유럽 여러 나라로 피난해 음악 공연을 하며 생계를 유지하다가 미국으로 이민을 갔다. 1938년 펜실베이니아 공연을 시작으로 꾸준히 활동하면서, 1941년 버몬트의 스토우(Stowe)에 농장을 구입해 정착했다. 그후 트랩 패밀리 호텔(Trapp Family Lodge)과 농장을 경영했으나, 1987년 그녀가 세상을 떠나자 그의 아들이 대를 이어 경영하고 있다.

영화 배경으로 등장한 여행지들을 투어

미라벨 정원의 페가수스 분수

영화의 배경이 된 잘츠부르크는 영화 못지않게 유명세를 치르면서 매년 수십만 명의 관광객이 찾는다. 영화의 첫 장면에 등장하는 알프스 산자락의 수려하고 아름다운 청정 풍경은 유토피아를 떠올리게 한다.

사운드 오브 뮤직 투어에 참여하여 오리지널 사운드 트랙을 감상하면 저절로 여행의 긴장감이 풀린다. 영화 〈사운드 오브 뮤직〉의 하이라이트 장면을 보여주고, 명장면의 배경을 방문하며 빙

1 레오폴드스크론 저택 2 헬브룬 궁전의 12각형
3 몬트제 성당 4 논베르크 수녀원

하호수는 물론 역사적으로 유명한 잘츠부르크
건축물을 안내받을 수 있다. 실제 촬영지였던
미라벨 정원과 페가수스 분수(마리아와 아이들
이 춤추던 장면에 등장), 레오폴드스크론 저택
(가족들이 영화 속에서 살았던 궁전), 헬브룬 궁
전의 12각형 파빌리온 정자(트랩 가의 첫째 딸
이 우체부 청년과 'I am 16 going on 17'을 불렀던 낭만적인 장소), 논베르크 수녀원(마리아가 수녀
시절에 살았던 곳), 장크트길겐, 볼프강 호수(영화의 첫 장면), 몬트제 성당(결혼식 장면) 등을 다니며
배경 설명을 해준다.

사운드 오브 뮤직 투어
전화 66282-6617 **예약 홈페이지** www.panoramatours.com **투어 출발지** 잘츠부르크의 미라벨 광장
(장크트안드레 교회 St. Andräkirche 앞) **출발 시간** 09:30, 14:00(4시간 소요) **요금** €45~ ※그 밖에 그
레이 라인 투어스(Gray Line Tours), 밥스 스페셜 투어스(Bob's Special Tours), 포일라인 마리아스 바
이시클 투어(Fäulein Maria's Bicycle Tour) 등의 회사가 있다. 여행안내소에서 투어 예약을 할 수 있다.

체코

CZECH

왕족과 예술가들이 사랑한 온천 휴양지

카를로비바리

KARLOVY VARY

프라하
★
●
카를로비바리

Czech

#온천 도시#국제 영화제#카지노 로열

카를로비바리는 온천과 카를로비바리 국제 영화제로 유명한 관광 도시이다. '카를 4세의 온천'이라는 뜻의 카를로비바리는 1370년 신성로마제국의 황제 겸 보헤미아 국왕 카를 4세가 사슴 사냥을 하다 온천을 발견해 1370년 8월 14일 로열 도시 특권을 부여받았다. 주변 경관이 아름답고 의학적 효능이 있는 2000m 깊이의 지하 광천수가 개발되면서 300년간 유럽 전역에서 방문객들이 찾아왔으나 1582년 대홍수와 1604년 대화재, 1640년 30년전쟁으로 쇠퇴했다. 19세기부터 복원되어 표트르 대제, 비스마르크 재상 등 유럽 각국의 왕족과 귀족을 비롯해 괴테, 베토벤 등 유명 인사들이 이곳을 찾으면서 더욱더 유명해졌다. 오늘날도 그 명성을 유지하면서 매년 수많은 관광객들이 치료와 휴양을 위해 이곳을 찾는다.

{ 가는 방법 }

프라하에서 기차, 버스 모두 이용할 수 있으나 버스를 타고 가는 게 1시간 정도 빠르고 카를로비바리에서 구시가까지의 접근성도 더 좋아 가능하면 버스로 이동한다.

버스 프라하 플로렌츠 버스터미널(Praha Florenc Bus Station)에서 스튜던트 에이전시를 타고 카를로비바리 버스터미널에서 하차한다. 2시간 15분 소요(일부 구간이 공사 중이라 2019년 3월 15일까지는 시간이 약간 지체될 수 있다). 매시간 1회 운행, 편도 129Kč~.
버스터미널에서 구시가까지는 도보 10~15분 소요되며, 버스터미널에서 3분 거리에 있는 시내 트르주니체(Tržnice) 버스정류장에서 1·2·4번 시내버스(요금 25Kč)를 타고 간다. 만일 구시가까지 편히 가고 싶으면 버스터미널 종점에서 내리지 말고 시외버스 운전기사에게 부탁해 버스터미널 전 정류장에서 내리면 바로 구시가로 연결된다. 구시가에서는 걸어서 여행할 수 있다.

스튜던트 에이전시 www.studentagency.cz
기차 프라하 중앙역 Praha Hlavni Nádraži (또는 홀레쇼비체 Holešovická 역)에서 열차 편에 따라 직행 또는 우스티나트라벰 역 (Ustínad Labem hl.n)에서 환승해 간다. 3시간 4분~3시간 38분 소요, 편도(2등석) 165~169Kč.
카를로비바리의 기차역은 오브제강 북쪽의 호르니 역(Horní Nádraží), 버스터미널과 붙어 있는 돌니 역(Dolni Nádraží) 2곳이 있다. 프라하 중앙역에서 출발하면 구시가에 가까운 돌니 역에 도착한다.

{ 여행 포인트 }

여행 적기 5~9월이 여행하기 좋다.
점심 식사 하기 좋은 곳 라젠스카 거리 주변
최고의 포토 포인트
●룩아웃 다이아나 타워 전망대

주변 지역과 연계한 일정 만약 프라하에 머문다면 카를로비바리에 당일로 다녀온다. 카를로비바리에서 1박 할 경우 가능하면 온천욕을 할 수 있는 4성급 호텔에 머무는 것이 좋다. 여행 일정을 짤 때 가능한 한 인근 독일 동부와 오스트리아 북부를 한데 묶어 이동하는 게 동선상 효율적이다.

●드레스덴(독일) →카를로비바리(체코)→프라하(체코)→체스키크룸로프(체코)→잘츠부르크(오스트리아)→뮌헨(독일)

여행안내소
주소 T.G. Masaryka 53, 360 01 Karlovy Vary
※Lázeňská 14 360 01 Karlovy Vary에도 여행안내소(개방 시간 동일)가 있다
전화 0355-321-171
홈페이지 www.karlovyvary.cz
개방 월~금요일 08:00~18:00, 토 · 일요일 · 공휴일 09:00~17:00(점심시간 13:00~13:30 휴식)
교통 믈린스카 콜로나다와 트르주니 콜로나다 사이에 위치 **지도** p.381-F

{ 추천 코스 }

예상 소요 시간 3~4시간(온천욕 포함 시 1일)

> **기차역(또는 버스터미널)**

기차역에서 도보 20분(버스터미널에서 도보 10분)

> **믈린스카 콜로나다**

도보 2분

> **트르주니 콜로나다**

맞은편 위치

> **브르지델니 콜로나다**

앞 계단 위

> **자메츠카 콜로나다**

도보 10분

> **룩아웃 다이아나 타워 전망대**

돌니 역
Dolní Nádraží
버스터미널

카를로비바리 역 방향↑ ↑S칼스바데르 미네랄 솔트 방향

Západní

S 모세르 방향
The Mosers

트르주니체 버스정류장
Tržnice

Vítězná

Ondříčkova

A

Moskevská

Chebský most

Americká

T. G. Masaryka

Krále Jiřího

엘리자베스 스파
Elizabeth's spa

B

Bezručova

I. P. Pavlova

Havlíčkova

Ostrovský

온천장
Thermal

Bezručova

훔볼트 파크 호텔 & 스파
Humboldt Park Hotel & Spa

Zahradní

테를라강

사도바 콜로나다
Sadová kolonáda

C

Krále Jiřího

Sadová

Sadová

D

Vřídelní

Ondrejská

Křižíkova

Petra Velikého

Zámecký vrch

믈린스카 콜로나다
Mlýnská kolonáda

스테이크 그릴 제임스
Steak Grill James

자메츠카 콜로나다
Zámecká kolonáda

R

룩아웃 다이아나 타워 전망대
Rozhledna Diana

Sovova stezka

파그너거리

E

푸니쿨라 승차장

호텔 프로메나다 레스토랑
Hotel Promenada Restaurant

R H

트르주니 콜로나다
Tržní Kolonáda

브르지델니 콜로나다
Vřídelní Kolonáda

Vřídelní

마리 막달레나 교회
Sv. Mari Magdalena

Stará Louka

Nová louka

F

Grandhotel Pupp H

Husovo nám.

카를로비바리
Karlovy Vary

0   150m

N

호텔 임피리얼 방향
Hotel Imperial H

관광보다 온천을 우선으로

카를로비바리는 테플라강을 따라 유명 온천장과 레스토랑, 카페, 기념품 가게, 상점 등이 몰려 있어 이곳에서 여행을 시작한다. 구시가의 중심지 라젠스카(Lázeňská) 거리에 있는 여행안내소에서 온천 관련 정보와 시내 지도를 얻을 수 있다.

카를로비바리는 온천장으로 유명한 마을이니 온천 관광을 우선 순위에 둔다. 가능한 한 하룻밤 머물면서 온천욕을 하며 여독을 풀어보자. 온천 호텔은 온천, 수영장, 사우나, 마사지 시설 등을 갖추고 있다. 만약 피부 질환으로 고생하고 있다면 이곳에 장기 체류하면서 치유하는 것도 좋은 방법이다.

❶ 테플라강 주변 전경
❷ 사도바 콜로나다
❸ 트르주니 콜로나다 옆 계단으로 올라가면 자메츠카(샤토) 콜로나다가 있다.

❶ 카를로비바리 극장 ❷ 마리 막달레나 교회 ❸ 온천수 컵 ❹ 자유의 오천수

구시가는 규모가 작아 걸어서 관광하는 데 1시간도 채 걸리지 않는다. 테플라강 주변에 주요 콜로나다(사도바 콜로나다 Sadova Kolonáda, 믈린스카 콜로나다, 트르주니 콜로나다, 브르지델니 콜로나다, 자메츠카 콜로나다)가 몰려 있고, 브르지델니 콜로나다 뒤편에는 고딕 양식이 돋보이는 마리 막달레나 교회(Sv. Mari Magdalena)도 있다.

이곳의 명물인 마시는 온천수와 와플을 함께 먹어보자. 온천수를 제대로 마시고 싶으면 온천장이나 기념품 가게에서 파는 주전자 모양의 컵인 라젠스키 포하레크(Lazensky Poharek)를 구입한다. 카를로비바리의 전경을 즐기려면 테플라강 끝자락에 위치한 승차장에서 푸니쿨라(왕복 80Kč)를 타고 룩아웃 다이아나 타워 전망대(해발고도 547m)로 올라가보자.

─────── (TRAVEL TIP) ───────

영화와 인연이 깊은 카를로비바리

매년 7월에는 동유럽의 칸이라 불리는 카를로비바리 국제영화제(매년 6월 말~7월 초)가 열려 유명 배우들과 영화 팬들로 붐빈다. 영화 007 시리즈 〈카지노 로열〉도 이곳에서 촬영했다.

그 밖의 즐길 만한 이벤트
●스파 시즌 오픈 행사 5월 초 ●푸드 페스티벌 5월 초
●카를로비바리 카니발 6월 초 ●포크 페스티벌 9월 5일
~10월 ●재즈 페스티벌 10월 13~21일

♥♥

아름다운 네오르네상스 양식 건물

믈린스카 콜로나다
Mlýnská Kolonáda(Mill Kolonnade)

프라하 국립극장을 설계한 체코 건축가 요제프 지테크(Josef Zitek)가 1871년부터 1881년에 걸쳐 지은 네오르네상스 양식의 건물로 카를로비바리에서 가장 아름다워 여행객들의 발걸음을 붙잡는다. 길이 132m, 폭 13m의 믈린스카 콜로나다는 테라스 위에 1년의 특정 달을 상징하는 12개의 우화 조각상이 있다. 카를로비바리에서 가장 규모가 큰 콜로나다 안에는 5개의 온천수(Mill Spring, Rusalka Spring, Prince Wencelas Spring, Libuse Spring, Rock Spring)가 있다. 그중 16세기에 알려진 믈린스카 온천수는 카를로비바리에서 가장 오래되었으며, 1705년부터 식용 온천수로 사용되었다.

주소 Mlýnské Nábř. **홈페이지** www.karlovyvary.cz/en/mill-colonnade **요금** 무료 **교통** 시내 트르주니체 (Tržnice) 버스터미널에서 1·4번 버스를 타고 스파3(Lázně III)에서 하차해 테플라강을 따라 200m 걸어가면 나온다. **지도** p.381-F

♥ ♥

황제가 즐겨 찾은 온천

트르주니 콜로나다
Tržní Kolonáda(Charles IV Kolonnade=Market Kolonnade)

빈 출신의 유명 건축가 펠너(F. Fellner)와 헬머(H. Helmer)
가 공동으로 1883년 첫 시청사 자리에 지은 스위스 양식의 목
조 건축물로, 1990년 초 재건축으로 확장했다. 콜로나다 안에
는 3개의 온천수(Charles 4 Spring, Lower Castle Spring,
Market Spring)가 있다. 카를 온천수는 카를 4세가 아픈 팔
을 치료하기 위해 자주 들렀던 온천이기도 하다. 청동 돌출 부
분에 카를 4세가 온천수를 발견했다는 글씨가 새겨져 있다.

주소 Tržiště **교통** 믈린스카 콜로나다에서 도보 2분 **지도** p.381-F

♥ ♥

현대적인 시설의 온천

브르지델니 콜로나다
Vřídelní Kolonáda(Hot Spring Kolonnade)

1975년 카를로비바리에서 가장 인기 있는 온천 지역에 실용성을 고려해 디자인된 유리와 단단한 콘
크리트로 지은 온천. 현재 온천은 1827년 황제가 첫 번째 세웠던 그 자리에 1887년 빈 출신의 유명
건축가 펠너와 헬머가 웅장한 주철 양식의 콜로나다로 건축한 뒤 세 번째로 지은 것이다. 분리된 파
빌리온(정자) 안에 있는 70℃ 이상의 간헐 온천수는 12m 높이에서 뿜어 내린다. 온도에 따라 다른
맛을 내는 식용 온천수가 있다.

주소 Divadelní Nám. 2036/2 **전화** 0353-362-100 **홈페이지** www.splzak.cz **개방** 월~금요일
09:00~17:00, 토 · 일요일 10:00~17:00 **교통** 트르주니 콜로나다 건너편 **지도** p.381-F

아르누보 양식의 온천

자메츠카 콜로나다
Zámecká Kolonáda
(Castle Colonada)

1911~1913년 빈 출신의 건축가 오만(F. Ohmann)이 아르누보 양식으로 건설한 가장 최근 지어진 콜로나다이다. 가장 오래된 구시가에 지었는데, 상층을 먼저 짓고, 1937년 하층을 세웠으나, 21세기 초 스파와 웰니스 센터로 용도 변경했다.

주소 Zámecký vrch **교통** 트르주니 콜로나다 옆 분수대 계단 위쪽. 또는 트르주니체(Tržnice(Market))정류장에서 버스 2번을 타고 디바델니 나메스티(Divadelní Náměstí(Theatre Square))에서 하차 **지도** p.381-F

인기 높은 전망대

룩아웃 다이아나 타워 전망대
Rozhledna Diana

1914년에 세워진 35m 높이의 룩아웃 다이아나 타워 전망대는 현지인은 물론 여행객들의 사랑을 받는 카를로비바리의 인기 명소이다. 시내에서 약간 떨어진 테플라강 끝자락에 룩아웃 다이아나 타워 전망대 케이블카 승차장이 있다. 해발고도 556m까지 케이블카를 타고 룩아웃 다이아나 타워 전망대로 올라가면 환상적인 시내 전경이 한눈에 들어온다. 하이킹족과 바이커를 위한 180km에 이르는 산책로가 있어 힐링을 즐기려는 사람에게 더없이 좋은 장소이다. 정상 근처에서는 하얀 칠면조의 멋진 자태도 볼 수 있다. 여행안내소에서 자전거를 대여해 즐길 수도 있다.

케이블카
홈페이지 www.dpkv.cz **운행** 11~3월 09:00~17:00, 4·5·10월 09:00~18:00, 6~9월 09:00~19:00 **요금** 왕복 90Kč(학생 45Kč) **교통** 테플라강 끝자락에 케이블카 승차장이 있다. 믈린스카 콜로나다에서 도보 10~15분 **지도** p.381-E

카를로비바리의 온천 즐기기

카를로비바리의 지명이 카를의 온천을 의미하듯 이곳의 온천장은 유럽에서 가장 유명한 온천장이다. 12개 원천이 있는 카를로비바리 온천수는 50개 이상의 성분을 함유한 광천수이다. 피부, 신경, 위장, 혈액순환계 등 여러 질병에 의학적 효능이 있다. 광천수를 바탕으로 이산화탄소 목욕, 전통 마사지, 한랭요법, 부항 마사지, 전기 요법, 방향 요법, 자기장 치료법 등 여러 치유법으로 여행객들에게 인기를 끌고 있다.

마실 수 있는 온천수와 명물 온천 컵

타지역 온천장과는 달리 이곳 온천수는 마실 수 있는 식음용 온천수이다. 콜라나다(온천이 솟는 주랑을 의미)에는 곳곳에 온천물이 나오는 수도꼭지가 있다. 마시는 온천수를 '워킹 콜라나다', 온천욕을 '호텔 콜라나다'라고 부른다. 수도꼭지에서 쏟아나는 온천수를 마시려면 카를로비바리의 명물 기념품인 온천 컵 라젠스키 포하레크(Lazensky Poharek)를 구입해 마시고, 약효가 온몸에 효험을 내도록 산책하면서 신선한 공기를 마셔본다. 산책 코스가 다양하니 여행안내소에 들러 산책 지도를 얻어 본인의 취향에 맞춰 산책을 즐겨보자.

온천수로 담근 약초주도 인기

온천 컵과 더불어 체코의 대표적 약초주인 베헤로브카(Becherovka)도 구입해보자. 13번째 원천이라 불릴 정도로 수십 가지의 약초를 함유한 약술이라 인기 있다.

다양한 시설의 온천 호텔

카를로비바리에 머문다면 온천 호텔(Hotel Imperial, Parkhotel Richmond 등)을 이용해 온천욕을 즐겨보자. 호텔 내에 대규모의 온천장, 수영장, 사우나, 마사지실, 피트니스센터를 운영하고 있으니 미리 수영복을 준비해 간다.

●대중 온천장

엘리자베스 스파 Elisabeth's Spa
주소 Smetanovy Sady 1145/1 **전화** 0353-222-536 **홈페이지** www.spa5.cz **개방** 온천 수영장 월요일 09:00~21:00, 화요일 09:00~16:30, 19:30~21:00, 수요일 09:00~16:30, 18:00~21:00, 목요일 06:00~16:00, 17:30~21:00, 금요일 09:00~15:00, 16:30~21:00, 토요일 09:00~21:00, 일요일 09:00~18:00 **요금** 30분 85Kč, 90분 135Kč, 120분 185Kč, 180분 215Kč / 미네랄 목욕(20분+휴식) 398~443Kč, 마사지(15~50분) 390~1290Kč **교통** 돌니 역(Dolni Nadrazi)에서 도보 10분 **지도** p.381-B

1 사도바 콜라나의 마시는 온천수 2, 3 온천수 전용 컵(라젠스키 포하레크) 4 주전자 같은 컵으로 온천수를 마신다.

칼스바데르 미네랄 솔트
Karlsbader Mineral Salts
(Vřídelní Sůl, spol. s r.o)

카를로비바리 온천수는 수세기 동안 약효가 입증되어 수많은 관광객이 이곳을 찾아 치료를 받는다. 특히 카를로비바리 미네랄 소금은 간헐 온천 광천수를 증발시켜 만든다. 이 소금은 온천수에 포함된 미네랄 분량과 같은 양의 미네랄을 함유해 약효가 크다고 알려져 있다. 가장 인기 있는 소금인 카를로바르스카 브르지델니 소금(Karlovarska Vridelni Sul)은 50g 260Kč, 100g 499Kč.

주소 Na Výhledě 886/3A **전화** 0353-549-28542(420) 353 549 285 **홈페이지** www.salcarolinum.com **영업** 월~금요일 08:00~16:30 **휴무** 토~일요일 **교통** 돌니 역(Dolni Nadrazi)에서 차로 7분 **지도** p.381-A 밖

모세르
The Mosers

체코의 보헤미아 지방은 유리의 원료인 규석의 원산지로 일찍이 유리 산업이 발달했다. 우리에게 잘 알려진 세계적인 크리스털인 스와로브스키의 창시자 다니엘 스와로브스키도 이곳 출신이다. 모세르는 보헤미아 글라스의 대표적인 브랜드이다. 1857년 루드비크 모세르(Ludwig Moser)가 창업한 이래 160년 동안 최고의 디자인과 철저한 품질 관리로 명성을 얻어 유럽 각국의 왕족들과 귀족들의 사랑을 받고 있다. 본사는 카를로비바리에 있고, 프라하에 3개의 지점을 운영하고 있다. 본사에서 박물관을 운영하며 글라스 견학 프로그램도 실시해 유리 공정 과정을 생생하게 관람할 수 있다.

주소 Kpt. Jarose 46/19 **전화** 0353-416-242 **홈페이지** www.moser-glass.com **개방** 박물관 09:00~17:00 / 글라스 견학 09:00~14:30, 30분마다 가이드(영어)와 함께 견학 / 글라스 판매 매일 09:00~18:00 **요금** 박물관 80Kč(학생 50Kč), 글라스 견학 120Kč(학생 70Kč), 통합권(박물관+글라스 견학) 180Kč(학생 100Kč) **교통** 트르즈니체(Tržnice, Market Hall)에서 1·2·22번 버스를 타고 Sklářská Glassworks에서 하차, 12분 소요 **지도** p.381-A 밖

스테이크 그릴 제임스
Steak Grill James

스테이크 전문 레스토랑. 스테이크가 가장 인기 있고, 생선 요리도 맛있다. 스테이크 395Kč~, 시바스(농어) 487.90Kč, 봉골레 스파게티 380Kč.

주소 Slavkovský les, Vřídelní 134/51 **전화** 0626-47-865 **영업** 11:00~23:00 **교통** 믈린스카 콜로나다를 마주하는 테플라강 건너편에 위치 **지도** p.381-F

호텔 프로메나다 레스토랑
Hotel Promenada Restaurant

체코 레스토랑 톱 10에 속할 정도로 카를로비바리에서 가장 유명한 호텔 겸 레스토랑. 직원이 친절하고 서비스가 매우 양호하다. 매일 신선한 재료를 사용해 맛의 질을 높이고 남부 모라바 와인을 제공한다. 모건 프리먼, 프란츠 베켄바워 등 유명 인사들이 자주 찾는다. 콜라비 수프 100Kč, 오소부코(찜요리) 450Kč.

주소 Slavkovský les, Tržiště 381/31 **전화** 0353-225-648 **홈페이지** www.hotel-promenada.cz **영업** 매일 12:00~23:00 **교통** 트르주니 콜로나다 근처 **지도** p.381-F

훔볼트 파크 호텔 & 스파
Humboldt Park Hotel & Spa

고풍스러운 4성급 호텔. 객실이 넓고 깔끔하다. 스파, 피트니스센터, 수영장, 마사지실 등을 갖추고 있다. 비교적 저렴한 가격에 4성급 호텔을 이용할 수 있고, 중심지에 위치해 있어 편리하다. 2인 1490Kč~.

주소 Zahradní 27 **전화** 0355-323-111 **홈페이지** www.humboldt.cz **교통** 돌니 역(Dolni Nadrazi)에서 도보 12분 **지도** p.381-D

호텔 임피리얼
Hotel Imperial

고급스러운 4성급 호텔. 넓은 객실이 깨끗하고 직원들도 친절하다. 스파, 피트니스센터, 수영장, 마사지실 등을 갖추고 있다. 이코노미, 슈피리어, 딜럭스 객실이 있다. 투숙객이 메디컬 스파, 웰빙 센터를 이용 시 30% 할인된다. 이코노미 €35~, 슈피리어 €180~, 딜럭스 €210~.

주소 Libušina 1212/18 **전화** 0353-203-111 **홈페이지** www.spa-hotel-imperial.cz **교통** 브르지델니 콜로나다에서 도보 11분 **지도** p.381-F 밖

(TRAVEL TIP)

카를로비바리의 명물 과자
슈퍼 와플

이곳의 명물 간식인 슈퍼 와플(Karlovaske Oplatky)은 커다란 둥근 웨하스에 초콜릿, 딸기, 바닐라, 딸기 크림 등을 넣어 만든 과자이다. 마시는 온천수와 함께 먹으면 유황 냄새를 희석시켜 준다.

700년 고도(古都)로 떠나는 시간 여행

체스키크룸로프

ČESKÝ KRUMLOV

프라하 ●
체스키크룸로프
★

Czech

#중세 도시#유네스코 세계문화유산#블타바강

프라하에서 남서쪽으로 180km 떨어진 곳에 위치한 체스키크룸로프는 1992년 유네스코 세계문화유산으로 등재되었을 정도로 역사적으로 유명한 관광 명소이다. 마을 이름은 구불구불한 모양의 강옆 풀밭을 의미하는 '크룸로프'와 체코를 뜻하는 '체스키'가 합성된 데서 유래되었다. 블타바강이 체스키크룸로프를 S자 모양으로 휘돌아가며 굽이굽이 감싸 흐르는 모습은 한 폭의 수채화처럼 아름답다. 체코에서 가장 관광객이 많이 찾는 도시 중 하나인 이곳은 독특한 환경에서 360여 개의 역사적인 중세 건축물을 그대로 간직한 700년 고도의 문화 예술 도시이다. 이곳을 찾는 여행자들은 마치 타임머신을 타고 동화 속 중세 시대로 돌아간 듯한 착각이 들 만큼 아름다운 고도(古都)의 매력에 푹 빠져들게 될 것이다.

{ 가는 방법 }

기차 ●프라하 중앙역 → 체스케부데요비체 역(환승) → 체스키크룸로프 역 약 3시간 40분 소요

프라하에서는 체스키크룸로프행 직행열차가 없어 체스케부데요비체 역에서 환승해 간다.

●잘츠부르크 중앙역 → 2회 환승(린츠 역·체스케부데요비체 역) → 체스키크룸로프 역 약 4시간 50분 소요, 2시간마다 1회 운행

체스키크룸로프 역에 도착하면 프라하행 열차 시각표를 확인하고 시내로 이동한다. 시내버스가 열차 도착 시간에 맞춰 대기하다가 승객이 타면 바로 출발하니, 도착하면 바로 버스를 탄다. 택시로 이동 시 콜택시를 부르면 바로 온다. 구시가까지 도보 약 30분 소요, 시내버스 10분 소요. 구시가는 작아 걸어서 관광할 수 있다.

콜택시 Krumlov Taxi
전화 380-712-712(예약 가능)
홈페이지 www.krumlov-taxi.cz
요금 1km마다 22Kč(기차역에서 도심까지 약 100Kč, 도심에서 기차역까지 약 150Kč)

버스 프라하에서 체스키크룸로프까지 환승 없이 직행으로 갈 수 있어 편리하다. 유레일패스가 없다면 버스를 이용한다.

프라하 지하철 B선 안델(Anděl) 역 근처에 있는 시외버스터미널(Na Knizˇecí, 1번 게이트)에서 스튜던트 에이전시(Student Agency) 버스를 탄다. 성수기에는 당일 표를 구하기 힘드니 1~2일 전에 미리 예약을 한다. 체스키크룸로프 버스터미널에서 구시가까지는 도보 약 10분 거리이니 걸어서 간다. 구시가는 작아 걸어서 관광할 수 있다.

전화 0841-101-101
예약 홈페이지 jizdenky.studentagency.cz
소요 시간 약 3시간(2시간 1편 운행)
티켓 구입처 시외버스터미널(또는 체스키크룸로프 구시가지 여행안내소)
요금 200Kč(짐 1개당 10Kč 추가)

{ 여행 포인트 }

여행 적기 5~9월이 여행하기 좋다.
점심 식사 하기 좋은 곳 스보르노스티 광장 주변
최고의 포토 포인트
●체스키크룸로프 성의 원통형 탑
유의 사항 체스키크룸로프 역은 작은 역사라 무인보관함이 없다. 당일에 프라하가 아닌 다른 곳으로 이동할 경우 짐을 갖고 체스키크룸로프 성을 관광하기가 쉽지 않으니, 프라하에서 당일로 다녀오거나 체스키크룸로프에서 숙박한다.
주변 지역과 연계한 일정
●1코스: 뮌헨→잘츠부르크→체스키크룸로프
체스키크룸로프와 잘츠부르크, 뮌헨은 지리적으로 가까운 한데 묶어 일정을 짜는 게 좋다.
●2코스: 프라하→체스키크룸로프
체코에 머물 경우 당일로 다녀온다.

{ 추천 코스 }

예상 소요 시간 3~4시간

┌─────────────────────────────────┐
│ 체스키크룸로프 역(또는 버스터미널) │
└─────────────────────────────────┘
　　버스 10분(버스터미널에서 도보 10분)
┌─────────────────────────────────┐
│ 스보르노스티 광장 │
└─────────────────────────────────┘
　　도보 3분
┌─────────────────────────────────┐
│ 에곤 실레 문화센터 │
└─────────────────────────────────┘
　　도보 3분
┌─────────────────────────────────┐
│ 이발사의 다리 │
└─────────────────────────────────┘
　　도보 5분
┌─────────────────────────────────┐
│ 체스키크룸로프 성 │
└─────────────────────────────────┘

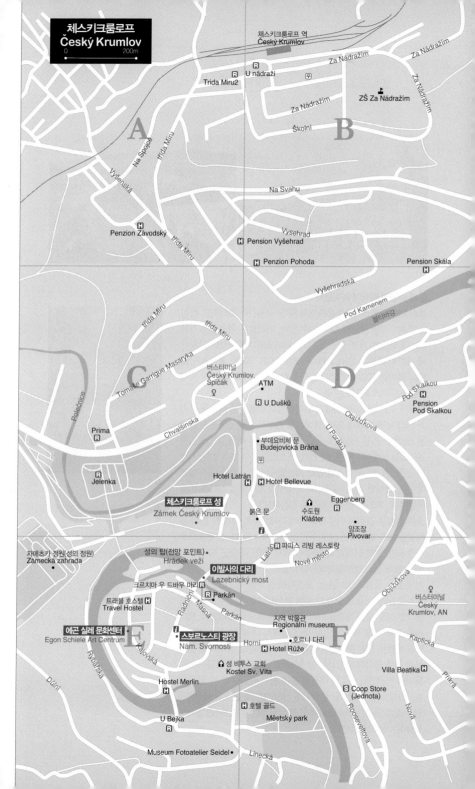

체스키크룸로프
Český Krumlov
0   200m

체스키크룸로프 역
Český Krumlov

Za Nádražím

R R U nádraží

Třída Míru2

Za Nádražím

ZŠ Za Nádražím

Za Nádražím

A

Na Spojce

třída Míru

Vyšenská

Na Svahu

B

Školní

Vyšehrad

Penzion Závodský

třída Míru

H Pension Vyšehrad

H Penzion Pohoda

Pension Skála
H

Vyšehradská

Pod Kamenem

빌라바김

třída Míru

třída Míru

C

Tomáše Garrigue Masaryka

버스터미널
Český Krumlov,
Spičák

ATM

R U Dušků

Pod Skalkou

D

Pension
Pod Skalkou

Polečníce

Chvalšinská

Objížďková

U Poráků

Prima
R

부데요비체 문
Budejovická Brána

Jelenka
R

Hotel Latrán
H H Hotel Bellevue

체스키크룸로프 성
Zámek Český Krumlov

붉은 문

수도원
Kláštěr

Eggenberg
R

양조장
Pivovar

자매츠카 정원(성의 정원)
Zámecká zahrada

성의 탑(전망 포인트)
Hrádek veží

이발사의 다리
Lazebnický most

Latrán

파파스 리빙 레스트랑

Nové město

Objížďková

버스터미널
Český
Krumlov, AN

크르치마 우 드바우 마리
R

Radniční

Masná

R Parkán

Parkán

트래블 호스텔
Travel Hostel
H

에곤 실레 문화센터
Egon Schiele Art Centrum

Kájovská

E

i 스보르노스티 광장
Nám. Svornosti

지역 박물관
Regionální museum

Horní

호르니 다리

Kaplická

Příkrá

Hypnáská

Hostel Merlin
H

Dlouhá

U Bejka

H 호텔 골드

성 비투스 교회
Kostel Sv. Víta

H Hotel Růže

F

Villa Beatika
H

S Coop Store
(Jednota)

Nová

Rooseveltova

Museum Fotoatelier Seidel

Městský park

Linecká

중세 마을의 매력에 빠져보자

프라하에서 체스키크룸로프까지 약 3~4시간이 걸리지만 아침 일찍 서두르면 당일로 다녀올 수 있다. 기차로는 환승해서 가야 하는데 버스로 가면 직행이고 버스터미널도 기차역보다 구시가에 가까워 편하다. 그러나 체스키크룸로프는 의외로 볼거리가 많으니 촉박한 당일 여행보다는 하룻밤 머물면서 여유 있게 중세 마을의 매력에 빠져보는 것도 좋다.

기차역 또는 버스터미널에서 블타바강의 아름다운 풍광을 즐기며 걷다 보면 어느새 고딕, 르네상스 양식의 중세 건축물이 즐비한 스보르노스티 광장이 나온다. 광장에는 분수대와 그리스 성인 조각상을 비롯해 기념품 숍, 카페, 레스토랑 등이 몰려 있다. 시청사 건물 1층 여행안내소에 들러 지도와 정보를 구하고 에곤 실레에 관심 있다면 근처 에곤 실레 문화센터에서 에곤 실레를 비롯한 클림트, 피카소 등의 작품들을 감상해보자.

❶ 고딕, 르네상스 건축물이 그대로 남아 있는 스보르노스티 광장
❷ 체스키크룸로프 마을의 전경
❸ 미로처럼 구불구불하게 얽혀 있는 골목길

슬픈 전설을 간직한 이발사의 다리(라제브니키 다리)를 건너 골목길을 따라 올라가면 성 입구인 붉은 문이 나온다. 문 왼쪽으로 가면 티켓 판매소(성과 탑 티켓을 별도 판매)와 둥근 탑 입구가 있다. 탑에 올라가면 블타바강이 마을을 끼고 S자형으로 굽이굽이 흐르는 풍경이 보이는데, 오렌지색 삼각형 지붕과 흰색 벽이 조화를 이룬 마을의 모습이 무척 환상적이다. 입장료를 아끼고 싶다면 성탑 대신 성곽을 따라 성의 정원 쪽으로 올라간다. 블타바강 절벽 위에 세워진 망토 다리 성에서 내려다보이는 전경도 탑에서 보는 전망 못지않게 아름답다. 1시간 정도 성 내부를 관람하고 서쪽 끝자락에 위치한 성 정원에도 꼭 가본다. 아담하게 다듬어진 정원에서 피로와 여독을 풀며 잠시 쉬어보자. 해 질 무렵 블타바강의 분위기는 낮 분위기와 전혀 다르다. 온종일 북적거리던 거리의 모습은 자취를 감추고 유유자적하며 고즈넉한 본래의 모습이 더없이 아름답다.

❤❤
도시의 중심 광장
스보르노스티 광장
Námesti Svornosti

S자 커브를 그리며 흐르는 블타바강을 끼고 있는 스보르노스티 광장은 체스키크룸로프의 구시가 중심지로, 유네스코 문화유산에 등재된 300여 개의 고딕, 르네상스 양식 중세 건축물이 즐비하게 서있다. 광장에는 분수대와 그리스성인 동상을 비롯해 기념품 숍, 카페, 레스토랑 등이 몰려 있고 여행 시발점이 되어 늘 여행객들로 붐빈다.

시청사 건물 1층에는 여행안내소가 있으며, 주변에는 예술문화 도시답게 에곤 실레 문화센터를 비롯해 갤러리, 박물관들이 있고, 음악 페스티벌, 극장 페스티벌 등이 열린다. 슬픈 사랑의 이야기를 간직하고 있는 이발사의 다리를 건너면 바로 마을의 랜드마크인 체스키크룸로프 성으로 연결된다.

교통 체스키크룸로프 버스터미널에서 도보 10분 **지도** p.393-E

(TRAVEL TIP)

여행안내소

주소 Nám. Svornosti 2 **전화** 380-704-622 **홈페이지** www.ckrumlov.cz/info **개방** 11~3월 월~금요일 09:00~17:00, 토~일요일 09:00~12:00, 13:00~17:00 / 4·5·9·10월 월~금요일 09:00~18:00, 토~일요일 09:00~12:00, 13:00~18:00 / 6~8월 월~금요일 09:00~19:00, 토~일요일 09:00~13:00, 14:00~19:00 **교통** 구시가지 스보르노스티 광장에 위치 **지도** p.393-E

20세기 초
예술품들이 한자리에
에곤 실레 문화센터
Egon Scheile Art Centrum

에곤 실레를 비롯해 클림트와 피카소 등 19세기 말부터 20세기에 활약한 예술가들의 작품을 전시하는 곳으로, 슈로카(Široká) 거리의 오래된 양조장 건물 안에 있다. 내부에 뮤지엄 숍과 커피숍도 있다. 에곤 실레의 것으로는 사진과 편지, 데스마스크 등을 볼 수 있다. 에곤 실레는 어머니가 태어난 이 마을에 자주 머물며 작품을 남겼다.

주소 Široká 71 **전화** 380-704-011 **홈페이지** www.schieleartcentrum.cz **개방** 10:00~18:00 **휴무** 월요일 **요금** 160Kč(학생 90Kč) **교통** 부데요비체 문(Budějovická Brána)에서 도보 10분, 스보르노스티 광장 부근
지도 p.393-E

www.schieleartcentrum.cz
문화센터 안의 카페

슬픈 사랑 이야기가 있는 곳
이발사의 다리
Lazebnický most

라제브니키 다리라 불리는 이발사의 다리는 영주들을 모시는 하인들의 거주지였던 라트란(Latrán) 거리와 구시가지를 연결하는 다리이다. 다리 근처에 이발소(중세 유럽에서는 칼을 다루는 이발사가 외과의사를 겸했다)가 위치해 그 이름이 붙었다. 이 다리에는 루돌프 2세의 아들(서자)과 이발사 딸의 슬픈 사랑 이야기가 전해진다. 정신질환을 앓고 있는 사위(루돌프 2세의 아들)가 아내(이발사의 딸)를 죽이자, 범인을 잡기 위해 마을 사람을 한 사람씩 죽인다. 더 이상의 희생을 막기 위해 이발사가 허위 자백을 하고 죽게 되자, 마을 사람들이 그를 추모하기 위해 이발사의 다리를 지었다고 한다. 다리 위에는 십자가에 못 박힌 예수상이 있고, 반대편에는 이곳의 수호신인 성 요한 네포무크 조각상이 있다.

교통 에곤 실레 문화센터에서 도보 3분, 체스키크룸로프 성에서 도보 5분
지도 p.393-E

1 이발사의 다리
위쪽으로 건너면 스보르노스티 광장, 아래쪽으로 건너면 성이 나온다.
2 성 요한 네포무크 조각상

1 체스키크룸로프 성 2 성 입구 3 성 입구 왼편에 있는 둥근 탑

♥ ♥ ♥

다양한 건축 양식을 볼 수 있다

체스키크룸로프 성
Zámek Český Krumlov

중부 유럽에서 가장 규모가 큰 성 중 하나로, 체코에서는 프라하 성 다음으로 규모가 크다. 건축학적 기준과 문화적 전통에서 볼 때 가장 중요한 역사적 유적지라 할 수 있다. 이 성은 13세기 영주 크룸로프에 의해 세워졌다. 14세기부터 18세기까지 계속된 증축으로 5개의 안뜰과 서쪽으로 대규모 성의 정원이 만들어져 비로소 대궁전의 면모를 갖추게 되었다.

성 내부는 당시의 건축 양식인 르네상스 양식, 바로크 양식, 로코코 양식이 그대로 잘 보존되어 있다. 18세기에는 마지막 성주인 슈바르첸베르크가 실내장식을 더욱 화려하게 치장했다. 성 내부는 개인적으로 관람할 수 없고 가이드 투어로만 볼 수 있다. 가이드 투어는 바로크와 르네상스 양식 건축물인 조지 성 예배당, 살롱, 가면 무도회 방을 둘러보는 1루트와 슈바르첸베르크 가계(家系)의 역사에 초점을 맞춘 초상화 갤러리와 인테리어, 미술품을 둘러보는 2루트가 있다.

붉은 문 입구로 들어가 왼쪽의 제2정원 모퉁이에는 이곳의 하이라이트인 원통형의 성의 탑(Hráek veží)이 있다. 16세기 스그라피토(Sgraffito: 이탈리아에서 발전한 벽화 장식) 기법으로 꾸며 더욱 아름답다. 162개 계단을 올라가 탑 정상에서 내려다보는 구시가지 전경은 한 폭의 그림처럼 아름답다. 특히 블타바강이 S자 모양으로 마을을 감싸고 있는 오렌지색 시가지의 모습은 환상적이다. 그밖에 극장 투어도 즐길 수 있다. 성 극장은 다섯 번째 정원에 위치한다. 바로크 극장은 세계에서 가장 잘 보존되어 있는 바로크 양식의 건축물이다.

주소 Zámek 59 **전화** 3380-704-721 **홈페이지** www.zamek–ceskykrumlov.eu **개방** 성 가이드 투어 4·5·9·10월 화~일요일 09:00~16:00, 6~8월 화~일요일 09:00~17:00 / 탑 11~3월 화~일요일 09:00~15:15, 4·5·9·10월 매일 09:00~16:15, 6~8월 매일 09:00~17:15 **요금** 가이드 투어로만 입장 가능, 탑은 개별 입장 가능 / 탑 50Kč(학생 30Kč), 정원 무료 / 가이드 투어 1(르네상스 양식, 바로크 양식의 성 내부 관람, 45분 소요) 250Kč(학생 160Kč) / 가이드 투어 2(슈바르첸베르체 가문의 역사 중심, 45분 소요) 240Kč(학생 140Kč) **교통** 이발사의 다리에서 도보 5분, 구시가의 부데요비체 문(Budějovická Brána)에서 도보 5분 **지도** p.393-C

1 체스키크룸로프 전경
2 정원 분수

크르치마 우 드바우 마리
Krčma U Dwau Maryí

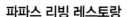

전통적인 보헤미아 요리 전문 레스토랑. 수프 40Kč, 훈제 고기 150Kč, 보헤미아 요리 155~195Kč.

주소 Parkán 104 **전화** 0732-110-233 **홈페이지** www.2marie.cz **영업** 매일 11:00~23:00 **교통** 이발사의 다리 근처 **지도** p.393-E

파파스 리빙 레스토랑
Papa's Living Restaurant

이탈리안 요리 전문점으로 현지인과 여행객들이 즐겨 찾는 곳이다. 파스타 프레스카 169Kč, 양파 링과 살사 89Kč, 쇠고기 카르파초(70g) 169Kč, 파파스 갈비 258Kč.

주소 Latrán 13 **전화** 0380-711-583 **홈페이지** www.papas.cz **영업** 일~목요일 11:00~22:00, 금~토요일 11:00~23:00 **교통** 이발사의 다리에서 성 방향으로 건너편 인형극 극장 근처 **지도** p.393-F

트래블 호스텔
Travel Hostel

13세기에 지은 건물로 아름답고 고풍스러운 분위기를 자아낸다. 구시가의 스보르노스티 광장에 위치해 관광하기 편하다. 아파트도 운영하고 있다. 호스텔 6~8인 360Kč, 4인 380Kč, 2인 420Kč, 아파트 4인 2090Kč, 2인 1490Kč(조식 100Kč 추가).

주소 Soukenická 43 **전화** 0731-564-144 **홈페이지** www.travelhostel.cz **교통** 스보르노스티 광장에 위치 **지도** p.393-E

호텔 골드
Hotel Gold

4성급 호텔로 블타바강을 끼고 있어 전원풍의 풍경을 즐길 수 있다. 객실 전망이 좋고 직원이 친절하며 레스토랑도 함께 운영하고 있다. 2인 1459Kč(조식 포함).

주소 Linecká 55
전화 0380-712-551
홈페이지 www.hotelgold.cz
교통 스보르노스티 광장에서 도보 4분 **지도** p.393-F

낙원을 떠올리게 하는 기암괴석들

체스키라이

ČESKY RAJ

프라하 • ⋯⋯• 체스키라이

Czech

#보헤미안 파라다이스#기암괴석#산수화

'보헤미안 파라다이스(체코의 낙원)'를 의미하는 체스키라이는 기암괴석으로 둘러싸인 낙원 같은 곳으로 마치 동양의 산수화 풍경을 떠올리게 한다. 1955~2002년에 걸쳐 체코 정부에서 자연경관 보호구역으로 지정했는데, 그 범위가 프라하의 3분의 1 면적(181.5㎢)과 맞먹을 정도로 광범위하다. 체스키라이의 11개 사암 도시는 자연경관이 매우 독특해 2005년 유럽 유네스코 지질공원으로 지정되었다. 화산 활동이 왕성했던 트로스키 등의 현무암 언덕에서 보석, 자수정, 크리스털, 자스퍼(벽옥) 등이 발견될 정도로 사암 현상이 두드러지게 나타난다. 체스키라이의 자연경관은 인간 활동의 영향을 많이 받아 중세 성곽과 유적, 목조, 벽돌 가옥에 고스란히 배어 있다. 보헤미안 파라다이스는 수천 년 동안 수백여 종이 넘는 동식물의 안식처가 될 정도로 보석 같은 자연보호구역이다.

Travel
INFO

{ 가는 방법 }

이친(Jicin) 역 앞 버스터미널에서 22·31·
48·63·64번 버스를 타고 프라호프 체스키
라이(Holin Prachov Česky Raj)에서 하차.
약 20분 소요. 오지에 위치한 보헤미안 파라
다이스 지역은 볼거리가 분산되어 대중교통편
이 불편하다. 이친 역(버스터미널)에서 택시
또는 렌터카를 타고 이동해야 파라다이스의
비경을 기동성 있게 즐길 수 있다.

프라호프 체스키라이행 버스 시각표

출발지	출발 시간
이친	06:28, 08:40, 09:40, 12:45, 13:40, 13:45, 15:00, 16:40, 17:40

※현지 사정에 따라 출발 시각표가 다를 수 있으
니 현지에서 확인 필수.

{ 여행 포인트 }

여행 적기 5~9월이 가장 여행하기 좋다.
예상 소요 시간 프라호프스키만 여행하면
3~4시간, 프라호프스키에 트로스키 성과 흐
루바 스칼라를 포함하면 1일 소요. 프라호프스
키의 하이킹 코스를 추천한다.

현지의 하이킹 코스 안내도

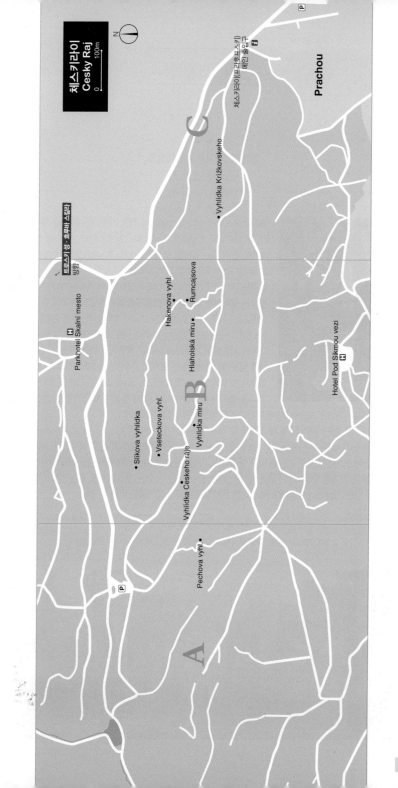

체스키라이
Cesky Raj

0 ___ 100m

N

Prachou

체스키라이(프리호르스키)
메인출입구

Vyhlídka Krížkovskeho

토르스키 성·흑투쁘 스릴리
방향

Parkhotel Skalní mesto

Hakenova vyhl.

Rumcajsova

Hlaholská miru

Slikova vyhlidka

Vseteckova vyhl.

Vyhlídka miru

Vyhlídka Ceskeho ráje

Hotel Pod Sikmou vezi

Pechova vyhl.

A

B

C

403

Sightseeing

♥ ♥ ♥

멋진 기암괴석을 보며 하이킹

프라호프스키
Prachovske Skaly

프라호프스키는 체스키라이에서 가장 아름다운 풍광을 자랑하지만, 우리에게 다소 생소한 지역이다. 그러나 현지인과 여행 마니아에게는 인기 있는 트레킹 코스이며 영화 〈나디아 연대기〉의 촬영지로 알려지면서 유명세를 타기 시작했다.

이곳은 5억 년 전 캄브리아기에 바닷속의 지각이 융기해 오랫동안 침식과 풍화작용 같은 지질 변화가 반복되면서 암석 사이가 갈라지고 틈새가 생겨 신비로운 요정 모양의 기암괴석, 깊은 협곡들이 형성되었다. 면적 또한 187ha에 이를 정도로 지역이 넓다. 신석기 시대부터 사람들이 거주하고 묻혔던 청동기 시대의 골호장지(화장한 뼈를 담은 항아리를 묻은 묘지)의 흔적들이 남아 있다. 14세기 말~15세기 초 북서쪽에 세운 파레즈(Parez)의 작은 성곽 유적이 있고, 가파른 협곡이 갈라진 틈새 사이에 형성된 제국의 통로(Císařská

Chodba)는 1813년 프란츠 1세 황제가 이곳을 방문하면서 생긴 이름이다.

좁고 가파른 협곡 사이의 돌계단(제국의 협곡)을 올라가면 전망대(Madonna Z Hrabenciny Vyhlidky)가 나온다. 온통 바위로 둘러싸인 바위 봉우리가 주변의 울창한 숲과 어우러져 바위 도시를 만들어낸다. 신비로운 경관이 너무 아름다워 사람들은 이를 지상 최대의 낙원인 보헤미아 천국이라 부른다. 가파른 기암괴석 등반은 전문 산악인들만 즐길 수 있는 코스이지만, 일반인들도 정해진 코스를 따라 거닐면서 전망대에 서면 그들 못지않게 천국의 즐거움을 맛볼 수 있다.

홈페이지 www.cesky-raj.info **개방** 일몰 전까지 **요금** 70Kč(학생·65세 이상 30Kč) **교통** p.402 참조 **지도** p.403-C ※입구 앞에 레스토랑과 간이 여행안내소가 있다. 기암괴석은 가파르지만 하이킹 코스는 올레길처럼 완만해 부담 없이 자연과의 교감을 나눌 수 있다. 1코스는 약 2시간, 2코스는 4시간 정도 걸린다.

1 하이킹 표지판. 표지판을 따라 이동하면 길을 잃지 않는다. 2 수려한 경관의 전망대 3 제국의 통로

2개 탑이 있는 트로스키 성

♥♥

현무암 위에 세운 쌍둥이 요새
트로스키 성 · 흐루바 스칼라
Hrad Trosky & Hrubá Skála

현지에서 '세밀리 성'이라 불리는 트로스키 성은 체네크 군주(Cenek of Vartenberk)가 1380~1390년 현무암 위에 세운 쌍둥이 요새이다. 약간 높은 57m 높이의 탑은 판나(Panna 처녀)이고, 그보다 낮은 47m 높이 탑은 바바(Baba: 노파)라 불린다. 거주 구역은 말 안장처럼 생긴 두 탑 사이 공간에 지었다. 전쟁으로 17세기 성이 폐허가 된 후 2000년에 작은 탑에 관측 테라스를 세웠다. 입구 안에는 성벽 아래 괴상한 악마상이 있다. 계단을 따라 탑으로 올라가면 보헤미안의 낙원 전경이 펼쳐진다. 인근 흐루바 스칼라(Hrubá Skála)는 120ha 면적으로 보헤미아 파라다이스에서 두 번째로 규모가 크다. 수많은 사암괴석과 돌기둥으로 둘러싸여 있어 체스키라이에서 가장 유명한 암석 마을로 트레킹 코스로 유명하다.

14세기 사암 위에 세운 고딕 양식의 스칼라 성은 16세기 말에 르네상스 양식 성으로 탈바꿈한 후 19세기 말 네오고딕 양식으로 재건축했다. 1960년 이후로는 호텔로 사용되고 있다.

트로스키 성
홈페이지 www.trosky.cz **개방** 3월 30일~4월 2일 월 · 금~일요일 09:00~16:00, 4 · 10월 토~일요일 09:00~16:00, 9월 화~일요일 09:00~16:00, 5~6월 화~일요일 09:00~17:30, 7~8월 매일 09:00~17:30 **휴무** 11월~3월 29일 **요금** 80Kč(학생 · 65세 이상 60Kč) **교통** 프라하 중앙역에서 보레크 포드 프로스카미(Borek Pod Troskami) 역까지 기차로 1시간 30분 소요, 역에서 차로 6분. 이친(Jicin) 역에서는 차로 25분.

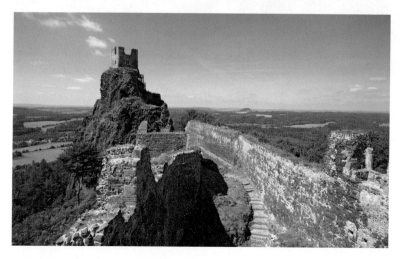

은광으로 화려한 번영을 누렸던 도시

쿠트나호라

KUTNÁ HORA

프라하 ● ★쿠트나호라

Czech

#중세 성곽 도시#유네스코 세계문화유산

쿠트나호라는 그 이름이 말해주듯 은광(체코어 kutání)과 관련이 있다. 1142년 체코에서 최초로 시토 회가 세들렉(Sedlec) 마을 근처에 세워졌고, 13세기 말 이곳에서 은광이 채굴되면서 부유한 왕실 도시의 토대가 되었다. 1300년 바츨라프 2세가 광산 입법에 서명하고 쿠트나호라에 왕실 조폐소를 설치해 화폐 개혁을 실시하면서 이곳의 은이 유럽 전역의 국제 통화로 사용되었다. 은광을 채굴해 부와 권력을 거머쥐면서 중세 보헤미아 왕국이 번성해 프라하 못지않게 정치, 경제, 문화의 중심지로 발전했으나 점차 은광이 고갈되고 흑사병, 30년전쟁으로 쇠퇴해졌다. 1961년부터 쿠트나호라는 도시 유적지로 지정되었고, 역사적인 구시가, 성 바르보리 성당, 세들레츠의 성모 성당 등이 역사와 독창성을 인정받으면서 1995년 중부 보헤미아 지역에서는 유일하게 유네스코 세계문화유산에 등재되었다.

{ 가는 방법 }

프라하 근교에 위치해 프라하에서 당일로 다녀올 수 있다. 쿠트나호라는 직사각형 모양으로 기다랗게 뻗어 있는데 기차역에서 구시가까지는 3.7km 정도 떨어져 있어 시내버스로 구시가(버스터미널)까지 이동한다. 그러나 버스터미널에서 구시가는 도보 이동이 가능하니 프라하에서 기차보다는 가능한 한 시외버스로 이동하는 게 낫다. 구시가 내에서는 걸어서 관광한다.

기차 프라하 중앙역(Praha Hlavní Nádraží)에서 열차편에 따라 직행 또는 콜린(Kolín) 역에서 환승해 간다. 약 50분~1시간 소요.

프라하 마사리코보 역(Praha Masarykovo Nádraží)에서도 열차가 출발하지만 1시간 10분~1시간 45분이 걸리고, 1~2회 환승하므로 가능한 한 프라하 중앙역에서 출발한다.

쿠트나호라 중앙역에서 구시가까지는 꽤 멀으로 1·7번 시내버스(요금 12Kč, 30분 소요)를 타고 버스터미널로 이동한다.

버스 프라하 플로렌츠 버스터미널(Praha Florenc Bus Station)에서 직행 버스로 이동한다. 버스편에 따라 콜린(Kolín)에서 환승해 가기도 한다. 1시간 40분 소요. 쿠트나호라 버스터미널에서 구시가까지는 도보 10분 정도 걸린다.

{ 여행 포인트 }

여행 적기 5~9월이 여행하기 좋다.

점심 식사 하기 좋은 곳 팔라츠케호 광장, 예수대학 주변

최고의 포토 포인트
● 빌라 우 바르하나레(Villa U Varhanare) 레스토랑 테라스(예수대학 맞은편)
● 블라슈스키 드부르 궁전 성곽

주변 지역과 연계한 일정 프라하에서 당일로 다녀온다.

●**기차 이용 시** 쿠트나호라 기차역 → 해골 사원 → 버스 이동 → 팔라츠케호 광장 → 블라슈스키 드부르 궁전 → 성 바르보리 성당 → 돌의 집
●**버스 이용 시** 쿠트나호라 버스터미널 → 도보 이동 → 팔라츠케호 광장 → 블라슈스키 드부르 궁전 → 성 바르보리 성당 → 돌의 집→ 버스 이동→ 해골 사원

여행안내소
주소 Palackého náměstí 377
전화 0327-512-378
홈페이지 www.kutnahora.cz
개방 4~9월 매일 09:00~18:00, 10~3월 월~금요일 09:00~17:00, 토~일요일 10:00~16:00
휴무 12월 24~26일, 1월 1일
교통 팔라츠케호 광장(Palackého Náměstí)에 위치 **지도** p.408-F
※ 쿠트나호라 중앙역과 성 바르보리 성당 앞에도 여행안내소가 있다.

{ 추천 코스 }
예상 소요 시간 4~5시간

```
┌────────────────────────────┐
│ 쿠트나호라 역                │
└────────────────────────────┘
   ┊ 버스 5분(또는 도보 15분)
┌────────────────────────────┐
│ 해골 사원                    │
└────────────────────────────┘
   ┊ 버스터미널까지 버스로 20분+ 도보 10분
┌────────────────────────────┐
│ 팔라츠케호 광장              │
└────────────────────────────┘
   ┊ 도보 2분
┌────────────────────────────┐
│ 블라슈스키 드부르 궁전       │
└────────────────────────────┘
   ┊ 도보 10분
┌────────────────────────────┐
│ 성 바르보리 성당            │
└────────────────────────────┘
   ┊ 도보 10분
┌────────────────────────────┐
│ 돌의 집                      │
└────────────────────────────┘
```

Ortenova

Kaufland(supermarket) Ⓢ

Supermarket Albert Ⓢ

C

Benešova

Masarykova

iakovského

주유소 ●

해골 사원
Kostnice Sedlec

D

🅷 Hotel U Růže

ℹ 쿠트나호라 중앙역 방향
Kutná Hora Hlavni nadrazi

Chrám Nanebevzetí Panny Marie

G

H

Preview
KUTNÁ HORA

대부분의 명소는 구시가에 집중

쿠트나호라의 여행은 구시가의 팔라츠케호 광장을 시발점으로
삼는다. 광장에 여행안내소가 있으니 여행 정보와 교통편 시각표
를 확인해둔다. 유네스코 세계문화유산에 등재된 후기 고딕 양식
의 성 바르보리 성당과 근처 블라슈스키 드부르 궁전(이탈리아
궁전)에 들러 세공업자들의 세련된 은화 주조 기술을 감상해본다.
특히 체코 고딕 양식의 걸작인 돌의 집도 놓치면 안 된다. 탁월한
건축 양식이 돋보이는 벽의 삼각형 박공 창문도 눈여겨보자.
구시가 관광을 마쳤으면 다시 1·7번 버스를 타고 중앙역으로 되
돌아간다. 중앙역 근처에 해골 사원이 있다. 돌아갈 때 기차를 이
용할 예정이라면 해골 사원을 먼저 관람하고 나서 구시가로 이동
해 구시가 관광을 즐겨도 좋다.

❶ 바르보르스카 거리
❷ 쿠트라호라 전경
❸ 예수대학 앞의 성 바르보리 성당
❹ 예수대학

♥ ♥ ♥
중앙 유럽 전역의 성지로 유명

해골 사원
Kostnice Sedlec

쿠트나호라에서 가장 오래된 세들레츠(Sedlec)는 왕실 은화 마을이 시작된 장소이다. 미로슬라프 군주는 1142년 시토 수도회를 이곳에 세우라고 명하고, 새로운 수도원 설립을 위해 세들레츠 주변의 엄청난 땅과 숲을 하사했다. 수도승들의 주된 임무는 토지를 경작하는 것이었지만, 수년 후 인근에서 은광석이 발견되어 시토 수도회에 엄청난 부를 가져다주었다. 오늘날 수도원에 수도사가 없고, 쿠트나호라는 더 이상 왕실 은화 마을이 아니지만, 위대한 대성당과 교회의 영광스러운 건축물과 기념비를 간직하고 있다. 세들레츠에는 해골 사원과 유네스코 세계문화유산에 등재된 성모와 세례 요한 대성당이 있다.

매년 수많은 방문객들이 예배를 하기 위해 해골 사원을 찾는다. 1278년 수도원장 헨리가 보헤미아 왕명을 받아 외교 사절단으로 성지 예루살렘으로 갔는데 귀국길에 골고다의 흙을 가져와 세들레츠 수도회 묘지에 뿌린 후 보헤미아뿐만 아니라 중앙 유럽 전역에 성지로 알려지면서 부자들이 이곳에 묻히길 갈망했다. 14세기에는 흑사병으로, 15세기 초에는 후스전쟁으로 이곳 묘지에 수만 명이 묻혀 더 이상 시신을 안치할 수 없었다. 1400년에 한 수도사가 묘지 한가운데에 고딕 양식의 교회를 세워

중앙에 해골로 만든 샹들리에가 있다.

1 해골 사원 2 해골 피라미드 탑

예배당 아래 뼈를 묻었는데 1511년 거의 실명한 어느 시토회 수도사가 인체 유골로 피라미드 탑으로 쌓아 올려 장식한 납골당을 조성했다. 즉, 교회 안은 뼈로 만든 납골당으로 교회 밖은 시신이 안치된 묘지로 조성되어 있는 게 특징이다.

1421년 후스전쟁으로 납골당이 소실되었으나, 1703~1710년 이탈리아 체코 건축가 산티니(Jan Blažej Santini-Aichl)가 바로크 양식으로 납골당을 복원한 후, 1870년 체코 나무 조각가 프란티체크 린트(František Rint)에 의해 지금의 모습으로 탈바꿈했다. 이곳은 약 4만 명의 유골을 피라미드 탑으로 장식했다. 가장 규모가 큰 뼈 컬렉션은 예배당 4개 안에 종 모양으로 배열되어 있다. 대가 린트의 가장 주목할 만한 창조물은 신도석 중앙에 있는 샹들리에, 성찬 예식용 잔, 슈바르젠베르크 귀족 가문의 문장 등이 있다.

주소 Zámecká **전화** 0326-551-049 **홈페이지** www.kostnice.cz **개방** 11~2월 09:00~16:00, 4~9월 08:00~18:00(일요일 09:00~18:00), 10~3월 09:00~17:00 **휴무** 12월 24일 **요금** 90Kč(학생 60Kč) **교통** 쿠트나호라 역에서 도보 15분, 또는 1·7번 버스로 이동 **지도** p.409-D

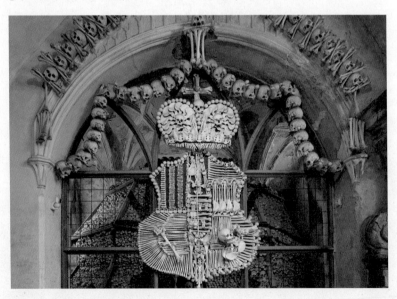

♥ ♥
쿠트나호라의 중심 광장
팔라츠케호 광장
Palackého Náměstí

쿠트나호라 버스터미널에 도착한 여행객들이 가장 먼저 집결하는 장소로 여행의 시발점이 되는 곳
이다. 도보 거리에 블라슈스키 드부르 궁전, 예수대학, 성 바르보리 성당, 돌의 집 등 볼거리가 몰려
있다. 광장 주변에는 13세기 말에 세워진 고딕 양식의 연금술박물관(Sankturin House)이 있는데
후에 바로크 양식으로 복원된 건물로 지금은 여행안내소와 아카데미 워크숍 박물관으로 사용되고
있다. 근처에 예수회 조각가 프란티세크 바우구트(Frantisek Baugut)가 1714~1716년에 제작한 바
로크 양식의 흑사병 탑이 있다.

교통 버스터미널에서 도보 10분 **지도** p.408-F

흑사병 탑(Sankurin House)

흑 분수

♥ ♥ ♥

보헤미아 왕국의 왕실 화폐 주조소이자 왕실 거주지

블라슈스키 드부르 궁전
Vlašský Dvůr(Italian Court)

1300년부터 블라슈스키 드부르 궁전은 프라하 그로셴 은화가 주조된 유일한 보헤미아 왕국의 왕실 화폐 주조소이자 왕실 거주지로 사용되었다. 바츨라프 2세는 광산 입법을 서명해 쿠트나호라에 왕실 조폐소를 설치해 기존의 여러 통화를 통합한 화폐 개혁을 실시하면서 프라하 그로셴이라는 은화를 발행했다. 당시 피렌체 출신의 화폐 전문가들이 이곳에 머물며 작업을 해서 이탈리아 궁으로 불렸다. 쿠트나호라 은화는 양질의 주화로 유럽 전역의 국제 통화로 사용되면서 1727년까지 근 400년간 부와 권력을 누릴 수 있었다.

14세기 말에 세워진 왕궁과 예배당은 주요 정치적 결정이 집행된 장소였다. 1409년 쿠트나호라칙령이 서명되었고, 1471년 블라디슬라우가 보헤미아 왕으로 선출된 역사적 장소이다. 19세기 말부터 이 건물은 시청으로 사용되고 있다. 현재 왕립 화폐 주조소, 알현실과 왕실 예배당의 전시물, 펠릭스 제네바인(Felix Jenewein)의 갤러리, 쿠트나호라의 비밀을 간직한 박물관을 관람할 수 있다.

왕립 화폐 주조소는 당시 은화 세공업자의 스탬프 주화를 전시하고 있다. 당시 은세공업자들은 높은 급여를 받았지만 동전 만들 때 나오는 찢어지는 울림 현상으로 청력을 잃게 되어 결국 일찍 사망했다. 그러나 미망인들이 남편 대신 연금을 받을 수 있어 은세공업자들이 1순위 남편감이었다는 아이러니한 얘기가 전해진다. 가이드가 직접 동전 만드는 과정을 통해 동전 울림 현상이 얼마나 심한지를 보여준다. 왕실 예배당의 15세기 말 건축된 진귀한 목재 제단과 로열 청중 홀의 정교한 아르누보 그림이 볼만하다. 예배당은 딱 세 군데만 은으로 채색되어 있다. 시장 홀은 역대 시장들의 초상화가 전시되어 있다. 내부 관람은 가이드 투어로만 가능하다.

주소 Havlíčkovo Nám. 552 **전화** 0327-512-873 **홈페이지** www.pruvodcikutnahora.cz **개방** 11~2월 10:00~16:00, 3 · 10월 10:00~17:00, 4~9월 09:00~18:00 / 가이드 투어로만 관람 가능 **휴무** 12월 24~28일, 1월 1~2일 **요금** 왕궁 화폐 주조소+왕궁 통합권 115Kč(학생 75 Kč) **교통** 팔라츠케호 광장 (Palackého Náměstí)에서 도보 3분 **지도** p.409-F

1, 2 블라슈스키 드루브 궁전
3 화폐 주조소의 당시 화폐들 4 가이드가 당시 동전 만들 때 찢어질 듯한 울림 현상을 재현한다. 5 로열 청중 홀

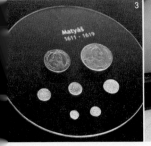

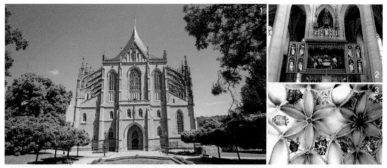

1 성 바르보리 성당 2 네오고딕 양식의 중앙 제단과 바르보리 성녀(오른쪽) 3 보헤미아 왕가와 광부의 길드 문장으로 장식관 아치형의 천장 무늬

♥ ♥ ♥

쿠트나호라의 랜드마크
성 바르보리 성당
Chrám Svaté Barbory

쿠트나호라를 대표하는 상징적인 건축물인 성 바르보리 성당(영어로는 성 바르바라 성당)은 유럽에서 가장 독창적인 대성당 모습을 하고 있다. 체코의 대표적인 후기 고딕 양식 건축물로 은광을 채굴해 부유해진 마을의 부와 권력을 그대로 반영한다. 내부에는 특이한 후기 고딕 갤러리와 15세기 르네상스 회화들이 보존되어 1995년 유네스코 세계문화유산에 등재되었다.

1388년 생명의 위험에 노출된 광부들이 그들의 수호 성인 바르보리에게 헌정하기 위해 프라하 예배당 소유인 땅인 마을 성곽 바깥에 이 성당을 세웠다. 프라하의 성 비투스 대성당을 지었던 독일 건축가 페테르 파를레르의 아들 요한 파를레르(Johann Parléř)가 1388년 처음 설계해 성 비투스 대성당과 다소 비슷한 스타일로 지은 성당이다. 이곳은 대부분 광부들이 모은 기금으로 건설을 시작했으나 그간 우여곡절을 겪으며 1905년 완공되기까지 500년 이상 걸렸다. 후스전쟁(1419~1434년 보헤미아의 후스파가 종교적 이유로 독일 황제 겸 보헤미아 왕의 군대와 싸운 전쟁)으로 60년 이상 중단되었고, 심지어 재정 파탄으로 원래 설계대로 지을 수 없었다. 1499년 프라하의 마티야스 레이세크(Matyas Rejsek: 프라하 화약탑의 건축가)가 본당의 둥근 천장을, 1521~1532년 왕궁 건축가 베네딕트 레이트(Benedict Ried: 프라하 성 블라디슬라브 홀의 건축가)가 3개의 소성당을 건축했다.

높이 30m, 길이 70m, 폭 40m의 성 바르보리 성당은 1626년 예수회에서 인수해 바로크 양식으로 재건축했으나 중단되어 그 당시의 독특한 구조가 근 300년간 미완성인 채로 남아 있었는데, 1884년 시 당국이 지역고고학협회의 도움을 받아 1905년 재건축을 완성해 지금에 이른다.

네오고딕 양식의 중앙 제단 오른편에 책을 들고 있는 광산의 수호 성녀인 성녀 바르보리가 있다. 3개의 예배당 중 첫 번째 예배당에는 고딕 양식의 성모마리아 상이 있고 창문은 모자이크가 아닌 유리에 그림을 그린 것이다. 예배당 벽면에는 1490년경 제작된 유명한 프레스코화가 그려져 있다. 바로크 양식의 파이프오르간을 비롯해 당시 은광을 채굴하기 위해 지하 500m로 내려가 하루 10~14시간 작업을 했던 광부의 조각상, 독특한 아치 모양의 천장과 보헤미아 왕가, 광부의 길드 문장으로 장식된 천장 무늬가 볼만하다. 2층으로 올라가면 벽면에 교회 변천사가 전시되어 있고 가까이에서 파이프오르간과 천장 무늬를 감상할 수 있다.

주소 Barborskáá **전화** 0327-515-796 **홈페이지** www.khfarnost.cz **개방** 4~10월 09:00~18:00, 11~12월 · 3월 10:00~17:00, 1~2월 10:00~16:00 **휴무** 12월 24일 **요금** 성당+내부 발코니+장례식 예배당(Corpus Christi Chapel) 2019년 120Kč(학생 · 시니어 90Kč) / 통합권(성 바르보리 성당 전체+성모 성당+해골사원) 220Kč(학생 · 시니어 155Kč) **교통** 팔라츠케호 광장(Palackého Náměsti)에서 도보 10분 **지도** p.408-E

삼각형 돌박공 창문

♥♥ ♥

후기 고딕 양식의 귀족 건축물

돌의 집
Kamenný Dům

돌의 집은 쿠트나호라는 물론 체코 전역에 걸쳐 가장 중요한 건축물로 인정받는다. 독특한 후기 고딕 양식의 귀족 건축물로, 1994년 유네스코 세계문화유산에 등재되었다. 1660년 처음으로 돌의 집이라 불렸는데, 지금의 모습은 여러 건축 단계를 걸친 결과물이다.

1489년 소유주인 프로코프 크루파(Prokop Kroupa)가 가장 호화로운 저택으로 리모델링했는데, 풍부하게 장식된 삼각형의 돌박공은 대가 브리크치 가우스케(Brikči Gauszke)의 작품이다. 1839년에 내부 배치를 변경하고, 19세기 외관이 화려한 건물 정면 파사드를 완성한 후, 20세기에 건축가 루드비크 라블러(Ludvík Lábler)가 최종적으로 재건축했다.

돌의 집은 17세기부터 19세기의 쿠트나호라 시민들의 삶과 문화를 엿볼 수 있도록 완벽하게 재현한 고딕 양식의 건축물로 주민들의 사랑을 받고 있다. 파사드 위쪽 삼각형 돌 박공 창문은 가운데에 아기 예수를 보듬고 있는 성모마리아와 위쪽에 2명의 천사, 마리아 양쪽에 아담과 이브의 조각상이 새겨져 있다. 로열 광산 마을관은 부엌, 부르주아 거실, 고블릿 등 광산 마을 주민들의 생활상을 가장 잘 반영하는 전시물이 있고, 석공예관은 쿠트나호라에서 가장 중요한 고딕 건축물의 독특한 돌 조각물을 전시하고 있다. 현재 돌의 집은 1877년 세워진 고고학 사회의 계승자인 체코 은박물관이 관리하고 있다.

주소 Václavské nám. 183/26 **전화** 0327-512-821 **홈페이지** www.cms-kh.cz **개방** 4 · 10월 09:00~17:00, 5 · 6 · 9월 09:00~18:00, 7 · 8월 10:00~18:00, 11월 10:00~16:00 **휴무** 월요일 **요금** 로열 광산 마을 50Kč(학생 30Kč), 석공예관 40Kč(학생 20Kč) / 통합권 80Kč(학생 40Kč) **교통** 팔라츠케호 광장(Palackého Náměstí)에서 도보 3분, 성 바르보리 성당에서 도보 10분 **지도** p.408-A

다치츠키
Dačický

팔라츠케호 광장 근처에 위치한 레스토랑으로 현지인들이 자주 찾는 곳이다. 맛있는 요리와 탁월한 코젤 흑맥주의 맛, 스타일리시하고 밝은 분위기가 돋보인다. 수프 59Kč~, 샐러드 169Kč, 사슴구이 349Kč, 전통 보헤미안 특별식 169~299 Kč.

주소 Rakova 8 **전화** 0603-434-367 **홈페이지** www.dacicky.com **영업** 11:00~23:00(금 · 토요일 ~24:00) **교통** 라코바(Rakova) 거리에 위치, 팔라츠케호 광장(Palackého Náměstí)에서 도보 5분 **지도** p.408-E

우 바르보리
U Barbory

비교적 저렴하고 깔끔한 펜션 겸 레스토랑. 성 바르보리 성당 근처에 위치하고 있어 관광하기 편하다. 숙박 1800Kč~, 조식 99Kč.

주소 Kremnická 909 **전화** 0327-316-327 **홈페이지** www.penzionbarbora.cz **교통** 성 바르보리 성당 근처 **지도** p.408-A

빌라 우 바르하나르제
Vila U Varhanáře

테라스에서 바라본 포도밭과 교회 주변 전경이 아름다운 호텔이다. 호텔 내에 레스토랑 겸 카페 바를 운영하고 있으며 현지인들에게 인기 있다. 2인 1실 1296Kč~.

주소 Barborská 578/11 **전화** 0327-536-900 **홈페이지** uvarhanare.cz **교통** 예수대학 초입, 성 바르보리 성당에서 도보 3분 **지도** p.408-A

1 빌라 우 바르하나르제 외관 2 수제 미니 버거 3 연어구이

오랜 역사와 젊음의 활기가 공존하는 곳

올로모우츠

OLOMOUC

#역사 도시#모라비아의 진주#활기찬 에너지

프라하 ●
★
올로모우츠

Czech

모라바 지방의 올로모우츠는 프라하 못지않게 중요 문화재와 볼거리가 많은 고도(古都)이다. 비스트리체강과 모라바강이 합류하는 비옥한 평야에 둘러싸여 농산물 집산지, 상업, 공업 도시로 발전하면서 1640년까지 모라바의 수도로 번영을 누렸다. 17세기 30년전쟁으로 거의 폐허가 되어 모라바 중심지가 브르노(Brno)로 수도가 옮겨지면서 쇠퇴해졌으나, 18~19세기 오스트리아 군주의 중요 군사 요충지가 됐다. 제2차 세계대전 때는 2000여 명의 유대인이 학살당한 뼈아픈 과거도 있다. 지금은 화려했던 옛 영화는 뒤로한 채 12~13세기의 로마네스크 · 고딕 양식의 성 바츨라프 대성당, 15세기의 시청사와 천문시계, 바로크 시대의 성 삼위일체 기념비와 7개 분수의 역사적 건축물과 1576년 세워진 체코에서 두 번째로 오래된 대학이 있어 활기찬 젊은이가 공존하는 고도이다.

※올로모우츠는 도시 규모가 비교적 넓지만, 중요 볼거리가 구시가에 몰려 있어 소도시 범주에 포함시켰다.

Travel INFO

{ 가는 방법 }

프라하, 브르노(Brno)에서 버스, 기차로 당일 여행이 가능하다

기차

● 프라하 중앙역(Praha Hlavní Nádraží)→올로모우츠 역 직행 2시간 10분~2시간 30분 소요

● 브르노 중앙역(Brno Hlavní Nádraží) →올로모우츠 역 열차편에 따라 직행 또는 1회(Prerov)~2회(Breclav/Prerov) 환승해서 간다. 2시간 소요.

올로모우츠(Olomouc) 역에서 구시가까지는 2km 정도 떨어져 있어 트램 2·3·4·6번을 10분 정도 타고 Nám. Národních Hrdinů 정류장에서 내려 3분 정도 걸어가면 호르니 광장이 나온다. 티켓(1회권 14Kč, 1일권 46Kč)은 각 정류장 자동발매기(또는 신문가판대)에서 구입할 수 있다. 구시가 안에서는 걸어서 관광할 수 있다.

버스

● 프라하 플로렌츠 버스터미널→올로모우츠 약 2시간 15분 소요, 편도 €5~16.5(요일, 시간대에 따라 다름).

{ 여행 포인트 }

여행 적기 5~9월이 여행하기 좋다.

점심 식사 하기 좋은 곳 호르니 광장과 돌니 광장 주변

최고의 포토 포인트

● 시청사 탑에서 바라본 중세풍의 도시 전경

주변 지역과 연계한 일정

체코 북동쪽의 쿠트나호라와 올로모우츠, 폴란드 남부의 오슈비엥침과 비엘리치카를 한데 묶어 일정을 짠다.

여행안내소

주소 Horní Náměstí Town Hall's Archway

전화 0585-513-385

홈페이지 tourism.olomouc.eu/tourism

개방 매일 09:00~19:00

교통 호르니 광장의 시청사 1층

지도 p.421-B

{ 추천 코스 }

예상 소요 시간 4~5시간

올로모우츠 역

트램 10분

머큐리 분수 (Nám. Národních Hrdinů 정류장)

도보 3분

호르니 광장

바로

시청사와 천문시계

바로

성 삼위일체 기념비

바로

헤라클레스 분수·카이사르 분수

도보 2분

돌니 광장

바로

넵튠 분수·주피터 분수·마리아 기념비

도보 10분

트리톤 분수(공화국 광장)

도보 5분

성 바츨라프 대성당

올로모우츠
Olomouc

0   150m

N

성 바츨라프 대성당
Katedrála sv. Václava

1. Máje

Palacký University Olomouc

올로모우츠 중앙역 방향 →
Olomouc Hlavní nádraží

버스터미널 방향 →
Autobusové nádraží

History museum
in Olomouc

Olomouc Museum of Art

트리톤 분수
Tritonu Kašna

Denisova

Mausoleum of
Yugoslav Soldiers

Korunní pevnůstka

로자리움 식물원
Botanická zahrada – Rozárium

17. Listopadu

17. Listopadu

Galerie Šantovka (쇼핑몰)
S

Pekařská

헤라클레스 분수
Herkulova Kašna

카이사르 분수
Caesarova Kašna

Ostružnická

시청사 · 천문시계
Radnice & Orloj

성 삼위일체 기념비
Sloup Nejsv. Trojice

돌니 광장
Dolní Náměst

주피터 분수
Jupiterova Kašna

비덴스카 Vídeňská

머큐리 분수
Merkurova Kašna

Sokolská

호르니 광장
Horní Náměst

Riegrova

Cafe New One

Červený kostel

모라브스카 레스타우라체
Moravská Restaurace

아리온 분수
Ariónova Kašna

Hotel Trinity

넵튠 분수
Neptunova Kašna

하나츠카 호스포다
Hanácka Hospoda

tř. Svobody

트르지디 스 보보디 tř. Svobody

Moritz R

Havlíčkova

포에츠 코너 호스텔
Poets' Corner Hostel

Olomouc město

크라포코바 Krapkova

Olomouc-Nová Ulice

볼케로바 bř. Wolkerova

컴포트 호텔 올로모우츠 센터
Comfort Hotel Olomouc Centre

OLOMOUC

볼거리가 많은 역사 도시

올로모우츠는 프라하 못지않게 볼거리가 많은 역사 도시이니 프라하의 모습과 비교하며 관광을 해보는 것도 좋은 방법이다. 도시는 크지만 구시가는 작아 4~5시간이면 여유롭게 관광할 수 있다. 대부분 여행객들은 프라하에서 당일로 올로모우츠를 다녀온다. 중앙역에서 내리면 구시가까지는 거리가 꽤 멀므로 트램을 타고 호르니 광장으로 이동한다.

광장에 도착하면 어디선가 본 듯한 익숙한 건물이 반긴다. 이곳 시청사의 천문시계와 프라하의 천문시계와 비교해보며 차이점을 찾아보자. 탑 전망대로 올라가면 프라하 구시가 광장을 둘러싼 다양한 건축 양식 못지않게 호르니 광장 주변의 고딕, 르네상

❶ 호르니 광장
❷ 돌니 광장
❸ 구시가를 관통하는 교통수단, 트램

❶ 호르니 광장의 아름다운 건물들
❷ 올로모우츠 미술관
❸ 성모마리아 교회

스, 로코코 양식의 중세풍 건축물 전경이 한눈에 들어온다. 또한 유네스코 세계문화유산에 등재된 성 삼위일체 기념비를 놓치지 말자. 빈의 삼위일체 기념비처럼 흑사병 퇴치를 위해 세운 기념탑이니 빈에 갈 경우 이곳 기념탑과 비교해보는 것도 재미있다. 호르니 광장에 있는 카이사르, 헤라클레스 분수, 아리온 분수도 볼만하다.

올로모우츠에는 이곳 분수도 말고도 많은 분수들이 분포해 있다. 그리스 신화의 숨은 이야기를 담고 있는 7개 분수를 즐기고 싶다면 광장에 있는 여행안내소에 들러 분수 지도(무료)를 얻어 구시가를 둘러본다. 사전에 그리스 신화 공부를 해두면 더욱 좋을 것이다. 호르니 광장 근처의 돌니 광장은 규모는 작지만 마리아 기념비, 주피터 분수, 넵튠 분수 등 볼거리가 많다. 광장에서 약간 떨어진 곳에 위치한 성 바츨라프 대성당을 관람한 후 트램을 타고 중앙역으로 가서 일정을 마무리한다.

♥ ♥ ♥
중세풍 건물과 분수가 볼거리

호르니 광장 · 돌니 광장
Horní Náměstí & Dolni Náměstí

호르니 광장은 올로모우츠의 메인 광장으로 중세풍의 건축물이 즐비해 관광객들로 붐빈다. 광장 중앙에 주황색 지붕 하얀 탑의 시청사와 천문시계를 비롯해 그리스 신화를 소재로 한 조각 분수들이 세워져 있다. 광장 중앙에는 헤라클레스 분수, 시청사 탑 왼쪽(성 삼위일체 기념비에서 바라볼 때)에 시저 분수, 오른쪽에 모던 분수인 아리온 분수가 있고, 시청사 천문시계 앞에는 유네스코 세계문화유산에 등재된 성 삼위일체 기념비가 예술적 위용을 자랑하고 있다. 광장 주변에는 기념품 가게, 레스토랑, 카페 등이 밀집해 있다.

호르니 광장의 아리온 분수 오른쪽과 연결된 돌니 광장은 호르니 광장보다는 규모는 작지만 흑사병 퇴치를 기념하기 위해 18세기 초 세운 마리아 기념비와 주피터 분수, 넵튠 분수가 있다.

교통 올로모우츠 역에서 트램 2 · 4 · 6번으로 이동 **지도** p.421-B/p.421-E

1 호르니 광장 2 돌니 광장. 앞쪽이 넵튠 분수, 뒤쪽이 마리아 기념비

시청사

. ♥♥♥ .

여행자에게 가장 인기 있는 곳

시청사 · 천문시계

Radnice & Orioj

천문시계

시청사와 천문시계는 호르니 광장에서 가장 인기 있는 건축물이다. 시청사는 600년 이상 모라바의 왕실 수도로 정치, 경제적으로 중요한 역할을 해왔다. 대주교 궁전과 6개 고대 교회를 제외한 비종교적 건축물 중 가장 중요한 기념비에 해당한다. 현재는 선출된 시 정부의 본부로 사용되고 있다.

1378년 룩셈부르크 모라비안 총독의 특혜로 시청사 건설을 허락받아 1410~1411년 목조 건물을 지었으나, 1417년 소실되어 1420년부터 재건축해 르네상스 양식으로 지었다. 1607년 75m 높이의 시계탑을 증축하고, 1720년 바로크 양식으로, 1904년 로만티크 양식으로 개축해 지금에 이른다. 타워 전망대에 올라가면 멋진 중세풍의 구시가 전경이 펼쳐진다.

시계탑 벽면에는 1519년 세워진 3층 높이의 천문시계가 있는데 제2차 세계대전으로 파손되자 1955년 복원했다. 탑 벽면에 부착된 오를로이(Orloj)라 불리는 천문시계는 올로모우츠를 상징하는 기념비이다. 프라하의 천문시계가 종교적인 색채를 띤다면, 이곳 천문시계는 종교적인 색채를 빼고 사회주의를 상징하는 인물들을 등장시킨다. 아치형 모양으로 움푹 들어간 14m 높이의 천문시계는 브라운 벽면에 위아래로 두 개의 커다란 둥근 시계가 있다. 위쪽 시계는 열두 마리의 지상 동물이 그려져 있고, 좌우에 두 개씩 작은 원형 시계가 있다. 12지상 시계 위쪽 중앙 원형에 황금색 닭이 있고, 양쪽에는 4개 창에 민속 의상을 착용한 여러 직종의 근로자 목각 인형이 있다. 매일 12시 왼쪽에 있는 대장장이가 망치를 두드리면서 차례로 이동하다 닭 소리로 마무리 짓는다.

주소 Horní Náměstí Town Hall's Archway **전화** 0585-513-385, 392 **홈페이지** tourism.olomouc.eu **개방** 탑 매일 11:00, 15:00(우천 시 폐쇄) / 6월 15일~9월 30일 매일 10:00, 11:00, 13:00, 14:30, 16:00, 17:30 **요금** 탑 25Kč **교통** 호르니 광장에 위치, 올로모우츠 역에서 트램 2 · 3 · 4 · 6번으로 이동 **지도** p.421-B

♥♥♥
바로크 양식의 최대 걸작
성 삼위일체 기념비
Sloup Nejsv. Trojice

2000년 유네스코 세계문화유산에 등재될 정도로 바로크 양식 건축물 중 최대 걸작으로 뽑히는 기념비이다. 흑사병 퇴치를 위해 1716년 모라바 출신의 온드레이 자흐너(Ondrej Zahner)와 여러 석공들에 의해 1754년 완성했다.

성 삼위일체 기념비는 35m 높이에 30개 이상의 조각상과 20개 부조로 구성되어 있다. 중부 유럽에서 가장 규모가 큰 전대미문의 바로크 양식의 기념비로, 예술인들의 혼이 담겨 있다. 조각 장식은 18개의 석조 성인 중 햇불을 든 12명과 6사도 반신상으로 구성되어 있다.

기둥 정상에는 금박을 입힌 성 삼위일체(성부, 성자, 성신)의 동제 조각상과 십자가가 있고, 그 아래로 성모승천이 세워져 있다. 기둥 중간은 두 천사가 승천하는 성모상을 떠받들고 있다. 14세기부터 유럽 전역에 페스트가 창궐하자 인구 3분의 1의 목숨을 앗아간 공포의 역병으로부터 구원과 퇴치의 염원을 위해 17~18세기에 기념탑을 건립하는 현상이 빈을 비롯한 유럽 전역에서 나타났다. 빈의 삼위일체 기념비와 대비해 당시 유럽인의 페스트에 관한 공포와 퇴치를 위해 간절함을 담아 종교적 예술로 승화시킨 그들의 혼을 되새겨보자. 당시 봉헌식에 오스트리아의 마리아 테레지아 여제와 프란츠 1세가 참석했다고 전해진다. 공산치하에서 방치되다 1999년부터 복원해 지금에 이른다.

주소 Horní Nám. **교통** 호르니 광장에 위치, 올로모우츠 역에서 트램 2·3·4·6번으로 이동
지도 p.421-E

1 기둥 꼭대기의 금박을 입힌 성 삼위일체의 동제 조각상과 십자가
2, 3 성 삼위일체 기념비

분수의 도시, 올로모우츠

6개의 바로크 분수는 올로모우츠의 유일한 기념비이다. 규모가 큰 석조 분수는 그리스 신화를 그리면서 인간 모양의 장식을 하고 있다. 오늘날 이 분수들은 도시의 현재 모습에 지대한 영향을 미치고 있다. 6개 분수는 30년전쟁으로 거의 파괴된 도시 건축과 예술적 발전의 증거가 되고 도시 재생의 상징으로 자리매김했다. 올로모우츠 출신의 조각가 이반 세이머(Ivan Theimer)가 제작한 일곱 번째 분수인 아리온 분수를 완성하고, 2007년 성 요한 사르칸데르 예배 당 앞마당에 생명수 분수인 사르칸데르 분수를 공개했다. 기념비 또한 도시의 흥미로운 특징인데 성 삼위일체 기념비뿐 아니라 도르니 광장의 18세기 흑사병의 희생자를 추모하기 위해 세운 마리안 기념비가 대표적인 예이다.

♥
마을을 상징하는 바로크 분수
헤라클레스 분수
Herkulova Kašna

조각가 미하엘 만디크(Michael Mandík)가 1688년에 제작한 분수이다. 헤라클레스 분수는 실물보다 큰 헤라클레스 동상으로 장식되어 있다. 오른손에는 곤봉을 들고 왼손에는 체크무늬의 독수리를 쥐고 있는 모습으로 분수 받침대 한가운데 돌기둥 위에 있다. 마을을 상징하는 헤라클레스 분수는 도시를 7개 머리의 히드라(헤라클레스가 죽인 아홉 개 달린 뱀. 하나를 잘라도 금방 다시 생기는 뱀)로부터 보호하고 있다.

이 분수는 만디크 작품 중 가장 완성된 예술품으로 간주된다. 히드라 조각상 위에 만디크(Mandík)라고 쓴 서명이 눈에 띈다. 1716년에 성 삼위일체 기념비 자리에 있던 것을 이곳으로 옮겨왔다.

교통 호르니 광장에 위치
지도 p.421-B

♥
가장 크고 정교한 바로크 분수
카이사르 분수
Caesarova Kašna

조각가 요한 게오르그 샤우버거(Johann Georg Schauberger)와 벤첼 렌더(Wenzel Render)가 1725년 제작한 분수이다. 카이사르 분수는 바로크 분수 중에서 가장 규모가 크고 정교함을 선보인 유명한 분수이다. 시저(카이사르)가 올로모우츠 도시를 세웠다는 전설이 있는데, 이 분수는 두 명의 남자가 카르투슈(원형의 장식 테두리)에 기대고, 그 위로 시저가 말을 타고 있는 조각상으로 구성되어 있다. 황제에게 충성심을 암시하는 개가 말 꼬랑지를 바라보고 있다. 시저의 동상은 로마 군인들이 주둔했다는 미하엘 언덕 방향에 있는 시청사 뒤편에 있다. 샤우버거의 시저 조각상은 바티칸의 잔 로렌초 베르니니 작품 '말 타고 있는 로마 황제 콘스탄티누스의 조각상'에서 영감을 받았다고 한다.

교통 호르니 광장에 위치 **지도** p.421-B

♥
포세이돈을 묘사한 바로크 분수
넵튠 분수
Neptunova Kašna

조각가 미카엘 만디크(Michael Mandík)가 1683년에 제작한 분수. 로마 신화의 바다의 신 넵튠(그리스 신화의 포세이돈)을 묘사하고 있다. 넵튠이 그의 아버지 크로노스(제우스의 아버지로 그의 부친 우라노스 남근을 잘라 거세시킨 후 최고의 신에 오른 티탄 열두 신의 막내 : 파울 루벤스의 '자식을 잡아먹는 크로노스' 그림이 유명하다)와 싸우는데 크로노스의 칼이 녹아 트라이던트(삼지창)로 변한다. 넵튠은 사나운 바다를 잠재우고 올로모우츠를 보호하기 위해 그의 삼지창을 아래 방향으로 들고 있다.

조각가 만디크는 넵튠의 중앙 모습을 조각했다. 삼지창을 든 넵튠의 건장한 모습이 4마리 해마의 암석 위에 위치해 있다. 그는 넵튠 모습 아래 암석 위에 'MAN/DIK/FE'라고 서명했다.

교통 돌니 광장에 위치 **지도** p.421-E

♥
주피터를 묘사한 바로크 분수
주피터 분수
Jupiterova Kašna

조각가 필립 사틀러(Filip Sattler)가 1735년에 제작한 분수. 1707년 벤첼 렌델의 플로리안 조각상이 스크르벤(Skrbeň) 마을로 이전되자 그 자리에 필립 사틀러가 제작한 바로크 양식의 주피터 분수를 세웠다. 올림포스 12신(제우스 형제의 포세이돈, 헤라, 데메테르, 헤스티아에, 제우스의 자식 아테네, 아프로디테, 아폴론, 아르테미스, 알레스, 헤파이스토스, 헤르메스) 중 최고의 신 주피터(그리스의 제우스신)가 분수 위에서 그의 오른손에 횃불을 들고 도시의 적과 대항하고 있다.

교통 돌니 광장에 위치
지도 p.421-E

♥
**트리토네의 분수에
영감을 받은 바로크 분수**
트리톤 분수
Tritonu Kašna

조각가 벤첼 렌더(Wenzel Render)가 1709년 제작한 분수. 공화국 광장에 세워져 있는 트리톤 분수는 트리톤이 거대한 물고기와 거인 2명과 함께 물을 뿜는 조개를 떠받치고 있다. 조개 안에는 왕관을 쓴 소년 동상이 물개 한 쌍을 잡고 있다. 로마 바르베리니 광장에는 베르니니의 '트리토네의 분수'가 있는데, 반신반어인 트리톤이 하늘을 향해 고동을 불며 물을 뿜어내는 역동성에 영감을 받아 분수 조각 장식을 했다.

원래 데니소바(Ztracená), 오스트루슈니츠카(Ostružnická), 페카르주스카(Pekařská) 거리가 만나는 교차점에 위치했으나, 1890년 교통체증 문제로 이곳으로 이전했다. 트리톤은 그리스 신화에 나오는 바다의 신으로 포세이돈 아들이기도 하다. 상반신은 인간이고 하반신은 물고기인 인어 모습이다. 트리톤은 소라고둥 나팔을 불어 아버지 포세이돈의 등장을 알리거나 뱃길의 안전을 책임지는 역할을 했다고 한다.

교통 공화국 광장에 위치, 호르니 광장에서 도보 10분 **지도** p.421-B

♥
**예술적으로 가장 훌륭한
바로크 분수**
머큐리 분수
Merkurova Kašna

필립 사틀러(Filip Sattler)가 1727년 제작한 분수. 머큐리 분수는 예술적으로 최고의 바로크 양식의 분수로 여긴다. 머큐리가 오른손에 카두케우스(성스러운 힘을 지닌 날개와 뱀이 달린 황금 지팡이)를 쥐고 있다. 그리스 신화에 나오는 머큐리(로마의 헤르메스)는 펄럭이는 휘장을 두른 역동적인 모습을 표현하고 있다. 신들의 전령으로 상업의 신이면서 도둑의 신이다. 날개 달린 신발을 신고 다니며 카두케우스를 들고 다닌다.

교통 호르니 광장의 성 삼위일체 기념비와 연결된 도로(28 Rijna) 끝머리에 위치, Nám. Národních Hrdinů 트램 정류장 근처 **지도** p.421-B

♥
유일한 현대 분수
아리온 분수
Ariónova Kašna

조각가 이반 세이머(Ivan Theimer) 등이 2002년 제작한 분수. 시청 남서쪽 코너에 세워진 현대적인 스타일의 분수. 고대 그리스 신화에 영감을 받은 올로모우츠의 7개 바로크 분수를 완성하기 위해 호르니 광장 재건축 사업의 일환으로 제작했다. 조각 장식의 주제는 고대 전설을 근간으로 하고 있다. 그리스 음유 시인이며 키타라(고대 그리스의 하프 비슷한 악기) 연주자 아리온이 바다에 던져지는 순간, 그의 노래 소리에 돌고래가 감동을 받고 구조했단다. 분수대에는 3개의 조각상이 있다. 거북 위에 오벨리스크가 있고, 옆에는 돌고래를 들고 있는 아리온, 그 옆에는 두 어린이가 키타라를 불고 있는 장면이 있다. 분수대 밖에는 커다란 돌고래가 있다.

교통 호르니 광장의 성 삼위일체 기념비 맞은편 **지도** p.421-B

1 성 바츨라프 대성당 2 중앙 제단과 성가대석 3 체코에서 가장 세련된 낭만주의 시대의 파이프오르간 4 후스파에 의해 박해를 받고 순교한 사제 성 얀 사르칸데르

♥♥♥
모라바에서 가장 높은 탑
성 바츨라프 대성당
Katedrála sv. Václava

모라바강을 낀 언덕 위에 세워진 성 바츨라프 대성당은 모라바에서 가장 높고 체코에서 두 번째로 높은 탑이다. 시내가 바라다보이는 3개 탑 중 세 번째 남쪽 탑이 100.65m 높이로 가장 높다. 1104~1107년에 걸쳐 바토플룩 1세(Svatopluk : 모라바의 가장 위대한 군주)가 대성당을 건설하기 시작해 그의 아들 바츨라프도 미완성인 채 올로모우츠 주교에게 인계하고, 1141년에 성공회 교회로 완성했다. 그 후 원래 3개 신도석의 로마네스크 바실리카는 수차례에 걸쳐 재건축했다. 대성당은 1265년 이후 수많은 화재로 소실되어 13~14세기에 고딕 양식으로 복원했다.

성당 내부를 지탱해주는 3개 신도석의 고딕 기둥과 바로크 양식으로 지어진 35x23m 반경의 사제석은 13세기에 지어졌으나 19세기 말에는 건물 내부와 외부 모두 네오고딕 양식으로 재건축해 지금에 이른다. 중앙 제단 앞 왼쪽 계단으로 내려가면 지하실로 연결된다. 16~17세기 올로모우츠 주교들의 시신이 안치되어 있다. 중앙 제단 앞 오른쪽 기둥 옆 신고딕 양식의 제단에는 1995년 교황 요한 바오로 2세에 의해 시성된 성 얀 사르칸데르(St. Jan Sarkander: 후스파에 의해 박해를 받고 순교한 사제)의 유물함이 있다. 성당 오르간은 체코에서 가장 세련된 낭만주의 시대의 기구 중 하나이다. 1767년 이곳에서 모차르트가 13세 때 '제6교향곡'을 작곡하기도 했다.

주소 Mlčochova 814/5 **전화** 0585-224-236 **홈페이지** www.katedralaolomouc.cz **개방** 5~9월 화~토요일 10:00~13:00, 14:00~17:00, 일요일 11:00~17:00 **요금** 무료 **교통** 트램 2·4·6번을 타고 우 도무(U Dómu)에서 하차, 또는 호르니 광장에서 도보 10분 **지도** p.421-C

Restaurant & Hotel

모라브스카 레스타우라체
Moravská Restaurace

체코 전통 요리 레스토랑으로 평판이 양호하다. 클래식한 분위기에 소고기 스테이크와 와인이 인기 있다. 송어살코기(Filet Trout) 370Kč, 페퍼 스테이크(Pepper Steak) 580Kč(200g), 굴라시 230Kč.

주소 Horní nám. 424/23 **전화** 0585-222-868 **홈페이지** www.moravskarestaurace.cz **영업** 매일 11:30~23:00 **교통** 호르니 광장에 위치 **지도** p.421-B

하나츠카 호스포다
Hanácká Hospoda

구시가에 위치한 올로모우츠 전통 요리 레스토랑. 치킨 날개, 갈비, 스테이크, 생선, 햄버거, 샐러드, 체코 맥주 등 다양한 요리를 제공한다. 바게트 구이 75Kč, 스테이크 190Kč.

주소 Dolní nám. 27/38 **전화** 0774-033-045 **홈페이지** www.hanackahospoda.com **영업** 일~목요일 10:00-24:00, 금요일 10:00~01:00, 토요일 11:00~01:00, 일요일 11:00~24:00 **교통** 호르니 광장에서 도보 2분 **지도** p.421-E

포에츠 코너 호스텔
Poets' Corner Hostel

구시가에 위치해 관광하기 편리하고 객실이 넓고 깨끗해 만족도가 높다. 리셉션은 24시간 개방하나 겨울에는 오후 9시 이후 도착 시 미리 연락을 해둔다. 8인 300Kč~, 2인 850Kč~, 1인 750Kč~.

주소 Sokolská 789/1 **전화** 0777-570-730 **홈페이지** www.cosycornerhostel.com **교통** 호르니 광장에서 도보 6분, 또는 올로모우츠 역에서 트램 3·4·6·7번을 타고 Namesti Hrdinu에서 하차 **지도** p.421-A

컴포트 호텔 올로모우츠 센터
Comfort Hotel Olomouc Centre

유럽에서 가장 인기 있는 체인 호텔. 객실이 깔끔하고, 조식이 양호하다. 2인 1370Kč~, 조식 포함.

주소 Wolkerova 29 **전화** 0585-722-111 **홈페이지** www.ibis.com **교통** 호르니 광장에서 도보 10분 **지도** p.421-D

올로모우츠 **431**

헝가리 · 폴란드

HUNGARY · POLAND

고풍스러운 소도시들이 모인 지역

도나우벤트

DUNAKANYAR

#두나강#도나우강#부다페스트 근교

도나우벤트 ● 부다페스트

Hungary

국제 하천인 두나강(Duna : 독일어로 도나우강, 영어로 다뉴브강)은 독일 남서부 슈바르츠발트에서 발원해 오스트리아의 바하우 계곡을 지나 슬로바키아의 브라티슬라바를 끼고 흐르다 헝가리로 유입된다. 헝가리 최초의 도시 에스테르곰에서 물길이 급하게 흘러 남하하다 빼어난 구릉지대인 도나우벤트에서 물길이 바뀌어 유고슬라비아로 흘러들어가 루마니아, 불가리아, 몰도바와 만난 후 흑해로 유입된다. 이중에서 부다페스트를 흐르는 두나강 주변을 흔히 도나우벤트라 부른다. 주변의 수려한 풍광과 유서 깊은 고도가 많아 예부터 명소로 유명하다. 헝가리 옛 수도 에스테르곰, 요새 도시 비셰그라드, 예술가 도시 센텐드레가 가장 인기 있는 지역들이다. 두나강을 따라 펼쳐지는 주변 전경은 이루 말할 수 없을 정도로 아름답다.

{ 가는 방법 }

부다페스트 근교에 위치해 당일로 다녀올 수 있다.

부다페스트 → 에스테르곰
● 부다페스트 서역(Nyugati)에서 직행열차 에스테르곰(Esztergom)행으로 약 1시간 25분 소요.
● 부다페스트 지하철 3호선 아르파드 히드 (Árpád Híd) 역 앞 아르파드 히드 볼란 (Árpád Híd Volan) 버스터미널에서 버스로 1시간 30분 소요.
● 부다페스트 비가도 광장(Vigadó Tér) 앞 선 착장에서 에스테르곰행 페리(5~8월)를 타면 3~4시간 소요.

부다페스트 → 비셰그라드
● 부다페스트 서역(Nyugati)에서 소브(Szob)행 열차를 타고 나기마로스-비셰그라드 (Nagymaros-Visegrad) 역에서 하차해 여객선을 타고 강을 건넌다. 소요 시간 약 40분.
● 부다페스트 지하철 3호선 아르파드 히드 (Arpad Hid) 역 앞 아르파드 히드 볼란 (Arpad hid Volan) 버스터미널에서 에스테르곰행 버스를 탄다. 약 1시간 20분 소요.
● 부다페스트 비가도 광장(Vigado Ter) 앞 선착장에서 에스테르곰행 페리(5~8월)를 타면 약 3시간 20분 소요.
● 성수기에만 마을에서 왕궁과 성채를 연결하는 버스를 운행하므로 비수기에는 택시 또는 렌터카를 타고 이동한다.

부다페스트 → 센텐드레
● 부다페스트 지하철 2호선 버차니 테르 (Batthyány Tér) 역 앞 광장에서 H5 트램을 타고 종점에서 교외전차(HEV)로 갈아타고 간다. 45분 소요.
● 부다페스트 지하철 3호선 아르파드 히드 (Árpád híd) 역 앞 아르파드 히드 볼란(Arpad Hid Volan) 버스터미널에서 버스로 30분 소요.
● 부다페스트 비가도 광장(Vigadó Tér) 앞 선착장에서 페리로 1시간 30분 소요.
● 센텐드레 버스정류장에서 구시가 메인 광장 (Fő Tér)까지 걸어서 10분 정도 걸린다.

{ 여행 포인트 }

여행 적기 5~9월이 여행하기 좋다.
예상 소요 시간 도시별로 2~3시간
일정 짜기 부다페스트 근처에 위치한 도나우 벤트 지역은 부다페스트에서 다양한 교통수단 (페리, 교외열차, 버스)을 이용해 당일로 다녀올 수 있다. 5~9월에 도나우벤트를 찾는다면 페리를 이용해본다. 두나 강변의 멋진 풍경을 만끽할 수 있다. 부다페스트에서 열차로 에스테르곰으로 이동한 후 버스로 비셰그라드와 센텐드레 순으로 간다. 여름에는 당일에 세 군데 전부를 다녀올 수 있으나 무리하지 말고, 2일 일정으로 짜는 것이 좋다. 1일째 에스테르곰과 비셰그라드, 2일째 센텐드레와 괴될뢰 성을 다녀온다. 편하게 여행하고 싶으면 렌터카나 투어 프로그램을 이용해본다.

여행안내소(비셰그라드)
주소 2025 Visegrád, Duna-parti út 1.
전화 026-397-188
홈페이지 www.visitvisegrad.hu
개방 화~일요일 10:00~16:00
휴무 월요일
교통 왕궁에서 도보 10분

비셰그라드

여행안내소(센텐드레)
주소 2000 Szentendre, Dumtsa Jenő u. 22.
전화 026-317-965
홈페이지 www.szentendre.hu
개방 화~일요일 10:00~18:00
휴무 월요일
교통 메인 광장(Fő tér)에서 도보 2분

센텐드레

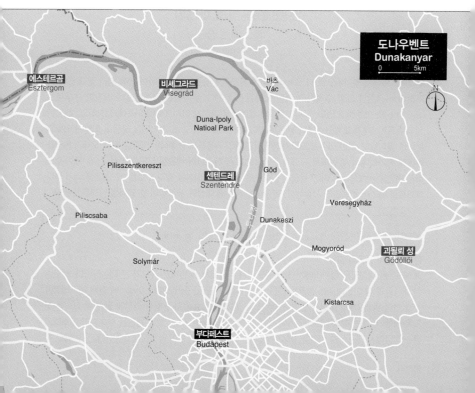

♥♥

<u>수려한 경관과 역사를 지닌 도시</u>

에스테르곰
Esztergom

부다페스트에서 북서쪽으로 약 50km 떨어진 에스테르곰은 두나강(다뉴브강)에 자리 잡고 있어 헝가리에서 경관이 가장 수려하고 가장 오래된 도시이다. 두나강을 경계로 슬로바키아 슈투로보(Štúrovo)와 마주하고 있다. 5세기 훈족의 후예인 기마전사 마자르족이 이곳에 정착하고, 1000년 성 이슈트반 1세가 교황으로부터 왕관을 받아 대관식을 치르고 초대 기독교 국왕이 되면서 기독교 문화를 꽃피웠다. 또한 대주교 교구가 되면서 헝가리 가톨릭의 중추적인 역할을 했다. 12세기 왕궁을 비롯해 헝가리에서 세 번째로 규모가 큰 에스테르곰 대성당이 세워질 정도로 정치, 경제, 문화 수도로서 번영을 누렸으나, 13세기 몽골의 침략으로 인구 절반 이상을 잃자 수도를 에스토르곰에서 부다페스트로 옮기며 쇠퇴하기 시작했다. 옛 왕궁을 비롯해 대성당, 유적들이 옛 영화를 말해주고 있다.

◆ 에스테르곰 대성당 Szent Adalbert-Székesegyház ♥♥♥

헝가리 최대 규모의 성당
에스테르곰 대성당은 헝가리에서 최대 규모이자 유럽에서 세 번째로 규모가 큰 대성당이다. 성모승천 대성당과 성 아달베르트 성당을 합친 성당이다. 대성당은 중세기부터 수세기에 걸쳐 에스테르곰 성곽 언덕 위에 7개의 교회가 연달아 세워졌다. 게저(Geza) 왕자가 성곽 터전에 첫 번째 교회를 짓도록 명했다. 그는 11세기 초 크리스마스 때 교황 실베스테르 2세가 보낸 왕관을 부여받아 에스테르곰 대성당에서 대관식을 치렀다. 1822~1869년에 걸쳐 신고전주의 양식으로 이곳에 일곱 번째로 지

금의 대성당을 세웠다.

성 베드로 대성당을 본받아 지은 대성당이라 대리석으로 장식된 성당 내부가 웅장하고 화려하다. 입구 초입 왼쪽에 있는 바코치 예배당(Bakocz Chapel)은 바코츠 추기경과 에스테르곰 주교의 장례 예배당이다. 1506~1519년에 세운 예배당으로 이탈리아 밖에서 가장 아름다운 르네상스 양식의 건축물로 벽면은 붉은 대리석으로 장식되어 있다. 대성당 중앙 돔은 높이 100m에 22개의 코린트 양식 기둥이 지탱하고 있어 넓고 웅장하다. 중앙 제단 위에는 단일 화폭(13.5×6.6m)에 그린 그림으로는 세계에서 가장 규모가 큰 미켈란젤로 그리골레티(Michelangelo Grigoletti)의 '성모승천'이 있는데, 이는 베네치아파의 티치아노의 '성모승천'을 토대로 그린 그림이다.

성당 오른쪽에는 이슈트반, 겔레르트 등 헝가리의 대표적인 성인의 뼈가 안치되어 있다. 성당 서쪽 2층 보물관(Kincstar)은 헝가리에서 가장 풍부한 천년 이상의 기독교와 역대 국왕들의 보물과 예술품을 소장하고 있다. 현재 전시된 작품들은 에스테르곰 대성당과 관련된 것들이다. 보물관의 하이라이트는 유럽 최고 군주였던 마차시 코르비누스(마차시 1세; Mattias Corvinus; 1458~1490년)의 십자가 상이다. 헝가리는 물론 세계적으로도 가장 귀한 보물로 순금에 원석, 진주, 에마유 앙 롱드 보스로 장식한 십자가 상이다. 그밖에 이탈리아산 은 도금의 '교황 십자가', 고딕 양식의 '뿔잔', 르마네스크 양식의 '대관식 서약 십자가', 은 도금의 '대관식의 오일 병' 등이 있다.

3층 파노라마 홀은 보물관 위층에 있는 전시 공간이다. 반원형 채광창을 통해 두나강의 환상적인 전망을 즐길 수 있고 간이 커피숍에서 간단한 음료를 마실 수 있다. 날씨가 안 좋아 돔 전망대가 폐쇄될 경우 이용할 수 있다. 파노라마 홀을 통과해 계단을 따라 올라가면 돔 전망대가 나온다. 이곳은 파라다이스 홀보다 훨씬 멋진 풍광을 즐길 수 있다.

주소 Szent István Tér 1 **전화** 033-402-354 **홈페이지** www.bazilika-esztergom.hu **개방** 1월 9일~2월 28일 교회 08:00~16:00, 지하실 09:00~16:00 / 3월 1~26일 교회 08:00~17:00, 지하실 · 보물실 · 파노라마 홀 · 전망대 09:00~17:00 / 3월 27일~4월 28일 교회 08:00~18:00, 지하실 · 보물실 09:00~17:00, 파노라마 홀 · 전망대 09:00~18:00 / 4월 29일~8월 교회 08:00~19:00, 지하실 · 보물실 09:00~18:00, 전망대 · 파노라마 홀 09:00~19:00 / 9월~10월 27일 교회 08:00~18:00, 지하실 · 보물실 09:00~17:00, 전망대 · 파노라마 홀 09:00~18:00 / 10월 28일~1월 7일 교회 08:00~16:00, 지하실 · 보물실 · 파노라마 홀 · 전망대 09:00~16:00 **요금** 성당 무료 / 지하실 · 파노라마 홀 200Ft, 보물실 900Ft(학생 450Ft) / 전망대 700Ft(학생 500Ft) **교통** 에스테르곰 역에서 1 · 5번 버스 이용

1 미켈란젤로 그리골레티의 '성모승천' 2 성당 내부. 중앙 위의 돔 3 마차시 코르비누스의 십자가 상 4 바코치 예배당

♥♥

두나 강변의 풍경이 일품

비셰그라드
Visegrád

부다페스트에서 북서쪽으로 약 43km 떨어진 두나강에 있는 작은 마을로, 도나우벤트에서 가장 그림같이 아름다운 곳에 자리하고 있다. 또한 천혜의 아름다움과 인간의 대작이 조화롭게 교차하는 역사적인 마을이다. 로마 시대에 군사 요충지로 요새를 건설하고 11세기 몽골의 침략을 대비하기 위해 견고한 성채를 갖췄다. 13세기 몽골의 침략으로 파괴되었으나 14세기에 왕궁이 복원되었다. 16세기 오스만투르크족에 의해 도시가 멸망하면서 두나 강변의 왕궁을 비롯한 요새 유적만 남아 있다. 두나강 주변의 아름다운 전경이 아름다워 하이킹, 바이킹 등을 즐기려 매년 500만 명 이상이 이곳을 찾는다.

1 요새 2 요새 내부 3 헝가리의 신성한 왕관은 과거, 현재, 미래를 연결시키는 기독교 신화의 유일한 상징이다.

◆ **성채** Fellegvár ♥♥♥

헝가리에서 가장 뛰어난 성

1250년 벨레 4세가 두나 강변 언덕 위에 세운 315m 높이의 성채이다. 헝가리에서 규모, 권력, 화려함이 가장 뛰어난 성이다. 처음에는 임시 왕족의 거주지로 사용되었고, 1335년에는 3명의 헝가리 왕들이 기거하고 헝가리 대관식 때 사용한 보석들을 보관했다. 비록 13~15세기에 요새를 재건축해 요새화했지만, 오스만투르크족의 침략으로 상당한 피해를 당해 폐허 상태가 되어 18세기까지 군사 요충지의 기능을 상실했다. 지금은 박물관으로 복원해 일반인에게 공개하고 있다. 성채 내부는 헝가리 왕관을 비롯한 왕의 휘장 등이 전시되어 있다. 당시 헝가리의 신성한 왕관은 과거, 현재, 미래를 연결하는 기독교 신화의 유일한 상징이 되었다. 벨라 시대의 무기, 갑옷, 문장 등도 볼 수 있다. 동쪽 탑 전망대로 올라가면 두나강의 환상적인 전경을 즐길 수 있다.

주소 Visegrád, Várhegy **전화** 026-398-101 **홈페이지** www.parkerdo.hu **개방** 3~4월, 10월 1~26일 09:00~17:00, 5~9월 09:00~18:00, 10월 27일~12월 1일 09:00~16:00, 12월 2~23일, 1월 9일~2월 28일 금~일요일 10:00~16:00, 12월 25일~1월 8일 13:00~16:00 **휴무** 12월 24일 **요금** 밀랍박물관 포함 1700Ft(학생 850Ft) / 밀랍박물관 제외 1400Ft(학생 700Ft) **교통** 성수기에는 마을에서 성채까지 버스를 운행하지만 비수기에는 택시 또는 렌터카를 이용해야 한다.

◆ 비셰그라드 왕궁 Királyi Palota ♥♥♥

화려한 영광이 깃든 역사적 장소

1323년 카를 1세가 비셰그라드로 이전해 왕궁을 건설하면서 도시가 집중적으로 발전했다. 루이스 대왕(1342~1382년)은 그의 부친인 카를 1세의 사망 후에도 1347년까지 거주하면서 왕궁을 확장시켰다. 그 후 부다페스트와 비셰그라드를 번갈아 이전하면서 왕궁이 확장과 중단이 반복되었다. 1409년 보헤미아의 가장 위대한 왕이었던 카를 4세의 아들 지기스문트 왕(Sigismund ; 1387~1437년) 때 왕궁이 완성되었다. 이때 비셰그라드 왕궁은 중부 유럽에서 가장 규모가 크고 호화로운 왕궁이었다. 지기스문트는 다시 부다페스트로 수도를 옮긴 후에도 종종 이곳을 찾았으나 후임 왕부터는 발길이 끊겼다. 마차시 왕(1458~1490년)은 아라곤의 베아트릭스 왕후와 결혼하면서 이탈리아 예술인들을 초빙해 10년 동안 옛 왕궁을 고딕 양식과 르네상스 양식으로 재건축하면서 15세기 르네상스 예술과 문화의 중심지로 발전했다. 거주지 안뜰에 헤라클레스 분수와 로지아(한쪽에 벽이 없는 복도 모양의 방), 궁전 예배당의 가구들은 당시 화려한 왕궁 생활을 보여준다. 당시 건축물들은 이탈리아와 달마티아를 제외하곤 유럽에서 가장 전형적인 르네상스 양식으로 지었다. 1544년 오스만투르크족이 비셰그라드를 점령하면서 폐허가 되어 방치되면서, 20세기 초까지 역사 속의 잊힌 도시가 되었다. 1934년 고고학 발굴을 시작해 1995년 현재의 모습으로 복원했다. 지기스문트 왕의 분수와 침실, 안뜰의 헤라클레스 분수, 고고학 전시실, 왕의 부엌, 궁전 예배당, 코르빈 왕의 스위트, 사자 분수의 안마당, 욕장, 고고학 전시실 등이 볼만하다.

주소 H-2025 Visegrád, Fő u. 23 **전화** 026-597-010 **홈페이지** www.visegradmuzeum.hu **개방** 09:00~17:00 **휴무** 월요일 **요금** 1300Ft(학생 650Ft) **교통** 마을에서 도보 8분 소요

1, 2 왕궁 3 헤라클레스 분수 4 로지아 5 지기스문트 왕의 침실 6 왕의 부엌 7 코르빈 왕의 스위트 룸

♥♥

예술과 역사의 도시

센텐드레
Szentendre

부다페스트에서 두나강을 따라 북쪽으로 약 20km 떨어진 곳에 위치한 역사 도시이다. 로마 시대부터 군사 요충지로 마자르인들이 이주해와 오랫동안 거주해왔으나 오스만투르크족이 침략하면서 쇠퇴했다. 17세기 말 오스만투르크족이 철수하자 세르비아인들이 이곳에 정착하면서 발전했다. 도나우벤트 지역 중 주변 경관이 가장 아름다워 20세기부터 예술인들이 관심을 가지면서 화가, 음악가, 시인 등이 모여들며 예술 도시로 발전했다. 페리를 이용한 접근성이 좋고 마을 곳곳에 박물관과 갤러리 등 볼거리가 많아 부다페스트에서 당일로 이곳을 찾는 관광객들이 많다.

◆ 언덕 위 성 요한 교회 Keresztelő Szent János katolikus Plébániatemplom ♥♥

마을에서 가장 오래된 건축물

언덕 위에 위치한 성 요한의 이름을 딴 이곳 로마 가톨릭 교회는 마을에서 가장 오래된 건축물로 매우 중요한 기념비이다. 1241년 타르타르족의 침입 후 14세기에 고딕 양식으로 재건축했다. 16세기는 오스만투르크족의 침략으로 거의 폐허가 되었으나 소수의 크로아티아인들이 정착해 가톨릭 신앙생활을 할 수 있도록 1781년 직시(Zichy) 가문이 바로크 양식으로 복원했다. 29m 높이의 18세기 시계탑에는 첨탑 위에 십자가가 세워져 있다. 제단 내부는 호화롭고 프레스화는 1930년대 센텐드레 출신 화가들이 그렸다. 교회 언덕 앞마당에서 바라본 두나강과 마을 전경이 아름답다.

주소 Szentendre, Templom tér **전화** 026-312-545 **홈페이지** www.szentendre.hu www.szentendre-plebania.hu **개방** 화~일요일 09:00~17:00 **휴무** 월요일 **교통** 메인 광장(Fő Tér)에서 도보 5분 **지도** p.443

◆ 블라고베스텐슈카 교회 Blagovesztenska Templon 💗💗💗

바로크 양식의 교회

1752년 건축가 안드라슈 마미어호퍼(Andras Mayerhoffer)가 설계한 바로크 양식의 교회. 교회 수호 성인은 성모마리아로, 마을 7개 교회 중 가장 알려진 상징적인 건축물이다. 교회 입구 위에 그려진 프레스코화는 성 콘스탄티누스와 성 헬레나이다. 내부 성화 벽(성화 상이 그려진 본전과 신낭과의 칸막이)과 주교의 옥좌 위에 있는 천개(제단 또는 옥좌 위에 금속으로 만든 닫집)가 볼만하다.

주소 Szentendre, Fő Tér **전화** 026-314-457 **개방** 화~일요일 10:00~17:00 **휴무** 월요일 **요금** 무료 **교통** 메인 광장(Fő Tér) 근처 **지도** p.443

◆ 코바치 머르기트 박물관 Kovács Margit Múzeum 💗💗💗

현대 헝가리 도자기 공예의 일인자

헝가리의 여류 도예가이자 조각가인 코바치 머르기트(1902~1977년)를 기리는 이곳 박물관은 센텐드레에서 가장 인기 있는 박물관이다. 그녀는 현대 헝가리의 도자기 공예를 부활시킨 예술가이기도 하다. 300여 점 이상의 대부분 작품이 인간 형상을 주제로 하고 전통과 모던 스타일이 혼합된 도자기류가 주를 이룬다. 박물관은 바로크 양식의 17세기 건물로 원래 소금 사무실이었는데 말로 우편물을 배달하는 우체국으로, 나중에는 목사관과 상인 집으로 사용되었다. 박물관은 10개 전시실로 구성되었으며 의외로 볼거리가 많다.

주소 Győr, Apáca u. 1 **전화** 096-316-329 **홈페이지** www.museum.hu **개방** 3~9월 10:00~18:00, 10~2월 09:00~17:00 **요금** 1000Ft(학생 500Ft) **교통** 메인 광장(Fő Tér) 근처 **지도** p.443

1 코바치 머르기트 박물관
2 내부 전시실
3 코바치 머르기트의 '양치기(1968년)'

헝가리 최대 규모의 바로크 양식 궁전

괴될뢰 성

Gödöllő

부다페스트에서 북동쪽으로 30km 떨어진 곳에 위치한 괴될뢰 성(Gödöllő i Királyi Kastéy)은 1735년 헝가리에서 가장 유명한 그라살코비치 백작(Antal Grassalkovich I)이 건축한 대저택으로 헝가리에서 가장 규모가 큰 바로크 양식 궁전이다. 더블 U자 모양의 8개동 건축물은 북쪽에 교회, 오랑제리, 욕탕, 남쪽에 마구간과 승마장이 있다. 궁전의 독특한 건축 양식은 바로크 시대의 다른 헝가리 궁전의 모범적인 모델이 되었다.

1867년 괴될뢰 궁전은 두 번째 황금 시대가 도래한다. 헝가리에서 궁전을 구입해 재건축한 후 오스트리아의 프란츠 요제프 1세(1830~1916년)와 엘리자베스 황후(1837~1898년)에게 거주할 수 있는 별장용으로 선물한다. 그 후 오스트리아-헝가리 이중 제국의 별궁이 되어 왕가 가족들이 봄, 가을 사냥 시즌에 이곳에서 자주 보내곤 했다. 유독 헝가리를 사랑한 엘리자베트 황후는 고향인 빈보다 이곳 별궁에서 머무는 시간이 더 많았을 정도로 애착을 가졌다. 26ha의 넓은 정원에 총 164실로 꾸며진 별궁에는 빈 왕궁보다 엘리자베트 황후 초상화가 더 많이 걸려 있다. 시시(엘리자베트 황후의 애칭)에 관해 관심이 있다면 빈의 쇤브룬 궁전과 괴될뢰 성 두 곳을 관람해보자.

제2차 세계대전 후에는 러시아 군대의 막사와 노인 거주지로 사용되면서 궁전의 면모를 잃게 되자 1985년부터 본격적인 개보수를 통해 1996년 의전 홀과 왕실 스위트를 일반인들에게 공개했다. 그 후로 여러 새로운 홀이 추가되고 2003년 바로크 극장, 2004년 파빌리온 복원 작업을 완성했다. 2010년 왕실 아이들의 이름을 딴 기셀라와 루돌프 동(棟)을 유럽연합의 지원을 받아 화려하게 복원했고, 공원의 한 구역과 승마장과 바로크 양식의 마구간이 재건되어 지금의 모습이 되었다. 역사적인 전통, 다양한 문화 행사 및 훌륭하게 복원된 독특하고 인상적인 복합 건물과 주변 환경은 헝가리에서 가장 매력적이고 흥미로움을 끈다.

1 라살코비치 시대의 개인 소장 무기 전시실 2 왕궁 교회 3 소대관식 홀의 '두아르트 폰 엥게스 대관식' 4 프란츠 요제프 서재
5 프란츠 요제프 응접실 6 젊은 시절의 프란츠 요제프와 엘리자베트 왕후

본동 2층의 볼만한 방

[7실] 그라살코비치 시대의 개인 소장 무기 전시실

[10실] 왕궁 교회

[14실] 소대관식 홀의 '두아르트 폰 엥게스 대관식'

[15실] 프란츠 요제프 서재

[16실] 프란츠 요제프 응접실

[19실] 엘리자베트 황후 서재실의 '젊은 시절의 프란츠 요제프와 엘리자베트 왕후'

[22실] 엘리자베트 황후 드레스실

[25실] '요제프 부부의 괴될리 숲속의 사냥'

[33실] 합스부르크가 갤러리

1층에 마구간(43실), (44실) 승마 홀(44실) 등이 있다.

전화 028-410-124 **홈페이지** www.kiralyikastely.hu **개방** 4~10월 10:00~18:00, 11~3월 10:00~16:00(주말 ~17:00) **휴무** 1월 9일~2월 5일 **요금** 2600Ft(학생 1500Ft) / 바로크 극장 투어 1400Ft(학생 700Ft) **교통** 메트로 2호선 종점 외르시 베제르 테레(Örs vezér Tere) 역에서 HEV 교외열차를 타고 약 50분 가다 괴델레 사바드사그 테르(Gödöllő Szabadság Tér) 역에서 하차. 또는 동역(Keleti)에서 하트반-퓌사보비 미스콜츠(Hatvan-Füesabony-Miskolc)행 열차를 타고 괴될뢰 사바드사그 테르 (Gödöllő Szabadság Tér) 역에서 하차 **지도** p.437

7 엘리자베트 황후의 드레스룸 8 요제프 부부의 괴될리 숲속의 사냥 9 합스부르크 갤러리

{ 폴란드 }

지하 110km에 펼쳐진 거대 도시

비엘리치카 소금 광산

Wieliczka Salt Mine

폴란드의 비엘리치카는 크라쿠프(Kraków) 남동부로 약 15km 떨어진 곳에 위치한 소금 광산이다. 폴란드에서 물질적, 정신적 문화에서는 가장 귀중한 기념물로 1978년 유네스코 세계문화 유산에 등재되었다. 중세부터 계속 채굴해왔으나 지금은 채굴 하지 않고 원래대로 보존하고 있다. 수세기의 전통과 현재의 광범위한 인프라를 갖춘 지하 메트로폴리스가 조화를 이뤄 매 년 전 세계에서 수백만 명의 여행객들이 찾는다.

비엘리치카 소금 광산은 지하 80m 깊숙이 형성된 자연 동굴로 형성된 곳이다. 지하 110km에는 세계 에서 가장 깊은 곳에 세워진 성 킹가 성당이 있고, 지하 120km에는 광산 우체국이 있다. 또한 지하

1 소금 광산 2 광산 암반 천장에 달라붙어 있는 천연 소금 3 지하로 내려가는 계단

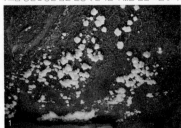

4 지하의 복도 5 지하 호수 6 비엘리치카 7 성 킹가 성당

콘서트, 극장 쇼를 위한 공간에는 영화 촬영지와 양질의 전시회가 열린다. 지하 광산 카페, 지상 갤러리에서는 비엘리치카 소금을 판매한다. 피부 미용과 건강 식품에 효험이 있어 인기 있는 상품이다. 광산 내부는 투어로만 볼 수 있다. 투어 종류는 여행자 루트(Tourist Route), 광부 루트(Miners' Route), 신비의 루트(Mysteries Mine Route), 순례자 루트(Pilgrim route) 등이 있는데, 일반인은 가장 무난한 여행자 코스를 택하면 된다.

주소 Wieliczka Salt Mine Tourist Route ul. Daniłowicza 10 32-020 Wieliczka, **전화** 012-278-7302 **홈페이지** www.kopalnia.pl **개방** 4~10월 07:30~19:30, 11~3월 08:00~17:00 **휴무** 1월 1일, 11월 1일, 12월 24~25일 **요금** PLN84(학생 PLN64) / 4월 29일~5월 3일 · 7~8월 PLN89(학생 PLN69) **교통** 폴란드의 크라쿠프 중앙역(Kraków Główny) 앞 갤러리아 백화점 맞은편 정류장에서 304번 미니버스(비엘리치카행)를 타고 비엘리치카 코플라니아 솔리(Wieliczka Kopalnia Soli) 정류장에서 하차. 버스 요금 1회권 PLN4, 왕복 PLN7.6 ※성수기에는 티켓 구입 시 많은 시간이 걸리므로 크라쿠프 소금 광산 시내 사무실에서 미리 예매해둔다.

코페르니쿠스실 Nicolas Copernicus Chamber

브와디스와프 하페크(Wladyslaw Hapek)가 1973년에 암염으로 조각한 '코페르니쿠스(Nicolas Copernicus: 우주의 중심은 지구가 아니라 태양이라는 태양중심설을 주장한 폴란드 천문학자)' 상이 있다. 코페르니쿠스가 1493년 처음 방문했는데 1973년 500주년을 기념하기 위해 조각했다.

위치 지하 1층 64.4m

야노비체실 Janowice Chamber

광산 조각가 미에치스와프 클루제크(Mieczyslaw Kluzek)의 1967년 암염 조각상 '위대한 전설(Great Legend)'이 있다. 헝가리 왕 벨라 4세의 딸 킹가(Kinga)가 폴란드 왕자와 결혼하기 위해 가던 도중 광산에서 그녀의 약혼 반지를 던졌다. 폴란드에 도착해 광부들에게 자신의 반지를 찾으라고 명하자 암염 광산과 반지를 동시에 발견했다. 1999년 요한 바오로 2세가 그녀를 광산의 수호신으로 공표했다.

위치 지하 1층 63.8m

번트 아웃실 Burnt Out(Spalone Chamber)

광산 조각가 미에치스와프 클루제크의 암염 조각상 '회개자(Penitents)'가 있다.
메탄가스가 폭발하면 광산을 지탱해주는 버팀목이 불타버리므로, 젖은 옷을 착용한 숙련된 회개자들이 긴 막대기 횃불을 들고 메탄가스를 제거하고 있다.

위치 지하 1층 64.3m

카시미르 대왕실 Casimir the Great Chamber

브와디스와프 하페크(1968년)의 암염 조각상 '카시미르 대왕'이 있다. 카시미르 대왕은 폴란드의 가장 위대한 군주로 칭송받는 인물로, 14세기 광산법을 제정해 광부들의 인권과 복지 향상에 힘썼다.

위치 지하 1층 63.3m

성 십자가 예배당 Holy Cross Chapel

재단 중앙에 목재 조각상 예수 십자상이 있다. 반대편에는 17세기 바로크 대가의 작품인 '성모마리아 승리자(Our Lady the Victorious)'가 있다.

위치 지하 2층 91m

성 킹가 예배당 St. Kinga's Chapel

소금 광산 투어의 하이라이트. 성 킹가 예배당은 가장 인상적이고 호사로운 지하 성당이다. 거대한 암염에 길이 54m, 폭 15~18m, 높이 10~12m로 파서 공간을 만들었다. 1895~1920년 요제프 마르코브스키(Jozef Markowski)가 예배당의 조각과 건축 장식을 도맡았다. 커다란 샹들리에를 비롯해 벽면에 새긴 '최후의 만찬', '요한 바오로 2세' 등의 암염 조각상들이 있다.

위치 지하 2층 91.6m

1 킹가 예배당 2 암염으로 제작된 '최후의 만찬' 3 요한 바오로 2세의 암염 기념비

가이드 투어할 때의 유의 사항

비엘리치카 소금 광산 단면도

❶ 가이드가 인솔하는 대로 20명씩 한 조가 되어 이동한다.

❷ 소금 광산 가이드의 안내는 약 3시간 소요된다.

❸ 짐 보관소에 가방을 맡기고 빈 손으로 관람한다.

❹ 지하 135m의 온도가 12~14℃ 정도이므로 겉옷이나 점퍼를 준비한다.

❺ 지하 소금 광산 코스가 800개의 목재 수직 계단 아래에서 시작하므로 편한 신발을 착용한다.

❻ 코스 중간에 화장실이 설치되어 있다.

❼ 사진 촬영 시 10PLN를 추가 지불하고 스티커를 가슴에 붙인다. 스티커 단속이 느슨하므로 요령껏 촬영할 수도 있다.

❽ 마지막 기념품 숍에서 피부 미용과 건강 식품에 효험이 있는 천연 소금, 소금 비누 등을 판매한다.

{ 폴란드 }

유태인 학살이 행해진 공포의 장소

오슈비엥침
Oświęcim

오슈비엥침은 크라쿠프에서 서쪽으로 50km에 위치한 아우슈비츠(Auschwitz)라 불리는 강제수용소
이다. 제2차 세계대전 당시 300만 명 이상의 유태인이 학살당했던 공포와 죽음의 집단 학살 수용소
는 〈안네의 일기〉와 영화 〈쉰들러 리스트〉를 통해 세상에 알려졌다. 1940년 정치범, 유대인 등을 학
살하기 위해 수용소 1호를 세운 후 1941년 2, 3호 수용소를 추가로 세웠다. 당시 수용소가 파괴되지
않고 그대로 남아 있어 나치의 잔학상을 생생하게 볼 수 있다.

아우슈비츠-비르케나우 박물관 Auschwitz-Birkenau Museum and Memorial
잔혹한 유대인 학살의 현장
오슈비엥침(독일어로 아우슈비츠) 수용소는 1940년 중반부터 독일 제3제국 영토로 편입된 폴란드
오슈비엥침 외곽에 건설된 곳으로 1945년까지 약 40만 명을 수용했다. 아우슈비츠 수용소는 1940년

1 제2수용소 비르케나우(브제진카 수용소) 2 수감자를 벽면에 세워 놓고 총살했다. 3 1943년 폴란드에 거주했던 집시 수감자

부터 1945년까지 독일 나치가 이곳에서 수많은 유대인들과 폴란드인, 집시, 소련군 포로, 무고한 사람들을 학살했던 악명 높았던 곳이다. 수용 인원이 포화 상태가 되자 아우슈비츠 제1수용소(일명 Stammlager: 수용 인원 2만 명), 아우슈비츠 제2수용소 비르케나우(수용 인원 9만 명), 아우슈비츠 제3수용소(일명 Buna: 수용 인원 1만 명)로 분리되어 관리되었다.

집단 수용소의 수감자는 9단계로 분류되었다. 요주의 인물은 유대인 〉 정치범 〉 비사회계층 수감자 〉 소련군 포로 〉 단순 교화자 〉 경찰 체포자 〉 독일 국적 형사범 〉 종교 양심수 〉 동성연애자 순이었다. 1942년부터 유대인을 가스실로 끌고 가서 집단 학살을 자행했다. 110만 명 중 이송 유대인을 국적별로 분류하면 헝가리(43만 명), 폴란드(30만 명)가 절반 이상을 차지하고, 희생자 수는 유대인 107만 명, 폴란드 1만5000명, 집시 2만1000명, 소련군 1만4000명, 기타 1만~1만5000명 등 총 110만 명이다.

1944년 말 소련군이 진격하자, 독일군은 퇴각하면서 범죄 흔적을 지우기 위해 관련 문서를 폐기하

당시 생존했던 여자 수감자 사진

1 수만 점의 신발 2 제2수용소 비르케나우(브제진카 수용소) 3 어린 수감자의 2층 침대 4 어린 수감자들의 낙서

고, 수용소 시설들을 해체, 폭파했다. 마침내 1945년 1월 27일 소련군에 의해 7500명의 수감자들이 석방되었다. 1947년 7월 2일 폴란드의회는 희생자를 추모하기 위해 오슈비엥침-브제진카 국립박물관을 개관한 후, 1979년 유네스코 세계문화유산에 등재되었고, 1999년 박물관 명칭이 오슈비엥침 소재 아우슈비츠-비르케나우 국립박물관으로 변경되었다. 각국에서 3000만 명 이상이 관람할 정도로 나치의 만행을 생생하게 보여주는 세계적인 추모 현장으로 유명하다. 박물관의 주요 수집품은 신발류 11만 점, 가방 3800여 점, 냄비류 1만2000여 점, 안경 40kg, 수감복 375점, 기성복 246점, 보철물 470점, 여성 희생자 머리카락 2톤 등이 전시되어 있다.

제1수용소에서 3.5km 떨어진 브제진카(Brzezinka) 마을에 제2수용소 비르케나우(Birkenau)를 세웠는데 실제 대다수의 아우슈비츠 희생자들이 이곳에서 학살당했다. 이곳 전시물은 옮기지 않고 현장에 그대로 보존하고 있다. 입구로 들어서서 강제로 희생자들이 이송되었던 기찻길을 따라 가면 수용소 희생자 추모비를 볼 수 있다. 넓은 들판에 격리 구역의 막사들과 기타 수용 막사, 비르케나우의 제3가스실과 화장터 폐허 등이 남아 있다.

1 세면실 2 연못에 묻힌 수감자의 추모비 3 추모 기념비 4 비르케나우의 제3가스실과 화장터 폐허

주소 20 Więźniów Oświęcimia Str. **전화** 33-844-8099 **홈페이지** www.visit.auschwitz.org **개방** 12월 07:30~14:00, 1 · 11월 07:30~15:00, 2월 07:30~16:00, 3 · 10월 07:30~17:00, 4 · 5 · 9월 07:30~18:00, 6~8월 07:30~19:00 / 가이드 투어 1~3월 · 11월 10:00~13:00, 4~10월 10:00~16:00, 12월 10:00~12:00 **휴무** 1월 1일, 12월 25일, 부활 주일 **요금** 가이드 투어(3시간 30분 소요) PLN430 / 가이드 투어가 없는 아침(10시 전)이나 오후 15시(또는 16시) 이후는 티켓 판매소에서 무료 티켓을 받아 개별 관람이 가능하다.
교통 폴란드의 크라쿠프(Krakow) 중앙역에서 기차, 버스 모두 운행하지만, 버스 운행 횟수가 많아 기동력이 있고 아우슈비츠 박물관까지 운행하므로 열차보다 버스를 이용하는 게 편하다.
●버스: 크라쿠프 중앙역 뒤편 버스터미널에서 버스를 타면 1시간 25분~2시간 정도 소요. 30분마다 운행, 편도 9~15PLN(시간대에 따라 요금이 다름. 당일치기의 경우 크라쿠프행 막차 버스 시각표(18~19시)를 미리 확인해둔다. 버스 정보 www.e-podroznik.pl
●기차: 크라쿠프 중앙역(Kraków Glówny)에서 오슈비엥침(Oświęcim) 역까지 약 1시간 50분 소요. 1~2시간에 1회 운행, 편도 10.92PLN. 오슈비엥침 역에서 박물관까지는 2km 거리. 역에서 나와 오른쪽으로 직진해 '아우슈비츠-비르케나우 박물관 표지판'을 따라간다(도보 15~20분).

관람 시 유의 사항

제1수용소 박물관은 소지품을 짐 보관소에 맡기고 카메라만 소지하고 입장해야 한다. 시간대별로 가이드 인솔(영어) 하에 관람할 수 있다. 제1수용소 관람이 끝나면 박물관 밖의 주차장에서 기존 가이드와 함께 무료 셔틀버스(4~10월 10분 간격, 11~3월 30분 간격 운행)를 타고 제2수용소 비르케나우로 간다. 이곳에서 가이드 관람을 마치면 다시 셔틀버스를 타고 제1수용소로 되돌아간다. 성수기에는 가능한 한 1개월 전에 예매해둔다.

크로아티아

C R O A T I A

플리트비체 호수 국립공원 456
자다르 466   스플리트 480
두브로브니크 492

황홀한 푸른빛으로 가득찬 신의 정원

플리트비체 호수 국립공원

NACIONALNI PARK
PLITVIČKA JEZERA

#천혜의 아름다움#신의 정원#희귀 동식물

말라 카펠라(Mala Kapela)산과 플레셰비차
(Plješevica)산 사이에 자리 잡은 플리트비체
는 1949년 크로아티아의 첫 번째 국립공원으
로 지정되고, 천혜의 아름다움과 희귀 동식물
의 보존 가치가 우수해 1979년 유네스코 세계
자연유산으로 지정되었다. 사계절 모두 색다
른 비경을 배경으로 여행객들을 사로잡아 유
럽에서 가장 경이로운 자연경관을 지닌 국립
공원으로 알려져 있다. 울창한 숲과 나무에 16
개 투명한 옥색 빛깔의 아름다운 호수가 계단
식으로 펼쳐지고, 92개의 크고 작은 다양한 폭
포수가 폭음을 내며 거품처럼 쏟아지는 모습
이 장관이다. 매년 수백만 명의 여행객들이 이
곳을 찾아 힐링하면서 평온과 휴식을 얻는다.
"천국의 빛깔이 무엇인가 물어보면 플리트비
체의 푸른 빛깔이라고 말하겠다"는 신(神)의
정원이 바로 플리트비체 호수 국립공원이다.

Travel
INFO

{ 가는 방법 }

플리트비체는 기차편이 없어 버스로 이동한다.
유럽에서 갈 경우 열차로 자그레브(Zagreb)
로 가서 플리트비체행 버스를 이용한다.

● **자그레브 → 플리트비체**
2시간 30분 소요, 1일 12~16편 운행, 요금
79KN~.

● **스플리트 → 플리트비체**
4시간 20분~6시간 소요, 1일 3~8편 운행, 요
금 147KN~.

플리트비체 호수 국립공원에 도착하면
● 자그레브에서 갈 때는 플리트비체 호수 국
립공원 입구 1(Ulaz 1)에 먼저 정차하고 입구
2(Ulaz 2)로 이동한다. 하층부 호수만 본다면
입구 1에서 내리고, 상층부, 하층부 호수 모두
를 본다면 입구 2에서 내린다.
● 공원 내 호텔에 숙소를 정했으면 입구 2에서
내리고, 당일에 다른 곳으로 이동한다면 유인
짐 보관소(1일 10~20KN)가 있는 입구 1에서
내린다. 공원에서 다른 지역으로 이동 시 버스

플리트비체 호수 국립공원

가 정시보다 빨리 떠날 수 있으니 출발 30분
전에 미리 버스정류장에 와서 대기해야 한다.
또한 노선버스 운행 시간이 변경되거나 취소
되는 경우도 있으므로 여행안내소에서 출발
시각표를 반드시 확인해둔다. 버스 회사에 따
라 운행 횟수, 시간이 다르니 유의한다.
버스 회사(버스 시각표) www.vollo.net
www.autotrans.hr
www.croatiabus.hr

{ 여행 포인트 }

점심 식사 하기 좋은 곳 공원 내에는 하층부
P3 선착장, 상층부 ST4, 중층부 ST2 근처에 레
스토랑이 있다. 특히 하층부 P3 선착장 부근
레스토랑(성수기에만 운영)의 통닭, 송어구이
가 유명하다. 그러나 상층부에서 하층부로 가
는 도중에는 레스토랑이 없으니 미리 음료와
빵, 과일을 준비한다.
복장과 유의 사항 비 오는 날은 바닥이 미끄러
우니 슬리퍼 대신 등산화를 신고 다닌다. 여름
철에도 울창한 숲이 하늘을 가려 평균기온이
18℃ 미만이니 소매가 긴 점퍼를 입는다. 산으
로 둘러싸여 있어 자주 비가 내리므로 우비와
우산은 늘 상비한다. 혼자 하이킹할 경우 여행
안내소에서 판매하는 상세 지도(유료)를 구입
하면 많은 도움이 된다.
공원 내 이동 수단 지도에는 유람선 선착장(P1,
P2, P3), 셔틀버스 정류장(ST1, ST2, ST4, ST3
는 잠정 폐쇄 중) 표시가 있다. 공원 내에서 상

P1 선착장. 입구 2(Ulaz 2)로 들어가면 P1 선착장으로 연결된다.

P3 선착장. 입구 1과 연결된 선착장이 P30이다. 이곳에서 전기
보트를 타고 코즈야크 호수 지나 P1, P2 선착장으로 간다.

층부, 중층부, 하층부로 이동 시 셔틀버스와 전
기보트를 번갈아 타거나 산책로를 따라 걸어
갈 수 있다. 또한 이정표 'ST1, ST2, ST4', 'P1,
P2, P3'를 따라가면 목적지를 쉽게 찾아갈 수
있다. 교통비는 공원 입장료에 포함되어 있다.
여행안내소 숙소, 교통 정보, 공원 안내를 받을
수 있다. 공원 안내 지도는 유료 판매.

주소 Trg sv. Jurja 6, 53 230 Korenica
전화 053-776-798
홈페이지 www.tzplitvice.hr(info 메뉴 참조)
개방 성수기 08:00~20:00, 비수기 09:00~16:00
교통 공원 입구 1, 입구 2 근처 **지도** p.461-B,C

{ 일정 짜기 }

당일 여행도 가능 일찍 서두르면 자그레브에
서 당일로 다녀올 수 있으나, 청정 공원의 비
경을 느끼기에는 너무 촉박하니 느긋하게
1~2일간 머물면서 즐겨보면 좋다. 플리트비체
호수 국립공원은 사계절 언제나 여행객에게
감동을 준다. 단풍잎으로 물든 가을을 비롯해
봄여름도 여행 적기이지만, 겨울 또한 산과 호
수가 온통 하얀 눈으로 덮여 나름의 매력이 있
다. 하지만 겨울에는 일부 호수만 볼 수 있는
제약이 따른다.

내게 맞는 코스 정하기 장거리 버스는 공원 입
구 1(Ulaz 1)를 지나 공원 입구 2(Ulaz 2)로 간
다. 하루 일정이라면 Ulaz 2에 내려 상층부→
중층부→하층부 코스 순으로 산책하고, 반나
절 코스라면 입구 1(무인보관함이 있음)에서

내려 하층부 코스(2시간) 또는 하층부→중층
부 코스(3~4시간)만 산책한다. 공원 입구에
있는 여행안내소에서 상세 지도(유료)를 구입
한다. 하루 코스, 반나절 코스, 2시간 코스 등
다양한 코스가 있으니 안내원과 상담하고 자
신에게 맞는 코스를 정한다.

하루 일정일 때 입구 2(매표소)를 통과해 근처
에 있는 ST2에서 셔틀버스를 타고 ST4에서 내
려 상층부 호수부터 중층부 호수까지 호숫가
를 따라 걸어 내려온다. 물론 버스를 타지 않
고 온종일 산책로를 따라 하이킹하듯 즐겨도
된다. 호수 사이는 평탄한 통나무 다리로 연결
되어 있어 산책하기 편하다. 상층부에서 중층
부로 내려오는 동안 호수에 비치는 맑은 옥색
빛깔과 다양한 폭포를 즐기다 보면 저절로 힐
링이 된다.

P2 선착장에 도착하면 전기보트를 타고 P3 선
착장으로 간다. 하층부의 산책로를 따라가면
플리트비체 호수 국립공원의 하이라이트인 밀
라노바츠 호수, 가바노바츠 호수, 칼루데로바
츠 호수와 환상적인 벨리키 폭포를 볼 수 있
다. 입구 1 쪽의 전망대를 지나 ST1 버스정류장
에서 셔틀버스를 타고 ST2에 도착해 입구 2로
나오면 마무리가 된다.

시간이 없다면 공원의 하이라이트인 하층부
호수만 구경해도 후회하지 않는다. 하층부 호
수로 가려면 일단 입구 1(Ulaz 1)에서 하차한
다음 매표소에서 티켓을 끊고 입장한다. 이때
유의할 점은 입장한 후 바로 절벽 전망대에서
폭포 전경을 보고 하층부 호수 방향으로 계단
을 따라 내려가면, 가장 중요한 계단식 호수와
폭포수를 한눈에 볼 수 있는 절경을 놓칠 수
있으니 우선 왼쪽 ST1 표지판을 따라 절벽 전
망대로 간다. 구경한 후 다시 되돌아 하층부
계단으로 내려간다. 호수 구경이 끝났으면 왔
던 길로 되돌아와도 되고, P3 선착장으로 가서
전기보트를 타고 P1에서 내린 다음 입구 2로
걸어 나가도 된다.

{ 추천 코스 }

◇ 상층부 코스 ◇

예상 소요 시간 5~7시간

입구 2(Ulaz 2/매표소)

⋮ 도보 10분

중층부 버스정류장(ST2)

⋮ 버스 10분

상층부 버스정류장(ST4)

⋮ 하이킹 시작

오크루그라크 호수 · 갈로바체 호수 ·
그라딘스코 호수

⋮ 하이킹

중층부 선착장(P2)

⋮ 도보 이동

코즈야크 호수

⋮ 보트 15분

하층부 선착장(P3)

⋮ 하이킹 시작

밀라노바츠 호수 · 가바노바츠 호수 ·
칼루데로바츠 호수 ·
노바코비차 브로드 호수 · 벨리키 폭포

⋮ 도보 10~15분

하층부 버스정류장(ST1)

⋮ 버스 5분

중층부 버스정류장(ST2)

⋮ 도보 10분

입구 2(Ulaz 2/매표소)

전기보트가 수시로 P1, P2, P3 선착장으로 연결된다.

{ 추천 코스 }

◇ 중층부, 하층부 코스 ◇

예상 소요 시간 3~4시간

입구 1(Ulaz 1/매표소)

⋮ 하이킹 시작

벨리키 폭포 · 노바코비차 브로드 호수
칼루데로바츠 호수 ·
가바노바츠 호수 · 밀라노바츠 호수

⋮ 도보 10분

하층부 선착장(P3)

⋮ 보트 이동

코즈야크 호수

⋮ 보트 15분

중층부 선착장(P2)

⋮ 하이킹

그라딘스코 호수

⋮ 하이킹

중층부 선착장(P2)

⋮ 보트 7분

중층부 선착장(P1)

⋮ 도보 10분

입구 2(Ulaz 2/매표소)

{ 추천 코스 }

◇ 하층부 코스 ◇

예상 소요 시간 2~3시간

입구 1(Ulaz 1/매표소)

⋮ 하이킹 시작

벨리키 폭포 · 노바코비차 브로드 호수
칼루데로바츠 호수 ·
가바노바츠 호수 · 밀라노바츠 호수

⋮ 도보 20~30분

입구 1(Ulaz 1/매표소)

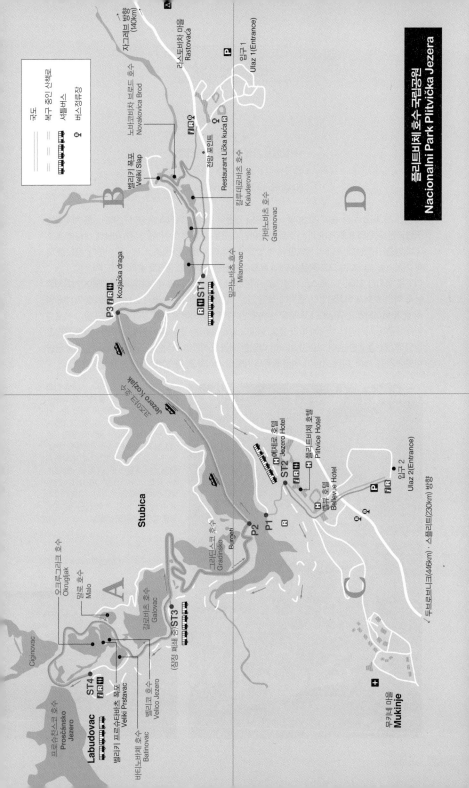

플리트비체 호수수 국립공원
Nacionalni Park Plitvička Jezera

A 지그레브 방향 (140km)

라스토바차 마을
Rastovača

P

입구 1(Entrance)
Ulaz 1(Entrance)

노바코비차 브로드 호수
Novakovica Brod

전망 포인트

Restaurant Lička kuća

칼루제로바츠 호수
Kaluderovac

가바노바츠 호수
Gavanovac

밀라노바츠 호수
Milanovac

벨리키 폭포
Veliki Slap

B

Kozjačka draga

P3

ST1

중 코작 호수
Jezero Kozjak

예제로 호텔
Jezero Hotel

ST2

플리트비체 호텔
Plitvice Hotel

벨뷰 호텔
Bellevue Hotel

P

입구 2(Entrance)
Ulaz 2(Entrance)

두브로브니크(446km) · 스플리트(230km) 방향

P2

P1

B

Burgeti

그라딘스코 호수
Gradinsko

Stubica

갈로바츠 호수
Galovac

(점정 폐쇄 중)ST3

오크루그리크 호수
Okrugljak

말로 호수
Malo

A

벨리키 프르슈타바츠 폭포
Veliki Prstavac

바티노바치 호수
Batinovac

벨리코 호수
Velico Jezero

Ciginovac

프로슈찬스코 호수
Prošćansko
Jezero

Labudovac

ST4

C

무키녜 마을
Mukinje

D

국도
북구 중인 산책로
셔틀버스
버스승하장

♥♥♥
유럽에서 가장 경이로운 자연경관
플리트비체 호수 국립공원
Nacionalni Park Plitvička Jezera

총면적 29,482ha 중 숲이 22,308ha, 호수와 개천이 217ha, 목장과 농장이 6,957ha를 차지하는 국립공원. 공원의 80%가 숲과 나무로 둘러싸인 이곳은 상층부 호수(백운암층) 아래에 하층부 호수(석회암층)가 있는데, 16개의 투명한 옥색 빛깔의 아름다운 호수가 층층이 계단을 이룬다. 폭음을 내며 거품처럼 쏟아지는 크고 작은 92개의 폭포수가 장관을 이루고 강으로 흘러내려 간다.

이곳은 석회암 지대인 카르스트지형으로 수천 년간 강물이 흐르면서 석회암이 용해되어 계곡처럼 움푹 파인 호수가 형성되었다. 물속에 녹아 있는 석회암 침전물은 쓰러져 있는 나무와 물이끼에 엉겨 붙어 퇴적되었고, 지금도 퇴적물로 인해 천연 댐이 형성되어 호수를 갈라놓고 댐의 물이 폭포를 만들어냈다. 시시각각 햇살에 따라 물빛 색깔이 달라 보이는 호수 속의 물빛이 요정처럼 아름답고 환상적이다. 울창한 숲이 보존이 잘되어 다양한 희귀 동식물이 서식한다. 공원의 상징인 갈색 곰을 비롯해 사슴, 늑대, 야생 고양이, 여러 종류의 새들이 서식하고, 물속에는 송어가 자라고 있다.

주소 HR 53231 Plitvika jezera **전화** 053-751-014~5 **홈페이지** www. np-plitvicka-jezera.hr **개방** 봄·가을 08:00~18:00, 여름 07:00~20:00, 겨울 08:00~16:00, 입구 2는 겨울에 폐쇄, 입구 1은 겨울에도 개방, 입구 1, 2 모두 티켓 판매 16시까지 **요금** 11~3월 55KN(학생 45KN), 4~6월, 9~10월 150KN(학생 100KN), 7~8월(16시까지 250KN(학생 160KN), 16시 이후 성인 150KN, 학생 100KN **지도** p.461

1 플리트비체 호수 국립공원의 하이라이트, 다단계 호수
2 호수 속에 투명하게 보이는 침전된 수목

공원 자세히 살펴보기

♦ 입구 Ulaz

국립공원은 2개의 입구가 있다. 입구 2는 공원 한가운데 있고, 입구 1은 북쪽 끝 초입에 있다. 입구 1과 2 사이는 도보 10~15분 정도 소요. 입구 입간판에 하이킹 코스, 전망대, 주차장, 우체국, 버스정류장 등 공원 기본 정보가 표시되어 있다. 입구에는 티켓 창구, 여행안내소, 기념품 가게, 식당이 있다. 입구 1에는 무인보관함이 있다. 입장권에는 공원 내에서 이동하는 셔틀버스와 전기보트 이용료가 포함되어 있고, 입장권

자그레브에서 출발 시 가장 먼저 입구 1(Ulaz 1)에 도착한다. 입구 안으로 들어서면 바로 하층부로 연결된다.

뒷면에 공원 지도가 수록되어 있다. 입구 2 근처에는 3개의 호텔이 있지만, 민박을 비롯한 저렴한 숙소들은 모두 공원 밖에 있어 숙소에서 공원까지 도보 또는 버스로 이동해야 한다.

♦ 하층부 코스(A코스)

하층부 호수는 밀라노바츠(Milanovac) 호수와 노바코비차 브로드(Novakovića Brod) 호수를 비롯한 4개의 호수가 있다. 하층부 호수 경관이 공원 중에서 가장 전망이 멋있는 하이라이트 코스이니, 시간적 여유가 없다면 하층부 코스만 구경해도 괜찮다.

우선 입구 1(Ulaz 1) 매표소를 통과해 들어가자마자 바로 절벽 위의 전망대로 간다. 이곳에서 서면 그 유명한 벨리키 폭포를 비롯한 다단계 폭포가 한눈에 들어온다. 전망대에서 구경한 다음 아래쪽 폭포를 향해 절벽 계단으로 내려가지 말고 ST1 표지판을 따라 왼쪽으로 가면 카르스트 지형에서 가장 환상적인 계단식 호수(노바코비차 브로드 호수 주변)와 여러 개의 작고 아름다운 폭포수의 전경을 즐길 수 있다. 구경 후 절벽

계단 따라 내려가면 하층부에서 가장 낙폭이 크고 환상적인 78m 높이의 벨리키 폭포(Veliki Slap)가 보인다. 벨리키 폭포 아래로 또 다른 폭포가 연이어 흘러내리는 다단계 폭포가 펼쳐져 장관을 이룬다. 벨리키 폭포를 제대로 보고 싶으면 폭포수 맞은편 계단으로 올라가자. 사진 찍기에 아주 좋다. 벨리키 폭포에서 밀라노바츠 호수 쪽 산책로를 따라 걸어가면 그림처럼 아름다운 조그만 폭포들이 나온다. 2시간 코스면 다시 왔던 산책로로 되돌아가고, 3~4시간 코스라면 밀라노바츠 호수 쪽에서 표지판(P3)을 따라간다. P3 선착장 부근에는 통닭구이로 유명한 레스토랑이 있으니 허기지면 이곳에서 배를 채운

다. P3 선착장에서 전기보트를 타고 코즈야크 호수를 가로질러 P2 선착장으로 간다. 중층부 주변 호수와 폭포를 구경하고 다시 돌아와 P2 선착장에서 전기보트를 타고 P1 선착장에서 내려 계단을 따라 올라가면 입구 2가 나온다.

1 하층부에서 가장 멋진 장관을 이루고 낙차가 큰 벨리키 폭수
2 하층부 가바노바츠 호수

◆ 중 · 상층부 코스(E코스)

16개 호수 중 상류에 12개 호수가 있다. 상층부 프로슈찬스코 호수와 하층부 노바코비차 브로드 호수의 높이 차이가 130m 정도 된다. 특히 벨리코 호수에 위치한 벨리키 프르슈타바츠 폭포(Veliki Prstavac)는 엄청난 물거품을 쏟아내면서 튀는 물방울 모습이 환상적이다.

상층부는 하층부보다 폭포의 규모는 작지만 크고 작은 다양한 폭포가 흘러내린다. 울창한 숲속과 호수 사이의 굉음을 들으면서 널빤지 산책로를 따라 하이킹하는 즐거움이 짜릿하다. 바닥 속 송어 떼와 부서진 나무, 이끼들이 옥빛의 맑은 호수에 비치는 모습이 매우 아름답다.

상층부 호수 코스는 우선 입구 2에서 시작한다. 입구 2(매표소)에서 공원 다리를 건너가면 ST2(셔틀버스 정류장)가 나온다. 근처에 커피숍과 화장실(무료), 티켓 입구가 있다. 상층부 호수로 가는 코스는 P1(선착장)으로 내려가서 전기보트를 타고 P2(중층부 선착장)으로 건너가면 산책로 따라 상층부로 걸어 올라가는 방법과 ST2(중층부 버스정류장)에서 버스를 타고 ST4(상층부 버스정류장)에서 하차해 호숫가 산책로를 따라 내려가면서 P2로 가서 전기보트를 타고 P1으로 가는 방법이 있다. 후자가 산책하기에 편하고 빨리 이동할 수 있어 대부분 이 코스를 이용한다.

중 · 상층부 코스만 이용한다면 공원의 하이라이트인 하층부의 벨리키 폭포를 놓칠 수 있으니 ST1으로 버스로 이동한 다음 걸어서 입구 1 방향의 절벽 전망대로 간다. 이곳에서 계단식 호수와 다단계 폭포 전경을 구경하고 입구 1로 나가면 덜 아쉽다.

1 중층부의 벨리키 프르슈타바츠 폭포(Veliki Prstavac)는 튀기는 물방울 모습이 환상적이다.
2 맑은 호수 속에 자라는 송어 떼와 청동오리

◆ 상 · 중 · 하층부 코스(H코스)

높은 지대인 상층부에서 중층부를 지나 낮은 지대의 하층부로 내려가는 데 있어 가장 무난한 코스이다. 5~7시간 걸리는 코스이니 체력 안배를 잘하고 음료, 간식 등을 챙겨 이동한다.

우선 입구 2(매표소 통과)에서 ST2 버스정류장으로 가서 셔틀버스를 타고 ST4(상층부 맨 위)로 간다. 상층부의 오크루그라크 호수에서 아래 방향으로 갈로바체 호수, 그라딘스코 호수의 울창한 숲속의 산책로를 거닐며 여러 호수와 다양한 폭포를 보면서 중층부 P2 선착장 표지판을 보고 내려간다. P2에서 전기보트를 타고 P3(하층부 선착장)으로 간다. P3 근처에 화장실과 레스토랑이 있다. ST1 표지판을 따라가면 하층부의 밀라노바츠 호수를 비롯한 벨리케 폭포가 나온다.

1 상층부의 갈로바츠 폭포 2 하층부의 밀라노바츠와 가바노바츠 호수의 경계 지점

Hotel

공원 입구 2 부근에 플리트비체(Plitvice), 벨뷰(Bellevje), 예제로(Jezero) 3개의 호텔이 있다. 저렴한 민박집 소비(Sobe)는 공원 입구 1에서 도보로 5~10분 거리인 라스토바차(Rastovacka) 마을과 입구 2에서 20~30분 거리인 무키네(Mukinje) 마을에 모여 있다. 성수기에는 사전에 예약을 해야 하며, 숙박 예약은 여행안내소에서 할 수 있다. 버스정류장에 내리면 민박집 주인들이 호객 행위를 한다. 플리트비체 호수 국립공원은 교통이 불편하니 대중교통을 이용할 경우 아래에 소개한 국립공원 내 호텔에 머무는 편이 여러모로 편하다.

민박 정보 www.tzplitvice.hr(accommodation 메뉴로 들어가서 private renters 메뉴 참조)
www.whbcenter.com

플리트비체 호텔
Plitvice Hotel

공원 입구 2 근처에 있어 관광하기 편리하다. 객실 51개. 레스토랑과 바를 함께 운영한다. 싱글 €55~, 더블 €80~.

전화 053-751-200 **홈페이지** www.np-plitvicka-jezera.hr **교통** 플리트비체 국립공원 내 입구 2 건너편에 위치 **지도** P.461-C

예제로 호텔
Jezero Hotel

공원 내에서 가장 고급스러운 3성급 호텔. 객실 229개 규모의 대형 호텔로 플리트비체의 가장 큰 호수인 코자크 호수에서 불과 300m의 거리에 있다. 모든 객실에서 호수와 숲의 아름다움을 즐길 수 있다. 객실 229개. 레스토랑과 바, 수영장, 사우나 등을 운영한다. 계절에 따라 요금 차가 크다. 싱글 €68~, 더블 €85~.

전화 053-751-500 **홈페이지** www.np-plitvicka-jezera.hr **교통** 플리트비체 국립공원 내 입구 2 부근. 자그레브에서 갈 때는 운전사에게 호텔 앞에서 내려달라고 말하면 된다. **지도** P.461-C

벨뷰 호텔
Bellevue Hotel

공원 중심에 있는 자연친화적인 호텔이다. 내외관이 목재로 이루어져 있어 아늑한 분위기를 자아낸다. 객실 70개. 호텔 내 은행, 카페, 라운지, 여름에 이용 가능한 테라스가 있다. 싱글 €55~, 더블 €71~.

전화 053-751-800 **홈페이지** www.np-plitvicka-jezera.hr **교통** 플리트비체 국립공원 내 입구 2 건너편에 위치 **지도** P.461-C

바다오르간과 일몰이 만들어내는 환상적인 풍경

자다르

ZADAR

#바다오르간#환상적인 일몰#아드리아해

자다르는 아드리아해의 쾌적한 지중해성기후, 다양한 천혜 자원, 오랜 역사와 문화를 간직한 매력적인 도시이다. 13세기 초부터 수백 년간 베네치아공국의 지배를 받아 지금도 각지에 베네치아의 흔적이 많이 남아 있는 고도(古都)이다. 또한 북서쪽 해안에 설치한 바다오르간은 파도 소리와 더불어 감미로운 음향이 퍼져 나와 여행객의 마음을 사로잡는다. 바다오르간 옆에 다층 유리판 300장이 깔린 해맞이 광장은 낭만적인 일몰 풍경과 바닷속에서 울려 퍼지는 신비로운 멜로디가 빛과 소리와 어우러져 환상적인 장관을 연출한다.

Travel
INFO

{ 가는 방법 }

항공, 버스, 기차, 페리 같은 다양한 교통수단
으로 이동할 수 있는데, 크로아티아는 철도망
이 발달되어 있지 않아 기차 이동 구간이 적어
불편하므로 가능하면 버스를 이용한다. 아드
리아해의 풍광을 즐기고 싶으면 페리를 이용
해도 좋다. 자다르는 기차편이 운행되지 않으
므로 버스로 이동한다.

자다르 버스터미널(Autobusni Kolodvor)에
내리면 2 · 4번 버스(2회권 16KN/편도 10KN,
차내 구입 / 10분 소요)를 타고 구시가로 간다.

구시가 버스정류장에 내리면 바로 페리 선착
장이 보인다. 길 건너 성문(Sea Gate)을 통과
하면 구시가로 연결된다. 구시가는 작아 도보
관광이 가능하다.

비행기

자다르 공항에서 구시가까지 약 10km 떨어져
있다. 공항버스(요금 25KN)가 공항과 버스터
미널을 연결해준다. 크로아티아항공(Croatia
Airlines)과 라이언에어(www.ryanair.com)가
운항한다.

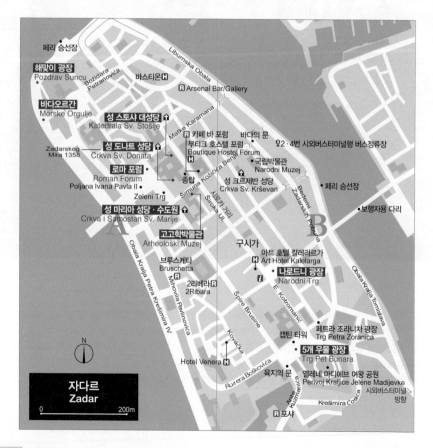

버스
- **자그레브→자다르** 약 3~4시간 소요, 매시간 1회 운행
- **플리트비체 호수 국립공원→자다르** 약 2~3시간 소요, 1일 5회 운행
- **스플리트→자다르** 약 3시간 소요, 1시간 1~2회 운행

버스 정보 www.liburnija-zadar.hr
- 자다르 버스터미널 안에 수하물 보관소 (06:00~22:00, 시간당 3KN)가 있다.

기차
- **자그레브→자다르** 약 12시간 이상 소요, 1일 3회 운행

페리
자다르와 아드리아해 맞은편에 위치한 이탈리아, 앙카라를 잇는 국제 노선이 인기 있다. 자다르(22:00) → 앙카라(07:00), 앙카라(22:00) → 자다르(07:00), 시즌에 따라 주 2~6회 운행 국내선은 리예카, 스플리트, 시베니크, 두브로브니크를 잇는 노선을 운항한다.

페리 정보 www.jadrolinija.hr

{ 여행 포인트 }
여행 적기 6~9월에 여행하기가 좋다.
점심 식사 하기 좋은 곳 나로드니 광장과 로마 포럼 주변
최고의 포토 포인트 시간이 허락하면 낮보다는 해지기 전에 바다오르간과 해맞이 광장에 도착하자. 일몰이 무척 아름답고 야간에 펼쳐지는 기상천외한 빛과 소리의 퍼포먼스도 환상적이다.
- 바다오르간과 해맞이 광장
- 성 아나스타샤 탑 전망대

여행안내소
주소 SV. Leopolda Bogdana Mandica 1
전화 023-315-316
홈페이지 www.zadar.travel
개방 매일 월~금요일 08:00~20:00, 토 · 일요일 08:00~13:00
교통 나로드니 광장 근처 **지도** p.468-B
액티비티 즐기기
- **자전거 렌트 Calimero**
주소 M-5, Ulica II zasjedanja ZAVNOH-a 1
전화 023-311-010
개방 월~금요일 08:00~20:00,

토요일 08:00~15:00
휴무 일요일
홈페이지 www.calimero-sport.hr
교통 항구(야진 Jazine) 근처
- **래프팅 Bora tours**
주소 F-4, Majstora Radovana 7
전화 023-33 77 60
개방 09:00~19:00, 토 · 일요일 17:30~19:00
홈페이지 www.boratours.hr
교통 구시가에서 차로 12분 거리
- **윈드 서핑 Surfmania Centre**
주소 Kralijcina beach, Sabunike, Nin
전화 098-912 98 18 **개방** 매일 10:00~18:00
홈페이지 www.surmania.hr
교통 구시가에서 차로 30분 거리

{ 추천 코스 }
예상 소요 시간 3~4시간

자다르 버스터미널(자다르 역)

⋮ 2 · 4번 버스 10분

구시가(Sea Gate)

⋮ 도보 5분

나로드니 광장(5개 우물 광장)

⋮ 도보 5분

로마 포럼

⋮ 바로

성 도나트 성당

⋮ 바로

성 스토샤 대성당

⋮ 바로

성 마리아 성당과 수도원

⋮ 바로

고고학박물관

⋮ 도보 5분

바다오르간

⋮ 바로

해맞이 광장

아드리아해로 둘러싸인 성곽 도시

자다르는 달마티아 지역에서 알려지지 않은 숨은 보석 같은 도시이지만 사실 오랜 역사와 문화를 간직하고 있는 매력적인 곳이다. 버스터미널(기차역)에 도착하면 버스를 타고 구시가로 이동한다. 구시가는 3면이 아드리아해로 둘러싸인 성곽 도시다. 중세와 베네치아 왕국 통치 시대에 세워진 성벽 중 8개의 문이 아직 남아 있다. 대부분 16세기에 세워진 성 로크 문(Gate of St Rock), 바다의 문(Sea Gate), 사슬의 문(Chain Gate)은 성곽을 따라 연이어 있지만, 육지의 문(Land gate)은 홀로 나로드니 광장(Trg Narodni) 아래쪽에 있다.

예전부터 생활의 중심지였던 나로드니 광장의 여행안내소에 들러 지도와 여행 정보를 얻고 근처 페트라 조라니차 광장(Trg Petra Zoranica)으로 간다. 주변에 캡틴 타워가 있고, 옆 계단을 따라가면 오스만투르크족의 침략을 대비해 식수를 확보하기 위한 5개 우물과 시민 휴식처인 자다르 최초의 옐레네 마디에브 여왕 공원(Perivoj Kraljice Jelene Madijevke)이 있다. 성벽 쪽으로 가면 1543년 세운 르네상스 양식의 육지의 문이 있다. 성문 위에는 베네치아 왕국을 상징하는 사자상이 새겨져 있고, 성벽 너머로는 짙푸른 아드리아해의 전경이 펼쳐진다.

다시 나로드니 광장으로 되돌아가서 직진하면 고도의 발자취를

❶ 자다르 항구
❷ 바다의 문(Sea Gate)
❸ 육지의 문 ❹ 수치심 기둥

❺ 옐레네 마디에브 여왕 공원
❻ 로마 포럼 주변
❼ 페트라 조라니차 광장
❽ 해맞이 광장
❾ 바다오르간

볼 수 있는 로마 포럼이 나온다. 자다르는 오랫동안 로마 지배를 받은 고도(古都)라 거리 곳곳에 흩어진 로마 흔적을 볼 수 있다. 구시가의 로마 포럼 주변에 로마네스크 양식의 성 도나트 성당, 달마티아 지방에서 가장 규모가 큰 성 스토샤 대성당, 성 마리아 성당과 수도원 등 역사적인 유적들이 모여 있다.

자다르 관광의 하이라이트
무엇보다 이 도시는 타 지역에서는 볼 수 없는 천재적인 아이디어 이벤트로 세계의 이목을 끌고 있는 바다오르간과 해맞이 광장이 있다.

로마 포럼에서 북서쪽 해안으로 가면 바닷가 돌계단에 눕거나 앉아 있는 여행객들로 북적거린다. 바닷속에 설치한 바다오르간이 파도 소리와 더불어 감미로운 음향이 흘러나온다. 바다오르간 옆에는 다층 유리판 300장이 깔린 푸른색의 해맞이 광장이 있다. 황혼이 깃들 때 해맞이 광장의 아름다운 일몰 풍경과 바닷속에서 울려 퍼지는 신비로운 멜로디가 어우러진 빛과 소리의 환상적인 장관을 연출한다. 석양이 질 때의 해맞이 광장은 잊을 수 없는 광경이 펼쳐지니 시간이 허락하면 이때를 놓치지 말자. 관광이 마무리되면 달마티아 지방의 지중해 요리 맛이 훌륭하니 현지 맛집에서 해산물 요리를 즐기자.

♥♥
**가장 중요한
베네치아인들의 요새**
5개 우물 광장
Trg Pet Bunara

중세 성벽과 캡틴 타워(Captain's Tower : 터키의 공격을 방어하기 위해 13세기 말 베네치아인들이 5개 우물 옆에 세운 26m 높이 오각형 탑으로 현재는 전시 공간으로 이용) 옆에는 1574년 중세 시대 배수로 지역에 세워진 5개 우물 광장이 있다. 오스만 투르크족이 자다르를 포위하면서 물 공급을 차단하자 베네치아인들이 식수를 확보하고자 물탱크를 짓기 위해 우물 광장을 만들었다. 식수를 확보할 뿐만 아니라 시각적 효과를 위해 5개 우물을 일렬로 건설할 정도로 외관과 디자인을 중요시했다. 도시를 보호하기 위해 광장은 직사각형 모양으로 3면을 봉쇄시키는 방어 기능을 갖춰 가장 중요한 베네치아 요새가 되었다. 최근에는 광장에서 여름철이면 다양한 문화 행사가 열린다.

교통 여행안내소에서 도보 2분
지도 p.468-B

♥♥
여행자들이 모이는 곳
나로드니 광장
Narodni Trg

자다르에서 여행객들로 가장 붐비는 광장. 아주 작은 광장이지만 주변에 여행안내소, 시청사, 렉터궁전, 시티 로지(City Lodge : 옛 법원 건물로 현재는 전시장으로 이용)을 비롯해 카페, 레스토랑, 기념품점 등이 몰려 있다. 광장에서 시청사를 바라볼 때 오른쪽으로 가면 5개 우물 광장과 공원이 나오고, 왼쪽으로 가면 로마 포럼, 성 도나트 성당 등이 나온다.

교통 로마 포럼에서 도보 5분
지도 p.468-B

로마 식민지 시대의 메인 광장
로마 포럼
Roman Forum

자다르가 로마 식민지였던 기원전 1세기부터 서기 3세기에 걸쳐 가로 45m, 세로 90m의 광장을 세웠다. 아드리아해 고대 국가 사이에 가장 중요한 건축물이었다. 로마 시대에 도시인의 중심 센터였던 메인 광장인데, 성 도나트 성당과 주교 궁전 앞에 세워 로마 시대의 공공 광장으로 행정과 상업의 중심이 되었다. 과거에는 장식된 열주가 광장 3면을 둘러쌓고, 주피터와 미네르바를 모시는 신전도 세웠는데, 제2차 세계대전 때 모두 훼손되고 기둥 2개만 남아 있다. 로마 제단 유적에는 라틴어 비문이 새겨져 있다. 광장북 서쪽은 중세 때 수치심 기둥(Shame Post)으로 사용되었던 기념비적인 기둥이 남아 있다. 당시 죄인을 묶어 일반인에게 공개해 수치심을 느끼기 위해 세웠다고 한다.

교통 나로드니 광장(Trg Narodni)에서 도보 3분 **지도** p.468-A

♥♥ ♥
음악 무대로 활용
성 도나트 성당
Crkva Sv. Donata

자다르의 상징으로 크로아티아에서 가장 유명한 기념비적인 건축물이다. 9세기 초 로마 포럼 터에 세운 성 도나트 성당은 15세기까지 성 삼위일체 교회라 불렸던 원형 모양의 프리로마네스크 양식의 성당이다. 자다르의 도나트 주교는 9세기 초 비잔틴 왕국과 프랑크 제국 사이에서 평화 협상을 주도할 정도로 중요한 역할을 수행했다. 15세기 성 삼위일체에 봉헌하기 위해 교회 명을 그의 이름을 따서 정하면서, 1798년까지 예배당으로 사용했다. 교회 내부 중앙의 원통 모양 공간은 3개의 반 원 애프스(교회 동쪽 끝에 있는 반원형 부분)가 있다. 교회 자체로는 오랫동안 성스러운 역할을 별로 하지 못했지만, 교회의 둥근 모양 그 자체는 전 세계에서 중세 초기부터 신성화된 건축의 독특한 예를 반영하고 있다. 성당 내부의 속이 빈 관 형태의 음향 효과가 탁월해 최근 50년간 크로아티아와 전 세계 거장들의 음악을 즐길 수 있는 저녁 음악 무대로 사용하고 있다.

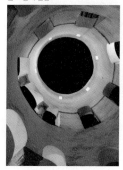

돔 모양의 천장

주소 Trg Rimskog Foruma **전화** 023-316-166 **홈페이지** www.zadar.travel **개방** 4~5월, 10월 09:00~17:00, 6월 09:00~21:00, 7~8월 09:00~22:00 **휴무** 11~3월 **요금** 20KN(학생 12KN) **교통** 나로드니 광장(Trg Narodni)에서 도보 3분, 로마 포럼 근처 **지도** p.468-A

육지의 문

구시가를 둘러싼 주요 성문

구시가는 3면이 아드리아해로 둘러싸인 성곽 도시다. 성벽에는 아직도 8개의 문이 남아 있는데, 일부는 중세에, 나머지는 베네치아 왕국 통치 시대에 베네치아인들이 오스만투르크족 침략을 방어하기 위해 세워진 성문들이다. 이중 가장 중요한 문이 자다르 구시가의 주출 입구인 육지의 문(Land Gate)이다. 베네치아 건축가 미켈레 산미켈리(Michele Sanmicheli)가 1543년 구시가 동쪽 포사 항구(Foša) 근처에 지은 문으로 달마치아 지방에서 르네상스의 가장 세련된 기념물이다.

북쪽에 위치한 바다의 문(Sea Gate)은 페리 항구와 성 크리소노누스 교회(Church of St. Chrysogonus) 사이에 세운 성문으로 성 크리소노누스 문(Chrysogonus Gate)이라고도 불린다. 1573년 베네치아인들이 레판토 해전(1571년 10월 7일 베네치아, · 에스파냐와 교황청의 연합함대가 투르크 함대를 격파한 해전)에서 투르크족을 물리친 기독교 승리를 축하하기 위해 세웠다.

그밖에 로코코 예배당의 이름을 본뜬 성 로코코 문은 1570년 시티 마켓에 세워졌고, 북쪽 다리 근처에는 1930년대 이탈리아인이 건설한 네오르네상스 다리 문(Neo-Renaissance Bridge Gate)이 있다. 서쪽에 위치한 사슬 문(Chain Gate)은 1877년 오스트리아 통치 시대에 세운 구시가의 6번째 문으로 가장 규모가 작다.

바다의 문

육지의 문 상단에 새겨진 사자

성당 내부

♥♥♥
달마티아에서 가장 크고 오래된 성당
성 스토샤 대성당(성 아나스타샤 대성당)
Katedrala sv. Stošije

옛 성당 터에 12~13세기 로마네스크 양식으로 세워진 건축물로, 달마티아에서 가장 크고 오래된 성당이다. 1202년 제4차 십자군의 공격을 받아 파괴된 후 하층부는 로마네스크 양식, 상층부는 고딕 양식인 각각 다른 건축 양식으로 복원했다.

성당 정면 상부(파사드)의 아치 장식과 뒤편의 네이브(성당 중앙부의 신도석), 스테인드글라스가 아름답다. 내부 애프스(성당 동쪽 끝의 반원형 부분)에는 아직 프레스코화가 남아 있고, 애프스에 있는 제단에 성 스토샤의 유물이 들어 있는 대리석 관이 있다. 기록에 의하면 1177년 자다르 주민은 알렉산더 3세 교황과 함께 교회로 가면서 슬라브어로 노래를 불렀다고 한다.

성당 옆에 높이 솟아 있는 종탑에 올라가면 자다르의 전경이 한눈에 들어온다. 종탑의 현재 모습은 19세기 영국인 건축가 잭슨(T. G. Jackson)이 설계한 것이다.

주소 Trg Svete Stošije **개방** 성당 08:00~12:00, 17:00~19:30 / 탑 09:00~22:00 **휴무** 11~3월 **요금** 성당 무료, 종탑 10KN **교통** 로마 포럼 근처 **지도** p.468-A

성녀 아나스타샤

3~4세기 디오클레티아누스 로마 황제가 잔혹하게 기독교를 탄압하던 시절에 귀족 집안 출신 어린 소녀 아나스타샤(St. Anastasia)는 귀족 푸블리우스와 정략 결혼을 했으나, 우연히 사랑과 신념으로 가득한 로마 기사 성 크리소고노를 만나면서 그녀의 운명이 바뀌었다. 그녀의 영적 지도자로 받아들여 처녀성과 새로운 이교도에 대한 갈망으로, 오랫동안 두문불출했지만 남편이 죽자, 그녀는 성 크리소고노와 합류해 아퀼레이아로 가서 죄수들과 고문당한 기독교인을 방문해 포교 활동을 했다. 불행히도 성 크리소고노가 그곳에서 순교하고 성 아나스타샤는 그녀의 고향 시르미움에서 순교했다. 그녀의 머리가 잘리고 신체는 이탈리아 팔마리아섬 바닷속으로 던져졌는데, 5세기경 그녀의 유골이 발견되자 콘스탄티노플로 옮겨졌다. 804년에 자다르의 주교 도나트가 로마 황제로부터 비잔티움과 자다르의 화해하는 뜻으로 시신을 인도받았다.

♥

르네상스 양식의 성당 겸 수도원

성 마리아 성당과 수도원

Crlva I Samostan Sv. Marije

자다르 귀족 출신의 여인이 지었다는 설이 있다. 1091년 커다란 3 개 나이브 교회는 로마네스크 양식으로 세워졌다. 종탑에서 가장 아름다운 부분이다. 옆에 있는 베네딕트 수도원의 수녀들이 운영하는 종교미술관(보물관)이 볼만하다. 자다르의 금은 컬렉션이라 불리는 금은세공으로 장식한 성 유물함과 십자가, 성화 등 8~18 세기의 눈부시게 화려한 미술품을 소장하고 있다. 성인의 손과 머리 모양의 성유물을 넣는 함에는 자다르의 주교 성 도나트와니의 그레고리 주교, 자다르의 수호 성인 크르제반의 것도 있다.

주소 Madijevaca ul. 10 **전화** 023-254-820 **홈페이지** www.benediktinke-zadar.com **개방** 월~토요일 10:00~13:00, 18:00~20:00, 일요일 10:00~13:00 **휴무** 공휴일 **요금** 20KN **교통** 로마 포럼 근처 **지도** p.468-A

♥

크로아티아에서 두 번째로 오래된 박물관

고고학박물관

Arheološki Muzej

1832년 세워진 고고학박물관. 선사 시대, 고대, 중세, 달마티아 지방의 유적, 주변 섬에서 발굴한 출토품 등 로마네스크 시대의 석상 등을 구석기부터 11세기에 이르는 다양한 10만 개 이상의 유물(1층은 중세 유물, 2층은 로마 시대 유물, 3층은 선사 시대 유물)들이 전시되어 있다.

주소 Trg Opatice Cike bb **전화** 023-250-613 **홈페이지** www.amzd.hr **개방** 1~3월·11~12월 월~금요일 09:00~14:00, 토요일 09:00~13:00 / 4~5월·10월 월~토요일 09:00~15:00 / 6~9월 월~토요일 09:00~21:00 / 7~8월 월~토요일 09:00~22:00 **휴무** 일요일 **요금** 30KN(학생 12KN) **교통** 나로드니 광장(Trg Narodni)에서 도보 3분 **지도** p.468-A

♥ ♥

계단 모양의 기발한 음악 장치
바다오르간
Morske Orgulje

자다르 북서쪽 해안에 자리 잡은 돌계단에는 크로아티아 출신 건축가 니콜라 바시치(Nikola Bašić)
가 제작한 기발한 음악 장치인 바다오르간이 있다. 바다오르간은 저위 해수면의 연안을 따라 70m
길이의 연이은 넓은 돌계단 모양으로 되어 있다. 넓은 돌계단에 구멍을 뚫어 반경과 길이가 다른 35
개의 파이프를 바닷속에 수직으로 파묻고, 파이프 위에 5음조, 7화음을 연주할 수 있는 휘파람
(Labiums)을 설치했다. 운하 위로 돌계단을 뚫어 파도로 공기가 유입되어 소리가 통과하도록 만들
어, 천연의 오케스트라의 신비로운 하모니의 끝없는 콘서트를 들을 수 있다.
바다에 설치한 바다오르간이 파도 소리와 더불어 감미로운 음향이 퍼져 나온다. 석양 무렵 바다오르
간과 해맞이 광장의 아름다운 일몰 풍경과 바다에서 울러 퍼지는 신비로운 멜로디가 어우러져 빛과
소리의 환상적인 장관을 연출한다.

교통 로마 포럼에서 도보 5분 **지도** p.468-A

❤️ ❤️ ❤️

일몰과 야간 이벤트가 환상적

해맞이 광장
Pozdrav Suncu

바다오르간 돌계단 옆에는 니콜라 바시치가 만든 해맞이 광장(The Greeting to the Sun)이 있다. 반경 22m의 원형에 다층 유리판 300장을 깔아 설치한 태양광 집열판이다. 유리전도 판 아래에 자연 현상을 반영할 수 있는 광전압 태양광 모듈이 있어, 바다오르간이 소리를 내듯 해맞이 광장은 빛을 발산한다.

광장 원형에 설치된 조명이 켜질 때 세계에서 가장 아름다운 일몰과 동시에 프로그래밍된 시나리오에 따라 바다오르간의 파도와 소리 리듬에 맞춰 인상적인 빛을 연출한다. 광전압 태양광 모듈은 태양에너지를 흡수한 다음 이를 분배해 전압 전원 네트워크로 방출하여 전기에너지로 변환된다. 전체 시스템은 연간 약 4만6500kwh 전력을 생산한다. 실제로는 해맞이 광장뿐만 아니라 전체 부둣가 조명에도 사용한다. 무엇보다 실제 에너지보다 3배 저렴하고 이 프로젝트 자체는 재생에너지원, 에너지 효율성 및 도시 공간 배치를 연결한다.

무엇보다 황혼이 깃들 때 해맞이 광장의 아름다운 일몰 풍경과 바다에서 울러 펴지는 신비로운 멜로디가 어우러진 빛과 소리의 향연이 펼쳐진다. 저녁 때에는 해맞이 광장 바닥 유리판에서 내뿜는 환상적인 다양한 불빛이 장관을 이루어 이를 보기 위해 몰려든 현지인과 여행객들로 만원을 이룬다. 2015년 크로아티아 10대 여행지 랜드마크로 선정되었다.

교통 바다오르간 옆 **지도** p.468-A

아드리아해에 접해 있는 자다르는 주변의 싱싱한 식자재를 사용한 해산물 요리를 비롯한 이탈리안 요리를 저렴하게 맛볼 수 있다.

2리베라
2Ribara

현지인들이 좋아하는 지중해 요리 전문 레스토랑. 먹물 파스타와 먹물 리소토가 인기 있다. 비프스테이크 탈리아타 90KN, 먹물 리소토 (Black Risotto) 60KN, 비프 스테이크 구이 150KN, 홍합 요리 60KN.

주소 Ul. Blaža Jurjeva 1 **전화** 023-213-445 **홈페이지** www.2ribara. com **영업** 매일 12:00~23:00 **교통** 성 도나트 성당에서 도보 4분 **지도** p.468-A

브루스케타
Bruschetta

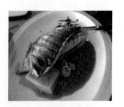

현지에서 평판이 좋은 이탈리안 요리 전문점. 싱싱한 생선 요리를 비롯한 스파게티, 스테이크 등의 맛이 훌륭하고 직원이 친절하다. 봉골레 스파게티 84KN, 생선 요리 (Seebarsh Filet) 135KN.

주소 Ul. Mihovila Pavlinovića 12 **전화** 023-312-915 **홈페이지** www. bruschetta.hr **영업** 매일 11:00~23:00 **교통** 성 도나트 성당에서 도보 4분 **지도** p.468-A

부티크 호스텔 포럼
Boutique Hostel Forum

구시가에 위치하고 있어 관광과 쇼핑하기가 편하다. 객실 전망도 좋고, 내부 스타일이 깔끔하고 직원이 친절해 만족도가 높다. 와이파이가 가능하며 TV, 로커, 카드키, 미니바 등을 갖췄다. 도미토리 105KN, 2인실(포럼 두오) 135KN, 트윈(포럼 메타) 240KN.

주소 Široka ul. 20 **전화** 023-250-705 **홈페이지** www. hostelforumzadar.com **교통** 성 아나스타샤 교회 근처 **지도** p.468-A

아트 호텔 칼레라르가
Art Hotel Kalelarga

구시가 중심에 자리 잡은 고급스러운 4성급 호텔. 넓고 깔끔한 객실에 직원들도 친절하고, 조식이 매우 양호하다. 레스토랑도 운영하고 있다. 2인 1260KN~.

주소 Ul. Majke Margarite 3 **전화** 023-233-000 **홈페이지** www. arthotel-kalelarga.com **교통** 나로드니 광장 근처 **지도** p.468-B

로마 황제가 사랑한 도시

스플리트

SPLIT

#휴양 도시#디오클레티아누스 황제#로마의 흔적

지중해의 따뜻한 고향에서 여생을 편하게 보내기 위해 293년경 로마 디오클레티아누스 황제가 아드리아해 길목에 호화롭고 사치스러운 궁전을 지으면서 스플리트는 황제의 도시로 유럽 전역에 알려진다. 7세기경 아바르인과 슬라브인이 이곳으로 이주하면서, 도시는 궁전 벽 밖으로 확장되고, 10세기 크로아티아, 헝가리, 베네치아 공화국부터 프랑스 통치자와 오스트리아–헝가리 군주의 지배를 받으며 격변의 세월을 겪는다. 스플리트는 마르얀(Marjan) 공원 기슭에 자리 잡은 달마티아 지방의 시발점이다. 또한 크로아티아에서 로마의 흔적이 가장 많이 남아 있는 유적과 푸른 아드리아해, 붉은 지붕, 하얀 벽돌이 조화를 이루는 매력 있는 휴양 도시로 지금도 전 세계 수많은 여행객이 매년 이곳을 찾는다.

1 수하물 보관소. 버스터미널 근처에 있다. 1일 보관료 15KN
2 버스터미널. 터미널 옆에 기차역이 있다.

{ 가는 방법 }

비행기 스플리트는 교통의 요충지로 기차, 버스, 페리 등 많은 대중교통편이 발달되어 있다.

기차는 편수가 적고 정차역이 많아 시간이 오래 걸리니, 유레일패스가 없다면 저렴하고 빠른 버스를 이용하는 것이 좋다.

● 스플리트 버스터미널
Autobusni Kolodvor Split

크로아티아 전역과 주변 국가를 연결하는 노선이 많다. 바로 근처에 기차역과 페리 선착장이 있어 이용하기 편리하다. 성수기에는 미리 예약을 해둔다.

터미널이 작아 대기실과 티켓 창구 외에는 편의 시설이 없다. 터미널 주변에 환전소, 상점, 유인 짐 보관소(1일 15KN)가 있다. 터미널에서 구시가까지는 걸어서 5분 거리이며, 구시가에 볼거리가 몰려 있으니 걸어다니며 관광한다.

홈페이지 www.ak-split.hr

페리 아드리아해의 정취를 즐기고 싶다면 페리를 타본다. 스플리트에서 브라츠(Brač) 또는 흐바르(Hvar)섬 코스와 이탈리아 안코나(Ancona)에서 스플리트를 잇는 노선이 가장 인기 있다. 안코나에서 야간에 출발하면 스플

크루즈 선착장

리트에 아침에 도착하므로 시간이 절약되어 많은 여행객들이 이용한다. 페리 선착장 바로 근처에 버스터미널과 기차역이 있어 이용하기 편리하다.

● 앙콜라(이탈리아)-스플리트
운항 19:45 출발, 07:00 도착(야드롤리니야 페리)
소요 시간 10시간
요금 편도 40KN
페리 정보 야드롤리니야 페리(안코나-스플리트)
www.jadrolinija.hr
블루라인 페리(안코나-스플리트)
www.blueline-ferries.com

{ 여행 포인트 }
여행 적기 6~9월에 여행하기가 좋다.
점심 식사 하기 좋은 곳 디오클레티아누스 궁전 주변
최고의 포토 포인트
● 궁전 내에 있는 성 도미니우스 대성당 종탑 전망대
● 해변에서 도보 15분 거리에 있는 마르얀 공원에서 바라본 아드리아해의 풍광
여행안내소(열주 광장 내)
주소 Peristil bb **전화** 021-345-606
홈페이지 www.visitsplit.com
개방 여름 월~토요일 08:00~21:00,
일요일 08:00~13:00 / 겨울 월~금요일
08:00~20:00, 토요일 08:00~13:00
휴무 겨울철 일요일
교통 디오클레티아누스 궁전 내 열주 광장
지도 p.484-D

{ 추천 코스 }
예상 소요 시간 4~5시간

```
┌─────────────────────────────────────────┐
│ 디오클레티아누스 궁전(청동문, 남문)      │
└─────────────────────────────────────────┘
         ⋮ 바로
┌─────────────────────────────────────────┐
│ 지하 궁전 홀                              │
└─────────────────────────────────────────┘
         ⋮ 바로
┌─────────────────────────────────────────┐
│ 열주 광장                                 │
└─────────────────────────────────────────┘
         ⋮ 바로
┌─────────────────────────────────────────┐
│ 황제의 아파트먼트 현관                    │
└─────────────────────────────────────────┘
         ⋮ 바로
┌─────────────────────────────────────────┐
│ 성 도미니우스 대성당                      │
└─────────────────────────────────────────┘
         ⋮ 바로
┌─────────────────────────────────────────┐
│ 주피터 신전                               │
└─────────────────────────────────────────┘
         ⋮ 도보 3분
┌─────────────────────────────────────────┐
│ 그르쿠르닌스키 동상                       │
└─────────────────────────────────────────┘
         ⋮ 도보 3분
┌─────────────────────────────────────────┐
│ 나로드니 광장                             │
└─────────────────────────────────────────┘
         ⋮ 도보 10~15분
┌─────────────────────────────────────────┐
│ 마르얀 공원                               │
└─────────────────────────────────────────┘
```

디오클레티아누스 궁전

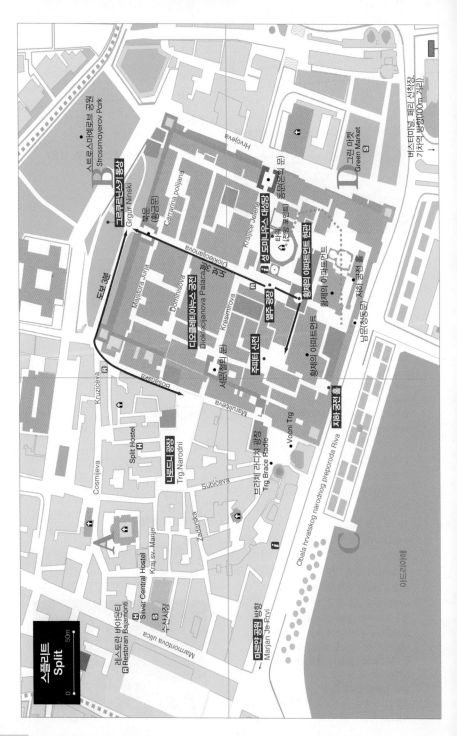

스플리트
Split

0 ___ 50m

스트로스마예로브 공원
Strossmayerov Park

그르구르 닌스키 동상
Grgur Ninski

북문(황금문)
Hrvojeva

Catrainna polijana

Krajice Jelene

성 도미니우스 대성당

동문(은의 문)

타워(전망 포인트)

i

황제의 아파트먼트 현관

황제의 아파트먼트

지하 궁전 홀

남문(청동의 문)

도보 3분

디오클레티아누스 공원
Diokleojanova Palaca 宮 구역

Majstora Jurja

Dominisova

Diocleciannova

Kresmirova

열주 광장

주피터 신전

R

서문(철의 문)

Bosanska

황제의 아파트먼트

지하 궁전 홀

그린 마켓
Green Market
S

D

Kruziceva

R

Split Hostel

H

Marulleva

나로드니 광장
Trg. Narodni

Vocni Trg

Cosmijeva

브라체 라디치 광장
Trg Brace Radic

Subiceva

Zadarska

Silver Central Hostel
S

i

Kraj. sv. Marije

레스토랑 바야몬티
R Restoran Bajamonti

수산시장
S

마르얀 공원 방향
Marjan Je-Prvi

Mammontova ulica

Obala hrvatskog narodnog preporoda Riva

C

아드리아해

버스터미널, 페리 선착장
기차역 방향(100m 거리)

Preview
SPLIT

크로아티아 달마티아 지방 여행의 시발점

스플리트는 볼거리가 구시가지에 밀집해 반나절이면 둘러볼 수 있다. 페리 선착장이나 버스터미널에 도착하면 근처 유인 짐 보관소에 짐을 맡기고 디오클레티아누스 궁전으로 향한다. 유럽의 궁전은 대부분 관광을 위해 전시하는 공간인데, 이곳 궁전은 내부에 일반인이 거주하면서 생활을 꾸려 나가는 삶의 터전이다.

우선 디오클레티아누스 궁전 남문으로 들어가면 통로를 따라 기념품 가게가 직선으로 뻗어 있다. 남문에 들어서자마자 왼쪽 또는 오른쪽으로 들어가면 지하 궁전 홀이 나오고 통로를 따라 직진해서 계단으로 올라가면 스플리트의 번화가인 열주 광장이 나온다. 뒤돌아 계단으로 올라가면 황제의 아파트먼트 현관으로 연결된다. 광장 오른쪽(남문 쪽에서 광장을 바라볼 때)에는 여행안내소가 있으니 이곳에서 시내 지도를 비롯한 여행 정보를 구한다. 광장 오른편에 있는 성 도미니우스 대성당 종탑으로 올라가면 선착장을 비롯한 아드리아해의 짙푸른 바다와 시가지의 붉은 지붕, 하얀 벽돌이 그림처럼 멋지다. 내려오면 궁전 내부와 4대

❶ 스플리트 ❷ 그린 마켓
❸ 디오클레티아누스 궁전 조감도
❹ 궁전 안 골목

문 안의 주변 골목 상점들을 거닐며 윈도쇼핑을 즐기자. 서문으로 가면 가장 번화가인 나로드니 광장과 해변으로 연결되고, 북문으로 가면 크로아티아인의 존경을 받는 그르쿠르닌스키(그레고리우스닌)의 동상이 있다.

시장기가 들면 궁전 옆에 있는 그린 마켓으로 가자. 싱싱한 과일과 빵을 구입해 해변에 조성된 야자수 아래 벤치에 앉아 피로를 풀면서 허기를 달래보자. 시간적 여유가 있다면 마르얀(Marjan) 공원도 가보자. 해변을 따라 15분 정도 걸어가면 나온다. 성 도미니우스 대성당 종탑 전망대와는 다른 각도의 시내 전경이 펼쳐진다. 공원 입구 근처에 커피숍이 있으니 커피 한잔 마시면서 항구와 시내 전경을 즐겨본다. 물론 시간적 여유가 있다면 페리를 타고 흐바르(Hvar)섬을 비롯한 인근 섬에도 가봐도 좋다.

♥♥♥
스플리트의 대표 유적지

디오클레티아누스 궁전
Dioklecijanova Palaca

디오클레티아누스 궁전은 295년 디오클레티아누스 황제가 짓기 시작해 305년 6월 완성된 궁전이다. 유네스코 세계문화유산으로 등재될 정도로 로마 건축물 중 가장 유명하면서 보존이 잘된 건축물이다. 스플리트 출신인 디오클레티아누스는 로마를 동·서 제국으로 나누고 로마 수도를 4개로 나눠 4두 정치(황제 밑에 부황제를 둠)를 실시하고 생전에 황제 자리를 퇴임한 유일한 황제이기도 하다. 퇴임 후 여생을 편히 보내고자

지었지만 아쉽게도 아내와 딸이 왕위 쟁탈전에 휘말리면서 타국으로 추방되자 홀로 말년을 힘들게 보내다 세상을 떠났다.

궁전은 방어 수단을 목적으로 30000㎡ 면적의 거대한 직사각형으로 세웠다. 건물이 로마 군대 캠프처럼 빌라와 요새 모양으로 지어졌다. 외벽은 인근 브라치(Brac)섬에서 가져온 하얀 돌로, 내부 치장에 쓰일 대리석은 이탈리아에서 가져왔다. 4개의 문 중 남문(청동의 문)은 바다를 향하고, 나머지 3개 문은 내륙을 향하고 있다. 동문(은의 문)은 베네치아의 영향을 받았다. 북문 쪽은 병사를 비롯한 신하들의 숙소였고, 전망이 좋은 남문 쪽은 황제가 기거하는 곳이었다. 궁전 앞에는 디오클레티아누스를 비롯한 4명의 통치자 조각상으로 장식했다. 7세기부터 근처 살로나에서 온 난민들이 이곳에 들어와 살면서 화려했던 옛 궁전 모습은 사라지고 현재는 3000명의 사람들이 생활하는 삶의 공간으로 변모한 구시가지의 중심지이다. 궁전 내에 레스토랑, 기념품 가게 등이 밀집해 있어 늘 관광객들로 붐빈다.

개방·요금 디오클레티아누스 궁전은 4개의 문으로 누구나 들어갈 수 있는 열린 공간이라 입장료와 오픈 시간이 따로 없다. 단 궁전 내에서 대성당과 주피터 신전, 지하 궁전 홀은 입장료를 내야 들어갈 수 있다. **교통** 버스터미널(페리선착장)에서 도보 5분, 그린 마켓 부근 **지도** p.484-B,C,D

1 남문 2 디오클레티아누스 궁전 3 디오클레티아누스 황제 동상

작지만 매력적인 광장
열주 광장
Trg Peristil

대리석으로 만든 16개의 열주로 둘러싸인 작은 광장으로 과거 종교의 중심이었다. 당시 황제가 아파트먼트 입구 중앙 아치 아래에 나타나면 신하들은 그에게 다가가 무릎을 꿇고 자주색 망토(디오클레티아누스 황제 시대 이후 자주색은 황제를 상징함)에 키스를 하거나 바닥에 엎드렸던 곳이다. 르네상스와 고딕 양식의 독특한 건축미와 특별한 음향 시설로 열주 광장은 베르디의 〈아이다〉를 비롯한 오페라와 그리스 비극의 유명한 극장 무대가 되었다.

이곳 주민들은 아직도 열주 광장이 스플리트를 비롯한 전 세계의 중심이라고 여길 정도로 애정이 깊다. 광장 주변에는 황제의 아파트먼트, 성 도미니우스 대성당, 주피터 신전, 여행안내소, 상점들이 있어 여행의 시발점이 된다.

교통 디오클레티아누스 궁전 안. 남문(청동의 문)으로 들어가 직진해 계단을 올라가면 바로
지도 p.484-D

돔 모양의 홀
황제의
아파트먼트 현관
Vestibul

열주 광장에서 남쪽(바다 쪽)을 바라보고 계단 위로 올라가면 황제의 아파트먼트 현관이 나온다. 입구로 들어서면 천장이 뻥 뚫린 돔 모양의 홀이 나온다. 당시보다 퇴색되어 화려하지 않지만, 아직도 옛 그대로 보존되어 있다. 궁전 거주지로 들어가는 입구로 사용되기도 했다. 남동쪽 입구는 10세기 르네상스 초기 중세 건축물이다. 안쪽으로 들어서면 황제의 부엌과 식당으로 연결된다. 돔 모양의 홀은 음의 반향이 좋아서 지금도 아마추어 합창단이 노래하면서 관광객을 상대로 CD를 판다.

교통 열주 광장에서 바다 쪽 계단 위
지도 p.484-D

황제의 아파트먼트 현관의 돔 모양 홀

2000년의 역사를 지닌 곳
성 도미니우스 대성당
Katedrala sv. Dujma

유럽의 성당 중에서 가장 오래된 건축물 중 하나인 성 도미니우스 대성당은 로마 황제의 영묘와 함께하고 있다. 고대의 이교도, 중세의 기독교, 현대의 유산이 지난 2000년의 성당 역사를 말해준다. 디오클레티아누스 황제는 로마 다신교를 신봉하면서 기독교인들을 무차별하게 박해했는데, 아이러니하게도 황제에게 순교당한 성 도미니우스를 기리기 위해 7세기 라벤나 주교가 황제의 영묘 자리에 시신을 없애고 대성당을 세웠다.

내부는 코린트 양식의 기둥이 천장의 돔을 받치고 있다. 기둥 사이에 새겨진 메달 모양의 초상화에 황제 디오클레티아누스와 그의 아내 프리스카가 매장되어 있으리라 추측한다. 황제 말년에 아내와 딸이 왕위 쟁탈전에 휘말리면서 타국으로 추방되어 살해되었다고 한다.

열주 광장 옆 성당 입구 계단에는 2마리의 사자상(베네치아의 상징)이 위용을 자랑하고 옆쪽에는 60m 높이의 로마네스크식 종탑이 있다. 이곳 종탑에서 내려다보이는 항구와 시내의 전경이 매우 아름다우니 꼭 올라가 보자.

주소 Kraj Sv Duje **전화** 021-345-602 **홈페이지** www.croatia.hr **개방** 월~토요일 08:00~19:00 **휴무** 일요일 **요금** 성당+보물관 45KN, 종탑 15KN **교통** 열주 광장 옆 **지도** p.484-D

1 성 도미니우스 대성당 2 성당 입구 사자상 3 성당 지하 무덤. 쪽지에 소원을 적어 단상 위에 놓으면 행복이 온다고 전해진다.

가장 잘 보존된 고대 유적
지하 궁전 홀
Sale Sotterranee

디오클레티아누스 궁전에서 궁전 지하 저장고는 궁전 외벽과 함께 가장 잘 보존된 고대 유적물이다. 황제 거처는 1층에 마련하고 지하는 기둥과 아치형의 천장으로 만들어 황제의 연회 장소, 와인과 오일 등을 저장하는 식량 창고로 사용했다. 지하 창고 발굴은 19세기 중엽부터 시작해 1995년부터는 남문과 동문 일부를 일반인에게 공개하고 있다. 현재 전시회, 공연장, 5월 국제 꽃 축제장으로도 사용되고, 궁전 홀 통로(남문에서 열주 광장으로 가는 통로)는 기념품 가게들이 상주하고 있다.

개방 매일 10:00~18:00 **요금** 40KN(학생 30KN) **교통** 디오클레티아누스 궁전 남문 입구 **지도** p.484-D

유럽에서 가장 아름다운 신전
주피터 신전
Quadrangular Temple

열주 광장 서쪽으로 성 도미니우스 대성당 맞은편 좁은 골목길로 들어서면 주피터 신전이 나온다. 스코틀랜드 고고학자들은 이곳을 유럽에서 가장 아름다운 신전이라 한다. 직사각형 모양의 신전은 주피터(디오클레티아누스 황제는 자신을 주피터 동생이라 일컬음)를 숭배하기 위해 세워졌다. 사원 입구 앞에는 여섯 기둥 현관이 있고, 신전 밑에는 성 토마스에 봉헌한 지하실이 있다. 신전은 고대 후반에 세례당으로 변모하고, 오늘날 세례당은 1년에 한 번 6월 24일에 열린다. 신전 앞 계단 위에는 이집트에서 가져온 머리 없는 스핑크스가 위용을 자랑하며 서 있다.

개방 월~토요일 08:30~19:00, 5~9월 일요일 12:00~18:30 **휴무** 10~4월 일요일 **요금** 10KN **교통** 열주 광장 근처 **지도** p.484-D

주피터 신전. 입구 앞에 머리 없는 스핑크스가 있다.

♥♥

행운을 주는 동상

그르쿠르닌스키 동상
Grgur Ninski

20세기 초 세워진 그르쿠르닌스키(그레고리우스닌) 동상은 크로아티아인들이 자주 찾는 곳이다. 그는 10세기 크로아티아 자국어로 예배를 볼 수 있도록 강력히 투쟁했던 대주교로, 크로아티아인들이 존경하는 인물이다. 그의 청동상 왼쪽 발가락을 만지면 행운이 온다고 믿는 사람들이 많아서인지 발가락이 번쩍거릴 정도로 빛난다.

교통 황금의 문(북문)을 나서면 바로 **지도** p.484-B

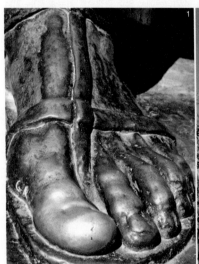 

1 엄지발가락을 만지면 행운이 온다는 말에 여행객들의 손을 타 늘 반짝반짝 빛난다. 2 그르쿠르닌스키 동상. 크로아티아인들에게 존경받은 대주교

♥♥

스플리트에서 가장 아름다운 광장

나로드니 광장
Trg Narodni

베네치아풍의 팔각형 종탑, 전통적인 달마티아 건축물, 바로크식 파사드 등의 건축물들이 모여 있어 중세풍의 분위기를 자아내는 광장이다. 또한 스플리트의 중심 광장으로 현대적인 상점들과 레스토랑, 카페 등이 밀집해 있어 늘 현지인과 관광객들로 생기가 넘치는 곳이다. 광장 모퉁이에 조각가 이반 메스트로비치가 제작한 마르코 마루리치(Marko Marulić: 15세기 크로아티아 문학의 대부) 청동상이 있다.

교통 서문(철의 문)에서 나오면 바로 **지도** p.484-A

♥♥♥
스플리트의 멋진 전망이 한눈에

마르얀 공원
Marjan Je Prvi

오른쪽 맨 뒤쪽이 마르얀 공원

스플리트 하면 마르얀 공원이 떠오를 정도로 도시의 상 징이다. 북쪽 사면은 석회암, 남쪽 사면은 암석으로 형성 되어 있고, 동서 길이 3.5km, 폭 1.5km이다. 이곳 3개의 봉우리가 각각 해발고도 125m, 148m, 178m에 위치해 있 어 스플리트 시내와 아름다운 아드리아해의 트로기르섬 등이 보일 정도로 전망이 뛰어나다. 1852년 소나무를 심 기 시작하면서 자연보존구역으로 관리되고 있다. 스플리 트의 허파 기능을 하며 방문객들에게 평온함과 아늑함을 선사한다.

교통 해안을 바라볼 때 오른쪽 방향으로 가면 공원 표지판이 나온다. 도보 10~15분 **지도** p.484-C

(TRAVEL TIP)

스플리트의 추천 식당

레스토란 바야몬티 Restoran Bajamonti

크로아티아의 지중해식 전통 요리 레스토랑. 생선을 비롯한 해산물을 인근 어시장에 공급받아 늘 신선도를 유지한다. 스테이크도 인기 있다. 예산 €15~.

주소 Marmontova ul. 3 **전화** 021-341-033 **홈페이지** www.restoran-bajamonti.hr **영업** 07:30~24:00
교통 나로드니 광장에서 도보 5분 **지도** p.484-A

"두브로브니크를 보지 않고는 천국을 얘기하지 말라"는 영국의 극작가인 버나드 쇼의 말처럼 유럽에서 꼭 가봐야 하는 매력적인 도시이다.

아드리아해의 보석 같은 도시

두브로브니크

DUBROVNIK

#성곽 도시#해상 무역#눈부신 붉은 지붕

두브로브니크는 아드리아해 스르지산(Mount Srđ) 자락에 자리 잡은 성곽 도시로 14~19세기 달마티아 공화국의 수도였다. 가파른 암석과 푸른 아드리아해. 붉은빛을 발하는 빨간 지붕이 서로 조화를 이뤄 한 폭의 그림 같은 아름다운 도시이다. 바다를 끼고 두텁고 높은 성벽을 쌓은 천연 요새 덕분에 450년간 공화국을 유지하며 고유한 도시 모습을 간직할 수 있었다. 또한 동서양의 길목에 위치한 지리적 이점을 이용해 중계무역으로 부를 축적하면서 15~16세기에는 베네치아에 버금가는 해상 무역 국가로 황금기를 맞이했다. 두 번에 걸친 대지진과 내전 등으로 많이 파괴되었으나. 다행히 시민들의 자발적인 노력으로 아름다운 중세풍의 역사적 건축물이 고스란히 복원되어 1979년 유네스코 세계문화유산에 등재되었다.

{ 가는 방법 }

두브로브니크로 가는 기차편은 없지만 대신 버스, 페리가 매일 다닌다.

버스

● 버스를 이용하면 리에카~자다르~스플리트~두브로브니크로 연결되는 아드리아해의 좁은 도로를 따라 펼쳐지는 아름다운 절경을 즐길 수 있다. 유의할 점은 스플리트에서 두브로브니크로 갈 때 보스니아의 네움(Neum)을 통과하므로 반드시 여권을 소지해야 한다. 크로아티아 전역과 주변 국가를 연결하는 버스 노선이 많다. 터미널 바로 근처에는 페리 선착장이 있어 이용하기 편리하다. 성수기에는 좌석이 매진되니 미리 예약해둔다.

● 두브로브니크 버스터미널 내에 유인 짐 보관소가 있다. 버스터미널(페리 선착장)에서 시내까지는 2km 정도 떨어져 있어 도보로 20~30분 정도 걸린다. 근처에 슈퍼마켓, 환전소, 은행, ATM, 여행안내소, 호텔 등이 있다. 버스터미널 앞에서 시내버스 1A · 1B · 1C · 3 · 8번(1회권 12KN, 차내 구입 15KN/10분 소요)로 구시가까지 이동한다.

페리

이탈리아 바리에서 두브로브니크를 잇는 노선이 인기 있다. 크로아티아 국내에서는 일부 구간[Dubrovnik → Koločp → Lopud → Su đura đ(Špan)]을 운항한다.

운항 시간 바리(22:00) → 두브로브니크(08:00) 두브로브니크(12:00 또는 22:00, 요일에 따라 다름) → 바리(19:30 또는 08:00)

야드롤리니야 페리 www.jadrolinija.hr

두브로브니크 카드
Dubrovnik Card

교통카드 기능은 물론, 성벽을 비롯한 유명 관광지 8곳을 무료로 관람할 수 있는 카드로 1일, 3일, 7일권을 구매할 수 있다. 1일권은 버스 24시간, 3일권은 버스 6회, 7일권은 버스 10회를 무료로 탑승할 수 있다. 또한 기념품 가게, 보석 상점, 레스토랑 등의 할인과 150쪽의 알찬 시내 가이드북이 포함되어 있어 매우 유용하다.

요금 1일권 200KN(온라인 구매 시 180KN), 3일권 250KN(온라인 구매 시 225KN), 7일권 350KN(온라인 구매 시 315KN)
홈페이지 www.dubrovnikcard.com

{ 여행 포인트 }

여행 적기 5~9월이 여행하기 좋다.
도보 여행 & 교통비 구시가(필레 문)에 숙소가 있으면 도보로 돌아볼 수 있으나, 그루즈 지구(버스터미널, 선착장) 주변에서 이동한다면 버스를 이용한다. 1회권 12KN
점심 식사 하기 좋은 곳 필레 문, 구항구 주변, 오노프리오 분수 뒤쪽 골목 주변
최고의 포토 포인트
●스르지산 전망대 ●성벽 위
여행안내소(필레 Pile 지구)
주소 Pile, Brsaue 5

성벽

전화 020-312-011
홈페이지 www.tzdubrovnik.hr
개방 성수기 08:00~20:00 / 비수기 월~토요일 08:00~19:00, 일요일 09:00~15:00, 연중무휴
교통 필레 문 앞 힐튼 호텔 맞은편 **지도** p.496-E

{ 추천 코스 }
예상 소요 시간 1일

필레 문

⋮ 바로

성벽

⋮ 출구와 연결

스트라둔 대로

⋮ 출구에서 바로

오노프리오 분수

⋮ 바로

프란체스코 수도원과 박물관

⋮ 도보 3분

오를란도브 게양대

⋮ 바로

스폰자 궁전

⋮ 바로

두브로브니크 대성당

⋮ 바로

렉터 궁전

⋮ 도보 10분

스르지산(케이블카 승차장)

두브로브니크 Dubrovnik

0 ————— 100m

A

D

C

H

E

G

필레 지구
Pile

버스터미널 방향
페리 선착장 방향
버 립서스
리베르타스 호텔 방향
버 유스호스텔
두브로브니크 방향

전망 포인트
민체타 요새
Minčeta Fortress

프란체스코 수도원 박물관
Franjevački Samostan-Muzej

필레 문
Pile Gate
(Grandska Vrata Pile)

오노프리오 분수
Onofrijeva Fontana

성벽 매표소
(입구)

보카르 요새
Bokar Fortress

전망 포인트

로브리예나츠 요새
Tvrđava Lovrjenac

성 사비오르 성당
Crkva Svetog Spasa
Za Rokom

Od Puča

Od Puča

Petline

Plovani skalini

C. Medoviča

Od Sigurate

M. Đorđiča

Čubranoviceva

M. Getaldiča

D. Zlatariča

Garište

린도 포크 앙상블

Antuninska

Palmotičeva

Kuničeva

Petilovrijenci

Nalješkovičeva

Prijeko

M. Vetranica

Zamanjina

Dropčeva

Žudioska

Kovačka

Zlatarska

D'vino Wine Bar
Dubrovnik **R**

R 바이 거리
Dolce Vita

R Proto
Vetra

스트라둔(플라차) 대로
Stradun(Placa)

R Konoba
Damatino

Siroka

성블라이세 성당
Crkva Svetoga Vlaha

C. Zuzorič

Od Puča

M. Pracata

M. Pracata

Od Domina

Od Sorte

Od Kaštela

Od Margarite

M. Kaboge

Dinka Ranjine

Uz Jezuite

Bunićeva
poljana

Amapioleva poljana

Svete Marije

Zvjezdičeva

Tmušasta

Strassmayerova

Mrvo Zvono

성벽 방향
Mount Srđ
(레스토랑 파노라마 방향)

부차 카페
(북쪽 입구)

성벽 입구

스폰자 궁전
Palča Sponza

구 항구

오를란도 게양대(루자 광장)
Orlandov Stup

렉터 궁전
Knežev Dvor

Pred Dvorom

두브로브니크 대성당
Dubrovačka
Katedrala

레베린 요새
Revelin Fortress

플로체 문
Ploce Gate
(Vrata Ploce)

로크룸섬 방향

도미니크 수도원
Ul. sv. Dominika

R Arsenal Taverna at
Gradska Kavana

성 요한 요새
St. John Fortress

아쿠아리움

해양박물관

R 코노바 로칸다 페스카리아
Konoba Lokanda
Peskarija

Poljana
M. Držića

Braća Andrijića

Đura Baglivi

Restičeva

Pobijana

Ilije Saraka

Stulina

Gradičeva

Iza Mira

Braća Andrijića

Bandureva

Stajeva

R Oyster 4 Sushi Bar
BOTA

Azur
Dubrovnik

스테판 문
Stjepan Gate
(Sveti Stjepan)

부차 카페
Buza Cafe

부차 카페 2
Buza Cafe 2

성벽 회색는
도보 1~3시간 소요

성벽(성 반대편 전망대)

성벽(성 반대편 전망대)

Travel
DUBROVNIK

❶ 구항구 주변.
맨 뒤쪽이 성 요한 요새이다.
❷ 부자 카페에서
짙푸른 아드리아해를 바라보자
❸ 일일 시장

여유 있는 일정을 추천

두브로브니크는 볼거리가 많아 당일 여행하기에 너무 아쉬운 곳
이니, 여유 있게 일정을 짠다. 해안선을 끼고 있어 주변 경관은 멋
있지만, 육로 이동 수단은 버스나 택시가 유일해 약간 불편하다.
출발 시각을 잘 확인하고 일정을 짜야 시간 낭비를 하지 않는다.
버스터미널(페리 선착장도 근처에 위치)에 도착하면 우선 여행안
내소에 들러 두브로브니크 카드를 구입하거나 무료 시내 지도를
챙긴 후 바로 숙소로 가서 짐을 풀고 구시가지의 필레 문으로 간
다. 시간 여유가 있다면 필레 문 밖에 있는 로브리예나츠 요새(입
장료는 성벽 투어 요금에 포함)를 먼저 관람해도 좋다.

운치 있는 성벽 투어

필레 문을 통과해 바로 왼쪽 성벽 티켓 입구로 들어가 성벽 투어
를 시작한다. 코스는 왼쪽에서 시작해 한 바퀴를 돌고 오는 순서
이다. 성벽을 도는 데 1~3시간 정도 걸리니 가벼운 복장과 편한
신발, 음료를 준비해 간다. 그리고 비가 종종 내리니 우산이나 우
비를 작은 배낭 속에 넣어둔다. 비가 온다면 성벽 바닥이 미끄러
우니 조심히 걷는다. 두브로브니크 카드를 구입했다면 성벽 도중
에 해양박물관을 무료로 관람할 수 있다.
성벽 투어의 하이라이트는 성벽 중 가장 높은 곳에 위치한 민체

타 요새에서 바라본 성곽 도시의 전경이다. 빨간색 지붕과 푸른 바다가 조화를 이뤄 멋있다. 원위치로 되돌아오면 번화가인 스트라둔(Stradun) 대로를 따라 거닐어 본다. 길가를 따라 다양한 상점이 있어 눈요기하기에 좋다. 왼쪽 좁은 골목길도 올라가 본다. 마치 베네치아의 좁은 미로를 걷는 느낌이 든다. 대로 끝자락에 있는 루자 광장은 오를란도브 게양대와 성 블라이세 성당이 있어 늘 여행객들로 붐빈다. 오른쪽 프레드 드바롬(Pred Dvarom) 거리에서 왼편에는 스폰자 궁전이, 오른편에는 렉터 궁전이 있다. 두브로브니크의 역사를 한눈에 볼 수 있는 곳이니 꼭 관람해본다. 성벽을 따라 한 바퀴를 돌면 바로 출발지인 필레 문(매표소 입구)이 나온다. 점심은 구항구에 있는 로칸다 페스카리자(Lokanda Peskarija)에서 허기를 채우는 것으로 한다. 이곳은 해산물 맛집으로 소문나 늘 손님들로 붐빈다.

❶ 스르지산 전망대에서 바라본 도시 전경
❷ 필레 문 위 성벽이 여행의 출발점
❸ 필레 지구의 구시가지로
관광의 시발점이다. 주변에 여행안내소,
호텔, 레스토랑, 숍 등이 있다.
다리를 건너면 필레 문이 나온다.

두브로브니크 최고의 전망대

이제 두브로브니크 여행의 하이라이트인 스르지산으로 향한다. 부자 문에서 약간 경사진 도로를 따라 올라가면 케이블카 타는 곳이 나온다. 스르지산 전망대에서 바라본 두브로브니크 성곽 도시의 전경이 그림같이 아름답다. 이곳 커피숍에서 커피 한잔하며 여독을 풀어본다. 이곳에서의 일출과 일몰 전경은 놓치기 아쉽다. 만약 일몰까지 보고 싶다면 성곽 투어를 오후 3~4시에 끝내고 전망대로 올라가자. 낮과 저녁의 색다른 전경을 둘 다 즐길 수 있다. 2일 일정이라면 다음 날은 근교 로크룸 섬(Lokrum Island)으로 가서 보트 투어를 해본다.

♥♥♥

두브로브니크 관광의 하이라이트

성벽

Gradske Zidine

유럽에서 가장 아름답고 보존이 잘된 두브로브니크 성벽은 방문객에게 매력적인 명소이다. 성벽은 두브로브니크를 외세로부터 방어해주고 자유를 지켜줬던 공화국의 자존심과 상징 그 자체다. 길이 1940m에 이르는 성벽은 5개의 요새와 16개의 탑으로 둘러싸여 있다. 성벽으로 오르는 입구는 동쪽 구항구 쪽 성 루크 교회(St. Lukes Church), 필레 문(Gradska Vrata Pile), 성 요한 요새(St. John's Fortress)에 있다. 성벽의 산책로를 따라 한 바퀴 도는데 2~3시간 정도 걸리는데, 걷다 보면 두브로브니크의 역사를 말해주는 중세풍의 건축물과 파란 아드리아해의 절경이 한눈에 펼쳐진다. 현재 남아 있는 5개 요새 중 민체타 요새(Minčeta Fortress), 보카르 요새(Bokar Fortress), 성 요한 요새는 성벽 내에 있고, 성벽 밖에는 서쪽에 로브리예나츠 요새(Lovrjenac Fortress), 동쪽에 레베린 요새(Revelin Fortress)가 있다. 특히 북쪽 민체타 요새는 가장 높은 곳에 있어 전망이 좋다. 두브로브니크 구시가지는 이웃에서 가져온 테라로사토(카르스트지형에서 볼 수 있는 적색 토양)로 빚은 벽돌로 만든 지붕이 성곽 도시를 빨갛게 물들게 해 도시를 한 폭의 그림처럼 빛내준다.

남서쪽에 위치한 보카르 요새는 바다를 사이에 두고 로브리예나츠 요새와 마주 보고 있다. 이는 필레다리와 해자, 서쪽 항구를 보호하기 위해 15세기에 세웠다. 성 요한 요새는 남동쪽 항구를 지키기 위해 1346년에 세운 첫 번째 사각형 부두 타워이다. 지상층 요새에 아쿠아리움이 있고 1~2층에 해양박물관이 있다. 시간이 허락하면 대성당 남쪽 부근 성곽 절벽에 위치한 부자 카페(Buza Café)에

성곽에서 바라본 로크롬섬

두브로브니크 **499**

앞쪽이 민체타 요새, 뒤쪽이 스르지산

가보자. 커피를 마시며 눈부시게 아름다운 아드리아해를 바라보는 재미도 있다. 동쪽 입구 성벽 밖에 위치한 레베린 요새(플로체 문 앞에 위치)에서는 테라스에서 두브로브니크 여름 축제(2018년 7월 10일~8월 25일 / www.dubrovnik-festival.hr)가 열린다.

주소 Gundulićeva Poljana 2 **전화** 020-638-800 **홈페이지** www.citywallsdubrovnik.hr **개방** 4~10월 08:00~19:30, 11~3월 10:00~15:00 **요금** 150KN(학생 50KN), 로브리예나츠 요새 입장료 포함 **교통** 필레 문을 통과 후 바로 왼편 **지도** p.496

(**TRAVEL TIP**)

성벽 산책 즐기기

❶ 필레 문 안으로 들어와 왼쪽 성 사비오르 성당 옆 입구로 들어가면 티켓 창구가 나온다.

❷ 계단을 따라 올라간 후, 성벽 산책은 왼쪽부터 시작해서 한 바퀴 돌고 다시 이곳으로 내려온다.

❸ 출발점에서 왼쪽으로 가면 보카르 요새가 나온다. 이곳은 사진 찍기 좋은 곳이다. 요새 맞은편 바다 건너에 보이는 곳이 로브리예나츠 요새이다.

❹ 보카르 요새를 지나 성벽 산책로를 따라 계속 직진하면 대포가 포진해 있는 성 요한 요새가 나온다. 이곳에 해양박물관이 있다. 두브로브니크 카드를 구입했다면 무료 입장이다. 성 요한 요새에서 구항구와 스르지산을 배경으로 사진 찍기에 좋다.

❺ 구항구 방향을 지나 산책로를 따라 비스듬히 올라가면 성곽 전망이 가장 멋있는 민체타 요새가 보인다. 이곳 전망대에 올라가면 빨간 지붕으로 도배된 성곽 도시가 한눈에 들어온다. 비가 오는 날에는 성벽 산책로의 바닥 돌이 미끄러우니 주의할 것. 특히 민체타 요새에 올라가는 돌계단은 매우 미끄러우니 내려올 때 조심한다.

❻ 케이블카를 타고 스르지산에 올라가고 싶으면 성벽 산책과 구시가지를 다 둘러본 뒤 가본다. 물론 일출을 보고 싶으면 아침 일찍 올라간다. 북쪽 부자 문에서 나와 경사진 길로 직진해 올라가면 케이블카 타는 곳이 나온다.

♥♥♥

셰익스피어를 공연하는 노천 극장

로브리예나츠 요새

Tvrdava Lovrjenac

구시가 서쪽에 있는 로브리예나츠 요새는 1301년 높이 37m 암석 위에 세워졌다. 폭은 내륙 쪽 6m, 해안 쪽 4m, 도시 쪽 60cm로 제 작했다. 두브로브니크의 생존과 자유의 상징과도 같은 이 요새는 도시와 서쪽 필레 문을 방어하기 위해 세워졌다.

요새 입구 위에는 "Non Bene Pro Toto Libertas Venditur Auro(세상 모든 금괴를 다 준다 해도 자유를 팔지 않는다)"라는 문 구가 쓰여 있다. 이처럼 두브로브니크 시민들은 자유와 자치 정신 을 소중히 간직했기에 자유 도시 국가로 번창할 수 있었다. 요즘에 는 요새 내 테라스에서 셰익스피어의 작품을 공연하는 두브로브니 크 여름 축제 노천 극장으로 사용된다. 이곳은 〈햄릿〉의 분위기에 가장 어울리는 배우들이 덴마크의 불운한 왕자 햄릿으로 열연한다. 입장료는 성벽 입장권에 포함되어 있다.

주소 Ulica don Frana Bulića **전화** 020-323-887 **개방** 4~10월 09:00~18:30, 11~3월 10:00~15:00 **교 통** 필레 문 앞 여행안내소 뒤쪽 **지도** p.496-E

♥♥♥

축제의 장소

스트라둔 대로(플라차 대로)

Stradun(Placa)

옛 주민들은 동쪽 플로체 문과 서쪽 필레 문을 통해 구시가로 들어 왔다. 밤에는 문 앞의 다리를 끌어올려 외부인의 통행을 막았다고 한다. 여름에는 필레 문 앞에 제복을 입은 경비병이 보초를 서고 있 어 기념사진을 찍기에 좋다. 필레 문을 통과해 입구에서 루자 광장 까지 350m 정도 이어지는 대로를 플라차 또는 스트라둔 대로라 부른다. 11세기 성벽 안의 주민들은 얕은 해저 수로를 메웠다. 12세 기 말에는 플라차 대로가 외곽 도시민과 성곽 내 주민의 가교 역할 을 함으로써 주민을 하나로 통합할 수 있었다.

플라차란 이름은 라틴어 '주요 공공 행사 장소(Platea Communis)' 에서 따온 말이다. 스트라둔은 베네치아에서 대로를 의미한다. 스 트라둔 대로 양쪽 길을 따라 기념품 가게, 레스토랑, 쇼핑 센터, 카 페 등이 즐비하게 늘어서 있고, 산책로 겸 만남의 장소, 축제의 장 소이다 보니 늘 사람들로 붐빈다. 두브로브니크는 오랫동안 베네 치아의 지배권에 있어서인지 흡사한 점이 많다. 좁은 골목길을 거 닐다 보면 마치 베네치아의 미로를 거닐고 있다는 착각이 든다. 대 로 사이의 좁은 골목 계단 양쪽에 화분들을 놓아 나무가 자라지 않 는 삭막한 성곽 도시를 포근하게 감싸준다.

교통 필레 문으로 들어서면 바로 **지도** p.496-B

지진도 비켜간 성스러운 성당
성 사비오르 성당
Crkva Svetog Spasa

필레 문으로 들어오면 바로 스트라둔 대로 초입 왼편에 위치하고 있다. 성당 옆에 프란체스코 수도원이 있고 건너편에 오노프리오 분수가 있다. 이 성당은 1520년에 첫 번째 지진에서 유일하게 피해를 보지 않아 감사의 표시로 두브로브니크 상원의 결정으로 지은 곳이다. 1667년 두 번째 지진 때에도 아무런 피해를 보지 않아 시민들은 아직도 이곳을 매우 성스러운 곳으로 생각하고 있다. 교회 내부는 평소에는 문이 닫혀 있어 볼 수 없으나 콘서트나 전시회 때는 개방하고 있다.

1 왼쪽이 성 사비오르 성당.
오른쪽이 프란체스코 수도원과 박물관
2 성 사비오르 성당 내부

교통 필레 문으로 들어가면 바로 성벽 출입구 옆 왼편 **지도** p.496-F

두브로브니크의 물 공급원
오노프리오 분수
Onofrijeva Fontana

필레 문 초입 바로 오른편에 보이는 타원형 건물이 오노프리오 분수이다. 건너편에 성벽 입구와 성 사비오르 성당이 있다. 그 이름은 15세기부터 배후지에 있던 스르지산에서 척박한 두브로브니크의 물 공급을 위해 11.7km의 기다란 수로 시설을 건설했던 건축가 오노프리오 데 라 카바(Onofrio de la Cava)의 이름을 딴 것이다. 돔 형태의 지붕 밑에는 동물과 인간의 제각각의 모습(무병장수 기원을 의미)들을 조각한 16개의 수도꼭지가 있다.

1 오노프리오 분수에 여러 모양으로
동물과 인간을 조각한 16개의 수도꼭지
2 오노프리오 분수

교통 필레 문으로 들어가면 바로 오른편에 위치 **지도** p.496-E

유럽에서 세 번째로 오래된 약국을 운영

프란체스코 수도원 · 박물관
Franjevači Samostan-Muzej

14세기에 세워진 수도원은 건설 당시에 화려하게 장식되었으나 두 차례에 걸쳐 지진으로 대부분 파괴되어 나중에 복원되었다. 입구에 성모마리아가 죽은 예수를 껴안고 있는 피에타 조각상은 지진으로부터 비켜 나가 아직도 그대로 보존되어 있다.

수도원 내부의 회랑에 있는 로마네스크 양식 박물관에는 15~16세기 가장 유명한 두브로브니크 학파(보지다레비치, 하므지치, 도브리체비치 등)의 그림을 비롯한 예술품들이 전시되어 있다. 또한 회랑 한쪽에는 유럽에서 세 번째로 오래된 약국이 있는데, 처음에는 병든 프란체스코 수도사를 위한 약국이었으나 수도원 외부 사람들도 이용할 수 있는 공공 약국으로 확대되었다. 약국(건성 피부에 맞는 고수분 페이스 크림 판매)은 지금도 운영 중이다.

주소 Stradun 2, Dubrovnik **전화** 020-321-410 **개방** 09:00-18:00, 겨울철 09:00~17:00 **요금** 30KN **교통** 성 사비오르 성당 근처 **지도** p.496-B

축제의 시작과 끝을 알리는 장소

오를란도브 게양대
Orlandov Stup

성 블라이세 성당 앞 루자 광장에는 손에 칼을 들고 서 있는 중세 기사의 동상이 있는 오를란도브 게양대가 눈에 띈다. 기다란 곱슬머리를 하고 고딕풍의 미소를 짓는 오를란도브(카를 대제의 조카로 피레네 산맥에서 아랍인과 싸우다 전사했다. 프랑스어로는 롤랑으로 발음한다)는 자치 도시에서는 자유를 상징하는 유럽 최고 로망 중의 하나이다. 1418년 밀라노 출신 보니노가 두브로브니크 장인의 도움을 받아 제작했다. 오를란도브 게양대는 국가의 상징으로 과거 공화국의 국기가 펄럭였던 곳으로, 현재는 크로아티아 국기가 게양되어 있다. 원래 신법령이 발효되었음을 시민들에게 알리는 역할을 했으나 오늘날에는 두브로브니크 수호 성인 성 블라이세 축제(여름 축제) 때마다 공화국의 국기를 게양함으로서 축제의 시작과 끝을 알려준다.

교통 필레 문에서 스트라둔 대로 끝자락에 있는 루자 광장에 위치 **지도** p.496-C

수호 성인 블라이세에 봉헌된 성당

성 블라이세 성당
Crkva Svetoga Vlaha

두브로브니크의 수호 성인 성 블라이세를 위해 봉헌한 바로크 양식의 교회이다. 1368년 로마네스크 양식으로 지었으나 두 차례에 걸친 화재와 지진으로 파괴되었다. 1715년 베네치아 장인 마리오 그로펠리의 설계로 재건축되었다. 교회 제단 위에는 15세기 성 블라이세의 값진 고딕풍의 동상이 있다. 이 조각상은 예술적 가치뿐만 아니라 역사적 가치도 대단하다. 그의 왼손에 쥐고 있는 지진 전의 도시 모형 덕분에 이 동상만 지진에서 파괴되지 않고 유일하게 보존되었다는 얘기가 전해진다.

주소 Općina Dubrovnik **전화** 020-324-999 **개방** 08:00~12:00, 16:30~19:00 **교통** 오를란도브 게양대가 있는 루자 광장 앞 **지도** p.496-C

아름다운 고딕 르네상스 양식 건물

스폰자 궁전
Palač Sponza

두브로브니크에서 가장 아름다운 건축물인 고딕 르네상스 양식의 스폰자 궁전은 1520년 완공된 이래 오늘날까지 파손되지 않고 원래의 모습으로 보존되고 있다. 두 번의 지진으로 이 지역 모든 건물이 파괴되었으나 이 궁전을 비롯한 몇 곳만 피해를 입지 않았다. 공화국 시절에 상인을 위한 무역 센터로 세관과 화물 창고, 그 밖에 조폐국으로도 운영되었으나 현재는 두브로브니크 기록 보관소의 주요 문화 기관으로 1272년부터 사용했던 귀중한 법령집들을 비롯한 고문서들을 보관하고 있다.

주소 Luža, Dubrovnik **전화** 020-321-032 **개방** 5~10월 09:00~21:00, 11~4월 10:00~15:00 **요금** 25KN **교통** 오를란도브 게양대가 있는 루자 광장에서 종탑 왼편 **지도** p.496-C

셰익스피어 〈십이야〉에 나온 성당
두브로브니크 대성당
Dubrovača Katedrala

지금의 대성당은 1986년에 복원된 모습이다. 7세기에 비잔틴 양식으로 세워졌으나, 1192년 영국 리처드 사자 왕이 3차 십자군 원정을 마치고 귀국길에 난파되었으나 로쿠룸섬에서 살아남은 기념으로 기부해 비잔틴 양식을 로마네스크 양식의 성당으로 다시 세웠다. 이런 사실이 셰익스피어의 〈십이야〉에 등장한다. 17세기 두 번의 지진으로 파괴되어 바로크 양식으로 복구했으나, 내전으로 또다시 상당 부분이 파손될 정도로 파란만장한 건축사를 보여준다. 내부 보물실에는 성 블라이세의 유물을 비롯한 귀중한 금세공품, 그림 등이 보관되어 있다. 애프스(교회 동쪽 끝에 있는 반원형 부분)에는 티치아노의 '성모승천'이 전시되어 있다.

주소 Poljana Marina Držića **전화** 020-323-496 **개방** 겨울철 월~토요일 09:00~12:00, 15:00~17:00, 일요일 11:00~12:00 / 여름철 월~토요일 09:00~17:00, 일요일 11:00~17:00 **요금** 보물실 15KN(학생 9KN) **교통** 렉터 궁전 뒤편, 오를란도브 게양대에서 Pred Dvarom 거리를 따라 직진 **지도** p.496-G

최고 통치자의 집무 공간
렉터 궁전
KNežv dvor

1435년 세워진 렉터 궁전은 두브로브니크 최고 통치자인 렉터가 기거하면서 집무를 보던 궁전이다. 15세기 두 번의 화약 폭발로 파괴되었으나, 건축가 오노프리오 데 라 카바가 설계해 고딕 르네상스 양식으로 복원되었다. 조각 기둥과 현관 지붕, 아치 천장의 궁전 서쪽 입구 파사드가 매우 아름답다. 궁전 안마당에 들어서면 코린트 양식으로 장식된 7개 원주와 아치들이 마당과 조화를 이루고 있다. 수세기에 걸쳐 50세 이상의 귀족 중 한 명이 선출되어 1개월간 최고 통치자로서 공화국을 통치했는데, 재직하는 동안 궁전 밖으로 나갈 수가 없었다. 안뜰에는 당시 거부였던 함장 미호 프라카트의 동상이 있는데, 사후 전 재산을 공화국에 기부해 시민들의 존경을 한 몸에 받았다. 최근에는 두브로브니크 여름 축제의 공연장으로 사용되고 있다. 2층에는 공화국 시절의 렉터의 침실과 집무실, 역대 렉터 초상화, 지진 당시의 동영상 등이 있다. 궁전 안 문 벽면 위에 라틴어로 "Obliti Privatorum Publica Curate(너의 개인적인 일은 잠시 잊고, 공공의 일에 관심 가져라)"라고 새겨진 문구가 있다.

주소 Pred Dvorom 3 **전화** 020 321 497 **홈페이지** www.dumus.hr **개방** 여름 09:00~18:00, 겨울 09:00~16:00 **요금** 통합 티켓(렉터 궁전+해양박물관+레베린 요새 등) 120KN(학생 25KN) **교통** 대성당 앞, 오를란도브 게양대에서 Pred Dvarom 거리를 따라 가면 왼편에 위치 **지도** p.496-C

1 렉터 궁전 2 궁전 앞마당은 코린트 양식의 7개 원주와 아치들이 있다.

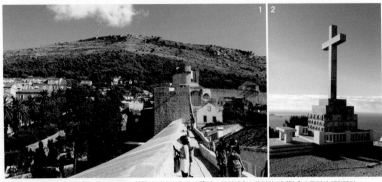

1 환상적인 파라다이스가 펼쳐지는 스르지산. 앞쪽이 민체타 요새, 뒤쪽이 스르지산 2 스르지산 기념탑 3 스르지산 케이블카

♥♥♥
환상적인 전경을 볼 수 있는 곳

스르지산
Mount Srđ

두브로브니크 북쪽에 위치한 해발 413m의 나지막한 산이다. 황제 요새의 기념비가 1810년 나폴레옹이 주둔하던 동안 전략적 요충지로 세워졌다. 요새로 인해 프랑스군은 해안과 배후지를 통제할 수 있었다. 황제 요새는 크로아티아 독립전쟁 중 중요한 역할을 톡톡히 해냈다. 무엇보다 이곳에 오르면 지붕이 빨간색으로 물든 두브로브니크 시가지와 푸른 아드리아해의 전경이 한눈에 들어와 사진 찍기에 안성맞춤이다. 특히 여름철 야경의 모습은 놓치기에 너무 아깝다. 독립전쟁으로 케이블카가 파괴되었으나 이후 복구되어 2010년부터 구 항구에서 스르지산 정상까지 운행하고 있다. 황제 요새 박물관은 크로아티아 독립전쟁 당시의 전쟁 관련 서류와 비디오, 무기와 대포 등의 다양한 전시품을 전시하고 있다.

케이블카
주소 Frana Supila 35a **전화** 020-325-393 **홈페이지** www.dubrovnikcablecar.com **운행** 12~1월 09:00~16:00, 11월, 2~3월 09:00~17:00, 10월, 4월 09:00~20:00, 5월 09:00~ 21:00, 6~8월 09:00~24:00, 9월 09:00~22:00 **요금** 왕복 150KN(12세 이하 60KN) **교통** 북쪽 부자 문으로 나가면 바로 매표소가 나온다 **지도** p.496-B 밖

─(TRAVEL TIP)─

린도 포크 앙상블 Lindo Folklornl Ansambl

크로아티아의 전통 의상인 수놓은 풍성한 블라우스와 주름이 잡힌 긴 치마를 입은 100여 명의 연기자가 흥겨운 전통 음악에 맞춰 서로의 손을 마주 잡고 빙글빙글 도는 크로아티아의 전통 춤을 선보인다.

주소 Marojice Kaboge 12 **전화** 020-324-023 **홈페이지** www.lindjo.hr **개방** 화 · 금요일 21:30 **지도** p.496-F

두브로브니크는 해안에 자리 잡고 있어 해산물이 신선하고 푸짐하다. 이탈리아의 영향을 받아 이탈리아식 피자와 스파게티가 유명하다.

코노바 로칸다 페스카리야
Konoba Lokanda Peskarija

매우 인기 있는 시푸드 레스토랑으로 성수기에는 줄을 서서 기다릴 정도이다. 검은 냄비에 갓 요리한 음식이 담겨져 나와 신선하고 맛있다. 커틀 피시 리소토(Cuttle Fish Risotto) 99KN, 오이스터(Oysters) 1개 15KN, 홍합(Mussels) 88KN, 새우(Grilled Schrimps) 121KN.

주소 Gorica Sv. Vlaha 77 **전화** 020-324-747 **홈페이지** www.mea-culpa.hr **영업** 매일 11:00~24:00 **교통** 구항구 폰타문 근처 **지도** p.496-C

부자 카페
Buža Cafe

성벽 남쪽의 대성당 부근 절벽 아래에 위치한 카페(부자는 구멍을 의미). 커피를 마시며 바다 전경을 즐길 수 있다. 아름다운 절경을 바라보며 맥주, 커피 등을 저렴한 가격에 맛볼 수 있다. 예산 레몬 맥주(Ozujsko Lemon 0.5L) 45KN, 아이스커피 20KN.

주소 Llije Sarake **전화** 098-361-934 **영업** 10:00~24:00 **교통** 대성당에서 남쪽 성벽 아래에 있는 스페판 문 근처. 'cold drink' 표지판을 따라가면 나온다. **지도** p.496-G

부자 카페 2
주소 Crijeviceva 9, Dubrovnik **전화** 098-361-934 **영업** 10:00~24:00 **교통** 부자 카페에서 성곽 골목길을 따라 5분 정도 가면 나온다. **지도** p.496-G

레스토랑 파노라마
Restaurant Panorama

구시가와 아드리아해의 전경을 가장 전망 좋은 스르지산 정상에서 즐기면서 식사할 수 있는 레스토랑(스낵 바). 지중해식 요리 조식, 점심, 저녁 식사를 비롯해 다양한 종류의 와인과 칵테일, 수제 아이스크림 등을 제공한다. 정식 50KN~.

주소 Srđulica 1, 20000, Dubrovnik **전화** 091-486-0047 **영업** 성수기 10:00~24:00 / 비수기 10:00~20:00, 연중무휴 **교통** 스르지산 정상 **지도** p.496-B 밖

유스호스텔 두브로브니크
Youth Hostel Dubrovnik

두브로브니크에서 유일한 공식 유스호스텔로 근처에 박물관, 미술관, 교회 등이 있다. 또한 쇼핑센터와 시장이 가까이에 있어 편리하다. 객실 82실이 2~6인실로 구성되었고 부엌, 테라스, 레스토랑, 인터넷, TV가 준비되어 있다. 도미토리 €13.7~.

주소 Vinka Sagrestana 3 **전화** 020-423-241 **홈페이지** www.hfhs.hr **교통** 필레 문에서 도보 15분. 또는 필레 문에서 1·4·6·9번 버스를, 페리 선착장에서 1·7·8번 버스를 이용 **지도** p.496-E

릭소스 리베르타스 호텔
Rixos Libertas Hotel

최근 레노베이션된 호텔로 필레 지구에 있다. 아드리아해에 자리 잡은 5성급 고급 호텔로, 건물 내 2층에 걸쳐 스파와 실내외 수영장, 뷰티 센터, 터키식 목욕실, 비즈니스 센터, 카지노 등의 엔터테인먼트 센터가 별도로 있다. 해안 언덕 위에 있어 테라스 너머로 아드리아해의 아름다운 절경이 펼쳐진다. 숙박료는 비싸지만 멋진 추억을 만들 수 있다. 더블 비수기 €61~, 성수기 €135~.

주소 Liechtenstein Put 3 **전화** 020-200-000 **교통** 필레 문에서 해안 도로를 따라 도보 15분 **지도** p.496-E

크로아티아 와인

크로아티아의 와인도 이탈리아 와인 못지않게 맛과 향기가 좋다. 크로아티아의 대표적인 레드 와인 포스트업(Postup), 딘가스(Dingač), 플라바츠(Plavac)는 당도가 매우 높다.
우리 입맛에는 포스트업이 무난하다. 마르코 폴로(Marco Polo)의 고향으로 유명한 코르출라(Korcula)에서 생산된 포시프(Pošip)는 화이트 와인으로 유명하다.

1 포스트업(Postup) 2 딘가스(Dingač) 3 플라바츠(Plavac) 4 포시프(Pošip)

두브로브니크의 숙박

두브로브니크를 비롯한 관광지는 성수기에 물가가 비싼 편이니 호텔보다는 저렴한 민박(소비 Sobe)이나 아파트(독립된 방과 주방이 있는 공간)를 이용한다. 버스터미널에 도착하면 민박집 주인들이 호객 행위를 하므로 쉽게 방을 구할 수 있으나 성수기에는 예약을 해야 한다. 가능한 한 구시가에 숙소를 구하되 그루즈 지구, 플로체 지구, 라파드 지구(현대식 숙소가 많음)에 숙소를 구할 경우에는 구시가까지 가는 버스편이 있는지 반드시 확인한다. 여행안내소에서도 민박(아파트)을 예약해준다.

민박 · 아파트 정보 www.dubrovnikapartmentsource.com
www.airbnb.com/rooms/1012580

두브로브니크로 가는 중간 지점
네움 Neum

 네움은 크로아티아 도시가 아닌 보스니아-헤르체고비나에 속한 유일한 해안 도시이다. 네움은 스플리트와 두브로브니크를 오가는 중간 지점에 위치해 네움을 통과할 때 검문소에서 여권 검사를 한다. 두브로브니크에서 차로 1시간 거리인 네움은 두브로브니크보다 물가가 저렴해 통과하는 여행객들이나 크로아티아인들이 자주 이곳에 들러 생필품(특히 와인과 초콜릿)을 구입하거나 레스토랑에서 식사한다. 만약 렌터카로 이동한다면 연료를 보충하거나 이곳에 숙소(고급 호텔도 저렴하다)를 정해도 좋다. 단 화폐(마르카 marka)가 다르니 환율을 잘 체크해본다. 물론 유로(€)나 쿠나(KN)도 통용된다.

슬로베니아

SLOVENIA

블레드 512
포스토이나 동굴 520

유럽 귀족들이 사랑한 청정 호수

블레드

BLED

★블레드
•
류블랴나

Slovenia

#청정 휴양지#물안개#레포츠

블레드는 슬로베니아 북서쪽 줄리안 알프스의 최고봉인 트리글라브 국립공원(Triglav National Park, 2864m) 기슭에 자리 잡고 있다. 동화처럼 아름다운 청정 지역인 크란스카(Kranjska) 지방의 블레드 호수는 1855년 스위스의 물 치료사인 아놀드 리클리(Arnold Rikli)가 요양원을 세우면서 국제적으로 알려졌고, 20세기 초에는 수많은 유럽 귀족들이 호수 주변에 별장을 짓고 휴식을 즐겼다. 1960년에는 유고연방의 지도자 티토(Tito)의 별장으로 이용되면서 이곳을 찾는 전 세계 유명 인사들을 매료시켰다. 특히 북한의 김일성도 티토의 별장을 방문한 뒤 한눈에 반해 일정보다 오랫동안 머물 정도였다. 천혜의 아름다움과 신선한 알프스 공기를 마시며 패러글라이딩, 하이킹, 조정, 서핑, 스키, 골프 등을 즐기는 유럽 최고 휴양지로 알려져 있어 매년 수백만 명의 여행객이 이곳을 찾는다.

INFO

{ 가는 방법 }

기차 류블랴나, 자그레브, 베오그라드, 이스탄불, 아테네, 필라흐(Villach, 오스트리아)와 철도망이 연결되어 있다.

가장 가까운 기차역인 레스체 블레드(Lesce-Bled) 역은 블레드 호수에서 4km 거리에 떨어져 있다. 역 앞 정류장에서 버스를 타면 15분 정도 걸린다.

버스 블레드로 가는 버스는 슬로베니아 전역에서 운행된다. 류블랴나에서 이동할 때는 버스를 이용한다. 기차로 이동 시 레스체 블레드 역에서 블레드 호수까지 4km 정도 떨어져 있어 불편하다. 류블랴나 중앙역 앞에 위치한 버스터미널에서 보힌(Bohinj)행 시외버스를 타고 블레드의 믈리노(Mlino) 버스정류장에서 내린다. 블레드 호수까지 도보 7분 정도 소요된다.

운행 시간 류블랴나 버스터미널 → 블레드 믈리노 버스정류장 06:00~21:00
블레드 믈리노 버스정류장 → 류블랴나 버스터미널

05:28, 07:23~20:23
운행 간격 1시간
소요 시간 약 1시간 20분
요금 편도 €6.3

{ 여행 포인트 }

여행 적기 6~9월에 여행하기가 좋다.

여행안내소
주소 Cesta Svobode 10, Bled
전화 04-574-1122
홈페이지 블레드 여행 정보 www.bled.si
슬로베니아 여행 정보 www.slovenia.info
줄리안 알프스 여행 정보 www.julijske-alpe.com
개방 11~3월 월~토요일 08:00~18:00, 일요일·공휴일 08:00~13:00 / 4~6월·9~10월 월~토요일 08:00~19:00, 일요일·공휴일 11:00~17:00 / 7~8월 월~토요일 08:00~21:00, 일요일·공휴일 10:00~18:00
교통 블레드 호수 언덕의 그랜드 호텔 토플리체에서 호수를 바라볼 때 오른쪽에 위치 **지도** p.515

단풍으로 물든 블레드 호수

눈 내린 블레드 호수

♥♥♥
물안개 낀 모습이 환상적

블레드 호수
Blejsko Jezero

블레드 호수는 원래 보힌(Bohinj) 빙하에 의해 침식된 구조분지(침식분지)였는데, 분지에 빙하가 녹아 흘러내려 침수되면서 형성된 빙하 호수이다. 길이 2.12km, 폭 1.3km, 수심 30.6m, 둘레 6km의 거대한 블레드 호수는 북동쪽에 온천이 형성되었는데 호수 온도가 여름에도 23℃ 정도로 쾌적해 수영하기에 좋다. 현재 이 온천은 호숫가에 위치한 그랜드 호텔 토플리체 내 수영장으로 흘러들어 간다.

호수 한가운데에 적막하게 세워진 작은 블레드섬, 오랫동안 호숫가에서 섬까지 연결해주는 전통 나룻배인 플레트나와 뱃사공, 위엄 있게 블레드를 지켜주는 절벽 위의 블레드 성과 주변 언덕, 교회들, 우아한 자태를 뽐내는 백조와 천둥오리 등이 옥색의 맑은 호수 면에 그림처럼 비쳐 평온하고 아름답게 보인다. 특히 호숫가에 비치는 야경 모습이나, 새벽녘에 물안개가 낀 모습이 무척 환상적이다. 호숫가를 따라 6km 정도 이어지는 오솔길은 산책이나 자전거 타기에 좋은 휴식 공간이다. 새벽녘이나 저녁때가 한적해 산책하기에 좋다. 호숫가 산책로는 절벽에 위치한 블레드 성으로 향하는 샛길로 연결된다.

호숫가 벤치에 앉아 휴식을 취하면서 오리와 백조가 마음껏 자태를 뽐내는 모습을 즐기거나 직접 노를 젓고 호숫가를 횡단해 블레드섬으로 가본다. 이곳은 개인 취향이 동적이든 정적이든 치유하기에 매우 좋은 장소다. 여름에는 호숫가 또는 블레드 성 벤치에 앉아 서늘한 공기를 마시며 피서를 즐길 수 있고, 겨울에는 호숫가 가장자리를 중심으로 스케이트를 탈 수 있다. 호숫가를 따라 레스토랑, 커피숍, 호텔 등이 자리를 잡고 있다.

교통 믈리노(Mlino) 버스정류장에서 도보 10분 **지도** p.515

1 블레드 호수와 백조 2 호숫가 벤치에 앉아 데이트를 즐기는 연인 3 호숫가에서 하트 놀이

블레드섬
Blejski Otok

호수 한가운데에 솟아 있는 130m 높이의 작은 블레드섬은 이교도인 지바 여신(사랑의 여신)의 신전을 포함한 다신교를 숭배하던 곳이다. 745년 현지 주민들이 이교도에서 기독교로 개종한 후, 지바 여신을 성모마리아로 바꾸면서 성모마리아 승천 교회를 세웠다.

로마네스크 양식으로 지어진 교회는 1465년 고딕 양식으로 재건되었다. 가장 특별한 건물은 52m 높

1 블레드섬 2 블레드섬 계단. 신랑은 신부를 업고 계단으로 올라간 다음 성당에서 종을 치며 소원을 빈다.

이의 다공석으로 만든 종탑이다. 17세 중엽 성모마리아의 예배당과 99개의 돌계단이 만들어졌을 때 현재의 바로크 양식으로 되었다. 성모마리아 승천 교회에는 아직도 성모마리아의 생애를 담은 프레스코화가 남아 있다. 북쪽 벽에는 요하임과 앤의 이야기, 남쪽 벽에는 성모 방문과 성인 때의 생활상이 그려져 있다.

선착장에 내리면 교회로 올라가는 99개의 돌계단이 있다. 신랑이 신부를 업고 계단을 올라가 교회에서 결혼식을 올리고 신혼부부가 행복의 종에 달린 줄을 잡아당기면서 소원을 기원하면 이루어진다는 설이 있다. 그래서인지 이 교회는 결혼식 장소뿐만 아니라 일반인에게도 인기가 많다. 종에 관한 전설에 의하면, 옛날 블레드 성에 한 여인이 살고 있었는데 갑자기 남편이 살해당했다. 미망인은 돈을 모아 교회 종을 만들었으나, 섬에 도착하기 전에 강풍을 만나 나룻배와 뱃사공, 종 모두 호수에 빠져 버렸다. 그녀는 모든 재산을 정리해 섬 위에 교회를 짓고, 블레드를 떠나 로마 수녀원에서 남은 생을 보냈다. 그녀가 세상을 떠난 후 교황은 그녀의 선행을 기리기 위해 새로운 종을 만들었는데, 신자가 종을 3번 치면 소원이 이루어진다고 한다.

교회
전화 04-5767-979 **홈페이지** www.blejskiotok.si **개방** 5~9월 09:00~19:00, 4·10월 09:00~18:00, 11~3월 09:00~16:00 **요금** €6(학생 €4) **교통** 블레드 호수 선착장에서 플레트나 나룻배 이용 **지도** p.515

TRAVEL TIP

블레드섬으로 가는
나룻배 플레트나 Pletna

블레드 호수 선착장에서 블레드섬으로 가려면 이곳의 전통 나룻배인 플레트나를 타고 건너가야 한다. 뱃사공은 조상 때부터 대대로 물려받은 직업으로 자긍심이 강하다. 인물도 훤칠하고 영어를 잘하며 유머 감각도 대단하다. 출발 시각은 일정치 않고 10명 정도가 모이면 출발한다. 블레드섬에 도착하면 30분 정도 휴식 시간을 준다. 30분 후에 타고 갔던 나룻배를 다시 타고 되돌아와야 한다. 편도 30분 정도 소요되고 요금은 1인당 €12이다. 겨울에는 호수가 얼어 운행하지 않는다.

볼거리가 많은 절벽 위의 성

블레드 성
Blejski Grad

슬로베니아에서 가장 오래된 블레드 성은 1004년 독일 헨리 2세가 브릭센 주교에게 이탈리아 북구 지역에 영향력을 행사하도록 협조해준 감사의 표시로 카리올라의 블레드 땅을 그에게 하사하면서 시작된다. 가파른 절벽 위에 로마네스크 양식의 종탑을 세웠고, 성내 건물은 르네상스 양식으로 지었다. 18세기에 지금의 모습으로 완성되었다. 성내 아래 마당에는 프리모지 트루바르 기념비, 타워 갤러리, 커피숍과 인쇄소가 있는데, 구텐베르크식 목재 인쇄기로 인쇄하는 과정을 재현해주고 기념 엽서도 만들어준다. 중간 마당에는 와인 저장고가 있고, 위 마당에는 블레드 역사박물관과 16세기 예배당, 대장간, 테라스에서 멋진 전망과 식사를 동시에 즐길 수 있는 야외 레스토랑이 있다. 성수기에는 오후 5시쯤 앞마당에서 중세풍의 퍼포먼스가 20분 정도 진행된다. 민속 춤과 검투사들의 격투 등이 볼만하다. 무엇보다 절벽 위 전망대에서 내려다보이는 블레드 호수의 전경은 한 폭의 그림처럼 아름답다.

주소 Grajska Cesta 61, 4260 Bled **전화** 04-5729-782 **홈페이지** www.blejski-grad.si **개방** 11~3월 08:00~18:00, 4~6월 14일, 9월 16일~10월 31일 08:00~20:00, 6월 15일~9월 15일 08:00~21:00 **요금** €10(학생 €7) **교통** 믈리노(Mlino) 버스정류장에서 도보 10분, 블레드 호숫가에서 샛길 표지판을 따라 언덕으로 도보 10~15분 **지도** p.515

1 아래 마당. 성 인쇄소(왼쪽)와 타워 갤러리(오른쪽)
2 윗마당 중앙 건물 중 예배당(왼쪽), 박물관(오른쪽) 3 중세풍의 퍼포먼스가 눈길을 끈다.

오스타리야 페글레지엔
Oštarija Peglez'n

현지인이 추천하는 전통 슬로베니아 요리 레스토랑. 추천 메뉴로는 리소토(€12.5), 도미 생선 요리(€18.5) 등이 있다.

주소 Cesta svobode 19, Bled **전화** 04574-42-18 **영업** 매일 11:00-23:00 **교통** 여행안내소 길 건너편 위치 **지도** p.515

리소토 도미요리(seabream)

블레드 성 레스토랑
Restaurant on Blejski Grad

중세 분위기가 물씬 풍기는 성벽 안에 있는 레스토랑으로 환상적인 블레드 호수를 감상할 수 있는 드라마틱한 전망을 자랑한다. 셰프의 세심한 솜씨와 신선한 요리로 고객을 만족시킨다. 예산 €25~.

주소 Hotel Astoria **전화** 04-6203-444(점심 · 저녁 식사 예약 시 블레드 성 무료 입장) **홈페이지** www.hotelastoria-bled.com **영업** 11:00~22:00 **교통** 블레드 성 내 **지도** p.515

그랜드 호텔 토플리체
Grand Hotel Toplice

블레드 호수의 전망이 가장 멋진 호텔로 블레드에서 가장 유명한 5성급 호텔이다. 블레드 호수 언덕에 위치해 호수 전망이 환상적이다. 호수 뷰가 가능한 객실 발코니에서 보는 야간 전망은 무척 멋있다. 호수 전망 유무에 따라 객실 요금이 다르다. 더블 €124~.

오른쪽은 그랜드 호텔 토플리체 왼쪽은 파노라마 레스토랑

주소 Cesta Svobode 12, Bled **전화** 04-5791-000 **홈페이지** www.hotel-toplice.com **교통** 여행안내소 근처에 위치, 기차역에서 1km, 믈리노(Mlino) 버스정류장에서 500m 거리 **지도** p.515

유스호스텔 블레데츠
Youth Hostel Bledec

80년의 역사를 자랑하는 블레드의 공식 유스호스텔. 호수에서 걸어서 5분 거리이고 블레드 성 바로 아래에 있어 편리하다. 도미토리 €24~(도미토리 내에 욕실 있음), 1인당 세금 €1 추가.

주소 Grajska 17, Bled **전화** 04-5745-250 **홈페이지** www.youth-hostel-bledec.si **교통** 믈리노(Mlino) 버스정류장에서 왼쪽으로 돌아 언덕 위까지 도보 5분 **지도** p.515

수백만 년 동안 형성된 자연의 기적
포스토이나 동굴
Postojnska Jama

세계에서 두 번째로 규모가 큰 포스토이나 동굴은 세계적인 카르스트지형으로 수백만 년 동안 작은 물방울이 기적의 자연을 형성해왔다. 동굴 내에 형성된 신비로운 종유석이나 석순, 석주와 같은 동굴 생성물은 1만 년 동안 1cm씩 자랄 정도로 형성 과정이 느리다. 1818년 동굴 점등원 루카 체치(Luka Cec)가 포스토이나 동굴을 처음 발견하면서 경외로운 신천지가 알려지기 시작했다. 1819년 오스트리아 왕위 계승자 페르디난드 1세가 처음 방문한 이래 수많은 황제, 예술가, 과학자가 이곳을 찾아 매료되었다. 이곳 지하 세계는 지난 200년간 3400만 명이 찾아올 정도로, 세계에서 가장 쉽게 접근할 수 있는 지하 동굴 중 하나이다.

1 포스토이나 동굴 입구는 동굴(정면 검은 곳은 출구) 오른쪽 아치 건물 쪽에 있다. 2 동굴열차 타는 곳. 좁고 낮은 동굴 속을 질주하므로 머리를 들지 않도록 조심한다.

1 하얀 동굴의 석주 2 천정에 고드름처럼 형성된 종유석

동굴 투어

슬로베니아 지방의 이름인 크라스(Kras)에서 유래된 카르스트지형은 석회암의 주성분인 탄산칼슘이 이산화탄소가 내포된 빗물에 융해되어 오랫동안 침식되어 형성된 지형을 말한다. 카르스트지형으로 유명한 포스토이나 동굴은 동굴 내 21km 중 5km만 개방되었는데, 터널 속에서 열차를 타고 숨막히게 아름다운 지하 풍경을 감상할 수 있는 유일한 동굴이다.

90분 동안 5km의 긴 여정이 진행되는 투어는 코너마다 다양한 종유석의 환상적인 광경이 펼쳐진다. 방문객들은 4km는 열차를 타고 도중에 내려 1km 정도 걸으면서 지하 미로의 다양한 종유석을 보고 감상한다. 샹들리에처럼 주렁주렁 매달려 있는 장대한 아치형 종유석 아래를 지나는 즐거움은 이루 말할 수 없다. 투어 시 특별한 장비가 필요하지 않지만 동굴 안의 평균기온이 10℃ 정도라 여름에도 서늘하니, 점퍼나 스웨터를 입고 입장하는 것이 좋다.

동굴 내에서 가장 높은 언덕인 갈보리

갈보리 The Great Mountain

열차에서 내리면 가장 먼저 투어가 시작되는 언덕. 갈보리(예수님이 십자가에 못 박혀 돌아가신 언덕)는 천장이 붕괴되면서 형성된 지하 홀이다. 붕괴로 인해 천장에 매달린 종유석은 규모가 작은 반면, 지반은 수백만 년 동안 커다란 석순이 형성되어 동굴 내부에서 가장 높은 언덕이 되었다. 갈보리의 천장과 바닥에는 다양한 모습의 종유석과 석순이 장관을 이룬다.

아름다운 동굴 & 러시아 다리 The Beautiful Caves & The Russian Passage

아름다운 동굴과 러시아 다리는 천연의 포스토이나 동굴이 끝나는 북쪽 동굴로 연결하는 통로이다. 러시아 포로들이 만들었다는 러시아 다리를 지나면 바로 아름다운 동굴이 나온다. 아름다운 동굴은 포스토이나 동굴 중 가장 장대하고 강하게 석회화된 부분이다. 하얀색 얇은 바늘 모양의 종유석이 천장에 매달려 있는 스파게티 홀은 동굴에서 가장 화려하고 아름다운 곳이다.

1 가운데 까맣게 움푹 파인 곳에 세워진 다리가 제2차 세계대전 때 러시아인이 세운 러시아 다리이다.
2 종유석(천장)과 석순(바닥)이 만나 기다란 기둥이 형성된 석주

1 하얀 동굴의 하이라이트인 스파게티 룸 2 다이아몬드 홀 3 아이스크림처럼 하얀 다이아몬드 석주

화이트 홀 White Hall

러시아 다리를 지나 계속가면 넓은 통로 왼편에 화이트 홀이 보인다. 포스토이나 동굴에서 가장 유명한 방해석의 기둥과 반짝 빛나는 5m 높이의 하얀 석순(The Brilliant)을 볼 수 있다.
번쩍거리는 모습이 마치 다이아몬드 같다고 해서 붙여진 이름이다. 바로 뒤쪽 벽면은 방해석 커튼과 오르간이라 불리는 방해석 폭포가 멋진 포즈를 취하고 있다. 천장에 매달려 있는 작은 종유석들의 모습이 숨막힐 정도로 아름답다. 화이트 홀은 어떤 혼합물도 섞이지 않고 순수 방해석으로 형성된 종유석의 이름을 딴 것이다. 상상력을 발휘한다면 여러 동물과 다양한 사물들을 찾아낼 수 있다.

눈이 퇴화되어 앞을 볼 수 없는 도롱뇽

도롱뇽(올름) Proteus Anguinus(Olm)

콘서트 홀에 도착하기 직전에 프로테우스 동굴 사육장(Proteus Cave-Vivarium)이 나온다. 100여 종의 지하 동물이 서식하고 있는 이곳 동굴에서 가장 인기 있는 동물은 도롱뇽(Proteus Anguinus/olm 올름)이다. 도마뱀처럼 생긴 길이 20~30cm 정도의 연분홍 또는 흰색을 띤 도롱뇽은 인간처럼 100여 년간 살 수 있어 인간 물고기라 불린다. 특이하게도 1년간 거의 먹지 않고도 살 수 있다고 한다. 어둠 속에서만 서식하기 때문에 눈이 퇴화되어 아무것도 볼 수 없다. 플리트비체 호수 국립공원에서도 서식한다.

콘서트 홀 The Concert Hall

포스토이나 동굴 마지막 코스인 콘서트 홀은 한번에 수천 명을 수용할 수 있을 정도로 규모가 크다. 이곳은 소리 울림이 좋아 100여 년 동안 크고 작은 콘서트가 많이 열렸다. 이곳에는 기념품 가게, 세계에서 가장 오래된 지하 우체국과 화장실이 있고 바로 뒤편에 동굴열차 정류장이 있다. 열차를 타면 바로 동굴 출구로 연결된다.

전화 Jamska Cesta 28 **전화** 05-7000-100 **홈페이지** www.postojnska-jama.eu, www.postojna-cave.com **개방** 11~3월 10:00, 12:00, 15:00 / 4 · 10월 10:00, 12:00, 14:00, 16:00 / 5~6월, 9월 09:00~17:00(매시 정각), 7~8월 09:00~18:00(매시 정각) **요금** 한국어 오디오 가이드 포함 €23.9(학생 €19.1) / 포스토이나 동굴+프레자마스키성 통합권 €31.9(학생 €25.5) **교통** 류블랴나에서 버스로 이동하는 게 가장 편하다. 류블랴나 중앙역 건너편 버스터미널에서 포스토이나 동굴행 버스(편도 €6, 1시간 20분 소요)가 있다. 운행 편수가 30분 간격으로 자주 운행되지만 성수기에는 미리 예약해둔다. 포스토이나 버스터미널에서 나와 왼쪽으로 가면 여행안내소가 있다. 이곳에서 잠스카 체스타 거리(Jamska Cesta Road)를 따라 약 1km 정도 걸어가면 동굴 티켓 판매소가 나온다. 여름에는 셔틀버스가 운행된다. 포스토이나에서 블레드로 갈 경우 직행편이 없으므로, 먼저 류블랴나로 가서 블레드행 버스를 타고 가야 한다.

콘서트 홀

함께 둘러보면 좋은 곳

프레자마스키 성 Predjamski Grad

포스토이나 동굴에서 북쪽으로 10km 떨어진 곳에 자리 잡은 프레자마스키 성(영어로는 프레드야마 성)은 유럽에서 가장 아름다운 성 중 하나다. 13세기 고딕 양식으로 세워진 이 성은 123m 높이의 가파른 언덕 위에 아치형의 두꺼운 돌벽으로 둘러싸여 있어 수세기 동안 외적의 침입을 받지 않고 잘 보존되었다. 계절에 따라 다양한 풍광을 자랑할 정도로 주변 경관이 무척 아름답다.

주소 Jamska 30, Postojna **전화** 05-700-0100 **홈페이지** www.postojnska-jama.eu **개방** 11~3월 10:00~16:00, 4 · 10월 10:00~17:00, 5 · 6 · 9월 09:00~18:00, 7~8월 09:00~19:00 **요금** €11.9(학생 €9.5) **교통** 포스토이나 동굴에서 북쪽으로 10km

여행 전
알아두기

PREPARE TRAVEL

여행 준비 과정 한눈에 보기

유럽 여행은 비용이 많이 들고 여행 기간도 긴 만큼 여행 계획을 세우는 일이 무엇보다 중요하다.

01 여행 계획　　여행 지역, 출발일, 여행 기간, 여행 경비 결정　　`6개월 전`

▼

02 정보 수집　　여행 책자 구입, 인터넷 검색　　`6개월 전~출국 전`

▼

03 항공권 예약　　항공사별 비교 선택, 비수기에 예약
예약 후 결제 가능 기간이 짧으니 신중하게
검토 후 결제　　`6~3개월 전`

▼

04 여권 만들기　　각 구청의 여권 발급과에 신청　　`3~1개월 전`

▼

05 숙소 예약　　각종 사이트 비교 검색　　`3~1개월 전`

▼

06 증명서 발급　　국제학생증, 유스호스텔증 발급, 여행자보험 가입　　`1개월 전`

▼

07 철도패스 구입　　유레일패스 구입, 일정에 맞춰 기차 예약　　`1개월~15일 전`

▼

08 일정 점검　　항공권, 여권, 각종 증명서 점검,
여행 일정 최종 점검　　`1개월~15일 전`

▼

09 준비물 구입	꼭 필요한 것만 추려 목록 만들기, 준비물 구입	**1주일 전**

▼

10 환전	시내 은행에서 환전	**3~2일 전**

▼

11 짐 꾸리기	짐은 최소화하기	**2~1일 전**

여행 일정 짜기

● 동선
원을 그리듯 동 → 서(또는 서 → 동) 방향으로 일정을 짠다.

● 체류일
A도시(런던, 파리, 로마) 3일, B도시(마드리드, 바르셀로나, 프라하, 빈, 부다페스트 등) 2일, C도시(찰츠부르크, 드레스덴, 두브로브니크, 카를로비바리 등) 1일이 적당하다.

● 현지교통
기차(유레일패스)와 저가 항공(항공권)을 적절하게 이용한다.

여행 정보 수집
• 관심사에 대해 철저히 공부한다.
• 다양한 여행자들의 경험과 조언을 듣는다.
• 각국 관광청의 정보를 최대한 활용한다.
• 인터넷 정보를 최대한 활용한다.
• 여행사의 여행 설명회에 참석한다.

> **TIP**
>
> ### 주요 국가 관광청 홈페이지
>
> **네덜란드** www.holland.com
> **벨기에** www.belgium-tourism.be
> **독일** www.germany-tourism.de
> **오스트리아** www.austria.info/kr
> **체코** www.czechtourism.com
> **헝가리** www.hungarytourism.hu
> **폴란드** www.poland.travel/en
> **크로아티아** www.croatia.hr
> **슬로베니아** www.slovenia-tourism.si
> **이탈리아** www.italiantourism.com
> **스페인** www.spain.info
> **프랑스** www.france.fr/en
> **스위스** www.myswitzerland.com/ko/
> **영국** www.visitbritain.com

> **TIP**
>
> ### 유럽 각국의 철도 홈페이지
>
> **네덜란드** www.ns.nl
> **벨기에** www.belgiantrain.be
> **독일** www.bahn.de
> **오스트리아** www.oebb.at
> **체코** www.cd.cz
> **헝가리** www.mav.hu
> **폴란드** www.polrail.com/en
> **크로아티아** www.hznet.hr
> **슬로베니아** www.slo-zeleznice.si
> **이탈리아** www.trenitalia.com
> **스페인** www.renfe.es   **프랑스** www.sncf.fr
> **스위스** www.sbb.ch   **영국** www.rail.co.uk

여권 · 증명서 · 보험

전자여권(e-Passport)은 바이오인식 정보와 신원 정보가 저장되어 있다. 해외에서 자신을 증명하는 신분증이니 분실하지 않도록 조심 또 조심하자.

여권 신청

기존 여권 소지자는 유효기간이 6개월 미만이면 반드시 재발급을 받아야 한다. 발급 신청은 본인이 직접 해야 하며, 각 구청, 군청, 시청 여권 신청과에 구비된 신청서를 작성해 제출한다. 여권 발급까지 보통 3~5일 소요되며, 성수기에는 10일 정도 예상해야 한다.

준비 서류 신분증, 여권용 사진 1매, 복수여권 10년 53,000원, 5년 45,000원, 단수여권 20,000원
외교부 여권 안내 www.passport.go.kr

병역미필자의 여권 신청

만 24세 미만의 남자는 병역 서류 없이 5년 유효한 복수여권을 발급받을 수 있다.
하지만 25~37세 이상 병역미필자는 병무청의 국외여행허가서를 제출해야 한다. 허가 기간이 6개월 미만일 경우 1년 단수여권을 발급받는다.
병무청 www.mma.go.kr

국제학생증

유럽에서는 박물관, 미술관 등 학생들을 우대해 주는 곳이 많아 발급받아 가면 도움이 된다. 유효기간은 1년.

발급처 키세스 ISIC여행사(www.isic.co.kr), 학내 서비스센터
신청비 14,000원

유스호스텔증

유스호스텔을 자주 이용하면 발급받는 것이 좋고, 간혹 이용하면 추가 요금을 내는 편이 낫다. 비회원도 유스호스텔을 이용할 수 있다. 유효기간은 1년.

한국유스호스텔연맹 www.kyha.or.kr
신청비 만 24세 이하 22,000원, 만 25세 이상 33,000원

국제운전면허증

각 구청 운전면허장에 신청하면 바로 발급된다. 유효기간은 1년.

제출 서류 여권용 사진 1매, 운전면허증, 여권(사본 가능)
신청비 8,500원

여행자보험

불의의 사고를 대비해 보험에 가입하되 가능하면 소지품 도난 시 보상액이 큰 보험에 드는 게 좋다. 사고 시 현지 경찰 경위서, 병원 영수증 등 증명서를 잘 챙긴다.

여행 경비

경비가 가장 많이 드는 항공권과 숙박비는 품을 많이 팔수록 절약할 수 있다. 현지에서 쓰는 경비를 너무 아끼지는 말자. 적극적으로 현지 문화를 즐겨야 여행의 만족도가 높아진다.

출발 전 경비

€1=1,312원(2018년 12월 기준)

항목	경비	포인트
항공권	약 100~150만 원	항공사, 노선, 시기, 조건에 따라 요금 차이가 크다.
유레일패스	약 €594(1등석 15일 기준)	여행 기간에서 7일을 뺀 패스를 구입한다. 만약 22일 여행인 경우 15일 패스 구입.
각종 증명서	여권 53,000원 국제학생증 14,000원 유스호스텔증 22,000원	단수여권은 20,000원. 유스호스텔, 박물관(미술관) 이용 시 할인 혜택을 고려해 증명서를 발급받는다.
여행자보험	20,000~50,000원	여행 기간과 계약 조건에 따라 달라진다.
여행 용품	100,000원~	여행 가방, 비상약, 메모리카드 등
여행 관련 책자	18,000원~	여행 책자, 방문국의 역사, 문화, 미술 관련 책자
총 비용	1,700,000~2,470,000원	

현지 여행 1일 경비

항목	경비	포인트
숙박비	민박 40,000원 정도 호텔 100,000~150,000원	민박과 유스호스텔은 도미토리형(6~10인) 1박 기준. 호텔은 2인 1실 기준(2명 이용 시 요금이 저렴해진다)
식비	1식 패스트푸드 8,000~12,000원 레스토랑 30,000~40,000원 1일 총 30,000~50,000원	슈퍼마켓에서 구입하면 더욱 저렴하다. 샌드위치, 조각 피자, 핫도그 4,000원, 케밥 7,000원 정도.
교통비	1일 10,000~12,000원	패스 소지자는 대부분 공항 → 시내 교통이 무료. 시내 교통은 1일권이나 10장 묶음 티켓을 구입한다.
입장료	1일 20,000~40,000원	주요 박물관은 반드시 관람한다. 국제학생증을 잘 활용해 할인을 받자.
문화비	1일 15,000~30,000원	문화 공연, 레포츠에 참여하기.
잡비	1일 10,000~15,000원	코인라커, 화장실, 야간열차 예약비, 전화 등.
예비비	1일 10,000원~15,000원	비상금은 총 경비의 5~10% 정도면 적당하다.
총 비용	135,000~312,000원	

항공권 구입

여행 경비 중 숙박비와 함께 가장 많은 비용이 드는 항목이 항공권이다. 부지런히 여러 사이트를 검색해서 저렴한 항공권을 구입하자.

항공권 구입의 기본지식

• 항공사 사이트에 제시된 항공료가 공항세 및 유류할증료가 포함된 최종 가격인지 꼭 확인한다.
• 6~7월경 출발하는 항공권은 통상 3개월 전부터 예약을 받는다.
• 스톱오버(경유지에서 1일 이상 체류)가 허용되는 티켓을 구입하면, 유럽에서 돌아오는 길에 홍콩이나 방콕 등에서 1~2일 체류하며 그간의 회포를 풀 수 있다.
• 항공권 예약 사이트나 여행사 홈페이지를 검색해 가장 저렴한 항공권을 찾는다.

비즈니스 클래스의 예

할인 항공권의 조건

• 항공권 유효기간(30일 미만)이 짧다.
• 변경, 환불, 연장이 불가능하다.
• 스톱오버가 안 된다.
• 발권 기간이 짧다. 저렴한 항공권은 예약 후 대부분 72시간 내에 구입해야 한다.

고로 남아 있어 파격적으로 할인한다. 하지만 미리 준비하는 여행자에게는 적합하지 않다.
• 직항편보다 경유편이 저렴하다. 1회보다 2회 경유가, 유럽계보다 아시아계 항공사가 저렴하다.
• 단기여행(7일)일 경우 여행사의 에어텔(항공권+호텔) 상품을 활용한다. 호텔 대신 민박을 이용할 경우 더 저렴하다.
• 성수기에는 인기 구간을 피한다. 런던 IN/파리 OUT보다는 빈, 취리히, 프랑크푸르트, 로마, 프라하 등으로 IN/OUT하는 게 저렴하다.

할인 항공권의 구입 노하우

• 비수기(3~4월, 9~10월)에 6~8월이나 12~1월 항공권(얼리버드 항공권)을 구입한다.
• 땡처리 항공권을 공략한다. 출발일이 임박한 티켓이 재

기내식의 예

유레일패스

유레일패스는 유럽 28개국 해당 지역의 열차와 일부 유람선, 일부 버스 등을 패스에 적힌 기간(15일~3개월) 동안 저렴한 비용으로 무제한 이용할 수 있는 편리한 철도패스다.

패스 이용 가능 국가

지역 구분	국가
북부 유럽	노르웨이, 스웨덴, 핀란드, 덴마크
중서부 유럽	프랑스(모나코 포함), 독일, 스위스, 오스트리아(리히텐슈타인 포함), 벨기에, 네덜란드, 룩셈부르크, 아일랜드
남부 유럽	이탈리아, 그리스, 스페인, 포르투갈
동부 유럽	헝가리, 루마니아, 체코, 크로아티아, 슬로베니아, 불가리아, 슬로바키아, 터키, 폴란드, 보스니아, 헤르체코비나, 세르비아, 몬테네그로

패스 구입

유럽 현지에서는 판매하지 않는다. 출국 전에 국내 여행사를 통해 구입해야 한다. 유레일패스를 검색해보면 각 여행사마다 판매 경쟁으로 15~25% 정도 할인 판매한다. 패스 요금은 매년 1월경 10%씩 인상되니 전년 12월에 미리 구입해둔다. 요금이 할인되는 유스(Youth)는 만 12~26세. 성인 1명당 4~11세 어린이 2명은 무료.

패스 개시 Validation

유레일패스가 현지에서 효력을 발생하려면 다음과 같은 절차를 밟아야 한다.

- 탑승 전 기차역 티켓 창구나 철도안내소에 가서 직원에게 유레일패스를 개시하겠다고 말하고 패스와 여권을 제시하면 유효기간에 시작 일자 및 종료 일자를 기입해준다. 확인 도장(스탬프)

을 받으면 바로 유레일패스가 개시된다.
- 시작 일자와 종료 일자를 본인 마음대로 기입하면 안 된다.
- 유레일패스 커버를 떼어내고 안의 내용물만 가지고 있으면 사용할 수 없다.
- 유레일패스에 적혀 있는 유효기간 첫날의 00:00부터 첫 여행을 시작할 수 있으며 반드시 마지막 여행을 유효기간의 마지막 날 자정(24:00)에 마쳐야 한다.

등급 구분

●1등석

만 28세 이상은 1등석 패스를 끊어야 한다. 1등석 패스로 2등석 좌석을 이용할 수는 있지만 차액이 환불되지는 않는다. 1등석은 좌석이 넓어 여유가 있다.

●2등석

만 27세 미만의 유스(Youth)만 구입할 수 있다. 2등석 패스로 1등석 좌석을 이용할 수는 있으나 차액을 지불해야 한다. 2등석은 1등석보다 25% 할인된다. 인기 구간은 성수기에 매우 붐벼 좌석 확보가 쉽지 않다. 가급적 일찍 탑승하거나 미리 예약을 해둔다.

사용 시 유의사항

●패스 개시

유레일 연속 패스는 연속적으로 사용하므로 사용 개시일을 잘 계산해야 한다. 첫 도착 도시(3일)와 마지막 출발 도시(3일), 귀국 날짜(1일)를 포함해서 대략 7~8일 정도를 빼고 구입하면 무난하다. 29일 일정인 경우는 대체로 21일 패스가 무난하다.

● 추가 요금

유레일패스는 유럽 28개 국가에서 무제한으로 사용할 수 있지만 초고속열차, 야간열차(쿠셋/침대칸)는 패스 소지자도 예약이 필수며 예약비를 지불해야 한다. 예약이 필수인 열차는 열차 시각표에 'R'로 표시되어 있다. 유레일패스가 통용되지 않는 동부 유럽 일부 국가를 통과할 때는 추가 요금을 지불해야 한다. 이때 구간권은 기차 안에서 구입하면 더 비싸므로 티켓 창구에서 구입한다.

패스의 종류

● 유레일 글로벌 패스 Eurail Global Pass

15일~3개월 내 패스 통용 국가(28개국)에서 무제한 사용하는 패스. 첫 여행이거나, 국가 간 · 도시 간 이동이 잦은 경우 유용하다.

유레일 셀렉트 패스의 국가별 점수

점수	국가
20점	독일, 이탈리아, 프랑스, 스위스, 오스트리아
5점	스페인, 베네룩스, 체코, 스웨덴, 덴마크, 노르웨이, 헝가리
1점	슬로바키아, 포르투갈, 슬로베니아 & 크로아티아, 핀란드, 그리스, 루마니아, 아일랜드, 그리스, 세르비아 & 몬테네그로, 터키

예) 연속 패스 15일의 경우 7월 1일(사용 개시일)부터 7월 15일까지 28개국에서 15일 동안 무제한 열차 이용.

● 유레일 플렉시 패스 Eurail Flexi Pass

2개월 내 선택한 일자에 패스 통용 국가(28개국)에서 무제한 사용하는 패스. 열차 타는 횟수가 적고 몇 개국(도시)만 집중 이용 시 유용하다.

예) 플렉시 패스 10일의 경우 7월 1일(사용개시일)부터 9월 1일까지 28개국에서 본인이 선택한 10일간 무제한 열차 이용.

유레일 글로벌 패스 (2018년 기준, 단위 €)

기간	성인(1등석)	세이버(1등석)	유스(2등석)
15일	594	506	389
22일	764	651	499.5
1개월	937.5	798	612.5
2개월	1320.5	1124	861.5
3개월	1627.5	1384	1061

유레일 플렉시 패스 (2018년 기준, 단위 €)

기간	성인(1등석)	세이버(1등석)	유스(2등석)
5일	465.5	396	305.5
7일	567.4	83	371.5
10일	698	594	456.5
15일	914.5	778	597

유레일 셀렉트 패스(4개국) (2018년 기준, 단위 €)

Level	Low(0~10점)				Medium(11~45점)				High(46점~)			
선택 사용 (2개월 이내)	1등석			2등석	1등석			2등석	1등석			2등석
	성인	세이버	유스	유스	성인	세이버	유스	유스	성인	세이버	유스	유스
5일	258	221	208.5	170.5	371.5	317	299	244.5	425	362	341.5	279
6일	283.5	242	228.5	187	409.5	349	329.5	269.5	463	395	372	304
8일	331	282	266.5	218	477	406	383	313	539.5	460	433	353.5
10일	371.5	317	299	244.5	538	459	432.5	352.5	615.5	524	494	403

● 유레일 셀렉트 패스 Eurail Select Pass

2개월 내 선택한 일자에 국경이 인접한 4개국에서 무제한 사용하는 패스. 열차 타는 횟수가 적고 국경 인접 4개국에 주로 머물 경우 유용하다.

예) 셀렉트 패스 10일의 경우 7월 1일(사용 개시일)부터 9월 1일까지 4개국에서 본인이 선택한 10일간 무제한 열차 이용.

※2015년부터 유레일 셀렉트 패스는 왼쪽 페이지 하단의 표처럼 국가별로 점수가 나뉜다. 인접한 국가 4개국을 선택하여 점수를 합산했을 때 1~10점이면 Low 요금, 11~45점이면 Medium 요금, 46점 이상이면 High 요금이 적용된다.

● 세이버 패스

2~5명이 항상 함께 기차를 탑승해야 하는 할인 요금. 일행의 일정이 다른 경우에는 사용할 수 없다. 가족끼리 여행할 때 유용하다.

유레일 플렉시(셀렉트) 패스 사용 시 유의사항

• 패스 사용일자를 각 날짜별로 해당 달력 칸에 볼펜으로 기입한다(연필은 안 됨). 예를 들어 7월 10일은 아래와 같이 적는다. 탑승 전에 날짜를 기입해야 한다.

10
07

• 당일 첫 여행이 19:00 이후에 출발하는 야간열차일 경우 24:00 전에 목적지에 도착하면 당일 날짜를 써도 되지만, 24:00를 넘을 때는 다음날 날짜를 적어야 한다. 이 경우 다음날 목적지에 도착해 시내 관광만 하면 패스 이용일 하루치를 손해보는 셈이 된다. 따라서 당일 여행으로 근교를 다녀오는 것이 경제적이다.

• 유레일패스가 제공하는 보너스(무료 선박 여행)를 이용하면 패스를 하루 사용하는 것으로 간주하니 유의한다. 단, 할인을 받을 경우는 하루 사용으로 보지 않는다.

유레일패스의 할인 혜택

• 뮌헨, 빈, 파리 등 대도시 공항역에서 국철로 시내 이동 시 무료.

• 라인 강, 스위스 빙하 호수 유람선, 뮌헨–프라하 구간 버스(예약비만 지불)는 무료.

• 독일 유로파 버스, 유로스타, 독일 로맨틱 가도 구간 버스, 융프라우 철도 등 할인.

※4~11세 어린이가 어른과 동행할 때 모든 유레일패스 요금이 무료(성인 1명당 어린이 2명). 단, 패스 발권비와 예약 필수인 열차의 예약비는 유료.

※자세한 내용은 패스 구입 시 받는 〈여행자 가이드〉를 참고한다.

현지 저가 항공

유럽 현지에서 이동 시 저가 항공을 잘 활용하면 기차 여행보다 편하고 저렴하게 여행을 즐길 수 있다. 단, 여행 1~3달 전에 예매해야 한다.

장점

• 유럽 국가 간 이동을 1시간~1시간 30분 내에 편하고 빠르게 할 수 있다.

• 이동 시간이 절약되어 여행의 질을 높일 수 있다.

• 1~3달 전 일찍 예매하거나 시간대를 잘 활용하면 무척 저렴하게 이동할 수 있다. 이 경우 유레일패스보다 저가 항공권이 더 저렴하다.

예) **유레일 글로벌 패스(1개월) 가격** 2등석 €612/1등석 €937(예약비 별도)

저가 항공(35일 일정 12회 이용) 가격 최저가

€352. 열차 구간권(10회) €257를 추가해 총 €609
- 저가 항공 최저가 대비 1.5배 가격을 적용하면 항공권(€528) + 열차 구간권(10회 €257)을 합쳐도 총 €785이다. 결과적으로 만 28세 이상은 저가 항공이 경제적이다.

단점
- 공항이 도심에서 먼 곳에 위치한 경우가 많아, 소요 시간과 이동 비용이 추가된다.
- 이른 시간에 출발하거나 늦은 시간에 도착하게 되면 시내로 가는 교통편이 끊길 수 있다.
- 검색 요금(순수 항공 요금)에 공항세 등이 추가되므로 최종 요금은 달라진다.
- 수하물 무게 20kg 초과 시 추가 요금이 부과된다.
- 티켓 환불, 취소, 일정 변경이 안 된다.

효율적으로 이용하기
- 저가 항공은 사전에 충분한 시간을 갖고 치밀하게 일정을 짜고 예매해야(1~3개월 전) 실수하지 않고 저렴하게 이동할 수 있다. 또한 기간, 요일, 시간대에 따라 요금이 다르다.
  저가 항공사 사이트에서 예매할 때 결제 과정에 여러 가지 옵션이 나오는데 이를 무시하고 건너뛰면 최종 요금만 나온다.
- 공항에는 1시간~1시간 30분 전에 도착한다. 시내-공항 교통편을 미리 확인해두고, 가급적 공항 근처에 숙소를 정한다.
- 저가 항공은 단거리 구간을 운항하지 않으므로 거리 개념이 아닌 시간과 비용을 감안해서 일정을 짠다.
- 저가 항공사 중 이지젯이 가장 노선이 많고 예약하기 편하지만, 타 저가 항공사보다 요금이 비싸다. 노선에 따라 셔틀버스가 공항까지 운행한다. 라이언에어와 위즈에어도 많이 이용하는 편이다.

예약 절차
1. 저가 항공사 홈페이지를 검색한다.

2. 출발/도착 도시명, 이동 시간대, 편도/왕복을 입력(클릭)한다.
3. 항공 구간과 요금이 나오면 본인 일정에 맞는 시간대를 클릭한다.
4. 옵션 사항을 무시한다(지정 좌석, 여행자보험, 수하물 추가, 스포츠 장비, 호텔, 렌터카, 공항-시내 간 교통편 등).
   이중 렌터카나 호텔, 교통편(이른 아침 출발이나 늦게 도착하는 경우), 수하물 추가 등이 필요하면 체크한다.
5. 최종 요금이 산정된다.
   검색 요금(순수 항공 요금)과 다르다. 검색 요금에 추가 보험, 추가 수하물, 카드 수수료 등이 추가된다.
6. 인적 사항(이메일, 영문 이름, 여권번호, 주소, 국적, 휴대전화 번호, 카드 결제 정보)을 입력한다.
7. 예약 버튼을 누르기 전에 다시 한번 입력 사항을 점검한 후 클릭한다.
8. 이메일로 전자티켓이 발송된다. 온라인 체크인을 하지 않았을 경우 벌금을 부과하는 항공사도 있으므로, 출발 전 반드시 온라인 체크인을 한 후 프린트해서 탑승 수속 시 제시한다.

탑승 수속 절차
일반 항공 수속 절차와 동일하다.
1시간~1시간 30분(성수기) 전에 공항 도착 → 항공사 카운터 대기 → 카운터 직원에게 전자티켓 프린트물과 여권 제시 → 탑승 게이트(번호 확인)로 이동 → 줄 서서 대기(저가 항공은 지정석이 없으므로 줄 선 순서로 탑승해 자리를 잡는다) → 탑승(음료는 유료).

주요 저가 항공사
이지젯(Easyjet) www.easyjet.com
라이언에어(Ryanair) www.ryanair.com
위즈에어(Wizzair) www.wizzair.com
부엘링(Vueling) www.vueling.com
저가 항공 검색 사이트 www.whichbudget.com
www.skyscanner.co.kr

숙소 선택

현지 여행 안내소에 문의해 숙소를 구할 수도 있지만, 성수기에는 반드시 여행 전에 예약을 해야 한다. 숙소는 기차역이나 지하철역에서 도보 5~10분 거리에 있는 곳을 고른다. 비수기에는 숙박비를 흥정해볼 수 있다.

한인 민박

1일 숙박료는 도미토리(4~6인실) 기준 €30~35 (4~5만 원) 정도, 아침과 저녁 식사를 무료 제공한다.

민박을 고를 때는 인터넷 카페 등에서 검증받은 전문 민박집이나 여행을 다녀온 경험자들이 추천하는 곳을 이용하는 게 안심된다. 성수기에는 반드시 예약을 해야 하며, 예약금은 하루치만 지불하고, 마음에 안 들면 다른 곳으로 옮긴다. 민박집이 2~3층 건물이면 맨 위층 방을 신청한다. 아래층은 계단 소리로 숙면하기 어렵다.

여러 사람이 이용하는 공간이니 공중도덕을 지키고, 특히 화장실을 장시간 사용해 타인에게 피해를 주는 일은 삼가야 한다. 민박집 주인이 불친절하거나 서비스가 엉망이면 당당히 권리를 주장하자. 호텔처럼 금고가 있는 것이 아니므로 소지품에 유의한다. 민박집에서 각종 투어 등의 할인쿠폰을 제공하니 이를 잘 활용한다.

유스호스텔

배낭여행객이 가장 선호하는 숙소. 1일 숙박료는 도미토리(6~10인실) 기준 €20~40 (3~5만 7,000원). 호스텔에 따라 조식 제공 여부가 다르다. 하지만 취사도구가 갖추어져 있어 음식 재료만 있으면 얼마든지 훌륭한 식사를 할 수 있다. 북부, 중서부 유럽의 유스호스텔은 시설이 양호하지만, 남부(동부) 유럽은 시설이 약간 떨어진다. 화장실(샤워실)은 공용이며, 개인 사물함은 도미토리 내 또는 복도에 설치되어 있다.

호스텔에 따라 회원에게만 개방할 수도 있다. 자주 이용할 경우 한국에서 회원증을 발급받는다. 유스호스텔을 이용하려면 반드시 예약을 해야 한다. 공식 유스호스텔은 규정 시간을 엄격하게 지키니 유념한다. 보통 체크인은 07:30~09:30(체크아웃도 동일)과 17:00~21:00이다. 21시 후 문을 잠그는 곳도 있으니 예약할 때 반드시 체크인/체크아웃 시간을 확인한다.

스위스의 한인 민박집

도미토리 룸의 예

여러 사람이 이용하는 숙소이니 소지품에 유의한다. 소지품(가방)은 라커에 넣어 자물쇠로 잠그고 귀중품은 늘 몸에 휴대하고 다닌다.

전 세계 유스호스텔 www.hihostels.com
각종 유스호스텔 www.youthhostel4u.com
체코(프라하) www.gtsint.cz
헝가리(부다페스트) www.miszsz.hu
영국(런던) www.yha.org.uk
독일(뮌헨) www.jugendherberge.de
프랑스(파리) www.fuaj.org
스위스(취리히) www.youthhostel.ch
이탈리아(로마) www.ostellionline.org
스페인(마드리드) www.hosteltimes.com

체인 호텔

유럽은 시설이 좋고 숙박료가 저렴한 체인호텔이 발달되어 있다. 깔끔한 현대식 시설이라 외국인 여행자들이 선호한다.

이비스 버짓 호텔

Accor Hotel의 경우 체인별 숙박료는 머큐어(Mercure)/노보텔(Novotel)＞이비스(Ibis)＞이비스 버짓(Ibis Budget)/포뮬1(Formule1) 순서다. 이비스 버짓과 포뮬1은 1실 3인 숙박이 가능하다(1실 1인과 1실 3인이 큰 차이가 없으므로 저렴하게 이용할 수 있다). 숙박료는 파리 기준 약 €40～, 지방은 약 €30～.

이비스 버짓과 포뮬1의 경우 대부분 외곽에 위치해 있어 자동차가 아니면 이용하기 힘들다. 본 책에서는 도시별로 지하철로 이동 가능한 이비스 버

이비스 호텔

이비스 호텔

짓과 이비스 호텔을 소개하고 있으므로 이용에 참고하자.

이비스 · 이비스 버짓 · 포뮬1
www.accorhotels.com

일반 호텔

요금이 2인 1실 기준이므로 2인이 이용하는 게 경제적이다. 국내외 호텔 예약 전문업체를 이용하면 정상 요금의 40～60% 할인된 가격에 예약할 수 있다.

● 호텔 예약 사이트

각 사이트를 비교해 저렴한 곳을 이용하되, 만약의 경우 피해보상을 위해 가급적 국내에 등록된 업체에 예약한다.

호텔패스 www.hotelpass.com
아고다 www.agoda.co.kr
트립어드바이저 www.tripadvisor.co.kr
익스피디아 www.expedia.co.kr
호텔스닷컴 www.hotels.com

스위스 Haus 호텔

> **TIP**
>
> ### 바우처
>
> 바우처(Voucher)란 호텔의 예약과 숙박료 지불을 끝냈음을 뜻하는 호텔 예약 확정서다. 호텔 예약 대행사나 여행사에서 발급하는 서류인데, 이를 가지고 호텔에서 체크인하면 된다.
>
> 결제 후 보통 12시간 이내에 이메일로 바우처가 전달된다. 보통 현지어와 한국어로 되어 있어 알아보기 쉽고, 현지에서 지불하는 수고를 덜 수 있다.

환전

공항은 환율이 나쁘니 시내 은행에서 미리 환전한다. 현금은 도난 위험이 있으니 필요한 만큼만 환전하고 신용카드를 준비해 간다. 신용카드는 신분 증명을 위해서도 사용된다.

현금

20~30만 원 정도를 현금으로 환전하는 게 적당하다. 유로는 한국에서 환전한다. 적절히 €2, 5, 10, 20, 50을 섞어서 환전하는 게 편하다. 체코 코루나는 한국에서 환전하고, 헝가리 포린트와 폴란드 즐로티는 현지 시중은행서 환전한다. 현금은 교통비, 팁, 비상금 등으로만 사용하고, 분실 위험에 조심해야 한다. 여권, 신용카드 등의 분실사고에 대비해 비상금은 안전한 곳에 넣어둔다. 비상금은 여행 경비의 5~10% 또는 여분의 신용카드를 준비한다. 만약 스톱오버(경유지에서 1박할 때)를 할 경우 현지 화폐를 미리 환전한다.

유럽 현지에서 환전할 경우 환전소들의 환율과 수수료는 비슷하니 시간 낭비 말고 시내 은행(환전소)에서 환전한다. 현지 공항, 호텔, 관광지의 환전소는 환율 수수료가 높은 편이다.

동전은 나중에 원화로 환전되지 않으니(일부 은행은 파운드, 유로, 스위스 프랑이 환전 가능하나 환율이 나쁨) 현지에서 모두 쓴다. 체코, 헝가리, 폴란드 지폐 등도 한국에서 재환전이 가능하다.

신용카드

현지 여행 경비는 가급적 신용카드를 사용하는 게 편하다. 분실을 대비해 여분의 신용카드를 지참한다. 특히 렌터카나 호텔(유스호스텔) 예약 시 신분 증명을 위해 신용카드가 필요하다.

외국의 ATM 기기는 외부에 노출된 곳이 많다.

국제현금카드

본인 예금 계좌에 입금되어 있는 금액 범위에서 해외 어디서나 인출이 가능한 카드(International Card). 현지 ATM에서 현지 화폐로 출금 가능하다(동유럽 화폐 포함). 단 수수료가 있다(인출금의 1%, 기본 2달러).

국제체크카드

본인 예금 계좌에 입금되어 있는 금액 범위에서 인출 가능한 카드로, 입금 금액 범위 내에서 신용카드처럼 결제가 가능하다.

> TIP
>
> ### 인터넷 환전
>
> 은행의 인터넷 홈페이지 또는 모바일 앱에서 환전을 신청한 뒤 공항 지점에서 찾을 수 있다. 은행 창구보다 수수료가 저렴한 데다 평소 시간 내기 어려운 직장인에게 요긴한 서비스다.

짐 꾸리기

귀국 길에는 출발 때보다 짐이 늘어나는 것이 확실하다. 가져갈지 망설여지는 물건은 빼고 현지에서 구하는 등 최대한 짐을 줄이자. 가방이 무거울수록 여행이 힘들다는 사실을 명심한다.

꼭 가져가야 할 것

종류	점검 포인트
여권	분실을 대비하여 복사본을 따로 보관한다. 여권 유효기간 확인은 필수.
항공권	예매한 E-ticket 프린트물과 여권을 제시하고 보딩패스(탑승권)를 발급받는다.
유레일패스	겉표지가 떨어지지 않도록 주의해서 보관한다.
현금/신용카드	현금과 신용카드를 분리해서 보관. 지갑에는 당일 쓸 돈만 넣고 다닌다.
호텔 예약확인증	체크인할 때 제시한다.
지도, 가이드북	현지에서 가장 필요한 것.
각종 증명서	국제학생증, 유스호스텔 회원증, 여행자보험 증권
옷	속옷, 양말, 갈아입을 옷
세면도구	얇은 수건 1장, 샴푸, 치약, 칫솔, 면도기, 화장품, 비누
상비약	감기약, 지사제, 진통제, 상처 연고, 1회용 반창고, 소독약
우산, 우비	항상 작은 가방 속에 우산을 넣고 다닌다. 겨울에 비가 자주 내린다.
복대	목에 거는 복대는 귀중품을 보관하기 편리하다.
카메라, 메모리카드	메모리카드는 현지에서 매우 비싸다. USB 메모리, 보조 배터리도 필요 시 준비한다.
멀티어댑터	나라마다 다른 콘센트에 맞는 어댑터를 사용해야 한다.

> **TIP**
>
> ### 기내 반입 제한 품목
>
> 화장품이나 안약 등 겔이나 에어졸을 포함한 액체 물질을 기내로 반입할 때는 100㎖ 이하의 용기에 넣고, 용량 1 ℓ (약 20×20㎝) 이내의 투명한 지퍼백에 넣어야 한다. 맥가이버 칼, 드라이버, 각종 공구, 손톱깎이 등 흉기가 될 가능성이 있는 물건은 전부 수하물에 넣는다. 카메라 삼각대도 부치는 짐에 넣어야 한다. 단, 보조 배터리는 부치는 짐에 넣지 말고 기내에 들고 타야 한다.
>
>

짐 꾸리는 노하우

● 짐 무게는 최소한 5~10kg
가방은 다 채우지 말고 70% 정도만 채운다.

● 생필품은 현지에서 구입
캔류, 면류, 세면도구, 여성용품, 화장품, 속옷 등은 현지에서 얼마든지 쉽게 구할 수 있다.

멀티어댑터는 필수

● 최대한 가볍고 방수가 잘 되는 가방
유럽은 울퉁불퉁한 길이 많아 바퀴가 튼튼해야 하고, 비가 자주 내리니 방수가 되는 것이 좋다. 슈트케이스는 바퀴 4개 달린 것이 편하다.

기내용 가방(여행 기간에 관계없이)에 넣을 정도의 짐만 챙겼다면 당신의 여행 수준은 프로급.

● 작은 배낭을 하나 더 준비
시내 관광 시 여행 책자, 지도, 노트, 물병, 치약, 칫솔, 휴지를 넣고 다닐 때 편하다.

가지고 가면 편리한 것

종류	점검 포인트
손톱깎이	10일 이상 여행할 때 필요하다.
모자	야간 이동 시 헝클어진 머리를 가려주고, 여름에는 햇빛 차단, 겨울에는 추위 방지용으로 유용하다.
선글라스	뜨거운 여름 햇살의 반사를 막아준다.
선크림	자외선 차단에 필수다.
비닐봉지	빨래 보관 등 생각보다 쓸모가 많다.
읽을거리	장시간 열차 이동 시 무료함을 달래줄 책. 읽고 버릴 가벼운 책(또는 전자책)이 좋다.
스테인리스 컵	야간열차 이동 시 도난 방지용으로도 쓸 수 있다.
다용도 칼	과일, 음식 자를 때 등 여러모로 요긴하게 쓰인다.

가지고 가면 짐만 되는 것

종류	점검 포인트
여행 회화책/사전	스마트폰으로 검색 가능. 기본적인 것은 보디랭귀지로 해결하면 된다.
계산기	스마트폰으로 대체 가능하다.
나침반	구글 지도 앱으로 해결하거나, 현지인에게 도움을 청하자.
슬리퍼/샌들	유럽의 도로는 울퉁불퉁한 도로가 많아 운동화가 편하다.
침낭	텐트를 사용하지 않으면 무용지물.
취사도구	배낭여행 시 짐이 무거워 힘들다.

출입국 수속

주말이나 성수기는 출입국 수속을 하는 데 더 많은 시간이 걸리므로 여유 있게 공항에 도착하는 것이 안전하다. 공항 면세점을 이용할 생각이라면 좀 더 서둘러야 한다. 2018년 1월 인천공항 제2터미널이 문을 열었다. 제2터미널은 대한항공, 에어프랑스, 델타항공, KLM네덜란드항공을 비롯해 2018년 10월 말부터 체코항공, 알리탈리아항공, 중화항공, 아에로플로트러시아항공, 아에로멕시코, 가루다인도네시아항공, 샤먼항공도 이용 중이다). 제1터미널(3층 중앙 8번 출구)과 제2터미널(3층 중앙 4·5번 출구 사이)을 오가는 셔틀버스가 있지만 약 20분 소요된다(단, 공동운항편 이용 시 항공기 운항 항공사의 터미널을 이용).

01   공항 도착

- 3층 출국장 도착(인천공항)
- 평상시의 경우 2시간 전 도착(성수기는 3시간 전)

02   체크인

- 해당 항공사의 카운터로 이동
- 여권과 e티켓 프린트 제시
- 병무신고확인서 제시(만 25세 이상의 군 미필자)
- 보딩패스(탑승권) 받기
- 마일리지 입력

03   수하물 부치기

- Baggage Tag(짐표)는 목적지까지 잘 보관

04   환전 · 휴대폰 로밍 등

- 필요 시 데이터 로밍 상품 신청
- 환전 시 여권과 보딩패스 제시
- 여행자보험 가입(온라인 가입이 저렴)

05   출국 게이트 통과

- 여권 · 보딩패스 제시

06   세관 신고

- 고가 물품 휴대 시 신고

07   보안 검색

- 휴대용 짐의 X선 검사 후 통과

08   출국 심사대 통과

- 여권과 보딩패스 제시(자동 출입국심사도 가능)
- 여권에 출국 확인 도장을 찍으면 통과

09 탑승 라운지 · 게이트 도착

- 면세점에서 쇼핑
- 면세품 인도장에서 쇼핑한 물품 찾기
- 멀티어댑터 등 준비 못한 것을 구입
- 탑승 30분 전 게이트 도착(탑승권에서 게이트 번호 확인)
- 비행기 탑승

10 (경유 시) 경유지 도착

- Transit/Transfer 표지판을 따라 이동
- Transfer Counter로 이동
- 여권 · 보딩패스 제시
- 게이트 번호 확인

11 (경유 시) 환승 게이트 도착

- 모니터에서 환승할 비행기 편명과 게이트 번호를 확인
- 20분 전 게이트 도착
- 환승 비행기 탑승

12 목적지 도착

- 기내에서 입국신고서 작성(영국)
- Arrival/Exit 표지판을 따라 이동

13 입국 심사대 통과

- 여권과 입국신고서 제시

14 수하물 찾기

- 수하물 수취소에서 짐 찾기
- 짐 분실 시 분실 신고서와 Baggage Tag 제출

15 입국장 나오기

※환전소, 이동통신사, 보험사는 출국장 층에 위치.

※인천공항 제1터미널의 일부 항공사 게이트(101~132번 게이트)는 셔틀열차를 타고 이동하니 시간 관리에 유의.

※자동 출입국심사서비스(인천공항)
출입국심사 시 지문인식기에 여권과 지문을 인식하면 자동으로 출입국이 승인된다(만 19세 이상, 등록 불필요).

TIP

Transit과 Transfer는 무엇이 다를까?

	Transit	Transfer
환승 비행기	환승 항공편이 동일하다.	환승 항공편이 다르다.
소지품 관리	비행기에 소지품을 두고 내려도 괜찮지만 안전을 위해 가지고 내린다.	비행기에서 반드시 소지품을 가지고 내린다.
환승 장소	공항 라운지로 이동하지 않고 임시대합실에서 30분~1시간 정도 대기한다.	보안 검색을 받은 후 공항 라운지로 이동하여 환승 항공편에 탑승할 때까지 자유롭게 다닌다.
환승 수속	특별한 수속 절차가 없고 여권과 탑승권을 제시하면 비표를 나눠준다.	환승 카운터에서 수속 절차를 밟는다. 보딩패스를 발급받거나, 출발지에서 발급받은 보딩패스에 게이트 번호를 기재해준다.

※경유지에 잠깐 내릴 때는 'Transit/Transfer' 표지판을 따라가고, 최종 목적지에 도착할 때는 'Arrival/Immigration/Baggage Claim/Customs' 표지판을 따라가면 된다.

유럽의 기차역

타국의 낯선 기차역에 도착하면 처음에는 낯설고 당황스럽지만 곧 익숙해지니 지레 겁먹지 말자. 유럽 기차역의 구조를 이해하고 나면 한결 쉽게 여행을 즐길 수 있다.

기차역 내부

기차역의 내부 시설

유럽의 철도역은 대부분 도심에 위치해 있고 전철, 지하철, 버스와의 환승편이 잘 연결되어 편리하다. 우리나라 기차역은 대합실에서 개찰구를 통과해야 플랫폼이 나오지만, 유럽 기차역은 역사에 들어가면 플랫폼이 개방되어 있다. 개찰구가 없는 대신 대합실과 플랫폼이 바로 연결되어 있다. 단, 스페인과 영국은 보안상 개찰구가 있다.

베를린을 비롯한 일부 기차역사는 공항처럼 규모가 커서 처음 도착하면 어리둥절할 수밖에 없다. 이때 가장 좋은 안내자가 바로 철도 안내소와 기차역 시설물을 그린 그림 기호다. 이 그림 기호를 잘 숙지해두자.

철도 안내소

기차역 내에 있으며 철도 전반에 관한 안내를 해준다. 여행 안내를 해주는 여행 안내소는 별도로 있다. 우선 번호표를 뽑은 다음 순서를 기다리

partner network in Austri

다가 차례가 되면 안내 데스크로 가서 열차 시각표와 요금 등을 문의한다. 유레일패스를 개시하려면 이곳에서 확인 도장을 받는다.

예약 창구

유럽의 기차는 우리나라와 달리 인기 구간은 열차에 따라 사전에 예약을 받는다. 유레일패스 소지자도 예약 필수인 열차를 탈 때는 사전에 예약해야 한다. 이곳에서도 유레일패스를 개시할 수 있다.

티켓 창구

큰 역사는 예약 창구와 티켓 창구가 구분되어 있으나, 작은 역사는 예약 창구와 티켓 창구가 단일 창구로 되어 있어 두 업무를 동시에 본다. 보통 티켓 창구에서 티켓 예약을 하는데, 큰 역은 국내선 열차 창구와 국제선 열차 창구가 구분되어 있다. 예약을 하거나 유레일패스를 개시하려면 큰 역에서는 철도 안내소나 예약 창구를, 작은 역에서는 티켓 창구를 이용하면 된다.

수하물 보관소

짐이 커서 코인라커에 들어가지 않거나 안전을 위한 경우에 이용한다. 코인라커(24시간)와 달리 보관 시간이 08~09시부터 20~22시까지이다. 밤에 맡기고 다음날 찾아가면 2일 요금을 지불해야 한다. 코인라커보다 안전한 대신 보관료가 비싸다.

자동발매기

역마다 티켓 자동발매기가 설치되어 있다. 지하철(버스) 티켓은 티켓 창구나 이곳에서 구입한다.

환전소

동부 유럽의 경우는 여행객들이 환전을 하기 위해 자주 이용하지만 그 외 지역은 단일 통화인 유로를 사용하므로 이용객이 적다.

코인라커

역마다 플랫폼 가장자리나 출입구 옆쪽에 코인라커(무인 보관소)가 있다. 보관료는 대형

€4~7, 소형 €2~5 정도. 이탈리아나 동부 유럽 등은 코인라커보다는 유인 보관소에 맡기는 게 안전하다.

사용 방법은 간단하다. 먼저 코인라커에 짐을 넣고 문을 닫는다. 동전을 넣고 열쇠로 잠근 후 열쇠를 잘 보관한다. 짐을 찾을 때는 열쇠로 라커 문을 열고 짐을 꺼내면 된다. 일부 역사는 열쇠 대신 종이 티켓이 나오기도 한다. 잘 보관했다가 짐을 뺄 때 주입구에 넣거나 티켓에 적힌 비밀번호를 누른다.

화장실(샤워실)

   유럽의 큰 기차역은 대부분 화장실이 유료지만 작은 역은 무료이다. 큰 기차역에는 화장실과 함께 샤워실이 설치되어 있다. 야간열차에서 내려 아침에 이용하기 좋다.

환승 교통수단

철도에서 다른 교통수단으로 환승할 때 이 표시를 따라가면 된다.

 택시   버스

 페리   지하철

기타 그림 기호

 대합실   세관

 유실물 취급소   우체국

 공항 연결   공중전화

 레스토랑   카페

 입구 출구

유럽 기차의 종류

지역마다 운행하는 열차가 다르고, 노선 및 특징과 예약 여부, 예약비 등도 차이가 있다. 어느 정도 미리 알아두고 있으면 현지에서 티켓 예약이나 구입 시 도움이 될 것이다.

초고속열차

종류	노선과 특징	예약 유무
Euro Star 유로스타(영국, 프랑스, 벨기에 공동)	런던-파리/브뤼셀 구간을 연결하는 시속 300km의 초고속열차. 브뤼셀까지 2시간, 파리까지 2시간 15분 소요. 유레일패스 소지자는 할인. 홈페이지 www.eurostar.com	예약 필수
TGV(Train Grande Vitesse) 테제베(프랑스)	프랑스, 스위스, 벨기에를 연결하는 시속 320km의 초고속열차. 보르도, 마르세유, 니스, 아비뇽. 리옹 등 프랑스 내는 3~4시간 소요. 식당차(뷔페차)가 있다. 홈페이지 www.tgv.com	예약 필수
THA(Thalys) 탈리스(프랑스)	파리, 브뤼셀, 쾰른, 암스테르담을 운행하는 시속 300km의 초고속열차. 1등석은 식사, 음료 제공. 예약비가 매우 비싸다. 홈페이지 www.thalys.com	예약 필수
ICE(Inter City Express) 이체(독일)	오스트리아, 벨기에, 덴마크, 프랑스, 네덜란드, 스위스와 독일 내 주요 도시를 연결하는 시속 250~300km의 초고속열차. 독일 내는 1시간~3시간 30분 소요. 홈페이지 www.bahn.de	예약 불필요 (인기 구간은 예약 권장)
Le Frecce 레프레체(구 ES) (이탈리아)	이탈리아 주요 도시를 운행하는 시속 250~300km의 초고속열차. 밀라노, 피렌체, 베네치아, 로마, 나폴리 등 이탈리아 내는 1~3시간 소요. 홈페이지 www.trenitalia.com	예약 필수
AVE(Alta Velocidad Espanola) 아베(스페인)	스페인 주요 도시를 운행하는 시속 300km의 초고속열차. 마드리드, 바르셀로나, 세비야, 코르도바 등 스페인 내는 2~5시간 소요. 홈페이지 www.renfe.es	예약 필수
RJ(Rail Jet) 레일젯 (오스트리아)	오스트리아, 체코, 독일, 헝가리, 스위스를 운행하는 시속 300km의 초고속열차. 빈, 잘츠부르크, 인스부르크, 린츠 등 오스트리아 내는 1~3시간 소요. 홈페이지 www.oebb.at	예약 불필요 (인기 구간은 예약 권장)
SC(SuperCity) 슈퍼시티(체코)	프라하와 체코의 주요 도시를 운행하는 시속 200km의 고속열차. 오스트리아, 슬로바키아 운행 시 3~4시간 소요. 일명 펜돌리노 열차로 불린다. 홈페이지 www.cd.cz	예약 필수

유로스타

테제베

아베

이체

야간열차

종류	노선과 특징	예약 유무
CNL (City Night Line) 시티 나이트 라인	스위스, 독일, 오스트리아, 네덜란드를 운행.	예약 필수
Elipsos 엘립소스	프랑스 파리, 스페인 마드리드, 바르셀로나를 운행.	예약 필수
Lusitania 루시타니아	스페인 마드리드와 포르투갈 리스본을 운행.	예약 필수
Allegro 알레그로	로마, 밀라노, 베네치아와 잘츠부르크, 빈을 운행.	예약 필수

기타 열차

종류	노선과 특징	예약 유무
EC(Euro City) 유로시티	유럽의 주요 도시를 연결하는 특급열차. 이탈리아 등 국가에 따라 예약 필수인 곳도 있다.	예약 불필요
IC(Inter City) 인터시티	유럽(국내)의 주요 도시를 연결하는 특급열차. 헝가리 등 국가에 따라 예약 필수인 곳도 있다.	예약 불필요
RE/IR/DIR/R/D/ SE열차	지역열차로 과거 우리나라에서 운행했던 비둘기호와 비슷하다. 소도시에도 정차한다.	예약 불필요

열차 시각표 활용하기

출국 전 일정을 짤 때 각국의 철도청 사이트나 유레일 타임테이블 소책자를 참조하고, 현지에서는 기차역 철도 안내소에 비치된 도시별 열차 시각표 책자(인쇄물)를 이용한다. 유레일 타임테이블은 대도시 열차 시각표만 수록하므로, 중소도시는 독일이나 스위스 철도청 사이트를 활용한다.

유레일 타임테이블 보는 법

●출발지와 도착지를 찾는다

우선 출발할 도시를 찾는다. 지명이 알파벳 순으로 수록되어 있어 찾기 편하다. 출발지는 굵은 글씨로 크게 쓰여 있다. 예를 들면, 파리에서 취리히를 가고자 할 경우 먼저 출발지인 파리를 찾은 다음 도착지에서 취리히를 찾는다. 출발지는 왼쪽에, 도착지는 오른쪽에 적혀 있다.

●출발지 역명을 확인한다

도시에 따라 출발역이 3~4개인 곳도 있으니 출발역이 어딘지 확인해야 한다. 파리의 기차역은 북역, 리옹역, 오스테를리츠역, 생라자르역, 몽파르나스역 등이 있다. 출발지 옆에 출발역이 적혀있다. 파리에서 취리히를 갈 경우 파리 오른쪽에 리옹역이, 취리히 오른쪽에 HB(Hauptbahnhof 중앙역)가 적혀 있다.

●출발 시각을 찾는다

왼쪽이 출발 시각이고, 오른쪽이 도착 시각이다.

●열차명을 확인한다

출발 시각 오른쪽에 출발할 열차명이 보인다. 예약 필수인 열차는 옆에 'R'이 적혀 있다.

●환승을 확인한다

목적지까지 직행이 아니고 도중에 갈아타는 경우는

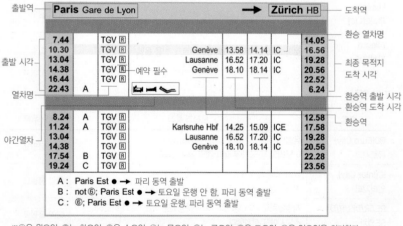

※①은 월요일, ②는 화요일, ③은 수요일, ④는 목요일, ⑤는 금요일, ⑥은 토요일, ⑦은 일요일을 의미한다.

열차편 오른쪽에 환승지와 환승 시각이 적혀 있다. 왼쪽 페이지 하단 시각표의 노란색으로 표시된 부분을 보자. 10:30에 TGV 열차(예약 필수)를 타고 가다가 환승지인 제네바에 13:58에 도착하면 환승역에서 취리히행 IC열차로 갈아타고 14:14에 출발, 도착역인 취리히 중앙역에 16:56에 도착한다는 뜻이다.

스위스 철도청의 열차 시각표 보는 법

1 스위스 철도청 사이트에 들어간다.
스위스 철도청 www.sbb.ch/en

2 창에 타임테이블이 뜨면 공란에 다음 사항을 입력한다.
출발 날짜는 2019년 4월 19일 일요일인 경우 Sun.19.04.19의 순서로 입력한다.
입력 후 아래의 동그라미 부분을 클릭한다.

TIP

유럽의 열차 시각표 검색하기

스위스 철도청 사이트의 열차 시각표나 독일 철도 사이트의 열차 시각표를 통해 유럽 전역의 열차 시각표를 검색할 수 있다.
스위스 철도청 www.sbb.ch/en
독일 철도청 www.reiseauskunft.bahn.de

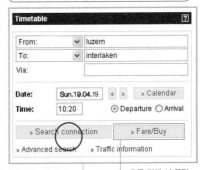

└ 요금 검색 시 클릭

From 출발지 (예 : Luzern)
To 도착지 (예 : Interlaken)
Date 날짜 (예 : Sun.19.04.19)
Time 출발 시각 (예 : 10:20)
공란을 채운 후 클릭한다.

3 위 사진처럼 온라인 타임테이블이 나온다. 여기에는 출발 시각 전후의 시각표가 나온다. 8~9시 사이에 루체른에서 인터라켄까지 가는 4개의 열차 시각표가 보인다. 1번은 환승(Change) 3회, 2번은 0회, 3번은 2회, 4번은 2회로 확인된다. 환승 없이 직접 가는 2번을 택하는 것이 가장 편하다. 웹페이지 하단에서 상세하게 나온 2번 시각표를 보면 오른쪽과 같다.

출발지	루체른 (Luzern)
출발 날짜	19.04.19
출발 시각	08:55
도착지	인터라켄 동역 (Interlaken Ost)
도착 시각	10:45
출발지 (플랫폼)	루체른 (12번)
도착지 (플랫폼)	인터라켄 동역 (4번)
열차편	IR 2214
소요 시간 (Duration)	1시간 50분, 매일 운행

┗ 중간 정차역을 보려면 클릭   요금 검색 시 클릭 ┛

기차 예약과 열차 타기

한국에서 미리 기차 예약을 해두면 현지 기차역에서 예약하느라 줄을 설 필요가 없어 시간이 많이 절약된다. 단 현지에서 예약하는 게 예약비는 가장 저렴하다.

예약이 필요한 기차

유럽 기차 중에는 예약하지 않으면 탈 수 없는 열차가 있다. 이체(ICE), 레일젯(RJ) 등을 제외한 초고속열차와 야간 호텔열차(침대차, 쿠셋)는 물론 역내 열차 시각표에 'R' 마크가 있는 열차도 필히 예약해야 한다. ICE, IC, EC 등 예약 필수 열차가 아니더라도 성수기 인기 구간은 좌석 확보가 쉽지 않아 예약하는 게 좋다.

출발 전 한국에서 예약하기

성수기에 기차역에서 예약하려면 줄 서는 데 30분~1시간 정도 소요되고, 최악의 경우 매진되어 일정에 차질이 생길 수 있다. 한국에서 미리 예약하면 시간이 절약되고 차편을 놓칠 일 없어 일정대로 여행할 수 있다.

유럽 철도 전문여행사(수수료 지불)를 통해 예약하거나 자신이 직접 철도청 사이트를 검색해 예약하는 방법이 있다. 전문여행사를 통하면 현지의 최신 여행 정보를 받아볼 수 있고 여행 코스를 짜는 데 조언을 들을 수 있어 편하다.

현지에서 예약하기

현지에서 예약하는 게 예약비가 가장 저렴하다. 우선 기차역 예약 창구로 간다. 대부분 예약 창구와 티켓 창구가 나뉘어 있으나 작은 역은 통합되어 있다. 또한 큰 역은 국내선과 국제선으로 나뉘어 있다. 예약 창구가 없는 역은 철도 안내소나 티켓 창구에 가서 다음 행선지로 가는 열차를 예약한다. 예약 창구는 늘 붐비므로 성수기에는 미리 예약한다.

특히 대도시에 도착하면(1~3일 머물 경우) 바로 역으로 가서 다음 행선지로 가는 열차를 예약한다. 예약 창구 주변에 열차 시각표가 비치되어 있다. 없으면 프린트를 요청한다.

예약할 때는 예약 열차에 대한 사항을 정확히 전달한다. 메모로 전달하는 게 착오가 없다.

- 승차일과 좌석 등급, 출발역과 도착역, 출발 시각
- 금연석과 흡연석 여부, 창가와 통로석 여부
- 쿠셋은 침대의 위치

열차 타기

기차역에 도착하면, 유레일패스를 처음 사용하는 사람은 철도 안내소나 티켓 창구로 가서 사용 개시일에 확인 도장을 받는다. 대합실에 설치된 대

대합실에 설치된 대형 전광판 열차 시각표가 가장 정확하다.

대합실에서 플랫폼으로 연결되는 길목에 개찰기가 있다. 개찰기에 티켓을 넣어 개찰한다.

형 전광판(출발 시각 20~30분 전에 표시됨)에서 열차 시각표를 확인한다. 시간대별로 각 도시의 출발 시각, 열차편명, 플랫폼 번호 등이 적혀 있다. 유럽의 기차역은 개찰구가 없고 대합실과 플랫폼이 바로 연결되어 있으니, 승차권 소지자는 플랫폼 입구에 설치된 개찰기에 티켓을 펀칭하고 탑승한다. 유레일패스 소지자는 개찰 없이 바로 탑승하는 대신, 도중에 검표원이 검사한다.

플랫폼에 도착하면 플랫폼에 설치된 전광판에 표시된 차량 번호와 목적지를 다시 한번 확인한다. 역사에 따라 전광판 대신 게시판(노란색 : 출발 시각표/흰색 : 도착 시각표)만 설치되어 있는 곳도 있다. 열차를 탈 때 차량 문 입구에 커다랗게 표시된 '1'(1등석), '2'(2등석)를 보고 해당 칸에 승차한다. 특급열차는 한 차량에 1등석과 2등석이 모두 있고, 지역열차는 전 차량이 모두 2등석만 있는 경우도 있다.

특히 승차 전에 차량 문 옆에 부착된 목적지 표시판을 꼭 눈여겨봐야 한다. 출발할 때는 차량이 서로 연결되어 있더라도 도중에 일부 차량이 분리되어 다른 방향으로 이송되는 경우가 종종 있다. 현재 탑승하고 있는 차량이 원하는 목적지로 가는 차량인지 잘 확인해야 차질이 없다.

탑승하면 먼저 예약석을 확인한다. 컴파트먼트는

노란색 게시판은 출발 시각표, 흰색 게시판은 도착 시각표

TIP

예약이 뭐죠?

예약은 열차 좌석을 지정하는 것을 말한다. 유레일패스는 열차를 탑승할 수 있는 탑승권 개념이지 지정석을 의미하지 않는다. 좌석을 확보하고 싶으면 지정석을 예약해야 한다.

물론 예약이 필요 없는 열차는 일찍 탑승해 지정석[좌석 위에 '예약석(탑승객 이름이 적혀 있음)'이라 적혀 있다]이 아닌 좌석에 앉으면 되지만 예약 필수 열차는 예약 없이는 탑승할 수 없다.

●예약이 어려운 인기 열차

- ICE열차의 취리히~슈투트가르트 구간(6~8월)
- 프랑크푸르트~뮌헨 구간(연중 내내)
- 빙하특급의 체르마트~생 모리츠/쿠어 구간(6~9월)
- 베르니나특급의 쿠어/생 모리츠~티라노 구간(6~9월)
- ES열차의 로마~피렌체 구간(연중 내내)

서둘러 예약하지 않으면 좌석이나 침대차를 확보하기 힘들다. 그 외에 뮌헨~프라하, 암스테르담~뮌헨, 베네치아~로마, 니스~로마, 취리히~로마, 니스~바르셀로나, 마드리드~파리도 가장 많이 이용하는 구간이다.

●예약 메모의 예

역의 예약 창구에서 직접 예약하는 경우는 다음의 단어들을 참고해 필요 사항을 메모해서 건네주면 편하다. 먼저 다음과 같이 말한다.

I want to make a reservation.

I have a Eurailpass.

(예약을 하고 싶습니다. 유레일패스가 있습니다.)

아래의 예처럼 메모해 건네준다.

11.03.2018 (출발 날짜)

Frankfurt Hbf (출발역) →

Praha-Holesovice (도착역)

23:38 (출발 시각) → 08:15 (도착 시각)

D 352 (열차편)

4 Persons (인원) / Couchettes (쿠셋)

*쿠셋 이용 시 Upper(상)/Middle(중)/Lower(하) 중 1개를 선택해 메모한다.

'R'(예약석) 표시판이 칸막이 객실 문이나 옆 표지판에, 코치 좌석은 창가 쪽 좌석 머리 받침대 위에 있다. 예약석에 명단이 있으면 지정된 좌석이지만 명단이 없는 좌석은 자유석이니 재빨리 빈 자리를 확보한다.

예약석에 명단이 있으면 예약한 자리이다. 만일 비어 있으면 먼저 앉는 사람이 임자다.

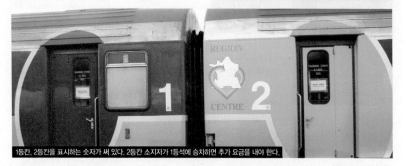

1등칸, 2등칸을 표시하는 숫자가 써 있다. 2등칸 소지자가 1등석에 승차하면 추가 요금을 내야 한다.

TIP

유럽 국가별 드라이브의 특징

역의 예약 창구에서 직접 예약하는 경우는 다음의 단어들을 참고해 필요 사항을 메모해서 건네주면 편하다.

의미	영어	독일어	프랑스어	이탈리아어
승차일	Date	Datum	Date	Data
행선지	Destination	Ziel	Destination	Destinazione
출발역	Departure Station	Abfahrt Bahnhof	Gare de Départ	Partenza Stazione
발차 시각	Departure Time	Abfahrtszeit (ab)	Heure De Départ	Orario di Partenza
좌석 등급	Class	Klasse	Classe	Classe
흡연	Smoking	Raucher	Fumeur	Scompartimento Per Fumatori
금연	No Smoking	Nichtraucher	Non Fumeur	Non Fumatori
창가	Window	Fensterplatz	Fenêtre	Posto Al Finestrino
통로	Aisle	Gangplatz	Couloir	Posto Sul Corridoio Di Passaggio
(침대)상단	Upper	Oberes Bett	En Haut	In Alto
(침대)중간단	Middle	Mitteres Bett	Au Milieu	In Medio
(침대)하단	Lower	Unteres Bett	En Bas	In Basso

유럽 기차의 내부 구조

유럽의 기차는 1등석과 2등석으로 나뉘고 흡연석과 금연석으로 구분된다. 차량 밖의 출입문 옆에 숫자로 크게 1등석, 2등석이 표시되어 있다.

좌석차

● 컴파트먼트 Compartment

우리나라에서는 볼 수 없는 독특한 객실 형태. 차량 한 칸의 좌측에는 6~8개 정도의 칸막이 객실이 연달아 있고 우측에는 길고 좁은 복도가 있다. 1개의 방안에 1등석은 3개, 2등

의자 밑의 고리를 잡아당겼을 때의 좌석

석은 4개의 좌석이 마주보는 구조다. 마주보는 좌석 밑을 잡아당기면 좌석이 서로 연결되어 간이침대가 된다. 야간에는 침대처럼 활용해 잠을 잘 수 있다.

특히 비수기에는 빈 좌석이

내부 출입문 위에 설치된 문 잠금고리 (1등칸)

많아 편하게 이용할 수 있다. 그러나 컴파트먼트는 문 잠금고리가 없어(1등석에 문 잠금고리가 달린 열차도 있음) 야간에 깊이 잠들면 도난 위험이 있다. 요즘 열차는 대부분 컴파트먼트 문이 유리로 되어 있어 복도 쪽에서 내부를 볼 수 있다.

● 코치 Coach

우리나라 열차에서도 볼 수 있는 객실 구조로 '오픈 살롱'이라고도 부른다. 차량 전체가 하나의 공간으로 되어 있으며 가운데에 통로가 있고 양쪽으로 좌석이 배열되어 있다. 주간에 운행되는 열차에서 많이 볼 수 있다. 코치의 1등석은 2등석에 비해 좌석 수가 적어 편안하고 차내 시설도 더 좋다. 좌석에 비디오가 있어 영화나 TV를 볼 수 있는 열차도 있다.

●식당차

식당차가 가장 잘 갖춰진 곳은 독일과 스위스 열차이며 예약할 필요는 없다. 메뉴는 현지어와 영어가 함께 표기되고, 음식 사진이 실린 경우도 있다. 독일과 스위스 이외의 나라에서는 가벼운 식사나 음료 정도를 즐길 수 있는 뷔페 차량이 있는 경우가 많다.

야간열차

유럽의 야간열차는 일반적으로 침대차와 쿠셋, 좌석차로 구성된다. 그리고 열차와 노선, 예약 상태에 따라 그 구성은 변하기도 한다. 쿠셋과 침대차는 승차권이나 철도패스 외에 침대차권, 쿠셋권이 필요하다. 침대차권이나 쿠셋권에 특급 요금이 포함되는 경우가 많다.

승차 시 객실에 있는 주문서에 조식 메뉴를 기입해 승무원에게 주면 다음날 승무원이 객실로 아침 식사를 가져다준다. 요금의 10~15% 정도 팁을 준다.

쿠셋. 침대로 펼쳐놓은 모습

●침대차 Sleeping Car

시설이 가장 쾌적하고 안전해 야간에 이용할 경우 편하게 보낼 수 있다. 1~4인용이 있으며 예약은 필수. 예약비는 쿠셋보다 비싼 편이다.

침대차의 시설은 열차에 따라 다르긴 하지만 보통 침대와 좌석, 테이블, 세면대, 샤워기 등이 설치되어 있다. 물론 베개와 시트, 담요, 비누, 수건도 준비되어 있다. 열차에 따라서는 생수와 과일, 아침 식사가 요금에 포함되기도 한다.

가족이나 커플이 아니면 반드시 남녀를 구분해서

시티 나이트 라인의 내부

배정하므로 이성끼리 같은 방을 쓰는 일은 없다. 침대차는 문을 잠글 수 있으니 잠을 잘 때는 잊지 말고 문을 잠그도록 하자. 만약 방을 비울 때는 여권과 현금, 티켓, 귀중품 등은 꼭 몸에 지니고 나가야 한다.

●쿠셋 Couchettes

컴파트먼트의 변형된 객실 형태인데 주로 야간열차에 이용되며 침대차보다 저렴하게 이용할 수 있다. 낮에는 2~3단으로 접혀 있던 좌석을 야간에는 펼쳐서 간이침대로 쓴다. 양쪽으로 1등석은 2층 침대(4인실), 2등석은 3층 침대(6인실)가 설치되어 있다. 1층을 Under, 2층을 Middle, 3층을 Upper Seat라 한다. 베개, 시트, 담요가 제공되지만 세면대는 없다. 침대 부분에는 커튼이 있는 경우가 적고 일부를 제외하고는 남녀 구분 없이 방을 배정하므로 여성 혼자일 경우는 다른 여성과 함께 배정받는 것이 좋다.

●좌석차

보통 야간열차의 좌석차는 2등석인 경우가 많다. 좌석은 뒤로 젖힐 수 있게 된 경우가 많은데 비행기의 이코노미 좌석보다는 편하다. 좌석은 대부분 컴파트먼트나 코치이다. 겨울이나 밤에는 온도 변화가 심하므로 입고 벗기 편한 옷을 준비하는 것이 좋고, 여름에는 에어컨 때문에 감기에 걸릴 수 있으니 걸칠 옷을 가져가는 게 좋다.

자동차 여행의 노하우

유럽의 소도시는 대도시와 달리 대중교통이 불편한 곳들이 많다. 따라서 운전에 능숙한 사람이라면 유럽 곳곳을 편하게 이동할 수 있는 자동차 여행을 고려해볼 만하다.

유럽 자동차 여행의 매력

자동차 여행의 매력은 장소의 제약 없이 무거운 짐에서 해방되어 유럽 대륙을 마음껏 질주하면서 여행의 참맛을 느껴볼 수 있다는 것이다. 또한 이동 자체가 여행의 일부인만큼 길을 잘못 들어서더라도 농촌 곳곳이 매력적이라 그 자체가 볼거리가 되므로 걱정하지 않아도 된다.

또한 4명이 한 팀이 되어 이동한다면 배낭여행보다 편하면서 교통비를 4분의 1로 나눌 수 있다. 더 중요한 것은 대중교통을 이용한 30일 일정을 자동차로 이동할 경우 일정이 5∼7일 정도 단축되어 여행 총 경비가 상당히 절약된다.

무엇보다 유럽은 교통 시스템이 체계적이고 질서 있는 운전 습관으로 외지인이 운전하기가 편하다. 또한 유럽의 소도시는 대도시에 비해 대중교통이 불편해 오고 가기가 쉽지 않지만, 자동차는 구석구석을 다닐 수 있어 여행하기가 아주 편하고 효율적이다.

소도시 여행에 관심 있는 독자에게

이 책은 유럽 소도시 여행 정보서이므로, 초보여행자보다는 어느 정도 여행의 노하우를 갖추고 유럽을 1∼2회 여행해본 독자들이 주 대상이 될 가능성이 많다. 소도시는 대도시와는 달리 오지에 있는 곳이 많아 대중교통이 닿지 않는 곳은 자동차로 이동하는 경우가 자주 생긴다. 만약 소도시를

벨기에 디낭, 뫼즈 강변의 드라이브 코스.

렌터카

독일 파사우. 가파른 오버하우스 요새를 갈 때 렌터카를 이용하면 편하다.

내비게이션이 장착된 차량

조수의 도움이다. 지도와 표지판, 교통법규 등을 숙지하면 돌발상황에 대처하기 쉬우므로, 한국에서 출발 전에 반드시 숙지하자. p.643 참조.

● **내비를 최대한 활용**

내비게이션만 있으면 아무리 낯선 곳이라도 운전하는 데 지장이 없다. 따라서 내비가 장착된 차량을 렌트하는 게 가장 안전하다. 비용을 절감하려면 구글지도 앱을 다운받아 이용하면 한국어로 길 안내를 받을 수 있다. 하지만 지역에 따라 간혹 통신이 끊겨 당황할 수가 있다.

● **초보자는 가급적 도심 진입을 자제**

유럽의 시내도로는 협소하고 일방통행이 많다. 우리에게는 낯선 트램이 자동차와 함께 다니므로 잘못하다가는 사고 날 수가 있다. 초반기에는 가급적 외곽에 주차하고 도심은 대중교통을 이용하되, 어느 정도 익숙해지면 그때 도심 진입을 시도한다. 소도시는 도심에 진입하는데 별 어려움이 없다.

● **자동차 종합보험에 가입**

렌트할 때 비용을 줄이려고 기본보험에만 가입하지 말고 만일의 사태에 대비해 종합보험(Full Insurance)에 가입해 둔다.

● **배짱과 자신감은 필수**

용기는 여행의 최대의 덕목이라는 사실을 명심하고, 한국에서 운전하는 데 익숙하다면 겁먹지 말고 자동차 여행에 도전해보자. 유럽에서 막상 운전해보면 크게 다를 것이 없다.

제대로 즐기고 싶다면 본 책에 소개된 자동차 여행법이 상당히 도움이 되리라 확신한다. 출발 전에 아래 내용들을 반드시 숙지하고 자동차 여행을 통해 멋진 추억이 남을 만한 소도시 여행이 되길 간절히 바란다.

성공적인 자동차 여행의 조건

● **경비 절감을 하려면 4명이 여행**

렌터비, 주유비, 통행료, 주차료를 1~2명이 분담하는 것보다 4명이 분담하면 4분의 1로 줄어든다. 또한 여행 일정도 줄어들어 상당한 여행 경비를 아낄 수 있다.

● **최소 2명은 운전에 능숙해야**

초행의 장거리를 운행하다 보면 정신, 육체적으로 쉽게 피곤해진다. 능숙한 운전자가 2명 이상이면 서로 교대할 수 있어 운전이 한결 수월해진다.

● **자동변속기를 선택**

유럽의 자동차는 대부분 수동변속기가 주를 이룬다. 우리는 운전자 대부분이 자동변속기를 사용하므로 수동변속기 차량을 작동하기가 쉽지 않다. 자동변속기 차량의 렌터비가 수동보다 다소 비싸지만 안전을 위해 자동변속기 차량을 신청한다.

● **현지 교통법규를 숙지**

도로 상황과 표지판이 낯선 이국에서 처음 운전대를 잡으면 상당히 두렵다. 이럴 때 든든한 우군이

톨게이트

자동차 여행법

자동차 여행을 결심했다면 이 페이지를 주목하자. 렌터카 선택부터 도로 주행, 주차, 차량 이용자에게 유용한 캠핑장과 체인호텔 이용법에 이르기까지 빠짐없이 숙지해야 한다.

렌터카

● 각 렌터카 회사 사이트에서 정보 파악
허츠(Hertz, 한글) www.hertz.com
아비스(Abis) www.avis.com
알라모(Alamo) www.alamo.com
유럽카(Europcar) www.europcar.com
이지카(Easycar, 에이전시) www.easycar.com
렌탈스닷컴(에이전시) www.rentals.com
여행과 지도(한국 업체, 에이전시) www.leeha.net

● 요금 비교
렌터카 회사 중 허츠, 아비스 등은 최상의 차량을 제공해주지만 가격이 비싸고, 렌탈스닷컴, 이지카(에이전시)는 비교적 저렴하지만 차량 상태가 다소 떨어진다. 우선 해당 렌터카 업체 홈페이지에서 차량과 요금을 비교한 다음 원하는 차량을 예약한다. 편하게 예약하고 싶으면 한국 업체에 의뢰해도 좋다.
업체에 따라 렌트비 차이가 있지만, 동일업체라도 렌트하는 지역에 따라 렌트비가 달라진다. 독일이나 프랑스에서 차량을 픽업(인수)할 경우 요금이 가장 저렴하고, 북유럽에서 픽업하면 성수기에는 2배 이상 차이가 날 정도로 비싸다. 요금은 오스트리아, 스위스, 남부 유럽, 동부 유럽 순으로 비싸다.
따라서 픽업 시 렌트비가 저렴한 독일이나 프랑스에서 자동차 여행을 시작하도록 일정을 짜는 것이 합리적이다. 예약 없이 바로 현지에서 렌트하면 한국에서 예약할 때보다 렌트비가 2~3배 비싸므로 미리 한국에서 예약하는 게 경제적이다.

● 차량 예약
유럽은 우리나라와 달리 오토변속기보다 수동변속기 차량이 주를 이룬다. 렌트비는 수동보다 오토차량이 좀 더 비싸다. 전화 또는 인터넷 홈페이지를 통해 원하는 차량을 선택해 예약한 후 예약확인증을 프린트한다. 업체에 따라 예약 후 기일 안에 결제를 요구하는 곳도 있다. 내비게이션을 이용할 경우 예약 시 신청한다. 겨울에는 스노우체인 장착이 필수이니 예약 시 신청한다.

현지 렌트카 사무실

파리 샤를 드골 공항 출구 밖의 차량 인수/반납 장소

●현지 사무실에서 계약서 작성

주로 공항이나 큰 역에 렌터카 사무실이 있다. 현지에 도착하면 렌터카 회사에 예약확인증을 제출한 후 정식계약서에 날인하고 결제한다. 계약서 작성 시에는 예약확인증 외에 국제운전면허증(발행 후 1년간만 유효하므로 출국 전에 날짜 확인 필수), 한국운전면허증, 신용카드, 차량 렌트비(한국에서 결제할 수도 있음), 차량 보증금(신용카드)이 필요하다.

유의할 점은 사인을 하면 그 순간부터 계약 내용이 유효하므로, 사인하기 전에 반드시 계약서에 추가비용이 있는지 확인해야 한다. 계약하면 본인의 신용카드로 일정금액의 보증금(deposit)을 계산한다. 반납할 때 이상이 없으면 이 보증금은 결제되지 않으므로 신경 쓰지 않아도 된다.

간혹 한국에서 내비게이션 또는 오토 차량을 신청하지 않았는데, 현지 사무실에서 자꾸 옵션에 가입하라고 강요하는 경우가 종종 있다. 그들의 요구를 들어주면 바가지 당하기 십상이니 정중히 거절하거나 필요한 옵션일 경우 저렴하게 해주면 신청하겠다고 요구한다.

●차량 인수

계약서에 서명하면 계약서 사본과 자동차 키를 받고, 지정 주차장에서 해당 렌터카를 인수한다. 낯선 곳에서 처음 렌터카를 몰 때 약간 당황할 수 있으니 가급적 픽업(인수) 장소를 공항에서 하는 게 낫다. 시내에서 픽업하면 낯선 시내도로를 주행해야 하므로 복잡한 시내를 빠져 고속도로로 진입하기가 여간 힘든 게 아니다. 공항은 주변 도로가 복잡하지 않아 고속도로로 진입하기가 비교적 쉽다.

●차량 반납

공항에서 차량을 반납할 경우 'Car rental return' 표지판이 있는 지정 주차장에 반납한다.

●인수/인도

장소가 다를 때는 편도 렌트비가 추가된다. 반납 시 동일국가 내(도시가 다르더라도)에서는 대부분 별도 편도 렌트비가 추가되지 않지만, 반납 국가가 다를 경우 나라에 따라 렌트비와 맞먹는 편도 렌트비를 내야 하므로 가급적 픽업과 반납 국가가 같도록 일정을 짜야 한다.

만약 반납 비용을 절약하려고 파리에서 픽업해서 로마로 간 다음 다시 파리로 되돌아가 반납한다면

이동 거리가 꽤 멀어 체류비와 연료비, 통행료를 고려하면 반납비를 지불하더라도 로마에서 반납하는 게 경제적이다. 차량 반납 시 유의할 점은 연료를 반드시 체크해서 픽업 시 들어있던 연료(통상 full)만큼 채워놓거나 부족한 만큼 돈을 지불해야 한다. 반납 장소에 도착하기 전 약 50km 정도 떨어진 주유소에서 연료를 가득 채운다. 50km 정도 주행해도 주유계기판에는 연료가 FULL로 표시되므로 그만큼 경제적이다.

공항에 도착하면 해당 반납 주차장으로 가서 주차장에 상주하는 해당업체 직원에게 차량과 차키를 반납한다. 직원이 렌터카의 주유계기판을 먼저 확인하고 차량 외관을 점검해 이상이 없으면 계약서에 사인해주거나 구두로 오케이라 말해 준다. 이때 만일을 대비해 계약서에 반납 시 이상 없다는 사인을 받는 게 낫다.

리스

프랑스에서는 자국 차량(푸조, 르노, 로엥 등)을 홍보하기 위해 렌터카처럼 일정 기간 차를 빌려 준다. 렌터카보다 가격과 조건면에서 유리하지만 대여 기간이 최소 17일(차량에 따라 20일) 이상이라 장기여행자에게 적합한 시스템이다. 중고차가 아닌 산뜻한 신차를 대여해주는 점이 매력적이다.

로드 투 월드(리스 대행업체)
전화 070-7509-6643
홈페이지 www.roadtoworld.com

●차량 예약

홈페이지를 통해 예약한다. 계약자 정보, 차량 모델, 차량 인수/반납 장소와 시간을 입력한다. 차량 예약 시 차량 모델, 사용일수, 인수/반납에 대한 금액이 자동 표시된다.

●차량 확보

예약자에게 전화나 메일로 차량 확보 여부를 알려 준다.

●차량 계약

사무실에 방문해 계약서에 서명한다.

●결제

결제에는 여권, 신용카드가 필요하며, 차량 인수 10~15일 전에 자동 결제된다.

●차량 인수, 반납

계약 시 안내된 장소에서 차량을 인수, 반납한다.

계약 연장 시는 한국에서 계약한 금액보다 1.5~2배 비싼 금액으로 처리된다는 것을 명심하자. 연장을 원하면 반드시 계약완료 4일 전 현지에서 연장해야 한다.

보험

● 렌터카
기본보험(자차 CDW, 차량도난 TP, 자손 PAI, 대인/대물 TPL)외 도난보험(TP : Theft Project), 상해보험(PAL : 임차계약자와 동승자 사고 시 지불), 휴대품분실보험(PEC) 중 선택할 수 있다.

최소한 기본보험에는 가입하되, 가급적 모든 항목이 보험 처리가 되는 종합보험(Full Cover)에 가입하는 게 마음이 편하다. 렌트 업체에 따라서는 차량 렌트비에 종합보험을 빼고 기본보험을 산정해 사이트에 요금을 올리는 경우가 많으므로 반드시 비교분석한다.

● 리스
리스 비용에 자차, 차량도난, 자손, 대인, 대물, 제3자 보험을 통합한 종합보험이 포함된다. 사고 발생 시 귀국 후 보험 처리가 된다.

유럽의 도로

● 시내도로
유럽의 도심은 우리나라와 달리 대부분 일방통행이다. 대부분 도로가 좁고 골목길이 많다. 진입금지 표지판과 일방통행 표지판을 잘 숙지한다. 대도시는 국가별로 도심진입 제한 구역(영국은 시내 진입 시 교통혼잡 통행료를 부과하고, 독일은 배기가스 제한구역을 실시하고, 로마는 외지인 도심진입을 금지한다)이 있어 잘못 도심에 진입하다 범칙금을 물어야 하는 불상사가 생길 수 있으니 가급적 외곽 지하주차장에 주차하고 도심은 대중교통을 이용하는 게 낫다. 물론 중소 도시라면 도심으로 진입해 주차해도 무방하다.

No Entry for All Vehicles
진입금지

One Way Street
일방통행

소도시의 시내도로

● 일반국도와 지방도로
일반국도는 2차선, 4차선 도로. 프랑스는 N/D, 이탈리아는 SS/P로 표시한다. 우리와 달리 중앙선이 흰색이고, 차선 구분은 흰색 점선으로 표시되니 유의한다. 지방도로는 고속도로보다 소요시간은 더 걸리지만 유럽 특유의 아름다운 전원 풍경을 즐길 수 있다. 특히 프랑스, 이탈리아는 통행료가 비싸므로 시간적 여유가 있다면 일반국도 이용을 권한다.

국도

노르웨이의 지방 도로

● 고속도로
대부분 A1, A2(유럽연합은 E를 동시 표기) 등으로 표시한다. 제한속도는 통상 120~130km. 유럽에서 운전할 때 유의할 것은 현지 운전자들은 추월선 규칙을 잘 지킨다는 점이다.

추월선은 1차선 도로이므로, 추월할 때만 이용한다. 즉, 평상 시에는 추월할 때만 1차선을 이용하

독일 고속도로의 출구 표지판

네덜란드 고속도로의 출구 표지판

독일 고속도로의 이정표

슬로베니아의 통행료 카드(비넷)

므로 늘 1차선은 비어 있어 통행이 잘 된다. 주행선은 2/3/4선 도로이지만, 가급적 맨 마지막 차선을 이용한다. 고속도로 이정표에 표시된 도시명은 통상 위쪽이 먼 곳, 낮은 쪽이 가까운 도시명이다. 고속도로에서 밖으로 나갈 때의 출구 표시(독일 Ausfahrt/ 네덜란드 UIT)도 알아두자.

통행료 무료 국가는 독일, 네덜란드, 벨기에, 영국, 노르웨이(일부 구간)이며, 이들 국가의 휴게소 화장실은 유료다. 프랑스, 이탈리아, 스페인, 포르투갈 등은 통행료 유료 국가이며, 스위스, 오스트리아, 체코, 헝가리, 슬로베니아 등 동유럽 국가들은 '비넷(Vignette)'이라는 기간별 통행권(1년, 2개월, 1개월, 10일)을 발급한다. 국경선 사무실(또는 직전 휴게소)에서 비넷을 구입해 차량 앞 유리창에 부착한다. 미부착으로 적발 당하면 비넷 요금의 10~20배 범칙금이 부과된다. 특히 동유럽을 운행할 때는 자주 불시점검을 하므로 유의한다. 이

들 국가의 고속도로 휴게소 화장실은 무료(이탈리아만 유료)다. 즉, 유료 고속도로는 화장실 무료, 무료 고속도로는 화장실 유료이다.

특히 프랑스, 이탈리아는 통행료 부담이 크다. 200km 구간 통행료가 통상 4~5만 원 정도이니 시간 여유가 있다면 통행료 부담이 없는 지방 도로를 이용하며 전원 풍경을 즐겨도 좋다.

● 톨게이트

통행료를 징수할 때, 전용카드를 이용하는 곳(Telepass), 신용카드를 이용하는 곳(Reserve, Reservat 등은 피한다), 그리고 직원이 직접 수령하는 곳(Manual/↓/동전 기호로 표시) 등이 있다(명칭은 나라별로 약간 차이가 있다). 전용카드 톨게이트로 가지 말고, 차량이 가장 많이 줄서는 곳이 직원이 현찰(또는 신용카드)를 수령하는 곳이니 그곳으로 간다.

톨게이트 정산기에 고속도로 티켓을 넣으면 화면

고속도로

톨게이트. 이 사진의 경우 왼쪽은 전용카드(텔레패스) 소지자가 통과하는 곳이니 이곳으로 가지 말고, t와 아래를 가리키는 파란색 화살표가 있는 곳(직원이 정산)으로 들어간다.

현찰 그림 있는 곳이
현금 정산소

Carte가 신용카드로
정산하는 곳.

고속도로 휴게소

간이휴게소 표지판

에 금액이 뜬다. 주입구에 현금(지폐/동전) 또는
카드를 넣는다. 카드 정산 시 통행료 영수증이 나
오지 않는 곳이 많으니 유의한다.

동전은 항상 준비해둔다. 짧은 구간은 무인정산기
주입구에 동전만 넣을 수 있는 경우가 많기 때문
이다. 동전이 없어 정산하기 곤란하면 클랙슨을
누른다. 규모가 큰 톨게이트는 직원이 나와 도와
준다. 그러나, 소도시 등의 톨게이트는 직원이 없
는 경우가 많아 낭패를 볼 수 있으니 반드시 동전
과 지폐를 준비한다.

●고속도로 휴게소

유럽의 휴게소는 우리나라와 달리 규모가 아주 작
다. 휴게소에 잡화점과 주유소, 화장실(국가별로
다르지만 대체로 통행료 있는 곳은 무료, 통행료
없는 곳은 유료 €0.5~\), 식당 등이 있고, 간이휴
게소(P 표시)는 주차장과 화장실(무료)만 있다. 단
유료 화장실 이용 시 바코드 영수증을 잘 챙긴다.
휴게소 편의점을 이용할 때 영수증을 제시하면 금
액만큼 제외해준다.

나폴리 등 이탈리아 남부에서는 휴게소나 시내 주
유소에서 팁을 받기 위해 와이퍼를 닦아주려고 차
량에 접근하는 사람들이 있다. 'No'라는 의사 표시
를 단호하게 해둔다.

유럽의 교통 체계

●라운드 어바웃(회전 교차로) Round About

신호등 없이 원을 그리면서 좌우남북으로 통행하
는 시스템. 라운드 어바웃에 진입하기 전에는 정
차해야 한다. 항상 라운드 어바웃에 가까워지면
속도를 줄이고 정지선에 서서 왼쪽으로 시선 돌리
는 것을 습관화한다. 원에 먼저 진입한(왼쪽에서
진입한)차량에게 우선권이 있다. 즉 내가 정차한
곳을 기준으로 왼쪽 차량이 먼저 원에 진입하면
대기했다가 내 앞을 통과할 때 진입한다. 외지인
이 무심코 라운드에 진입하다 원 안에서 돌고 있
는 차량과 부딪히는 사고가 잦으니 반드시 라운드
진입 전 정차습관을 갖는다. 최근 우리나라 지방

라운드 어바웃. 빨간 차가 원 안으로 진입하려면 빨간 차 기준으로 왼쪽 원 안에 있는 차량 2대가 통과해야 한다.

에서도 라운드 어바웃을 설치한 곳이 많아졌으니 사전에 익숙해질 필요가 있다.

●정지선

횡단보도 정지선에 도달하면 반드시 정지선 앞에 정차한다. 신호등이 정지선 옆에 설치되어 있어 한국처럼 무심코 정지선을 침범해 정차하면 신호등이 보이지 않아 곤혹스러워진다. 좌회전 금지 표시가 없을 경우에는 직진 신호가 켜지면 좌회전도 가능하다. 간혹 주변 차량이 쌍라이트를 깜박거리는 경우가 있는데, 이는 끼어들어도 된다는 양보의 표시이니 알아두자.

●차선 지키기

유럽인들은 차선을 법규대로 지킨다. 고속도로에서 추월선과 주행선은 매우 중요하다. 편도 2차선일 때 추월선(1차선)은 앞차를 추월할 때만 이용하고 추월 후에는 반드시 주행선(2차선)으로 되돌아간다. 그러므로 늘 추월선(1차선)은 비어 있어 통행이 수월하다. 여러 차선일 때는 맨 마지막 차선이 주행선이다.

●보행자 우선

유럽의 운전 문화는 운전자보다 보행자가 최우선이다. 보행자가 횡단보도에서 대기하고 있으면 운전자는 신호등에 관계없이 보행자가 건너가도록 정차한다. 물론 대로에서는 차량 물결에 따라 신호등을 따라 직진해도 되지만, 좁은 길이나 골목

![횡단보도 사진]
횡단보도

![실선이 정지선, 앞의 점선이 횡단보도 표시 사진]
실선이 정지선, 앞의 점선이 횡단보도 표시.
정지선을 지나쳐 정차하면 신호등이 보이지 않는다.

길에서는 횡단보도에 보행자가 서있으면 반드시 정차해 양보한다. 특히 마을을 통과할 때는 시속 40~50km로 서행한다.

●일방통행

유럽의 구시가는 구불구불한 좁은 도로가 많아 쌍방향이 아닌 일방통행 도로가 주를 이룬다. 진입금지 구역도 있으니 주변 도로 표지판을 반드시 잘 살핀다.

●트램·버스 전용차선

유럽의 고도(古都)는 우리와 달리 도로 위로 트램이 다닌다. 구시가 도로는 트램만 다니는 전용차선도 있지만, 트램 노선 위로 자동차가 다니는 경우도 있다. 이럴 경우는 주변 차량의 흐름을 따라 운전하면 된다.

일방통행 표지판 / 트램 노선

●전조등 켜기

남부 유럽을 제외한 대부분의 유럽은 맑은 날씨보다 우중충한 날씨가 잦아 대낮에도 습관적으로 전조등을 켜고 다닌다. 자신의 차량 안전을 위해서도 라이트를 켜고 운전하는 게 안전하다.

주차

●노상 주차장

대도시 시내에 있는 노상 주차장은 단기간의 주차 요금이 비교적 저렴하지만 빈자리 찾기가 쉽지 않다. 또한 주차 시간에 제약이 있고 도난의 위험이 있다. 도로변에 무인 주차미터기가 없는 곳은 무료 주차이고, 도로변에 무인 주차미터기가 있으면 유료 주차이다.

노상 유료주차장은 먼저 요금을 정산하고 주차티켓을 운전대 위에 놓는다. 대도시와 일부 중소도시의 시내는 주차 시간이 1~2시간만 가능하므로 연장하려면 다시 되돌아와서 주차권을 끊어 운전대 위에 올려 놓아야 한다. 관광 시간이 2시간 이상 걸릴 것 같으면 주차 시간이 자유로운 지하 주차장을 이용한다. 야간, 주말, 공휴일에는 대부분 유료주차장도 무료주차가 된다. 요일 정도의 현지어는 숙지하는 게 편하다. 거주지 우선 주차장

주차 표시판. 주차권이 있거나
거주민은 9~22시까지 주차 가능하다는 의미.

이나 장애인 전용주차장에는 주차해선 안 된다. 위반 시 상당한 벌금이 부과된다. 거주지 우선 주차장은 주차 차량운전대 위에 스티커가 부착되어 있다.

● 노상 주차장에서 정산하기
주차미터기 화면에 표시된 시간당 금액을 확인한다. 화면 아래 중앙에 위치한 주입구에 주차할 시간만큼 동전을 넣는다. 하단의 녹색 버튼을 누르면 주차 티켓이 나온다. 티켓은 차량 밖에서 쉽게 볼 수 있도록 운전대 위에 놓는다(프랑스, 이탈리아, 스페인 등). 만약 운전대 위에 티켓이 없으면 주차요원이 무단주차로 오해하고 딱지를 붙인다. 프랑스 몽생미셸이나 님 근교의 가르교처럼 주차장에서 나갈 때 출구 주차기에 티켓을 넣어도 정산이 되지 않고 바가 열리지 않는 경우가 있다. 이럴 때는 주변의 자동 요금정산기로 먼저 가서 정

노상 주차미터기　　　노상 주차미터기

TIP

도난 사고에 주의
최근 노상 주차장에 세워둔 차량을 겨냥한 도난 사고가 빈번하게 발생하고 있다. 차안에 절대 귀중품을 놓지 말고 가방은 뒷 트렁크에 넣어두고 차량 안은 깨끗하게 비워둔다. 불안하면 지하 주차장에 주차시키는 게 가장 안전하다.

산기에 티켓을 넣고 금액을 넣으면 정산된 티켓이 나온다. 이탈리아 노상주차장의 경우, 파란색 선은 유료 주차이고 흰색 선은 무료 주차이다. 네덜란드는 본인의 차량 번호를 먼저 누른 후 주차할 시간만큼 동전을 넣는다.

● 지하 주차장
도로변에 P라고 쓰여 있는 주차 건물로 들어간다. 시간의 제약 없이 주차시킬 수 있고 노상 주차보다 안전하다. 주차 방법은 우리와 유사하지만, 주차 요금이 약간 비싸다. 소도시는 지하 주차장이 별로 없으니 노상 주차장에 주차한다.

● 지하주차장에서 정산하기
우리나라와 비슷하다. 지하주차장으로 들어올 때 입구 주입기 버튼을 누르면 티켓이 나온다. 나갈 때는 무인정산기에 티켓을 넣고 표시된 금액만큼 동전을 투입하면 티켓이 나온다. 이 티켓을 출구 주입기에 넣고 나오면 된다.

주유
유럽은 대부분 셀프주유소이다(이탈리아는 직원이 주유). 주유 방법은 다음과 같다.

1 주유기 앞에 주차한다.

2 디젤차, 휘발유차를 구분한다. 주유기에서 녹색은 가솔린(휘발유), 흑색은 디젤이다. 디젤차에 휘발유를 주유하면 안 되니 주의. 주유비는 우리나라보다 약간 비싼 편으로, 휘발유가 디젤보다 비싸다. 가장 저렴한 국가는 룩셈부르크이므로, 베네룩스 3국을 경유할 때 이용하면 상당히 도움이 된다.

휘발유(녹색) Gasoline/Essence/Benzin/ Benzina/Gasolina/Super/Carburant(Super95가 무난하다)

디젤(검정색) Diesel/Gazole/Gasoil/Gasolio

3 연료 주입구에 호스를 넣는다.

4 주유기 손잡이 안쪽 방아쇠를 위쪽으로 잡아당긴다.

5 탁 소리가 나면 기름이 가득 찼다는 신호이다.

6 주유기를 원래 위치에 놓고 주유 번호를 확인한다.

7 주유소 사무실(휴게소)로 가서 계산대 직원에게 주유 번호를 말하고 계산한다. 본인 차는 주유기 뒤에서 대기하는 차량을 의식하지 말고 주유한 자

고속도로 휴게소에는 주유소가 있다.

주유 요금표 　주유기의 신용 카드 정산기

캠핑장 표지판

캠핑장

리에 그대로 놔두고(만약 차량이 움직이면 도리어 주유소 사무실에 지켜보는 직원의 의심을 받게 된다) 휴게소로 정산하러 간다.

국가별 연료비의 예(2018년 9월 기준)

국가	휘발유	디젤
이탈리아	1.67	1.55
스페인	1.33	1.25
프랑스	1.54	1.46
스위스	1.58(CHF)	1.61(CHF)
오스트리아	1.24	1.18
독일	1.51	1.32
네덜란드	1.79	1.47
룩셈부르크	1.27	1.13

※화폐 단위는 유로(스위스만 CHF)
※시기에 따라 연료비는 달라진다. 동일 국가 내에서도 지역에 따라 주유비가 다르다. 고속도로 주유소보다 시내의 주유소가 좀 더 저렴하다.
※유럽 연료비 정보 www.fuel-prices-europe.info

캠핑장

유럽인들은 여행 경비를 절약하면서 여가를 즐기는 분위기라 일찍부터 캠핑 문화가 발달해 왔다. 캠핑장마다 다양한 부대시설(상급 캠핑장의 경우 수영장, 테니스장, 골프장 등)을 갖춰 야외생활을 하는데 불편함이 없다. 여행 경비를 아껴야 하는 여행객으로서는 캠핑장이 여러모로 비용 절감에 도움이 되는 숙박장소이다.

우선 숙박비는 호텔의 1/4~1/5 수준이며 직접 요리할 수 있어 식비도 아낄 수 있다. 유럽인들과 쉽게 사귈 수 있고, 아름다운 풍광이 있는 곳에 캠핑장이 있어 공원 같은 분위기에서 묵을 수 있다. 또한 예약없이 캠핑장을 이용할 수 있어 숙박 예약에 대한 스트레스가 덜하다. 그러나 잠자리가 불편하고 공공시설을 함께 사용하므로 사생활이 노출되고, 계절과 날씨에 따라 텐트 설치 여부가 좌우되는 가변성이 있다.

북유럽의 캠핑장은 잔디밭, 부대시설 등이 깔끔하고, 샤워실 이용 시 추가요금을 낸다. 여름에도 한밤중에는 추우니 침낭과 두툼한 잠바가 필요하다. 스페인과 이탈리아 같은 남부 유럽은 여름에 너무 더워 텐트에서 숙박하기 힘드니 여름철은 가급적 피하는 게 좋다. 통상 중서부 유럽이 캠핑하기에는 가장 무난하다.

마치 이동식 가옥 같은 텐트

콘센트를 이곳 적색통에 꽂아 전기를 사용한다.

●캠핑장 활용하기

방갈로 내부

캠핑장은 방갈로와 캠핑카 사이트, 일반 차량 텐트 사이트로 나뉜다. 방갈로는 호텔보다는 저렴하지만 성수기에는 예약하는 게 좋다. 캠핑카와 일반 자동차는 텐트를 칠 수 있는 텐트장(사이트)를 대여 받는다. 캠핑장은 대부분 예약 없이 아무 때나 사용 가능하다.

캠핑장을 찾아 갈 때는 우선 인터넷 검색을 통해 위치를 파악한다. 현지 여행안내소에서 캠핑장 안내유인물을 얻은 후 '캠핑장 표지판'를 따라가면 쉽게 찾아갈 수 있다. 내비게이션을 이용하면 더욱 편하다. 캠핑장에 도착하면 입구에 위치한 접수처에서 접수를 한다. 캠핑장 사용료는 캠핑장에 따라 선불 또는 후불하는 곳이 있다. 접수가 끝나면 직원이 안내한 사이트에 주차하고 텐트를 친다.

캠핑장에서 전기를 사용하려면 전용 통합형 콘센트(구멍 3개)를 사용해야 한다. 접수처에서 대여하거나 대형 캠핑장에서는 구입해 사용할 수도 있다. 캠핑장 콘센트는 무료 대여이거나 보증금을 맡기면 반납 시 환불해 준다. 샤워실은 대개 무료인데, 지역에 따라 유료인 곳이 있다. 겨울철에는 대부분의 캠핑장이 잠정 폐쇄하니 유의한다.

캠핑장 정보
ADAC www.hymer.com
ACSI www.eurocampings.co.uk
유럽캠핑 www.interhike.com

캠핑장에는 텐트장과 방갈로 시설이 있다.

체인 호텔

유럽에서 인기 있는 체인 호텔인 아코르 그룹 호텔은 자동차를 이용하는 투숙객을 위해 주로 외곽 지역에 중저가 호텔을 운영하면서 꾸준히 인기를

이비스 스타일

노보텔

얻고 있다. 그밖에 캄파닐(Campanile), 모텔 원(Motel One) 등의 체인 호텔도 있다. 아코르 그룹 호텔은 노보텔(Novotel)·머큐어(Mercure)〉이비스(Ibis)·이비스 스타일(Ibis styes)〉이비스 버짓(Ibis budget)〉호텔 원(Hotel 1)의 가격 순으로 운영하고 있다.

이비스 버짓과 호텔 원은 객실 대부분이 3인까지 이용 가능한데, 1실 기준 1인 요금과 3인 요금이 별로 차이가 없어 상당히 저렴하게 이용할 수 있다. 아코르 호텔 그룹은 조식이 포함되어 있지 않는데, 최근 오픈한 이비스 스타일 호텔은 이비스 호텔과 동급인데 시설이 깨끗하고 조식이 포함되어 있어 인기있다. 단, 기차역 주변에 위치해 있어 주차 요금이 부가된다. 차량 이용자보다는 일반 여행객들에게 유리한 호텔이다. 특히 상기 호텔들은 주말 요금이 매우 저렴하다. 머큐어 호텔은 주말에 절반 가격으로 머물 수 있으니 활용해 본다. 회원으로 가입하면 평소에는 5% 할인해 주고 종종 30~40%할인 이벤트를 실시한다.

지도 활용

요즘은 내비게이션이 있으므로 굳이 비싼 지도를 구입할 필요는 없다. 여행책자에 소개되는 개괄적인 지도로도 충분하다. 하지만 한 장으로 된 유럽지도가 있으면 유럽 전역이 한눈에 들어와 지역 이해가 수월해진다. 지도만 보고 운전하는 습관을 들이면 현지 지리에 익숙해져 보는 시야가 넓어진다. 유럽 도로 지도책은 〈Grosser Auto Atras〉,

현지 도로 지도책

현지 도로 지도책

〈Road Altas Europe〉, 〈Michelin Europe〉 등이 있으며, 대도시 시내를 운행하려면 도시별 지도를 구입한다.

내비게이션 활용

렌터카 업체에서 차량 대여 시 내비게이션을 추가 선택하면 내비게이션이 장착된 차량을 제공해준다. 현지에서 스마트폰을 사용할 예정이라면 내비게이션을 추가하는 대신 구글지도 앱을 무료 다운 받아 사용하면 유용하다. 한국에서는 보안 관계상 구글지도로 이동 구간 표시가 안 되어 있지만 해외에서는 이동 구간을 한국어로 길 안내를 해주므로 편하게 운전할 수 있다. 독일은 오토변속기 차량을 택하면 대부분 내비가 부착된 차량을 제공해준다.

TIP

유럽 국가별 드라이브의 특징

● 초보자가 운전하기 좋은 나라는 스페인과 크로아티아

스페인은 국토가 남북보다 5~6배 정도 넓은데, 인구는 우리와 비슷하다. 그러다 보니 대도시인 마드리드나 바르셀로나를 벗어나면 도로가 매우 한가롭다. 또한 톨게이트도 비교적 많지 않아 통행료 부담도 적다. 유럽에서의 첫 운전을 스페인에서 시작하면 금방 이곳 운전 분위기에 적응할 수 있어 좋다.

크로아티아는 해안도로가 발달되어 있어 도로망이 단조롭기 때문에 매우 쉽게 운전할 수 있다. 그러나 아름다운 해변 경관에 한눈을 팔다가 사고를 낼 수도 있으니 운전에 집중할 것. 유료 고속도로가 많지 않아 통행료 부담이 적다.

오스트리아의 비넷 (통행료 카드)

● 운전하기 부담 없는 나라는 독일

독일하면 드라이브의 천국이라는 무제한 고속도로 아우토반이 떠오른다. 최근에는 속도제한이 있어 예전처럼 무제한으로 질주할 수 없지만 전 지역에 도로망이 잘 갖춰져 있고 톨게이트가 없어 통행료 부담이 없다는 장점이 있다(네덜란드, 벨기에도 통행료 무료). 한편 스위스, 오스트리아, 체코, 헝가리 등은 비넷(통행료 카드)만 구입하면 전 구간(오스트리아는 일부 구간 통행료 징수)을 통행료 없이 통과할 수 있어 구간별로 통행료를 징수하는 나라보다 부담이 덜하다. 최근에는 독일 전역의 일부구간에서 도로공사 하는 곳이 많아 약간 불편하다.

● 고속도로 상태가 가장 좋은 나라는 프랑스

프랑스는 통행료가 부담스러운 대신 휴게소를 비롯한 고속도로 노면상태가 아주 양호해 운전하기 좋다. 주변 도로를 따라 펼쳐지는 전원 풍경이 매우 아름다워 신나게 드라이브할 수 있다. 단 프랑스 남부 해안 지역(니스 등)은 해안 절벽이 발달되어 있으니 운전 시 주의해야 한다.

● 운전하기 힘든 나라는 이탈리아

아펜니노 산맥이 남북으로 뻗어 있어 도로 폭(차선)이 아주 좁다. 또한 공사 중인 도로가 많아 좁은 차선 사이를 주행해야 한다. 특히 제노바에서 프랑스 남부로 가는 방향은 가파른 절벽 위를 운전해야 하므로 집중력이 요구된다. 무엇보다 북부와 중서부 유럽에 비해 운전 매너가 고약해 차선 양보도 잘 해주지 않고 클랙슨도 자주 눌러 초행길이라면 약간 주눅들 수 있다. 운전이 어느 정도 익숙해지는 마지막 코스로 이탈리아를 일정에 넣는 게 좋다.

● 가장 집중력이 요구되는 나라는 영국

영국은 좌측통행이라 우측통행에 익숙한 우리로서는 운전하기에 부담스러운 나라이다. 차량 운전대가 좌석 오른쪽에, 변속기어가 좌석 왼쪽에 있어 왼손으로 변속기를 조작해야 한다. 그러므로 렌터카를 이용한다면 오토변속기어를 신청하는 것이 좋다. 또한 차선 자체가 우리와 반대인 좌측통행이므로 혼돈하지 않도록 머릿속으로 차선을 그리며 반복 연습한다.

자동차 여행 시 숙지해야 할 국제 교통 안전 표지판

도로 표지

고속도로

고속도로
끝남

회전교차로

저속차량

자동차
전용도로

자동차 전용도로
끝남

우선도로

우선도로
끝남

진출차량
우선

일방통행

일방통행

막힌 도로

주차

횡단보도

보행자용

여행안내소

구급대

레스토랑

정비

주유소

전화

캠핑지역

도로번호

지시 표지

우로
굽은도로

좌로
굽은도로

우회로
이중 굽은도로

회전교차로

우선도로

좌합류도로

우합류도로

도로폭이
좁아짐

좌측차로
없어짐

우측차로
없어짐

양보

미끄러운
도로

노면
고르지 못함

내리막 경사

터널

가동교

도로공사 중

고인물 튐

건널목
(차단기 있음)

건널목
(차단기 없음)

건널목

신호바뀜표시기

위험한 건널목

비행기

낙석도로

횡풍

강변도로

2방향통행

신호기

횡단보도

어린이 보호

가축주의

야생동물 보호

주의운전

차폭 3.5m 미만
통과가능

규제 표지

모든 규제 없음

일시정지

주정차금지

주차금지

진입차량우선

이쪽으로
통과하시오

이쪽으로
통과하시오

최저속도제한

자전거전용도로

보행자전용도로

차량진입금지

진입금지

우회전금지

유턴금지

자동차진입
금지

차량진입금지

화물차진입
금지

버스진입금지

트레일러금지

오륜구동차량
금지

자전거금지

보행금지
(인도없음)

추월금지

추월금지해제

화물차추월금지

화물차추월
금지 구간 끝

차축중량제한

차축하중제한

차폭제한

차높이제한

최고속도제한

최고속도해제

규제구간 시작

규제구간

규제구간 끝

저렴하게 식사하기

유럽은 음식 값이 비싸기 때문에 나름대로 식사 해결 방법을 찾아야 한다. 가장 좋은 방법은 슈퍼마켓, 패스트푸드점, 레스토랑 등을 번갈아가며 적절히 이용하는 것이다.

슈퍼마켓 이용하기

슈퍼마켓에서 판매하는 식료품은 매우 저렴하다. 빵, 생수, 유제품(우유, 치즈, 버터), 햄, 소시지 등 이틀 정도 먹을 수 있는 장을 보는 데 1~2만 원이면 충분하다.

패스트푸드점

8,000~1만 2,000원 정도면 충분히 한 끼가 해결된다.

직접 요리하기

유스호스텔은 조리실을 갖추고 있어 식자재만 있으면 요리가 가능하다. 공원이나 거리 벤치에서 직접 만든 샌드위치나 빵, 과일로 점심을 해결해도 된다.

한국 음식점

한국과 달리 유럽에서는 손이 많이 가는 고급 요리에 속하기 때문에 한 끼에 2~3만 원 정도는 든다. 런던, 파리, 로마 등 한국 배낭여행객이 많이 가는 도시에는 한국 음식점이 있다.

중국 음식점

저렴하고 음식 종류가 다양하지만 메뉴판이 중국어로 쓰여 있어 주문이 쉽지 않다. 이럴 때는 중국식 뷔페 식당이 이용하기 편하다. 1만 원 정도면 먹을 수 있고, 물(수돗물)도 무료다.

일본 음식점

식당 바깥 진열장에 음식 모형을 만들어 진열하고 가격도 함께 표시하고 있어 주문하기 쉽다. 1만 5,000~2만 원 정도면 초밥, 튀김, 우동 등 다양한 요리를 먹을 수 있다.

현지의 전통 레스토랑

음식은 그 나라의 전통과 문화를 알 수 있는 좋은 기회다. 하루 중 한 끼 정도는 현지식을 먹도록 하자. 비싼 레스토랑보다 재래시장에 가면 서민적이고 토속적인 음식을 저렴하게 맛볼 수 있다. 보통 1~3만 원 정도면 충분하다. 메뉴를 보기 어려우면 종업원에게 물어보자.

길거리 음식

핫도그, 샌드위치, 와플, 케밥, 크레페 등 가격도 €2~4로 저렴하여 간식이나 간단한 식사로 즐기기 좋다.

유럽의 대형 슈퍼마켓

국가	슈퍼마켓 체인
독일	ALDI(유럽에서 가장 저렴), Plus, Kauhof
오스트리아	Hofer(식료품이 매우 저렴하다)
체코	Krone, Kmart
이탈리아	Standa, Despar, Conad
스페인	Champion
프랑스	Carrefour(식료품이 매우 다양), Monoprix, Champion
스위스	Migros, Coop(유럽 다른 국가보다 약간 비싸다)
영국	Sainsbury, Tesco

전화 · 인터넷

스마트폰 하나면 어디서나 전화와 인터넷을 사용할 수 있는 편리한 세상이다. 물론 국제전화 요금과 데이터 요금이 든다는 점을 고려한다면 말이다.

전화

유럽에서 한국으로 전화할 때는 시차를 고려해 오전에 통화한다. 유럽에서 오전 11시에 걸면 한국은 오후 6~7시, 오후 6시에 걸면 한국은 새벽 1~2시다.

●유럽에서 한국으로 걸 때
00 + 82(한국 국가번호) + 0을 뺀 지역번호+ 상대방 전화번호
서울 02 – 555 – 5555에 걸 때

●한국에서 유럽으로 걸 때
001 등 국제전화 접속번호 + 국가번호 + 0을 뺀 지역번호 + 상대방 전화번호
※이탈리아만 0을 포함한 지역번호를 누른다.
파리 01 – 4818215에 걸 때

각국의 국가번호

한국 82	독일 49	체코 42
헝가리 36	오스트리아 43	네덜란드 31
벨기에 32	크로아티아 385	슬로베니아 386
프랑스 33	이탈리아 39	영국 44
스위스 41		스페인 34

국제 로밍

국내에서 쓰던 스마트폰을 해외에서 그대로 사용하면 된다. 국제전화 접속번호를 누를 필요 없이 국내에서 사용하듯 그냥 해당 전화번호만 누르면 된다. 알뜰하게 이용하려면 가급적 문자만 사용한다. 데이터를 자유롭게 쓰고 싶을 때, 일정상 1~2개

도시에서 머무는 시간이 길면 해당 국가 공항이나 시내 통신회사 매장에서 유심칩(또는 국내 인터넷에서 유럽 통합 유심칩을 구입. 5만 원 전후)을 구입해 이용하면 아주 저렴하다. 일행이 여러 명일 경우, 포켓 와이파이를 이용하면 저렴하게 동시 사용할 수 있어 경제적이다. 장기 여행일 경우 출국 전 통신회사(출국장에 위치)에서 데이터 무제한 상품에 가입할 수도 있다. 데이터 무제한 상품에 가입하지 않았다면 반드시 통신사에 데이터 로밍 차단하기를 신청한다. 그래야 혹시 모를 요금 폭탄을 피할 수 있다.

인터넷

●현지 인터넷 카페
우리나라의 PC방과 비슷한 체인점 Easy-Everything PC방을 이용한다. 런던, 베를린, 뮌헨, 로마, 마드리드, 바르셀로나, 파리에 있다. 최근에는 감소 추세다.

●숙소의 와이파이
대부분 호텔에서 와이파이를 제공한다. 유료인 곳도 있다. 안내 데스크에 문의하면 아이디와 비밀번호를 알려준다. 보통은 로비에서는 잘 잡히지만 멀리 떨어질수록 자주 끊긴다. 스마트폰이 없으면 로비에 비치된 컴퓨터를 사용한다. 민박집은 대부분 인터넷 사용이 가능하다.

●공공장소의 와이파이
공항이나 기차역에 와이파이가 설치되어 있으나 유료인 곳이 많다. 또한 일부 음식점이나 커피전문점 등에서도 와이파이를 제공한다. 대개 영수증 하단에 접속 아이디와 비밀번호가 적혀 있다.

트러블 대처

여행을 하다 보면 갑자기 몸이 아프거나, 소매치기를 당하거나, 물건을 잃어버리거나 하는 사고가 종종 생긴다. 이럴 경우 당황하지 말고 차분하게 대처하는 자세를 갖도록 하자.

도난 및 분실 사고를 당했을 경우

● 현금
현금을 분실, 또는 도난당했을 경우에는 방법이 없다. 여행자보험도 보상해 주지 않는다. 따라서 현금은 여러 주머니에 분산시키고 쓸 만큼만 지갑에 넣어서 다니도록 한다.

● 여권
여권을 분실하면 절차가 복잡하고 일부 국가는 국가 간 이동이 불가능하여 행동에 제약이 따른다. 여권 분실 시 먼저 경찰에 신고해 도난 · 분실증명서를 작성한 후 한국 대사관(영사관)을 찾아가 여권 재발급 신청을 한다. 신청 후 재발급되기까지 최대 7일 정도 걸린다.
여권 재발급에 필요한 것은 도난 · 분실증명서, 여권용 사진 2장, 여권 번호와 발행 일자다. 만약의 사태를 대비해 여권 사본과 여권용 사진을 준비해 간다.

● 항공권
최근에는 전자항공권(e-ticket)이 발급된다. 항공권 구입과 동시에 인적 사항이 컴퓨터에 입력되어 전자항공권 프린트물과 여권을 제시하면 보딩패스를 발급해준다. 만일을 대비해 본인 메일함에 전자항공권을 저장해둔다.

● 신용카드
신용카드를 잃어버리면 즉시 신용카드 분실센터에 연락해 분실 신고를 해야 한다. 카드 사용 정지 처리를 한 후 카드 회사의 현지 사무소에 가서 재발급 수속을 한다. 분실을 대비해 여분의 카드를 1~2장 더 준비해 간다.

신용카드 분실센터

KB국민카드 ☏ 82-2-6300-7300
하나카드 ☏ 82-1800-1111
비씨카드 ☏ 82-2-330-5701
우리카드 ☏ 82-2-6958-9000
신한카드 ☏ 82-1544-7000

● 유레일패스
유레일패스는 분실해도 재발급되지 않는다. 여행 일정이 많이 남았으면 기차역 유레일 도우미 센터(Eurail Aid Office)에서 재구입하거나 한국 여행사에서 구입해 국제우편 등으로 받은 다음에 사용할 수밖에 없다. 남은 일정이 짧으면 필요할 때마다 구간승차권을 구입한다.

● 물품
가방을 분실했을 경우는 먼저 경찰서에 가서 도난 신고서를 작성하고 담당 경찰의 사인이나 도장을 받은 후 잘 보관해둔다. 귀국 후 여행자보험 회사에 도난 신고서를 제출하면 보상금 범위 내에서 보상을 받을 수 있다.
분실(Lost)은 여행자보험의 보상 범위가 아니므로 반드시 도난(Stolen)으로 신고해야 한다.

병이 났을 경우

● 호텔에서 아플 때
프런트에 알려 도움을 청한다.

● 공공장소에서 아플 때

주변 사람에게 부탁해 구급차를 호출한다. 공중전화 또는 휴대폰에서 긴급신고 번호(각 나라별 SOS 번호를 메모해둔다)를 눌러 교환원이 나오면 "Ambulance, please"라고 말한다. 나라에 따라 구급차 이용료가 유료인 곳도 있고 무료인 곳도 있다.

● 병원으로 갈 때

출국 전에 반드시 여행자보험(보험증서를 항상 소지)에 가입한다. 병원에 가면 우선 한국어를 할 수 있는 의사가 있는지 물어본다(Do you have a Korean Speaking Doctor?). 만약 입원해야 할 경우에는 한국에 있는 보험회사에 연락하여 병원을 소개받는다.

진료비를 비롯한 제반 비용은 본인이 지불한 후 현지에서 보험사로 청구한다. 또는 의사 진단서, 치료비 명세서, 약 처방 영수증 등을 잘 보관해두었다가 귀국 후 보험회사에 신청서와 함께 제출한다.

TIP

분실이나 사고를 대비하여 미리 준비해갈 것은?

- 여권 복사본(여권과 별도 보관)
- e티켓 복사본
- 여권용 사진 3매
- 신용카드 번호와 분실 신고 전화번호를 따로 메모해둔다.

TIP

재외국민 보호센터

외교통상부는 세계 각지의 치안 상황, 안전 수칙, 대처 방안 등을 홍보하고 있다.
홈페이지 www.0404.go.kr
www.mofa.go.kr

문제 발생 시 필요한 영어회화

욕실에 물이 넘쳤어요.
My bathroom has flooded.
방이 너무 추워요. 에어컨을 조절해주세요.
My room is too cold. Could you adjust the airconditioning?
지갑을 택시에 두고 내렸어요.
I have left my purse(wallet) in the taxi.
신용카드를 정지해주세요.
Please cancel my credit card.
서울행 비행기를 놓쳤어요.
I have missed the flight to Seoul.
이용 가능한 다음 비행기로 예약해주세요.
Please make a reservation for the next available flight.
여행 상해보험에 가입되어 있습니다.
I have travel insurance.
의사를 만나고 싶은데요.
I would like to see a doctor.
병원에 데려다주세요.
Please take me to a hospital.
열이 있어요. **I have a fever.**
배가 아파요.
I have a pain in my stomach.
가방을 도둑 맞았어요.
My bag has been stolen.

위험에 처했을 때 알아두어야 할 말

손들어! **Hold up.**
물러나! **Get back.**
그만둬! **Drop it!**
엎드려! **Hit the floor!/Get on the floor!**
움직이지마!
Hold it! / Don't move!/
Freeze!/Stay where you are!
도와줘! **Help!**
그만두시오. **Please stop.**
쏘지 마세요. **Don't shoot.**
나가버려! **Get out!**
만지지마! **Don't touch!/Hands off!**

♡ Index ♡

찾아보기

해외여행 가이드북 60

소도시 여행 II

부 유럽 9개국

14일 초판 1쇄 인쇄
21일 초판 1쇄 발행

호 · 최세찬
주
경혜

공사
년 5월 10일(제3-248호)

초구 사임당로 82(우편번호 06641)
046-2847 · 영업 (02)2046-2877
5-1755 · 영업 (02)588-0835
sigongsa.com

2018

-9498-7 14980

자

차

카

타

파

하

Just go

유럽
중부 · 동

2018년 12월
2018년 12월

지은이 | 최철
발행인 | 이원
책임편집 | 원
마케팅 | 임슬

발행처 | (주)시
출판등록 | 1989

주소 | 서울시 서
전화 | 편집 (02)2
팩스 | 편집 (02)5
홈페이지 | www.

ⓒ 최철호 · 최세찬

ISBN 978-89-527

본서의 내용을 무단
파본이나 잘못된 책은
값은 뒤표지에 있습니